卓越工程师培养计划

· PLC ·

http://www.phei.com.cn

张华宇　郝妮妮　谢凤芹　编著

数控机床电气及PLC控制技术（第3版）

電子工業出版社
Publishing House of Electronics Industry
北京 · BEIJING

内容简介

本书以培养技能型人才为目的，从应用角度出发，介绍了数控机床电气及 PLC 控制技术，主要包括数控机床概述、数控机床常用低压电器、数控机床电动机驱动系统、数控机床电气控制基本环节、PLC 编程入门及指令系统、典型数控机床电气与 PLC 控制、机床电气控制线路、数控机床控制系统设计方法、数控机床电气及 PLC 控制技术项目训练实例等内容。

本书在编写过程中注意循序渐进，由浅入深，注重理论与实践相结合，并且各章均配有一定数量的习题，使读者在掌握基本理论知识的同时，提高分析问题和解决问题的能力。

本书适合数控机床电气及 PLC 控制领域的工程技术人员阅读使用，也可作为高等学校相关专业的教学用书。

图书在版编目（CIP）数据

数控机床电气及 PLC 控制技术 / 张华宇，郝妮妮，谢风芹编著．—3 版．—北京：电子工业出版社，2023.9
卓越工程师培养计划
ISBN 978-7-121-46253-5

Ⅰ．①数…　Ⅱ．①张…　②郝…　③谢…　Ⅲ．①数控机床-电气控制　②可编程序控制器　Ⅳ．①TG659 ②TM571.6

中国国家版本馆 CIP 数据核字（2023）第 164455 号

责任编辑：张　剑（zhang@ phei. com. cn）　　特约编辑：杨雨佳
印　　刷：三河市良远印务有限公司
装　　订：三河市良远印务有限公司
出版发行：电子工业出版社
　　　　　北京市海淀区万寿路 173 信箱　邮编 100036
开　　本：787×1 092　1/16　印张：16.75　字数：429 千字
版　　次：2010 年 3 月第 1 版
　　　　　2023 年 9 月第 3 版
印　　次：2023 年 9 月第 1 次印刷
定　　价：79.00 元

凡所购买电子工业出版社图书有缺损问题，请向购买书店调换。若书店售缺，请与本社发行部联系，联系电话：（010）88254888，88258888。

质量投诉请发邮件至 zlts@ phei. com. cn，盗版侵权举报请发邮件至 dbqq@ phei. com. cn。

本书咨询联系方式：zhang@ phei. com. cn。

前　言

本书自第 1 版出版以来，得到很多读者的关心和鼓励。为了反映数控电气及 PLC 的发展现状，进一步精炼内容体系，根据作者在课堂教学中对该教材的使用感受，总结近年来的教学和工程实践经验，在广大读者的意见和建议的基础上，作者对本书进行了修改和完善。

编写本书的目的仍然是解决数控机床电气和 PLC 控制技术及应用问题，培养和提高学生分析问题和解决问题的能力。书中内容力求通俗易懂、理论联系实际、注重应用。从数控机床常用电器基础知识入手，由浅入深，逐步介绍了数控机床常用低压电器、PLC 编程入门、数控机床电气控制、机床电气与 PLC 控制技术的结合、机床的 PLC 控制系统的设计和大量机床 PLC 控制技术的项目实训等内容。各章最后都配有适量的习题，帮助读者掌握相关的知识点。特别加强了实践训练部分的内容，能够让读者更好地理论联系实际，掌握本书的知识。

本书由张华宇、郝妮妮、谢风芹编著。另外，参加本书编写的还有管殿柱、李文秋和管玥。

本书第 1 版出版后，一些高等学校和培训机构将其作为教材，在使用过程中，授课教师和读者向我们提出了很多宝贵意见，借此修订机会，向这些老师和读者表示衷心的感谢。

由于时间紧迫和编者水平有限，书中难免有不足和错误之处，恳请读者批评指正。

编著者

目　　录

第 1 章　数控机床概述

数控技术是指利用数字信息对机械运动和工作过程进行控制的技术，它是集传统的机械制造技术、计算机技术、现代控制技术、传感检测技术、网络通信技术和光机电技术等于一体的现代制造业的基础技术，具有高精度、高效率、柔性自动化等特点。数控技术是实现柔性制造（Flexible Manufacturing，FM）、计算机集成制造（Computer Integrated Manufacturing，CIM）、工厂自动化（Factory Automation，FA）的重要核心技术之一，在现代机械制造领域中发挥着举足轻重的作用。

1.1　数控机床的组成与分类

1. 数控机床简介

数字控制（Numerical Control，NC）是近代发展起来的用数字化信息进行控制的自动控制技术。数字控制系统有以下特点：

☺ 可用不同的字长表示不同精度的信息，表达信息准确；

☺ 可进行逻辑、算术运算，也可以进行复杂的信息处理；

☺ 可不改动电路或机械机构，通过改变软件来改变信息处理的方式、过程，具有柔性化的特点。

由于数字控制系统具有上述特点，故被广泛应用于机械运动的轨迹控制，如数控机床、工业机器人、数控线切割机、数控火花切割机等。

数控机床（Numerical Control Machine Tools）是指采用数字形式信息控制的机床。也就是一种将数字计算技术应用于机床的控制技术，并把机械加工过程中的各种控制信息用代码化的数字表示，通过信息载体输入数控装置。代码化的数字经运算处理，由数控装置发出各种控制信号，控制机床的动作，按图纸要求的形状和尺寸，自动地将零件加工出来。数控机床代表了现代机床控制技术的发展方向，是一种典型的机电一体化产品。

数控设备的一般形式如图 1-1 所示。图中：A 为被加工工件的图纸，图纸上的数据大致分为两类，即几何数据和工艺数据，这些数据是指示给数控设备命令的原始依据（简称“指令”）；B 为控制介质（或程序介质、输入介质），通常用纸带、磁带、磁盘等作为记载指令的控制介质；C 为数据处理和控制的电路，通常是一台控制计算机，原始数据经它处理后，变成伺服机构能够接收的位置指令和速度指令；D 为伺服机构（或伺服系统），我们可以把“控制计算机（C）”比拟为人的“头脑”，而“伺服机构（D）”相当于人的“手”和“足”，我们要求伺服机构无条件地执行“大脑”的意志；E 为数控设备；F 为加工后的物件。这就是一般数控设备的工作过程。整个数控机床的加工过程如图 1-2 所示。

数控机床较好地解决了复杂、精密、小批、多变的零件加工问题，是一种灵活的、高效能的自动化机床，尤其在约占机械加工总量 80%的单件、小批量零件的加工方面，数控机床更显示出其特有的灵活性。概括起来，采用数控机床有以下几方面的好处：

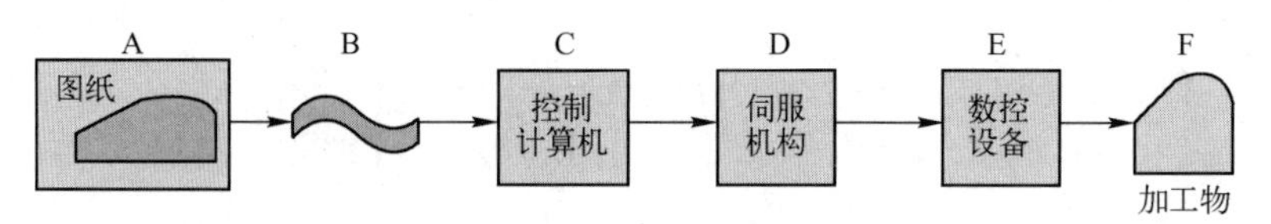

图 1-1　数控设备的一般形式

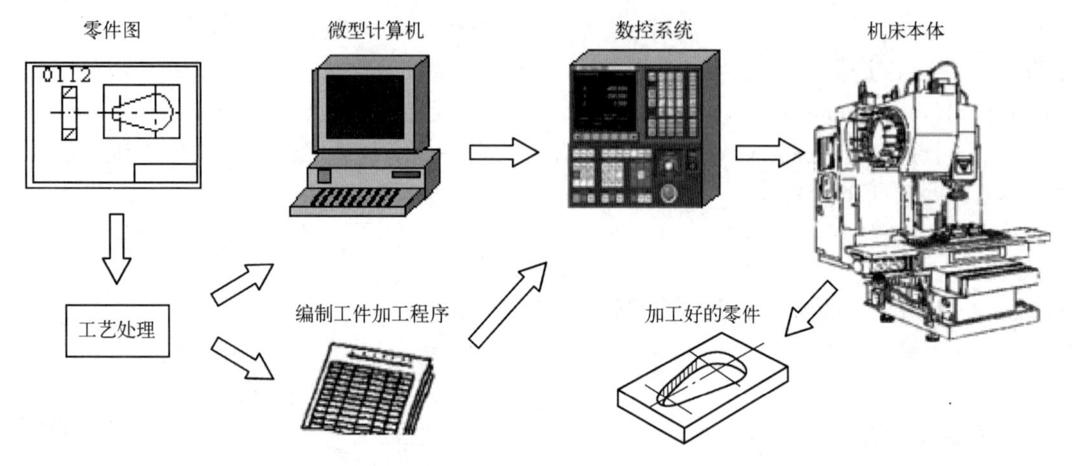

图 1-2　数控机床的加工过程

☺ 提高加工精度，尤其提高了同批零件加工的一致性，使产品质量稳定；
☺ 提高生产效率，一般提高效率3~5倍，使用数控加工中心机床则可提高生产效率5~10倍；
☺ 可加工形状复杂的零件；
☺ 减轻了劳动强度，改善了劳动条件；
☺ 有利于生产管理和机械加工综合自动化的发展。

2. 数控机床的组成

数控机床一般由控制介质、数控装置、伺服系统和机床本体组成。图 1-3 中实线所示为开环控制的数控机床框图。

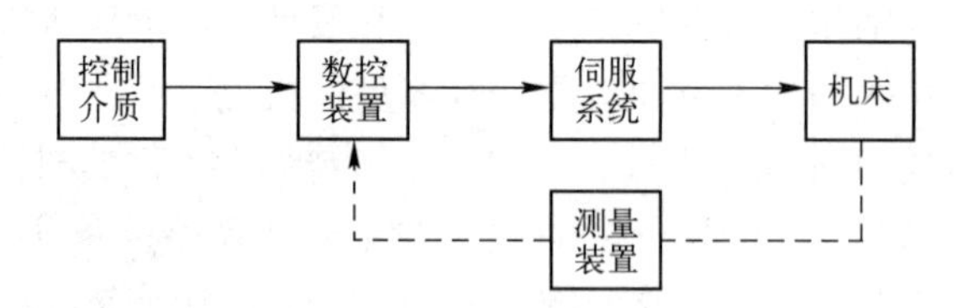

图 1-3　数控机床的组成

为了提高机床的加工精度，在上述系统中再加入一个测量装置（即图 1-3 中的虚线部分），这样就构成了闭环控制的数控机床框图。开环控制系统的工作过程是这样的：将控制机床工作台运动的位移量、位移速度、位移方向、位移轨迹等参量通过控制介质输入给机床数控装置，数控装置根据这些参量指令计算得出进给脉冲序列（包含上述4个参量），然后经伺服系统转换放大，最后控制工作台按所要求的速度、轨迹、方向和距离移动。若为闭环系统，则在输入指令值的同时，反馈装置将检测机床工作台的实际位移值、反馈量与输入量在数控装置中进行比较，若有差值，说明有误差，则数控装置控制机床向着消除误差的方向运动。

结合数控机床的工作过程，数控机床各组成部分简述如下：

【控制介质】 数控机床工作时，不需要工人去摇手柄操作机床，但又要自动地执行人们的意图，这就必须在人和数控机床之间建立某种联系，这种联系的媒介物称为控制介质（也称程序介质、输入介质、信息载体）。常用的控制介质是 8 单位的标准穿孔带，且常用的穿孔带是纸质的，所以又称纸带。其宽为 25.4mm，厚为 0.108mm，每行必须有一个 ϕ1.17mm 的同步孔，另外最多可以有 8 个 ϕ1.33mm 的信息孔。用每行 8 个孔有无的排列组合来表示不同的代码（纸带上孔的排列规定，称为代码）。把穿孔带输入到数控装置的读带机，再由读带机把穿孔带上的代码转换为数控装置可以识别和处理的电信号，并传送到数控装置中去，便完成了指令信息的输入工作。

【数控装置】 数控装置是数控机床的中枢，在普通数控机床中一般由输入装置、存储器、控制器、运算器和输出装置组成。数控装置接收输入介质的信息，并将其代码加以识别、存储、运算，输出相应的指令脉冲以驱动伺服系统，进而控制机床动作。在计算机数控机床中，由于计算机本身即含有运算器、控制器等上述单元，因此其数控装置的作用由一台计算机来完成。

【伺服系统】 伺服系统的作用是把来自数控装置的脉冲信号转换为机床移动部件的运动，使工作台（或溜板）精确定位或按规定的轨迹做严格的相对运动，最后加工出符合图纸要求的零件。在数控机床的伺服系统中，常用的伺服驱动元件有功率步进电动机、电液脉冲马达、直流伺服电动机和交流伺服电动机等。

【机床】 数控机床中的机床，在开始阶段使用通用机床，只是在自动变速、刀架或工作台自动转位和手柄等方面有些改变。实践证明：数控机床由于切削用量大、连续加工发热多等影响工件精度，并且由于是自动控制，在加工中不能像通用机床那样可以随时由人工进行干预，所以其设计要求比通用机床更严格，其制造要求更精密。因此，后来在设计数控机床时，采用了许多新的加强刚性、减小热变形、提高精度等方面的措施，使得数控机床的外部造型、整体布局、传动系统以及刀具系统等方面都发生了很大的变化。

3. 数控机床的分类

目前，数控机床品种已经基本齐全。数控机床规格繁多，据不完全统计已有 400 多个品种规格。数控机床可以按照多种原则进行分类，但常见的是以下 4 种分类方法。

1）按工艺用途分类

【一般数控机床】 这类机床和传统的通用机床一样，有数控的车、铣、镗、钻、磨床等，而且每一种又包含很多品种，例如，数控铣床中就有立铣、卧铣、工具铣、龙门铣等。这类机床的工艺可能性和通用机床相似，所不同的是它能加工复杂形状的零件。

【数控加工中心机床】 这类机床是在一般数控机床的基础上发展起来的。它在一般数控机床上加装了一个刀库（可容纳 10~100 把刀具）和自动换刀装置。数控加工中心机床又称多工序数控机床或镗铣类加工中心，一般称其为加工中心（Machining Center），这使数控机床更进一步地向自动化和高效化方向发展。

数控加工中心机床和一般数控机床的区别是：工件经一次装夹后，数控装置就能控制机床自动地更换刀具，连续地对工件各加工表面自动地完成铣（车）、镗、钻、铰及攻丝等多工序加工。这类机床大多是以镗铣为主的，主要用来加工箱体零件。它和一般数控机床相比具有以下优点：

☺ 完成同样的工作量可减少机床台数，便于管理，对于多工序的零件，只要一台机床就能完成全部加工，并可以减少半成品的库存量；

☺ 由于工件只要一次装夹，因此减小了多次安装造成的定位误差，可以依靠机床精度来保证加工质量；

☺ 工序集中，减少了辅助时间，提高了生产率；

☺ 由于零件在一台机床上一次装夹就能完成多道工序加工，所以大大减少了专用工夹具的数量，进一步缩短了生产准备时间。

由于数控加工中心机床的优点很多，深受用户欢迎，因此在数控机床生产中占有很重要的地位。

另外还有一类加工中心，是在车床基础上发展起来的，以轴类零件为主要加工对象。除可进行车削、镗削外，它还可以进行端面和周面上任意部位的钻削、铣削和攻丝加工。这类加工中心也设有刀库，可安装4~12把刀具，一般称此类机床为车削中心（Turning Center，TC）。

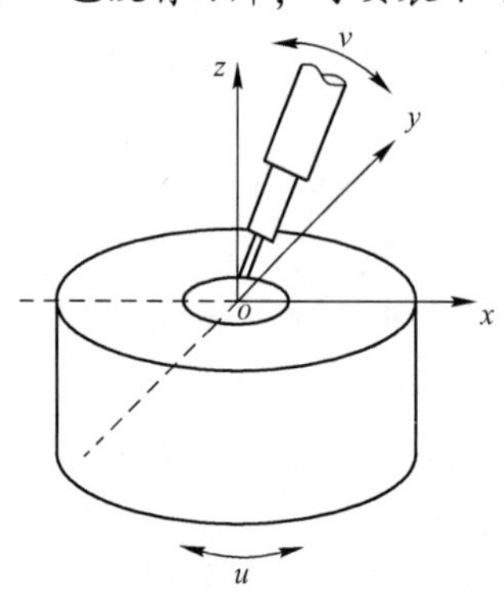

图1-4　五轴联动的数控加工方式

【多坐标数控机床】 有些复杂形状的零件，用三坐标的数控机床还是无法加工，如螺旋桨、飞机曲面零件等，需要三个以上坐标的合成运动才能加工出零件所需形状。于是出现了多坐标的数控机床，其特点是数控装置控制的轴数较多，机床结构也比较复杂，其坐标轴数通常取决于加工零件的工艺要求。现在常用的是4、5、6坐标的数控机床。图1-4所示为五轴联动的数控加工方式。这时，x、y、z三个坐标与转台的回转、刀具的摆动可同时联动，以加工机翼等零件。

2）按数控机床的运动轨迹分类　按照能够控制的刀具与工件间相对运动的轨迹，可将数控机床分为点位控制数控机床、点位直线控制数控机床、轮廓控制数控机床等。

【点位控制数控机床】 这类机床的数控装置只能控制机床移动部件从一个位置（点）精确地移动到另一个位置（点），即仅控制行程终点的坐标值，在移动过程中不进行任何切削加工，至于两相关点之间的移动速度及路线则取决于生产率。为了在精确定位的基础上有尽可能高的生产率，两相关点之间先快速移动到接近新目标的位置，然后降速1~3级，使之慢速趋近定位点，以保证其定位精度。数控系统的点位控制方式如图1-5（a）所示。这类机床主要有数控坐标镗床、数控钻床、数控冲床和数控测量机等，其相应的数控装置称为点位控制装置。

【点位直线控制数控机床】 这类机床工作时，不仅要控制两相关点之间的位置（即距离），还要控制两相关点之间的移动速度和路线（即轨迹）。其路线一般都由和各轴线平行的直线段组成。它和点位控制数控机床的区别在于：当机床的移动部件移动时，可以沿一个坐标轴的方向（也可以沿45°斜线进行切削，但不能沿任意斜率的直线切削）进行切削加工，而且其辅助功能比点位控制数控机床多，例如，要增加主轴转速控制、循环进给加工、刀具选择等功能。数控系统的点位直线控制方式如图1-5（b）所示。这类机床主要有简易数控车床、数控镗铣床和数控加工中心等。相应的数控装置称为点位直线控制装置。

【轮廓控制数控机床】 对一些数控机床，如数控铣床、加工中心等，要求能够对两个或两个以上运动坐标的位移和速度同时进行连续控制，使刀具与工件间的相对运动符合工件加工轮廓要求。数控系统的轮廓控制方式如图 1-5（c）所示。具有这种运动控制的机床称为轮廓控制数控机床。该类机床在加工过程中，每时每刻都对各坐标的位移和速度进行控制。轮廓控制数控机床根据同时控制坐标轴的数目可分为两轴联动、两轴半联动、三轴联动、四轴或五轴联动。两轴联动同时控制两个坐标轴实现二维直线、圆弧、曲线的轨迹控制。两轴半联动除了控制两个坐标轴联动，还同时控制第三坐标轴做周期性进给运动，可以实现简单曲面的轨迹控制。三轴联动同时控制 X、Y、Z 三个直线坐标轴联动，实现曲面的轨迹控制。四轴或五轴联动除了控制 X、Y、Z 三个直线坐标轴，还能同时控制一个或两个回转坐标轴，如工作台的旋转、刀具的摆动等，从而实现复杂曲面的轨迹控制。

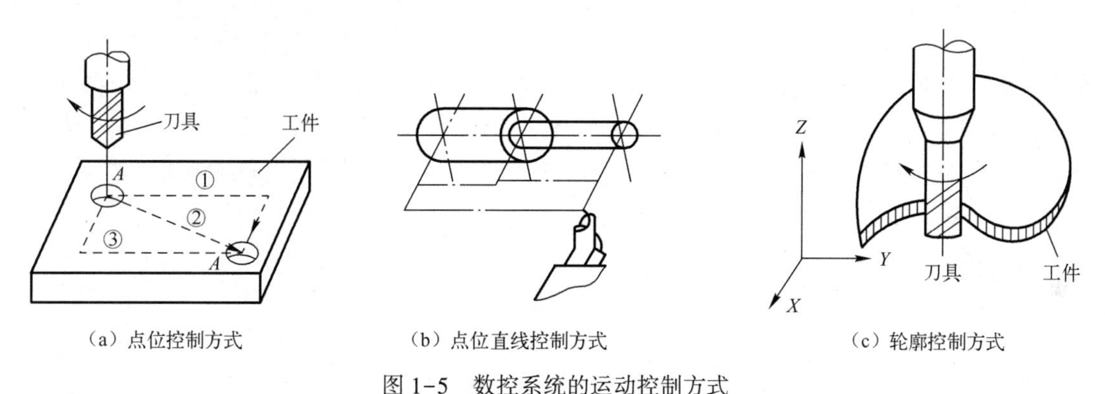

（a）点位控制方式　（b）点位直线控制方式　（c）轮廓控制方式

图 1-5　数控系统的运动控制方式

由于加工中心具有同时控制点位和轮廓的功能，直线控制的数控机床又很少，因此按上述运动控制方式的分类方法，很难明确划分目前已有数控机床的类型。

3）按伺服系统的控制方式分类　数控机床按照对被控制量有无检测反馈装置可以分为开环和闭环两种。在闭环系统中，根据测量装置安放的位置又可以将其分为全闭环和半闭环两种。在开环系统的基础上，还发展出一种开环补偿型数控系统。

【开环控制数控机床】 在开环控制中，机床没有检测反馈装置（见图 1-6）。数控装置发出信号的流程是单向的，所以不存在系统稳定性问题。也正是由于信号的单向流程，它对机床移动部件的实际位置不做检验，所以机床加工精度不高，其精度主要取决于伺服系统的性能。工作过程是：输入的数据经过数控装置运算分配出指令脉冲，通过伺服机构（伺服元件常为步进电动机）使被控工作台移动。这种机床工作比较稳定、反应迅速、调试方便、维修简单，但其控制精度受到限制。它适用于精度要求不高的中、小型数控机床。

【闭环控制数控机床】 由于开环控制精度达不到精密机床和大型机床的要求，所以必须检测它的实际工作位置，为此，在开环控制数控机床上增加检测反馈装置，在加工中时刻检测机床移动部件的位置，使之和数控装置所要求的位置相符合，以期达到很高的加工精度。闭环控制系统框图如图 1-7 所示。图中 A 为速度测量元件，C 为位置测量元件。当指令值发送到位置比较电路时，若此时工作台没有移动，则没有反馈量，指令值使得伺服电动机转动，通过 A 将速度反馈信号送到速度控制电路，通过 C 将工作台实际位移量反馈回去，在位置比较电路中与指令值进行比较，用比较的差值进行控制，直至差值消除为止，最终实现工作台的精确定位。这类机床的优点是精度高、速度快，但是调试和维修比较复杂，其关键是系统的稳定性，所以在设计时必须对稳定性给予足够的重视。

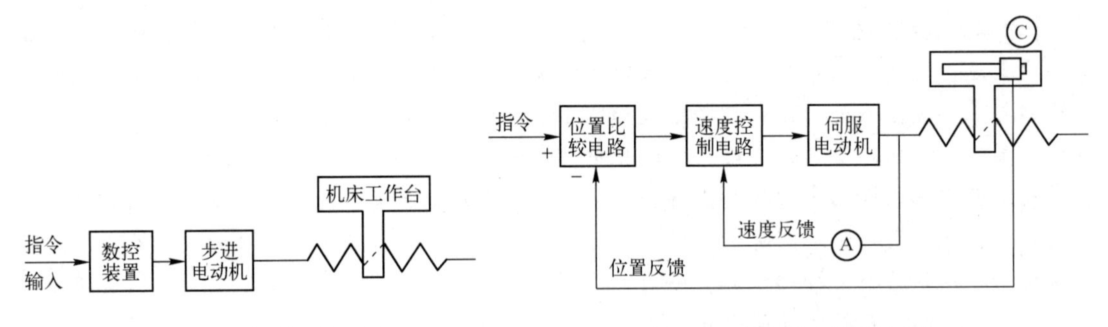

图1-6　开环控制系统框图　　图1-7　闭环控制系统框图

【半闭环控制数控机床】 半闭环控制系统的组成如图1-8所示。这种控制方式对工作台的实际位置不进行检查测量，而是通过与伺服电动机有联系的测量元件，如测速发电动机A和光电编码盘B（或旋转变压器）等间接检测出伺服电动机的转角，推算出工作台的实际位移量，位置比较电路用此值与指令值进行比较，用差值来实现控制。从图1-8可以看出，由于工作台没有完全包括在控制回路内，因而称之为半闭环控制。这种控制方式介于开环与闭环之间，精度没有闭环高，调试却比闭环方便。

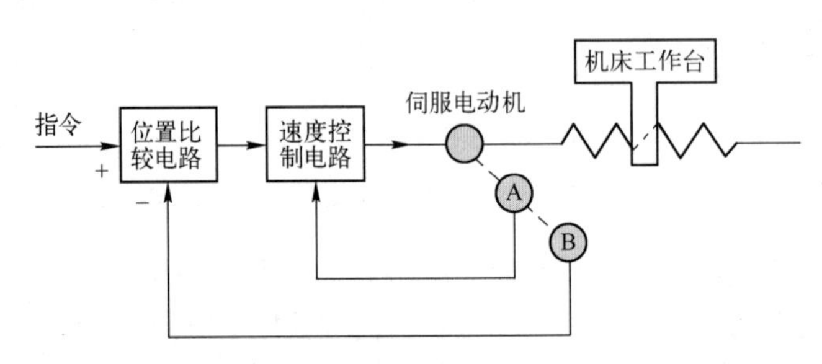

图1-8　半闭环控制系统框图

【开环补偿型数控机床】 将上述3种控制方式的特点有选择地集中起来，可以组成混合控制的方案。这在大型数控机床中是人们研究多年的课题，现在已成为现实。因为大型数控机床需要高得多的进给速度和返回速度，又需要相当高的精度，如果只采用全闭环的控制，机床传动链和工作台全部置于控制环节中，因素十分复杂，尽管安装调试多经周折，仍然困难重重。为了避开这些矛盾，可以采用混合控制方式。在具体方案中它又可分为两种形式：一是开环补偿型；一是半闭环补偿型。这里仅介绍开环补偿型控制数控机床。图1-9所示为开环补偿型控制框图。它的特点是：基本控制选用步进电动机的开环控制伺服机构，附加

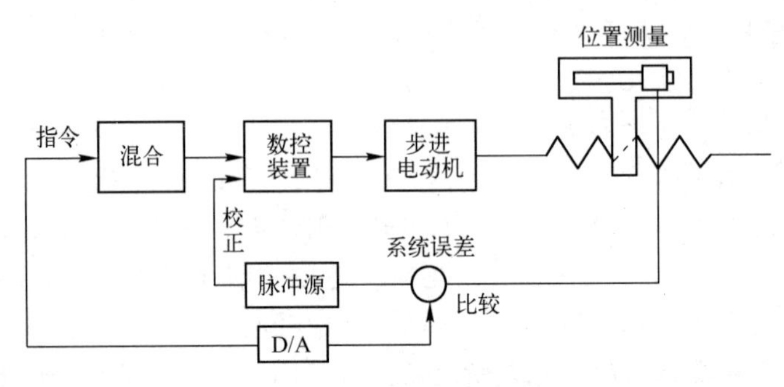

图1-9　开环补偿型控制框图

一个校正伺服电路。通过装在工作台上的直线位移测量元件的反馈信号来校正机械系统的误差。

4）按数控装置分类　数控机床若按其实现数控逻辑功能控制的数控装置来分，有硬线（件）数控和软线（件）数控两种。

【硬线数控】 又称普通数控，即 NC。这类数控系统的输入、插补运算、控制等功能均由集成电路或分立元件等器件实现。一般来说，数控机床不同，其控制电路也不同，系统的通用性较差，因其全部由硬件组成，所以功能和灵活性也较差。这类系统在 20 世纪 70 年代以前应用得比较广泛。

【软线数控】 又称计算机数控或微机数控，即 CNC 或 MNC。这类系统利用中、大规模及超大规模集成电路组成 CNC 装置，或由微机与专用集成电路组成，其主要的数控功能几乎全由软件来实现，对于不同的数控机床，只需编制不同的软件就可以实现其功能，而硬件几乎可以通用，因而灵活性和适应性强，也便于批量生产。模块化的软、硬件提高了系统的质量和可靠性。所以，现代数控机床都采用 CNC 装置。

1.2　机床数控技术的发展过程

1. 数控机床的产生和发展

1952 年，数控机床诞生。

1959 年，数控系统开始广泛采用晶体管和印制电路板（PCB）。

1965 年，随着小规模集成电路的广泛应用，数控机床的可靠性得到进一步提高。

以上三代系统都是采用专用控制计算机的硬接线数控系统，我们称之为硬线系统，统称为普通数控系统（NC）。

随着计算机技术的发展，小型计算机的价格急剧下降，激烈地冲击着市场。数控系统的生产厂家认识到，采用小型计算机来取代专用控制计算机，经济上是合算的，许多功能可以依靠编制专用程序存在计算机的存储器中，构成所谓控制软件而加以实现，从而提高系统的可靠性和功能。这种数控系统称为第四代系统，即计算机数控系统（CNC）。

但是，计算机技术的发展是日新月异的，就在 1970 年前后，美国英特尔（Intel）公司开发和使用了四位微处理器，微处理芯片渗透到各个行业，数控技术也不例外。我们把以微处理机技术为特征的数控系统称为第五代系统（MNC）。

2. 数控机床的发展动向

从数控系统的发展来看，数控机床已发展了五代。在实际应用中，除了机床行业，数控技术还应用在其他部门，产生了各种数控设备。最初，人们考虑的是如何提高一台设备的自动化程度。例如，增加控制坐标轴的个数，如多轴数控系统（目前世界上的数控系统，最多控制的轴数是 24 轴）。又如，在一台设备上实现多工序自动控制，“加工中心”就是一台多工序数控机床，在一台机床上，可以实现车、铣、钻、镗、攻丝等多种功能。后来，人们发现电子计算机处理数据的速度比数控设备的加工速度快，利用一台计算机可控制多台数控设备，我们习惯称之为群控系统或直接数控系统（DNC）。

当前，国内外在数控装置、机床结构等的研究与开发方面不断取得成果，其水平和功能也日臻提高和完善，出现了新的发展特点。

目前，数控技术发展的趋势主要体现在如下6个方面。

1）机床的高速化、精密化、智能化、微型化 随着轻合金材料在汽车、航空/航天等工业中的广泛应用，高速加工已成为制造技术的重要发展方向。高速加工具有缩短加工时间、提高加工精度和表面质量等优点，在模具制造等领域的应用也日益广泛。机床的高速化需要新的数控系统、高速电主轴和高速伺服进给驱动，以及机床结构的优化和轻量化。

2）五轴联动加工和复合加工机床 一般认为，1台五轴联动机床的效率可以等于2台三轴联动机床，特别是使用立方氮化硼等超硬材料铣刀进行高速铣削淬硬钢零件时，五轴联动加工可比三轴联动加工发挥更高的效率。随着数控技术的发展，实现五轴联动加工的复合主轴头结构大为简化，其制造难度和成本也大幅度降低，促进了复合主轴头类型五轴联动机床和复合加工机床的发展。

3）新结构、新材料及新设计方法 机床的高速化和精密化要求机床的结构简化和轻量化，以减少机床部件运动惯量对加工精度的负面影响，大幅度提高机床的动态性能。例如，借助有限元分析对机床构件进行拓扑优化，设计箱中箱结构以及采用空心焊接结构和使用铝合金材料等已经开始从实验室走向实用。

4）开放式数控系统 所谓开放式数控系统，就是数控系统的开发可以在统一的运行平台上，面向机床厂家和最终用户，通过改变、增加或剪裁结构对象（数控功能），形成系列化，并可方便地将用户的特殊应用和技术诀窍集成到控制系统中，快速实现不同品种、不同档次的开放式数控系统，形成具有鲜明个性的名牌产品。开放式数控系统有如下三种形式。

【全开放系统】即基于PC的数控系统，以PC为平台，采用实时操作系统，开发数控系统的各种功能，通过伺服卡传送数据，控制坐标轴电动机的运动。

【嵌入系统】即CNC+PC，CNC控制坐标轴电动机的运动，PC作为人机界面和网络通信。

【融合系统】在CNC的基础上增加PC主板，提供键盘操作，增强人机界面功能。

开放式数控系统的体系结构规范、通信规范、配置规范、运行平台、数控系统功能库以及数控系统功能软件开发工具等是当前研究的核心。

5）可重组制造系统 随着产品更新换代速度的提高，专用机床的可重构性和制造系统的可重组性日益重要。通过数控加工单元和功能部件的模块化，可以对制造系统进行快速重组和配置，以适应变型产品的生产需要。机械、电气和电子、液体和气体，以及控制软件的接口规范化和标准化是实现可重组性的关键。

6）虚拟机床和虚拟制造 在设计阶段借助虚拟现实技术，可以在机床尚未制造出来之前，就能够评价机床设计的正确性和使用性能，及早发现设计过程的各种失误，减少损失，提高新机床的开发质量。

3. 我国的发展情况

我国从1958年开始研究数控机械加工技术，20世纪60年代针对壁锥、非圆齿轮等复杂形状的工件研制出了数控壁锥铣床、数控非圆齿轮插齿机等设备，保证了加工质量，减少了废品，提高了效率，取得了良好的效果。

20世纪70年代，针对航空工业等加工复杂形状零件的急需，我国从1973年以来组织了数控机床攻关会战，经过3年努力，到1975年已试制生产了40多个品种300多台数控机床。据国家统计局的资料，1973—1979年，7年内全国累计生产数控机床4108台（其中约3/4以上为数控线切割机床）。从技术水平来说，我国大致已达到国外60年代后期的技术水平。为了扬长避短，以解决用户急需，并争取打入国际市场，1980年前后，我国采取了暂时从国外（主要是从日本和美国）引进数控装置和伺服驱动系统，为国产主机配套的方针，几年内大见成效。1981年，我国从日本发那科（FANUC）公司引进了5、7、3等系列的数控系统和直流伺服电动机，直流主轴电动机技术，并在北京机床研究所建立了数控设备厂，当年底开始验收投产，1982年生产约40套系统，1983年生产约100套系统，1985年生产约400套系统，伺服电动机与主轴电动机也配套生产。这些系统是国外70年代的水平，功能较全，可靠性比较高，这样就使机床行业发展数控机床有了可靠的基础，使我国的主机品种与技术水平都有较大的发展与提高。1982年，青海第一机床厂生产的XHK754卧式加工中心，长城机床厂生产的CK7815数控车床，北京机床研究所生产的JCS018立式加工中心，上海机床厂生产的H160数控端面外圆磨床等，都能可靠地进行工作，并陆续形成了批量生产。1984年，仅机械工业部门就生产数控机床650台，全国当年总产量为1620台，已有少数产品开始进入国际市场，还有几种合作生产的数控机床返销国外。1985年，我国数控机床的品种已有了新的发展，除了各类数控线切割机床，其他各种金属切削机床（如各种规格的立式、卧式加工中心，立式、卧式数控车床，数控铣床，数控磨床等）也有了极大的发展，新品种总计45种。到1989年底，我国数控机床的可供品种已超过300种，其中数控车床约占40%，加工中心约占27%。

机床是一个国家制造业水平的象征，而五轴联动数控机床系统代表机床制造业最高境界，是一个国家工业发展水平的重要标志。五轴联动数控机床是为适应多面体和曲面零件的加工而出现的。随着机床复合化技术的不断发展，在数控车床的基础上，又很快生产出了能进行铣削加工的车铣中心。五轴联动数控机床的加工效率相当于两到三台三轴机床，可以完全省去某些大型自动化生产线的投资，并且可以大大节约占地空间和工作在不同制造单元之间的周转运输时间及费用。五轴联动机床的使用还可以让工件的装夹变得简单，加工时不需要特殊夹具，降低了夹具的成本，避免了多次装夹，提高了模具加工精度。另外，由于五轴联动机床可在加工中省去许多特殊刀具，所以降低了刀具成本。五轴联动机床在加工中能增加刀具的有效切削长度，减小切削力，提高刀具使用寿命，降低成本。采用五轴联动机床加工模具可以很快完成模具加工，交货快，更好地保证模具的加工质量，使模具加工和修改变得更加简单。在传统的模具加工中，一般用立式加工中心来完成工件的铣削加工。随着模具制造技术的不断发展，立式加工中心本身的一些弱点表现得越来越明显。现代模具加工普遍使用球头铣刀，球头铣刀在模具加工中带来的好处非常明显，但是如果用立式加工中心，其底面的线速度为零，这样底面的光洁度就很差，如果使用四/五轴联动机床加工技术加工模具，则可以克服上述不足。

长期以来，以美国为首的西方工业发达国家，一直把五轴联动数控机床系统作为重要的战略物资，实行出口许可证制度。特别是冷战时期，这些国家对中国、苏联等国家实行封锁禁运。因此，该技术和设备在军事领域一直都非常敏感，如20世纪80年代曾引发轰动一时的美、日制裁苏联的“东芝事件”：日本东芝公司卖给苏联几台五轴联动的数控铣床，结果让苏联用于制造潜艇的推进螺旋桨，使美国间谍船的声呐监听不到苏联潜艇的声音，所以美国以东芝公司违反了战略物资禁运政策为由，要惩处东芝公司。

随着国民经济的迅速发展和国防建设的需要，我国迫切需要大量高档的数控机床。市场的需求推动了我国五轴联动数控机床的发展，CIMT99 展览会上国产五轴联动数控机床第一次登上机床市场的舞台。自江苏多棱数控机床股份有限公司展出第一台五轴联动龙门加工中心以来，北京机电研究所、北京第一机床厂、桂林机床股份有限公司、济南二机床集团有限公司等企业也相继开发出五轴联动数控机床。

当前，国产五轴联动数控机床在品种上已经拥有立式、卧式、龙门式和落地式的加工中心，以适应不同大小尺寸的复杂零件加工，加上五轴联动铣床和大型镗铣床以及车铣中心等的开发，基本满足了国内市场的需求。精度上，北京机床研究所的高精度加工中心、宁江机械集团股份有限公司的 NJ25HMC40 卧式加工中心和交大昆机科技股份有限公司的 TH61160 卧式镗铣加工中心都具有较高的精度，可与发达国家的产品相媲美。现在，江苏多棱、济南二机床、北京机电研究院、宁江机床、桂林机床、北京一机床等企业的产品已获得国内市场的认同。

2013 年 7 月 31 日上午，由大连科德制造的高精度五轴立式机床启运出口德国。工信部装备司副司长王卫明表示："这一高档数控机床销往西方发达国家，是中国机床制造行业的重要里程碑。"这一切说明，我国的机床数控技术已经进入了一个新的发展时期。预计在不远的将来，我国将会赶上和超过世界先进国家的水平。

思考与练习

（1）什么是数控技术？它有哪些特点？

（2）数控机床由哪些部分组成？各组成部分有什么作用？

（3）什么是开环、闭环、半闭环系统？它们之间有什么区别？

（4）什么是点位控制、点位直线控制和轮廓控制？它们的主要特点与区别是什么？

（5）加工中心与其他数控机床相比有什么特点？

（6）五轴联动数控机床与普通机床相比，其优势是什么？

第2章　数控机床常用低压电器

常用低压电器是根据外界的信号和要求，自动或手动接通或断开电路，断续或连续地改变电路参数，以实现对电路或非电路对象的切换、控制、保护、检测、变换和调节的电气设备。

低压电器常用于交流50Hz、额定电压1200V以下，直流额定电压1500V以下的电路中。低压电器按用途可分为以下5类。

【低压配电电器】 主要用于低压供电系统。这类低压电器有刀开关、断路器、隔离开关、转换开关及熔断器等。对这类电器的主要技术要求是分断能力强，限流效果好，动态稳定性及热稳定性能好。

【低压保护电器】 主要用于对电路和电气设备进行安全保护。这类低压电器有热继电器、安全继电器、电压继电器、电流继电器、避雷器等。

【低压主令电器】 主要用于发送控制指令。这类电器有按钮、主令开关、行程开关和万能转换开关等。

【低压控制电器】 主要用于电力拖动控制系统。这类低压电器有接触器、继电器、磁力起动器等。

【低压执行电器】 主要用于执行某种动作和传动功能。这类低压电器有电磁铁、电磁离合器等。

有的电器既可用作控制电器，也可用作保护电器。例如：电流继电器既可按“电流”参量来控制电动机，又可用来保护电动机不致过载；行程开关既可用来控制工作台的加/减速及行程长度，又可作为终端开关保护工作台不致移动到导轨外面去。

2.1　低压电器的电磁机构及执行机构

从结构上看，电器一般都有两个基本的组成部分，即感测部分与执行部分。感测部分接收外界输入的信号，使执行部分动作，实现控制的目的。对于有触点的电磁式电器，感测部分大都是电磁机构，而执行部分则是触点系统。

1. 电磁机构

电磁机构的作用是将电磁能转换成为机械能，并将电磁机构中吸引线圈的电流转换成电磁力，带动触点动作，完成通断电路的控制作用。

电磁机构由线圈、铁心（也称静铁心）和衔铁（或称动铁心）等几部分组成。其工作原理为：当线圈通入电流后，磁通通过铁心、衔铁和气隙形成闭合回路，衔铁受电磁吸力的作用吸向铁心，衔铁同时又受弹簧拉力作用，电磁吸力克服弹簧的反作用力，使得衔铁与铁心闭合，由连接机构带动相应的触点动作。

铁心有“E”形和“U”形两种形状，其动作方式有拍合式和直动式两种。图2-1（a）

所示为衔铁沿棱角转动的拍合式铁心，其材料由电工软铁制成，它广泛用于直流电器中；图 2-1（b）所示为衔铁沿轴转动的拍合式铁心，其材料由硅钢片叠成，多用于触点容量较大的交流电器中；图 2-1（c）所示为衔铁直线运动的双“E”形直动式铁心，它也是由硅钢片叠制而成的，多用于触点为中、小容量的交流接触器和继电器中。

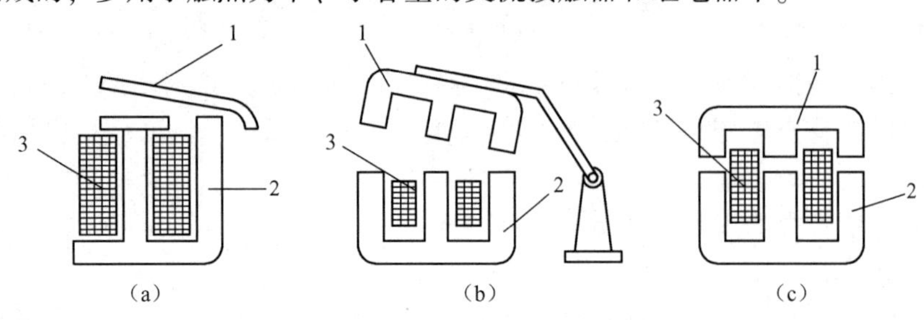

1—衔铁；2—铁心；3—吸引线圈

图 2-1　常用的磁路结构

电磁线圈由漆包线绕制而成，分为交流和直流两类。当线圈通入工作电流时，产生足够的磁动势，从而在磁路中形成磁通，使衔铁获得足够的电磁力，克服弹簧的反作用力而吸合。

〖**注意**〗当线圈中通入交流电流而产生交变磁场时，为避免因磁通过零点造成衔铁的抖动，需在交流电器铁心的端部开槽，嵌入一个铜短路环（又称分磁环，见图 2-2），使环内感应电流产生的磁通与环外磁通不同时过零，从而使电磁吸力总是大于弹簧的反作用力，这样就可以消除交流铁心的抖动。

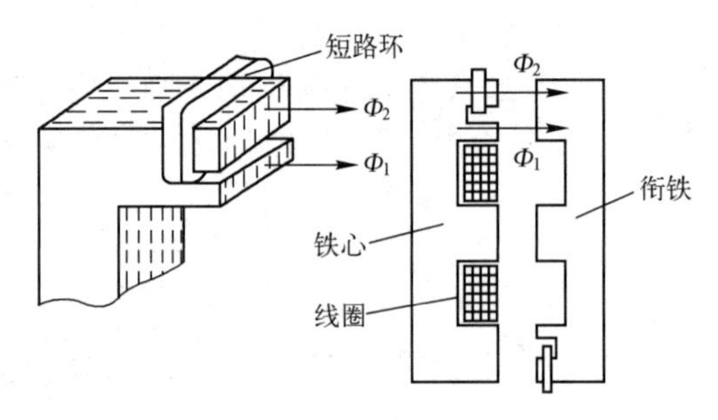

图 2-2　交流电磁铁的短路环

在上面的介绍中，电磁机构的作用是使触点实现自动化操作。实质上电磁机构就是电磁铁的一种。电磁铁还有很多其他的作用，如制动电磁铁用来控制自动抱闸装置，实现快速停车；起重电磁铁用于起重搬运磁性货物等。

2. 触点系统

触点是电器的执行部件，它的作用是接通或分断电路。触点工作的效果直接影响整个电器的工作性能，因此要求触点具有良好的接触性能。触点的工作状态可分为闭合状态、闭合过程和分断过程 3 种，如图 2-3 所示。

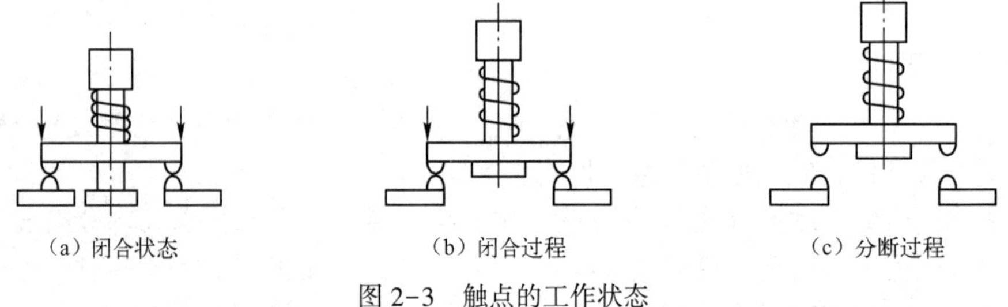

图 2-3　触点的工作状态

电流容量较小的电器（如接触器、继电器）常采用银质材料作为触点，这是因为银的氧化膜电阻率与纯银相似，可以避免因触点表面氧化膜电阻率增加造成的接触不良。

触点的结构有桥式和指式两类，图 2-4 所示为桥式结构。桥式触点又分为点接触式和面接触式，点接触式适用于电流不大的场景，面接触式适用于电流较大的场景。因桥式触点在接通与分断时产生滚动摩擦，可以去掉氧化膜，故其触点可以用紫铜制造，特别适合于触点分合次数多、电流大的场景。

3. 灭弧系统

触点在分断电流瞬间，在触点间的气隙中就会产生电弧，电弧的高温能将触点烧损，并可能造成其他事故，因此应采用适当措施迅速熄灭电弧。

电弧形成的过程是：当触点间刚出现断口时，两触点间距离极小，电场强度极大，在高热和强电场作用下，金属内部的自由电子从阴极表面逸出，奔向阳极，这些自由电子在电场中运动时撞击其他中性气体分子。因此，在触点间隙中产生了大量的带电粒子，使气体导电形成了炽热的电子流，即电弧。

对于低压控制电器，工业现场中常用的灭弧方法有：

【机械灭弧】通过机械装置将电弧迅速拉长。这种方法多用于开关电器中。

【磁吹灭弧】在一个与触点串联的磁吹线圈产生的磁场作用下，电弧受电磁力的作用而拉长，被吹入由固体介质构成的灭弧罩内，与固体介质接触后冷却而熄灭。

【窄缝（纵缝）灭弧法】在电弧所形成的磁场电动力的作用下，电弧拉长并进入灭弧罩的窄（纵）缝中，几条纵缝可将电弧分割成数段，让其与固体介质面相接触，电弧便迅速熄灭。这种结构多用于交流接触器上。

【栅片灭弧法】当触点分开时，产生的电弧在电动力的作用下被推入一组金属栅片中而被分割成数段，彼此绝缘的金属栅片中的每一片都相当于一个电极，因而就有许多个阴阳极压降。对交流电弧来说，近阴极处，在电弧过零时就会出现一个 150~250V 的介质强度，使电弧无法继续维持而熄灭。由于栅片灭弧效应在交流条件下要比直流条件下强得多，所以交流电器常常采用栅片灭弧，如图 2-5 所示。

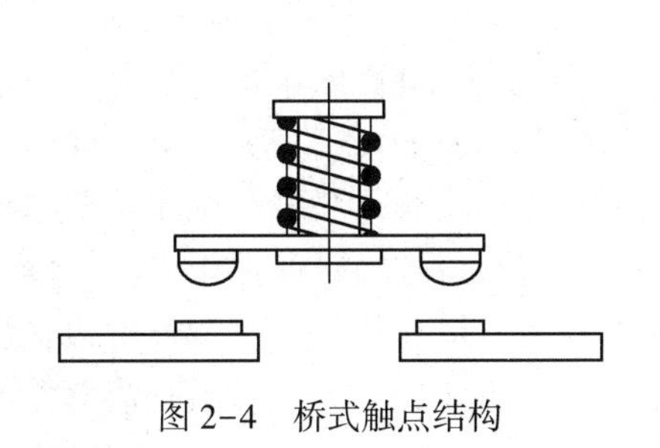

图 2-4　桥式触点结构

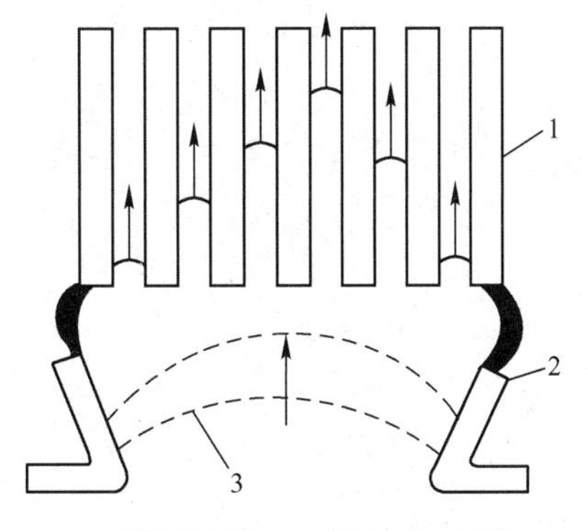

1—灭弧栅片；2—触点；3—电弧

图 2-5　金属栅片灭弧示意图

2.2　开关电器

常用的开关电器包括低压刀开关、组合开关和低压断路器（自动开关）。

2.2.1 低压刀开关

低压刀开关（也称为闸刀开关）是一种手动电器，主要用来手动接通与断开交、直流电路，通常只作隔离开关使用，也可用于不频繁地接通与分断额定电流以下的负载，如小型电动机、电阻炉等。

选择刀开关时应考虑以下两个方面：

【刀开关结构形式的选择】 应根据刀开关的作用和装置的安装形式来选择是否带灭弧装置等，若分断负载电流，应选择带灭弧装置的刀开关。根据装置的安装形式来选择是正面、背面还是侧面操作形式，是直接操作还是杠杆传动，是板前接线还是板后接线。

【刀开关额定电流的选择】 一般应等于或大于所分断电路中各个负载额定电流的总和。对于电动机负载，应考虑其起动电流，所以应选用额定电流大一级的刀开关。若再考虑电路出现的短路电流，还应选用额定电流更大一级的刀开关。

QA 系列、QF 系列、QSA（HH15）系列隔离开关用于低压配电中，HY122 带有明显断口的数模化隔离开关，广泛用于楼层配电、计量箱、终端组电器中。

HR3 熔断器式刀开关具有刀开关和熔断器的双重功能，采用这种组合开关电器可以简化配电装置结构，经济实用，越来越广泛地用于低压配电屏上。

HK1、HK2 系列开启式负荷开关（塑壳刀开关），用作电源开关和小容量电动机非频繁起动的操作开关。

HH3、HH4 系列封闭式负荷开关（铁壳开关），操作机构具有速断弹簧与机械联锁，用于非频繁起动、28kW 以下的三相异步电动机。

低压刀开关分为单极、双极和三极 3 种。在低压刀开关上再安装熔丝或熔断器，组成兼有通、断电路和保护作用的开关电器，如塑壳刀开关、熔断式刀开关等。

1. 塑壳刀开关

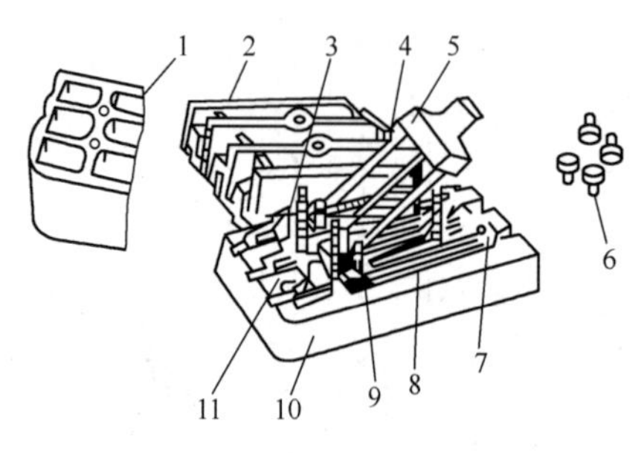

1—上胶盖；2—下胶盖；3—插座；4—触刀；5—手柄；6—胶盖紧固螺母；7—出线座；8—熔丝；9—触刀座；10—瓷底板；11—进线座

图 2-6 塑壳刀开关的结构

塑壳刀开关是一种结构最简单、应用最广泛的手动电器，它主要用于频率为 50Hz，电压小于 380V，电流小于 60A 的电力线路中，一般作为照明、电热等回路的控制开关，也可用作分支线路的配电开关和小容量的电动机非频繁起动的操作开关，熔丝起过载短路保护作用。

塑壳刀开关由操作手柄、熔丝、触刀、触点座和底座组成，如图 2-6 所示。塑壳使电弧不致飞出灼伤操作人员，防止极间电弧造成电源短路。

刀开关安装时，手柄要向上，不得倒装或平装。倒装时手柄有可能因自动下滑而引起误合闸，造成人身安全事故。接线时，应将电源线接在上端，负载接在熔丝下端。这样拉闸后刀开关与电源隔离，便于更换熔丝。

常用的塑壳刀开关有 HK1、HK2 系列。HK2 系列塑壳刀开关的技术数据见表 2-1。

表 2-1 HK2 系列塑壳刀开关的技术数据

额定电压/V	额定电流/A	极数	熔体极限分断电流/A	控制电动机功率/kW	机械寿命（万次）	电寿命（万次）
250	10	2	500	1.1	10 000	2000
	15		500	1.5		
	30		1000	3.0		
380	15	3	500	2.2	10 000	2000
	30		1000	4.0		
	60		1500	5.5		

2. 熔断器式刀开关

熔断器式刀开关适用于配电线路，用作电源开关、隔离开关和应急开关，并可作电路保护之用，但一般不用于直接接通、断开电动机。常用的型号有 HR3、HR10、HR11 系列。

以 HR3 系列为例，其型号的具体含义如图 2-7 所示。

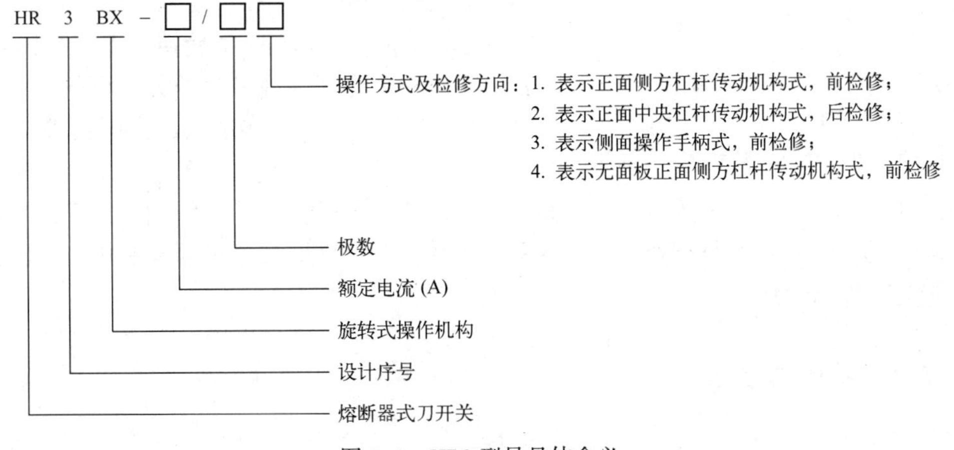

图 2-7 HR3 型号具体含义

HR3 熔断器式刀开关中的熔断器为 NT 型低压高分断型熔断器，其分断能力高达 1kA。

HR3 系列开关由底座和盖两大部分组成。底座由钢板制成，其上装有插座组、灭弧室和极间隔板。开关底座两侧装有储能弹簧，使开关具有快速闭合和断开的功能。灭弧室具有防止电弧吹向操作者和防止发生短路的作用。

有熔断装置的开关侧面还装有行程开关，当某相熔断体熔断时，熔断撞击器弹出，通过传动轴触动行程开关，以便发出信号或切断电动机控制电路，防止电动机缺相运行。HR3 系列熔断器式刀开关的主要技术参数见表 2-2。

表 2-2 HR3 系列熔断器式刀开关的主要技术参数

额定绝缘电压/V	660			
额定工作电压/V	380		660	
约定发热电流/A	100	200	400	630

续表

配用熔体电流/A	4～160	80～250	125～400	315～630
	熔断器型号：RT□（系列引进德国 AEG 公司 NT 型）			
额定电压/V	500，600			
约定发热电流/A	100	200	400	630
可配熔断体额定电流/A	4，6，10，15，20，25，32，40，35，50，63，80，100，125，160	80，100，125，160，200，224，250	125，160，224，250，300，315，355，400	315，355，400，425，500，630

2.2.2 组合开关

组合开关在机床电气设备中用作电源引入开关，也可用来直接控制小容量三相异步电动机非频繁正/反转。组合开关其实也是一种闸刀开关，不过它的刀片（动触片）是转动式的，比刀开关轻巧且组合性强，能组成各种不同线路。

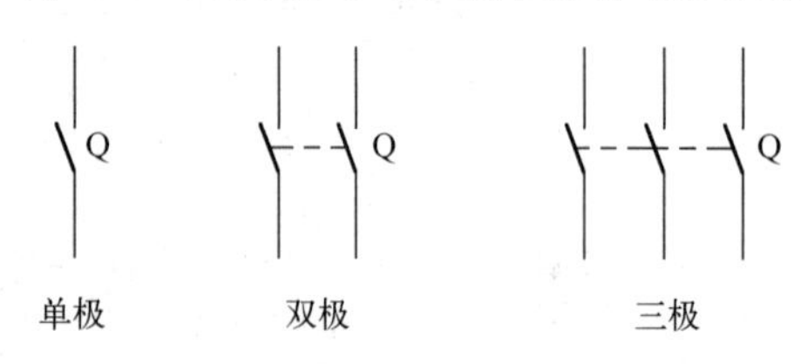

图 2-8 组合开关的图形和文字符号

组合开关由动触片、静触片、方形转轴、手柄、定位机构和外壳组成。动触片装在附加有手柄的绝缘方轴上，方轴随手柄旋转，于是动触片也随方轴转动并变更其与静触片的分、合位置。所以，组合开关实际上是一个多触点、多位置式，可以控制多个回路的开关电器。

组合开关分为单极、双极和多极 3 类，其图形和文字符号如图 2-8 所示。其主要参数有额定电压、额定电流、允许操作频率、极数、可控制电动机最大功率等。其中，额定电流为 10A、20A、40A 和 60A 等。

2.2.3 低压断路器

低压断路器（又称自动空气断路器或自动开关）可用来分配电能，还可以对电源线路及电动机等实行保护，当它们发生严重的过载或短路及欠电压等故障时能自动切断电路。其功能相当于熔断器式断路器与过电流、欠电压、热继电器等的组合，而且，低压断路器在分断故障电路后一般不需要更换零部件，因而获得了广泛的应用。低压断路器的内部结构如图 2-9 所示。从结构看，低压断路器有框架式（万能式）和塑料外壳式（装置式）两类。框架式断路器为敞开式结构，适用于大容量配电装置，主要型号有 DW10 和 DW15 两个系列。DW15 系列断路器的外形图如图 2-10 所示。塑料外壳式断路器的特点是外壳用绝缘材料制作，具有良好的安全性，广泛用于电气控制设备及建筑物内的电源线路保护，以

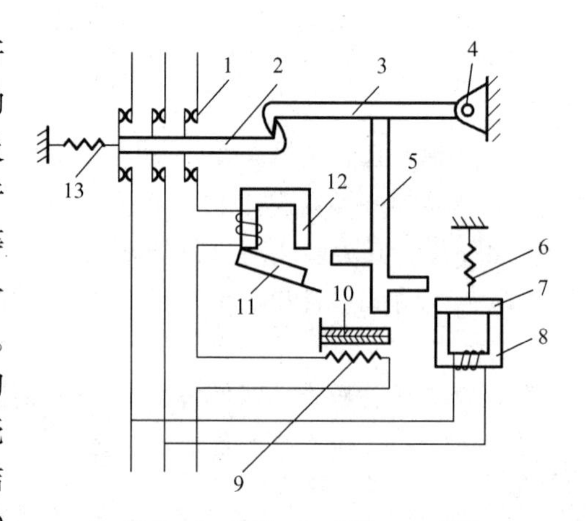

1—触点；2—锁键；3—搭钩；4—转轴；5—杠杆；6—弹簧；7—衔铁；8—欠电压脱扣器；9—加热电阻丝；10—热脱扣器双金属片；11—衔铁；12—过电流脱扣器；13—分闸弹簧

图 2-9 低压断路器的内部结构

及对电动机进行过载和短路保护，主要型号有 DZ5、DZ10、DZ20 等系列。DZ10 系列断路器的外形图如图 2-11 所示。

低压断路器的图形、文字符号如图 2-12 所示。我国新研制的 DZ20 系列低压断路器的型号含义如图 2-13 所示。

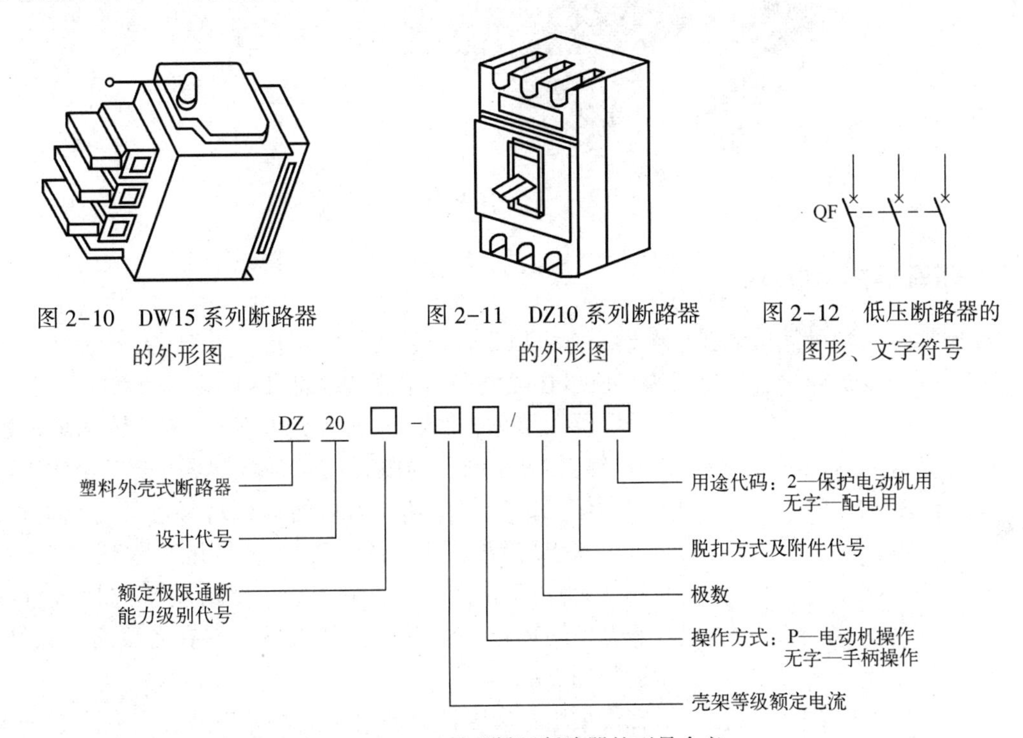

图 2-10　DW15 系列断路器的外形图

图 2-11　DZ10 系列断路器的外形图

图 2-12　低压断路器的图形、文字符号

图 2-13　DZ20 系列低压断路器的型号含义

低压断路器的主要参数有额定电压、额定电流、极数、脱扣器类型、脱扣器额定电流与其整定范围、电磁脱扣器整定范围、主触点的分断能力等。

2.3　熔断器

1. 熔断器的种类

熔断器按其结构形式有插入式、螺旋式、有填料密封管式、无填料密封管式等，品种规格很多。在电气控制系统中经常选用螺旋式熔断器，它有分断指示明显和不用任何工具就可取下或更换熔体等优点。最近推出的新产品有 RL6、RL7 系列，可以取代老产品 RL1、RL2 系列；RLS2 是快速熔断器，用以保护半导体硅整流元件及晶闸管，可取代老产品 RLS1 系列。RT12、RT15、NGT 等系列是有填料密封管式熔断器，瓷管两端铜帽上焊有连接板，可直接安装在母线排上；RT12、RT15 系列带有熔断指示器，熔断时红色指示器弹出。RT14 系列熔断器（其外形图如图 2-14 所示）带有撞击器，熔断时撞击器弹出，既可作为熔断信号指示标志，也可触动微动开关以切断接触器线圈电路，使接触器断电，实现三相电动机的断相保护。

图 2-14　RT14 熔断器外形图

2. 熔断器的工作原理

熔断器是一种最简单的保护电器，它可以实现过载和短路保护。由于它结构简单、体积小、重量轻、维护简单、价格低廉，所以在强电和弱电系统中都获得了广泛的应用。

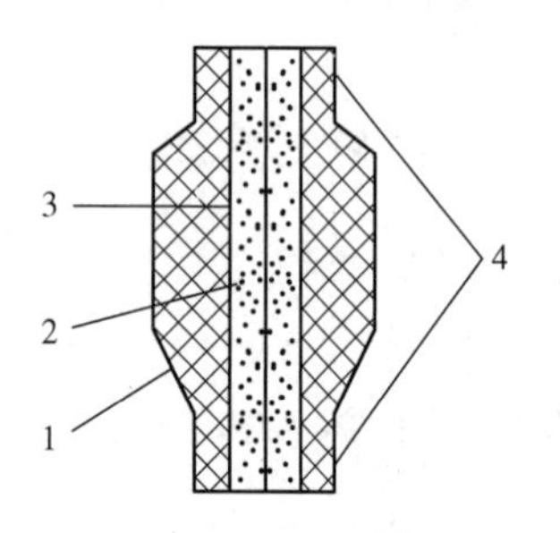

1—绝缘管；2—填料；
3—熔体；4—导电触点
图 2-15　熔断器的构造

熔断器由熔体、填料（或者无填料）、绝缘管和导电触点等组成，熔体是熔断器的核心，因为熔断器主要靠熔体受电流的热作用熔化来断开电路，所以熔体的材料应具有以下性质：熔点低、易于熔断、导电性能好、不易氧化、易于加工。熔体通常用低熔点的铅锡合金、锌、铜、银的丝状或片状材料制成，新型的熔体通常设计成灭弧栅状，具有变截面片状结构。其构造如图 2-15 所示。

在使用中，熔断器与被保护的电路串联。当电路中发生过载或短路时，如果通过熔体的电流达到或超过了某一定值，熔体上产生的热量会使其温度达到熔体的熔点，于是熔体熔断，分断故障电路，以保护电路和设备。这样，熔体以局部的损坏保护了整个电路中的设备，可谓“损坏得其所”。

选择熔断器主要是选择熔断器的类型、额定电压、额定电流及熔体的额定电流。熔断器的类型应根据线路要求和安装条件来选择。熔断器的额定电压应大于或等于线路的工作电压。熔断器的额定电流应大于或等于熔体的额定电流。熔体额定电流的选择是熔断器选择的核心，其选择方法如下：

对于如照明线路等没有冲击电流的负载，应使熔体的额定电流等于或稍大于电路的工作电流，即

$$I_{fu} \geqslant I_{电路}$$

式中，I_{fu}为熔体的额定电流；$I_{电路}$为电路的工作电流。

对于电动机一类的负载，应考虑起动冲击电流的影响，按下式计算：

$$I_{fu} \geqslant (1.5 \sim 2.5) I_N$$

式中，I_N为电动机的额定电流。

对于多台电动机，如果由一个熔断器保护，则熔体的额定电流应按下式计算：

$$I_{fu} \geqslant (1.5 \sim 2.5) I_{Nmax} + \sum I_N$$

式中，I_{Nmax}为容量最大的一台电动机的额定电流；$\sum I_N$为其余电动机额定电流的总和。

熔断器的图形及文字符号如图 2-16 所示。

3. 熔断器的主要参数

【保护特性曲线】 熔断器的保护特性曲线也称为安-秒特性曲线，表征流过熔体的电流与熔体的熔断时间的关系，是熔断器的主要参数之一。横坐标用电流 I 表示，纵坐标用时间 t 表示，如图 2-17 所示。由特性曲线可以看出，流过熔体的电流越大，熔断所需的时间越短。在熔断器的保护特性曲线中，有一个熔断电流与不熔断电流的分界线，该分界线处的电流叫作最小熔化电流。当熔体中通过的电流等于该电流值时，熔体能够达到其稳定温度且熔断，而当通过比该电流值略小一点的电流时，则无法使熔体熔断。从理论上讲，熔体达到稳定温度所需的时间为无限大，最小熔断电流用符号 I_R 表示。

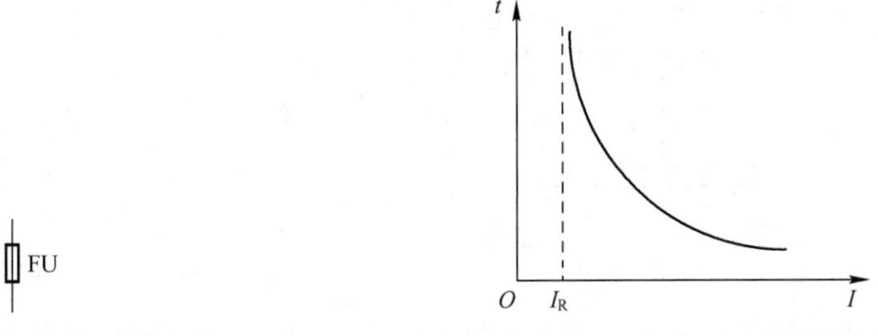

图 2-16　熔断器的图形及文字符号　　图 2-17　熔断器的保护特性曲线

【极限分断能力】 是指熔断器在额定电压和功率因数（或时间常数）下切断短路电流的极限能力，所以常用极限断开电流值来表示。从发生短路开始到短路电流达到其最大值为止，需要一段时间，这段时间的长短取决于电路的参数。如果熔断器的熔断时间小于这段时间，则电路中的短路电流在还没有达到最大值之前就被切断。这时，熔断器起了“限流作用”。

【额定电压】 是指熔断器长期工作时和分断后能够承受的电压，其值一般等于或大于电气设备的额定电压。

【额定电流】 是指熔断器长期工作时，各部件温升不超过规定值时所能承受的电流。厂家为了减少熔断管额定电流的规格，熔断管的额定电流等级比较少，而熔体的额定电流等级比较多，即在一个额定电流等级的熔断管内可以分装几个额定电流等级的熔体，但熔体的额定电流最大不超过熔断管的额定电流。

综上所述，熔断器的主要技术参数是安-秒特性曲线和分断能力，它们都是熔断器在保护方面的要求。其中安-秒特性曲线提供过载保护服务，而分断能力提供短路保护服务。

2.4　主令电器

主令电器是一种通过闭合和断开控制电路来发布命令的电器。控制系统中，主令电器专门发布命令、直接或通过电磁式电器间接作用于控制电路。主令电器常用来控制电力拖动系统中电动机的起动、停车、调速及制动等。

主令电器应用广泛，种类繁多，常用的主令电器有控制按钮、行程开关、接近开关、万能转换开关、主令控制器及其他主令电器，如脚踏开关、倒顺开关、紧急开关、钮子开关等。本节仅介绍几种常用的主令电器。

2.4.1 控制按钮

控制按钮是一种结构简单、使用广泛的手动主令电器，主要用于远距离操纵接触器、继电器等电磁装置，常用于各种信号电路和电气联锁电路。

控制按钮一般由按钮、复位弹簧、触点和外壳等部分组成。其结构如图 2-18 所示，图形及文字符号如图 2-19 所示。

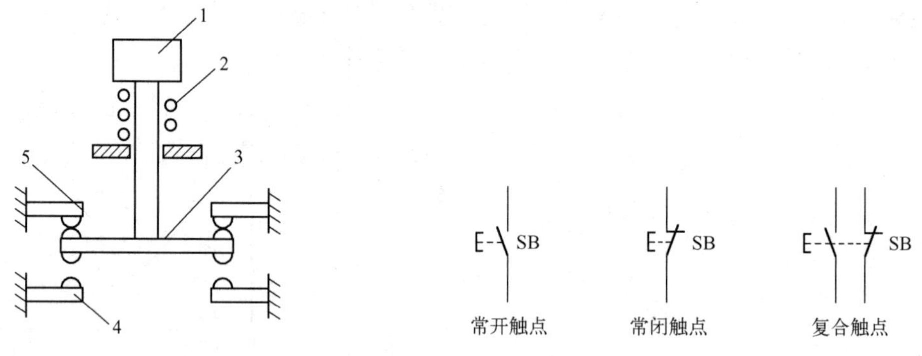

1—按钮；2—复位弹簧；3—动触点；4—常开触点；5—常闭触点

图 2-18 控制按钮结构示意图

图 2-19 控制按钮的图形及文字符号

当按下控制按钮时，先断开常闭触点，然后接通常开触点。控制按钮释放后，在复位弹簧作用下使触点复位。

控制按钮在结构上有按钮式、紧急式、钥匙式、旋钮式和保护式 5 种，可根据使用场合和具体用途来选用。

控制按钮可制作成单个按钮、两个按钮和 3 个按钮的形式。为便于识别各个按钮的作用，避免误操作，通常在按钮上标注不同的标志或涂上不同颜色（如红、黄、蓝、白、绿、黑等，一般红色表示停止，绿色或黑色表示起动）。

2.4.2 行程开关

行程开关主要用于检测工作机械的位置，发出命令以控制其运动方向或行程长短。如一些机床（刨床、铣床）上的直线运动部件，当它们到达边缘位置时，应能自动停止或反转，还有一些机械要求在到达行程中的某个位置时，能自动改变运动的速度，这时我们就可以考虑用行程开关来实现。

行程开关按结构可分为机械结构式和电气结构式，其中机械结构式行程开关为接触式有触点的行程开关，而电气结构式行程开关为非接触式的接近开关。接触式行程开关靠移动物体碰撞行程开关的操动头而使行程开关的常开触点接通和常闭触点分断，从而实现对电路的控制作用，其结构如图 2-20 所示。行程开关的触点在电路图中的图形符号如图 2-21 所示。

行程开关的分类：行程开关按动作速度分为瞬动和慢动；按操作形式分为直杆式、直杆滚轮式、转臂式、方向式、叉式、铰链杠杆式等；按用途分为一般用途行程开关、起重设备用行程开关及微动开关等多种。常用行程开关的型号有 LX19 系列、新产品 LXK3 系列和 LXW5 系列微动开关等。

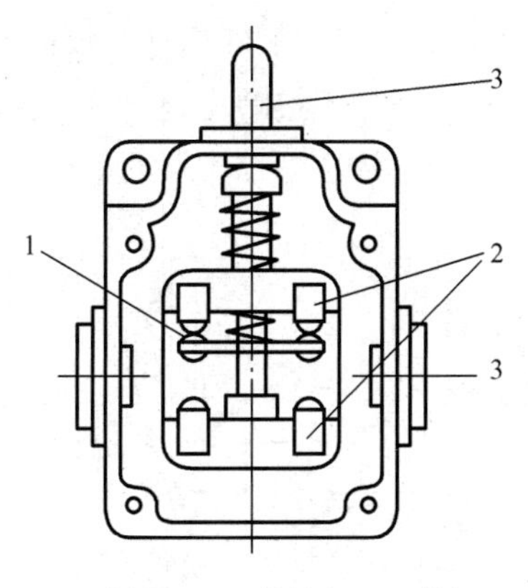

1—动触点；2—静触点；3—推杆

图 2-20　直动式行程开关结构图

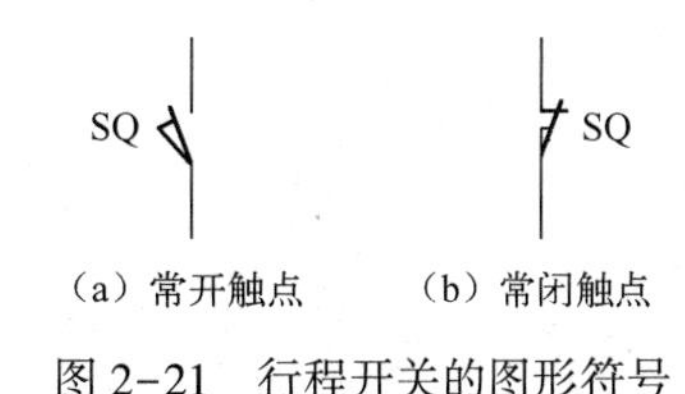

（a）常开触点　（b）常闭触点

图 2-21　行程开关的图形符号

近年来，由于半导体元件的出现，产生了一种非接触式的行程开关，即接近开关。它不但可使微动开关、行程开关实现无接触、无触点化，而且还可用作高速脉冲发生器、高速计数器等。因为接近开关具有定位精度高、操作频率高、寿命长、耐冲击振荡、耐潮湿、能适应恶劣工作环境等优点，所以在工业生产中逐渐得到推广应用。

2.4.3　万能转换开关

万能转换开关用于自动开关器、高压油断路器等操作机构的合闸控制，电磁控制站中线路的换接以及电流、电压换相测量等。因为换接的线路很多，用途又广泛，所以称之为万能转换开关。

万能转换开关由接触系统、操作机构、转轴手柄、齿轮啮合机构等主要部件组成，用螺柱组装成整体。它是一种多挡位、多段式、控制多回路的主令电器，当操作手柄转动时，带动开关内部的凸轮转动，从而使触点按规定顺序闭合或断开。

万能转换开关一般用于交流 500V、直流 440V、约定发热电流 20A 以下的电路中，常用的万能转换开关有 LW5、LW6 系列，LW5 系列万能转换开关如图 2-22 所示。

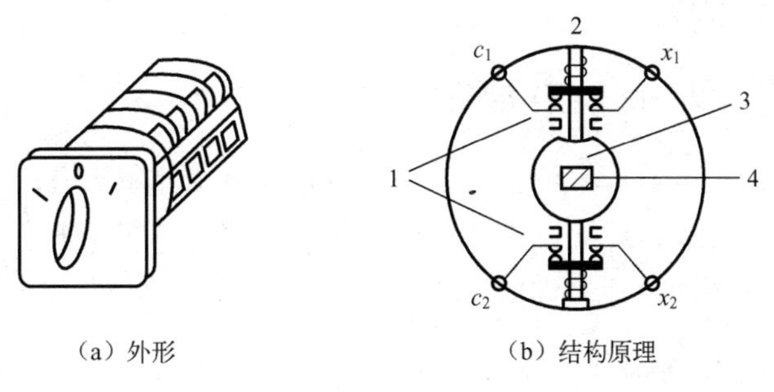

（a）外形　（b）结构原理

1—触点；2—触点弹簧；3—凸轮；4—转轴

图 2-22　LW5 系列万能转换开关

2.4.4　主令开关

主令开关广泛应用于控制线路中，它是按照预定程序转换控制电路接线的主令电器。主令开关多用于较为烦琐的多路控制电路中，对电动机的起动、制动和调速等进行远距离控制。它一般由触点、凸轮块、定位机构、转动轴、面板及其支承件等部分组成。它操作轻便，允许每小时接电次数较多，触点为双断点的桥式结构，适用于按顺序操作多个控制回路。主令控制器的外形图如图 2-23（a）所示。图 2-23（b）所示为主令控制器的结构原理。

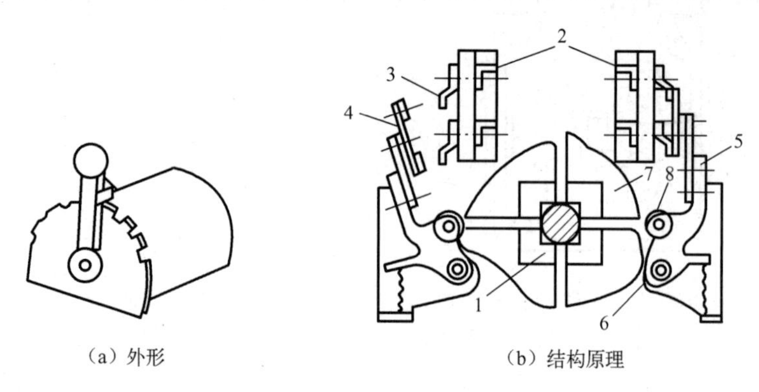

（a）外形　　（b）结构原理

1、7—凸轮块；2—接线端子；3—静触点；4—动触点；5—支杆；6—转动轴；8—小轮

图 2-23　主令控制器

常用的主令控制器有 LK5 和 LK6 系列，其中 LK5 系列有直接手动操作、带减速器的机械操作与电动机驱动等 3 种形式的产品。LK6 系列由同步电动机和齿轮减速器组成定时元件，由此元件按预先规定的时间顺序，周期性地分合电路。

2.5　接触器

接触器是一种可频繁接通或断开交直流主电路、大容量控制电路等大电流电路的自动切换电器。接触器不仅能自动切换电路，还具有手动开关所缺乏的远距离操作功能和失电压及欠电压保护功能。接触器成本低，主要用于控制电动机、电热设备、电焊机、电容器组等，是电力拖动自动控制电路中使用最广泛的一种低压电器。接触器按控制的电流种类可分为交流接触器和直流接触器两种。

2.5.1　接触器的结构和工作原理

接触器可分为交流接触器和直流接触器，直流接触器主要用于电压 440V、电流 600A 以下的直流电路，其结构与工作原理基本上与交流接触器相同。在本书中，主要以交流接触器为例来说明接触器的结构和工作原理。

1. 交流接触器的基本结构

【电磁机构】 交流接触器的电磁机构由铁心（两侧柱端部嵌有短路环）、电磁线圈、衔铁、反作用力弹簧和缓冲弹簧等组成。

【触点系统】 交流接触器的触点可分为主触点和辅助触点。主触点用于接通、断开电流较大的负荷电路。所以，主触点截面积较大，一般为平面型。辅助触点截面积较小，一般为球面型，用于接通、断开控制电路等。交流接触器的主触点多为常开触点，辅助触点则有常开触点及常闭触点两种。

【灭弧装置】交流接触器的主触点在切断具有较大感性负荷的电路时，动、静触点间会产生强烈的电弧，灭弧装置可使电弧迅速熄灭，减轻电弧对触点的烧蚀和防止相间短路。交流接触器的灭弧装置有栅片灭弧、电动力灭弧、纵缝灭弧、磁吹灭弧等几种。图 2-24 所示为交流接触器的结构剖面示意图。

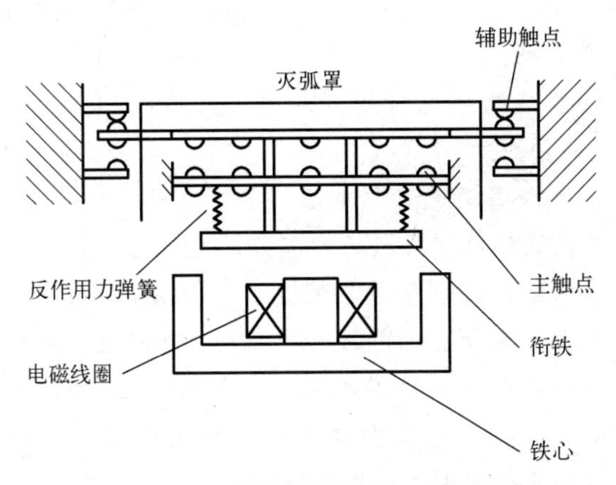

图 2-24　交流接触器的结构剖面示意图

2. 交流接触器的工作原理

当交流接触器线圈通电后，在铁心中产生磁通。由此在衔铁气隙处产生吸力，使衔铁产生闭合动作，主触点在衔铁的带动下也闭合，于是接通了主电路。同时衔铁还带动辅助触点动作，使原来打开的辅助触点闭合，而使原来闭合的辅助触点打开。当线圈断电或电压显著降低时，吸力消失或减弱，衔铁在反作用力弹簧的作用下打开，主、辅触点又恢复到原来状态。这就是接触器的工作原理。

2.5.2　接触器的主要技术参数及型号含义

1. 额定电压

【额定电压】接触器铭牌额定电压是指主触点上的额定电压。通常用的电压等级为：

☺ 直流接触器：110V、220V、440V、660V 等。

☺ 交流接触器：127V、220V、380V、500V 等。如某负载是 380V 的三相感应电动机，则应选 380V 的交流接触器。

【额定工作电压】额定工作电压与额定工作电流共同决定接触器使用条件的电压值，接触器的接通与分断能力、工作制种类以及使用类别等技术参数都与额定工作电压有关。对于多相电路来说，额定工作电压是指电源相间电压（即线电压）。另外，接触器可以根据不同的工作制和使用类别规定许多组额定工作电压和额定电流的数值。例如，CJ10-40 型交流接触器，额定电压为 220V 时可控制 11kW 的电动机，额定电压为 380V 时可控制 20kW 的电动机。

【额定绝缘电压】额定绝缘电压是与介电性能试验、电气间隙和爬电距离有关的一个名义电压值，除非另有规定，额定绝缘电压是接触器的最大额定工作电压。在任何情况下，额定工作电压不得超过额定绝缘电压。

2. 额定电流

【额定电流】 接触器铭牌额定电流是指主触点的额定电流。通常用的电流等级为：

☺ 直流接触器：25A、40A、60A、100A、250A、400A、600A 等。

☺ 交流接触器：5A、10A、20A、40A、60A、100A、150A、250A、400A、600A 等。

上述电流是指接触器安装在敞开式控制屏上，触点工作不超过额定温升，负载为间断–长期工作制（指接触器连续通电时间不超过 8h）时的电流值。

【额定工作电流】

☺ 触点额定工作电流：根据额定工作电压、额定功率、额定工作制、使用类别以及外壳防护形式等所决定的保证接触器正常工作的电流值。

☺ 辅助触点额定工作电流：辅助触点额定工作电流是考虑到额定工作电压、额定操作频率、使用类别以及电寿命而规定的辅助触点的电流值，一般不大于 5A。

☺ 使用类别：使用类别是根据接触器的不同控制对象在运行过程中各自不同的特点而规定的。不同使用类别的接触器对接通、分断能力以及电寿命的要求是不一样的。常见接触器使用类别及其典型用途如表 2–3 所示。

表 2–3 常见接触器使用类别及其典型用途

形 式	触点类别	使用类别	用 途
交流接触器	接触器主触点	AC–1	无感或低感负载、电阻炉
		AC–2	绕线型感应电动机的起动、分断
		AC–3	笼型感应电动机的起动、运转中分断
		AC–4	笼型感应电动机的起动、反接制动或反向运转、点动
	接触器辅助触点	AC–11	控制交流电磁铁
		AC–14	控制小容量电磁铁负载
		AC–15	控制容量在 72V · A 以上的电磁铁负载
直流接触器	接触器主触点	DC–1	无感或低感负载、电阻炉
		DC–3	并励电动机的起动、反接制动或反向运转、点动，电动机在动态中分断
		DC–4	串励电动机的起动、反接制动或反向运转、点动，电动机在动态中分断
	接触器辅助触点	DC–11	控制直流电磁铁
		DC–13	控制直流电磁铁
		DC–14	控制电路中有经济电阻的直流电磁铁负载

3. 线圈的额定电压

通常用的电压等级为：

☺ 直流线圈：24V、48V、220V、440V。

☺ 交流线圈：36V、127V、220V、380V。

4. 额定操作频率、电寿命和机械寿命

额定操作频率是指每小时接通次数。根据使用条件，操作频率有 150 次/h、300 次/h、

600 次/h、1200 次/h。交流接触器的操作频率最高为 600 次/h；直流接触器可高达 1200 次/h。电寿命是指接触器主触点在额定条件下带电操作直到损坏不能继续工作时的极限操作次数。机械寿命则是指接触器在不需修理或更换机械零件条件下所能承受的无负载操作次数。

5. 辅助触点（联锁触点）

辅助触点用于接通与分断控制电路。我国标准规定，额定电流为 150A 及以下的接触器具有两个常开和两个常闭的辅助触点，而额定电流超过 150A 的接触器具有三个常开和三个常闭的辅助触点。辅助触点应该具有一定的接通分断能力。

CJ20 系列交流接触器主要技术参数如表 2-4 所示。

表 2-4　CJ20 系列交流接触器主要技术参数

型　号	频率/Hz	辅助触点额定电流/A	吸引线圈电压/V	主触点额定电流/A	额定电压/V	可控制电动机最大功率/kW
CJ20-10	50	5	36、127 220、380	10	380/220	4/2.2
CJ20-16				16	380/220	7.5/4.5
CJ20-25				25	380/220	11/5.5
CJ20-40				40	380/220	22/11
CJ20-63				63	380/220	30/18
CJ20-100				100	380/220	50/28
CJ20-160				160	380/220	85/48
CJ20-250				250	380/220	132/80
CJ20-400				400	380/220	220/115

6. 接触器的型号及含义

接触器的型号及含义如图 2-25 所示。

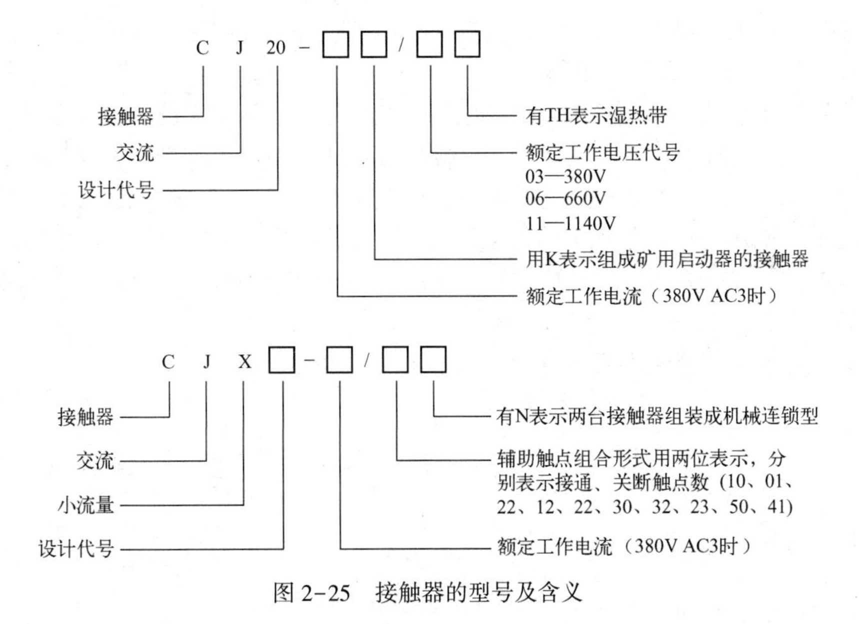

图 2-25　接触器的型号及含义

7. 接触器的图形和文字符号

接触器在电路图中的图形和文字符号如图 2-26 所示。

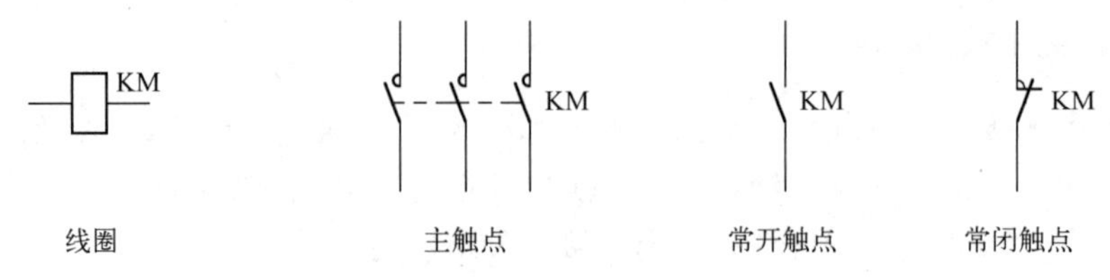

图 2-26　接触器的图形和文字符号

2.6　继电器

继电器主要用于在控制与保护电路中转换信号。它具有输入电路（又称感应元件）和输出电路（又称执行元件）。当感应元件中的输入量（如电流、电压、温度、压力等）变化到某一定值时继电器动作，执行元件便接通和断开控制回路。

控制继电器种类繁多，常用的有电流继电器、电压继电器、中间继电器、时间继电器、热继电器，以及温度、压力、计数、频率继电器等，下面对经常使用的几种继电器进行简单介绍。

2.6.1　电流继电器、电压继电器

根据输入（线圈）电流大小而动作的继电器称为电流继电器。电流继电器按用途还可以分为过电流继电器和欠电流继电器。过电流继电器的任务是当电路发生短路及过电流时立即将电路切断，因此过电流继电器线圈通过的电流小于整定电流时继电器不动作，只有通过电流超过整定电流时，继电器才动作。过电流继电器动作电流整定范围：交流过流继电器为（110%~350%）I_N，直流过流继电器为（70%~300%）I_N。欠电流继电器的任务是当电路电流过低时立即将电路切断，因此欠电流继电器线圈通过的电流大于或等于整定电流时，继电器吸合。只有电流低于整定电流时，继电器才释放。欠电流继电器动作电流整定范围：吸合电流为（30%~50%）I_N，释放电流为（10%~20%）I_N，欠电流继电器一般是自动复位的。

与此类似，电压继电器是根据输入电压大小而动作的继电器。过电压继电器动作电压整定范围为（105%~120%）U_N。欠电压继电器吸合电压调整范围为（30%~50%）U_N，释放电压调整范围为（7%~20%）U_N。

电磁式电压及电流继电器在电路中的图形和文字符号如图 2-27 所示。

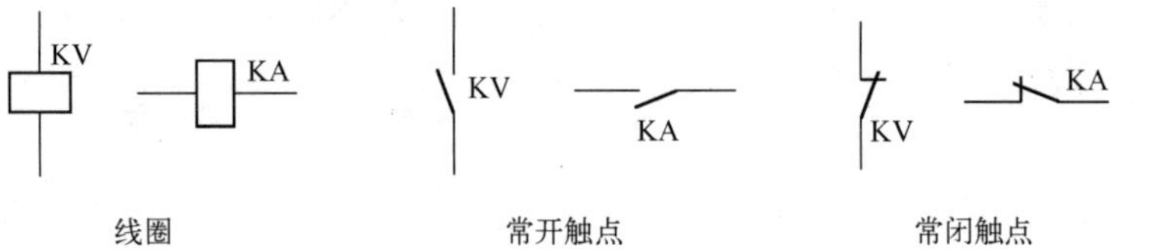

KV　KA　KV　KA　KV　KA

线圈　　常开触点　　常闭触点

图 2-27　电磁式继电器的图形和文字符号

2.6.2　时间继电器

从得到输入信号（线圈的通电或断电）开始，经过一定的延时后才输出信号（触点的闭合或断开）的继电器，称为时间继电器。时间继电器的种类很多，常用的有空气式、电动式、电子式等。

1）空气式时间继电器　它由电磁机构、工作触点及气室三部分组成，它的延时是靠空气的阻尼作用来实现的。常见的型号有 JS7-A 系列，按其控制原理有通电延时和断电延时两种类型。图 2-28 所示为 JS7-A 型空气阻尼式时间继电器的工作原理图。

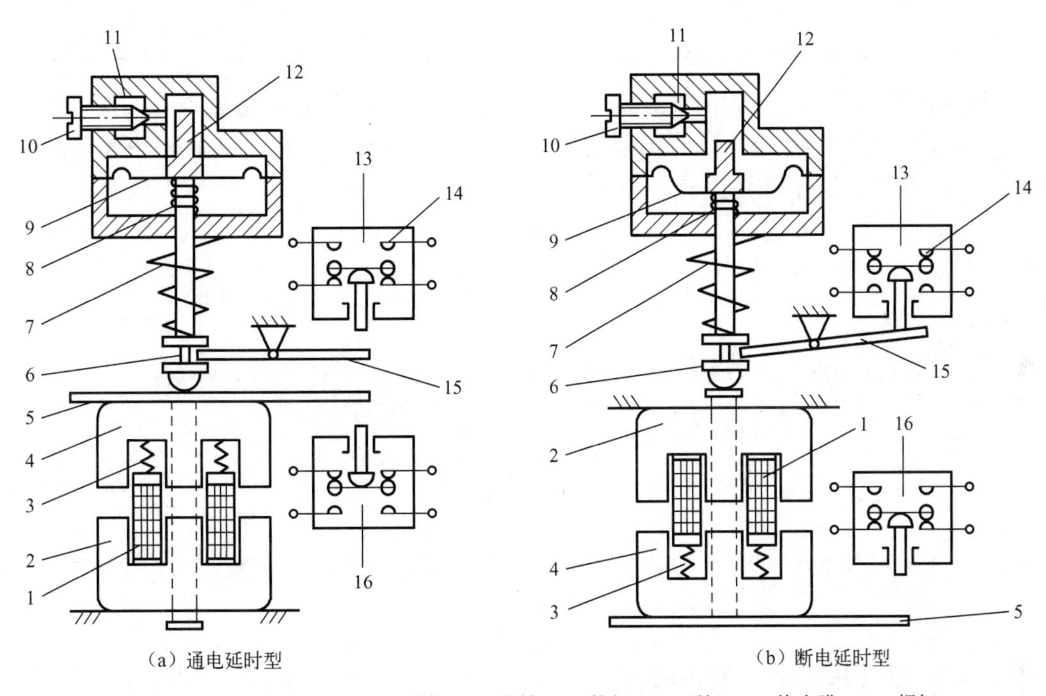

1—线圈；2—静铁心；3、7、8—弹簧；4—衔铁；5—推板；6—顶杆；9—橡皮膜；10—螺钉；11—进气孔；12—活塞；13、16—微动开关；14—延时触点；15—杠杆

图 2-28　JS7-A 型空气阻尼式时间继电器工作原理图

当通电延时型时间继电器的电磁铁线圈 1 通电后，将衔铁吸下，于是顶杆 6 与衔铁间出现一个空隙，当与顶杆相连的活塞在弹簧 7 的作用下由上向下移动时，在橡皮膜上面形成空气稀薄的空间（气室），空气由进气孔逐渐进入气室，活塞因受到空气的阻力，不能迅速下降，在降到一定位置时，杠杆 15 使延时触点 14 动作（常开触点闭合，常闭触点断开）。线圈断电时，弹簧使衔铁和活塞等复位，空气经橡皮膜与顶杆 6 之间推开的气隙迅速排出，触点瞬时复位。

断电延时型时间继电器与通电延时型时间继电器的原理与结构均相同，只是将通电延时型时间继电器的电磁机构翻转 180°安装，即为断电延时型。

空气阻尼式时间继电器有延时时间为 0.4～180s 和 0.4～60s 两种规格，具有延时范围较宽、结构简单、工作可靠、价格低廉、寿命长等优点，是机床交流控制线路中常用的时间继电器。

表 2-5 所示为 JS7-A 型空气阻尼式时间继电器技术数据，其中 JS7-2A 型和 JS7-4A 型

既带有延时动作触点，又带有瞬时动作触点。

表 2-5　JS7-A 型空气阻尼式时间继电器技术数据

型　号	触点额定容量		延时触点对数				瞬时动作触点数量		线圈电压/V	延时范围/s
	电压/V	电流/A	线圈通电延时		断电延时					
			常开	常闭	常开	常闭	常开	常闭		
JS7-1A	380	5	1	1					交流 36、127、220、380	0.4~60 及 0.4~180
JS7-2A			1	1			1	1		
JS7-3A					1	1				
JS7-4A					1	1	1	1		

按照通电延时和断电延时两种形式，空气阻尼式时间继电器的延时触点有：延时断开常开触点、延时断开常闭触点、延时闭合常开触点和延时闭合常闭触点。时间继电器的图形符号如图 2-29 所示，文字符号为 KT。

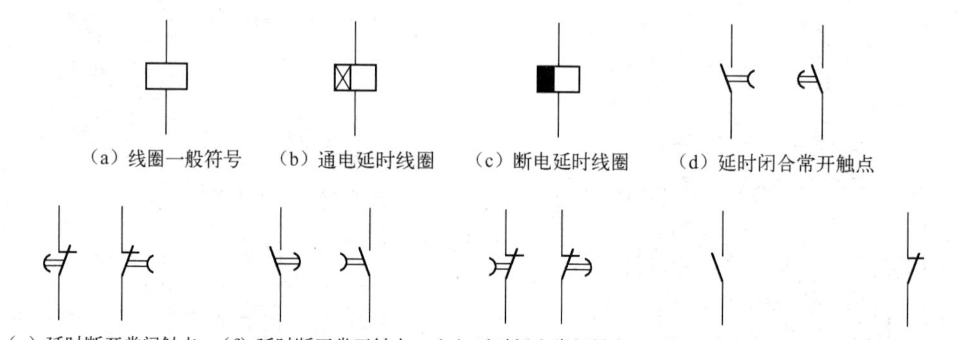

图 2-29　时间继电器的图形符号

2）电动式时间继电器　它由同步电动机、减速齿轮机构、电磁离合系统及执行机构组成。电动式时间继电器延时时间长，可达数十小时，延时精度高，但结构复杂，体积较大。常用的有 JS10、JS11 系列和 7PR 系列。

3）电子式时间继电器　早期产品多是阻容式，近期开发的产品多为数字式（又称计数式）。它由脉冲发生器、计数器、数字显示器、放大器及执行机构组成。电子式时间继电器具有延时时间长、调节方便、精度高的优点，有的还带有数字显示。电子式时间继电器应用很广，可取代阻容式、空气式、电动式等时间继电器。我国生产的产品有 JSS1 系列。

2.6.3　中间继电器

中间继电器的作用是将一个输入信号变成多个输出信号或将信号放大（即增大触点容量）。

常用的中间继电器有 JZ7 系列。以 JZ7-62 为例说明其型号含义，“JZ”为中间继电器的代号，“7”为设计序号，“6”代表有 6 对常开触点，“2”代表 2 对常闭触点。表 2-6 所示为 JZ7 系列中间继电器的主要技术参数。

新型中间继电器触点闭合过程中动、静触点间有一段滑擦、滚压过程，可以有效地清除触点表面的各种生成膜及尘埃，减小了接触电阻，提高了接触可靠性。有的还装了防尘罩或采用密封结构，也能提高其可靠性。有些中间继电器安装在插座上，插座有多种形式可供选择。有些中间继电器可直接安装在导轨上，安装和拆卸均很方便。常用的中间继电器有 JZ18、MA、KH5、RT11 等系列。中间继电器在电路中的文字符号常用 K 表示，有时也与电流继电器表示符号 KA 相同。

表 2-6　JZ7 系列中间继电器的主要技术数据

型　　号	触点额定电压/V	触点额定电流/A	触点对数		吸引线圈电压/V	额定操作频率/(次/h)
			常开	常闭		
JZ7-44	500	5	4	4	交流 50Hz 时 12、36、127、220、380	1200
JZ7-62			6	2		
JZ7-80			8	0		

2.6.4　热继电器

热继电器是用来对连续运行的电动机进行过载及断相保护，以防止电动机过热而烧毁的保护电器。

热继电器按动作方式可分为三类：(1) 双金属片式，利用热双金属片（具有不同膨胀系数的两种金属焊接在一起）受热弯曲去推动一个触点执行机构而动作；(2) 易熔合金式，利用过载电流的发热，达到某温度时使易熔合金熔化而动作；(3) 利用材料磁导率或电阻值随温度变化而变化的特性原理制成的热继电器。

热继电器主要由热元件、双金属片和触点 3 部分组成。图 2-30 所示是热继电器原理图，其中 1 是热元件，是一段电阻不大的电阻丝，接在电动机的主电路中；2 是双金属片，由两种不同线膨胀系数的金属轧压而成，下层金属的线膨胀系数大，上层的小。当电动机过载时，流过热元件的电流增大，热元件产生的热量使双金属片向上弯曲，经过一定时间后，弯曲位移增大，因而脱扣，扣板 3 在弹簧 4 的拉力作用下，将常闭触点 5 断开。常闭触点 5 是串接在电动机的控制电路中的，控制电路断开使接触器的线圈断电，从而断开电动机的主电路。若要使热继电器复位，则按下复位按钮 6 即可。由于热惯性，当热继电器电路短路时不能立即动作使电路断开，因此热继电器不能用作短路保护。同理，在电动机起动或短时过载时，热继电器也不会动作，这可避免电动机不必要的停车。每一种电流等级的热元件，都有一定的电流调节范围，一般应调节到与电动机额定电流相等，以便更好地起到过载保护作用。

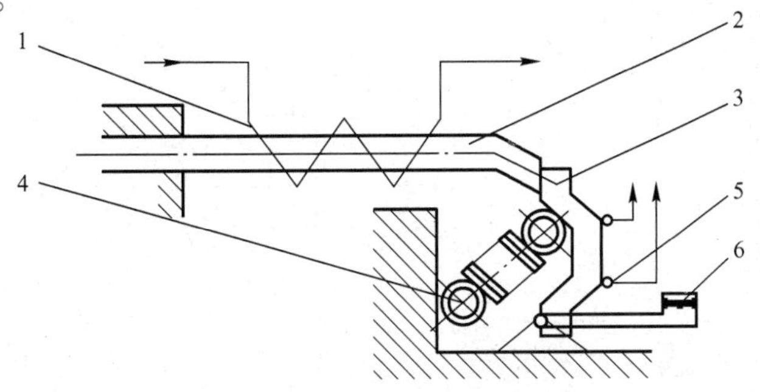

1—热元件；2—双金属片；3—扣板；4—弹簧；5—常闭触点；6—复位按钮

图 2-30　热继电器原理图

热继电器的主要参数有：热继电器额定电流、相数，热元件额定电流，整定电流及调节范围等。热继电器的额定电流是指热继电器中，可以安装的热元件的最大整定电流值。热元件的额定电流是指热元件的最大整定电流值。

热继电器的整定电流是指热元件能够长期通过而不致引起热继电器动作的最大电流值。通常，热继电器的整定电流是按电动机的额定电流设定的。对于某一热元件的热继电器，可手动调节整定电流旋钮，通过偏心轮机构，调整双金属片与导板的距离，能在一定范围内调节其电流的整定值，使热继电器更好地保护电动机。JR16、JR20系列是目前广泛应用的热继电器。

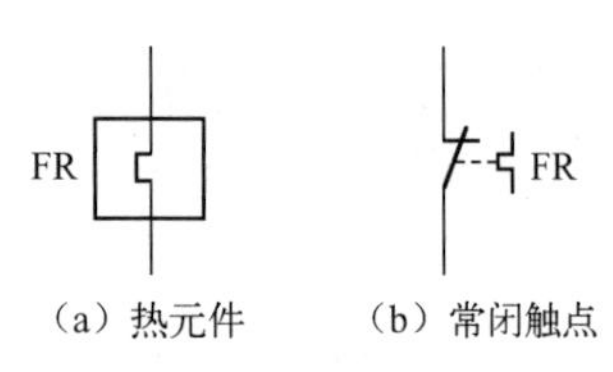

（a）热元件　（b）常闭触点

图 2-31　热继电器的图形符号

在电气原理图中，热继电器的热元件和常闭触点的图形符号和文字符号如图 2-31 所示。

2.6.5　速度继电器

速度继电器根据电磁感应原理制成，用来在三相交流异步电动机反接制动转速过零时，自动切除反相序电源。

速度继电器主要由转子、圆环（笼型空心绕组）和触点 3 部分组成，其结构原理图如图 2-32 所示。转子由一块永久磁铁制成，与电动机同轴相连，用以接收转动信号。当转子（磁铁）旋转时，笼型绕组切割转子磁场产生感应电动势，形成环内电流，此电流与磁铁磁场相互作用，产生电磁转矩，圆环在此力矩的作用下带动摆锤，克服弹簧力而顺转子转动的方向摆动，并拨动触点改变其通断状态（在摆锤左右各设一组切换触点，分别在速度继电器正转和反转时发生作用）。

速度继电器的动作转速一般不低于 120r/min，复位转速约在 100r/min 以下。工作时，允许的转速高达 1000~3600r/min。由速度继电器正转和反转切换触点的动作，来反映电动机转向和速度的变化。常用的速度继电器型号有 JY1 和 JF20 型。速度继电器的图形符号及文字符号如图 2-33 所示。

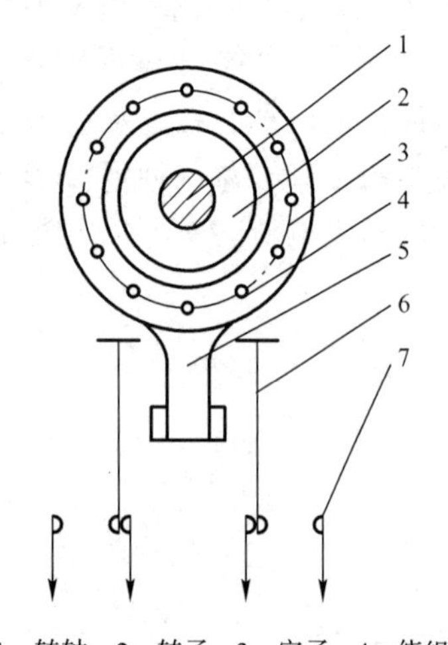

1—转轴；2—转子；3—定子；4—绕组；
5—摆锤；6—簧片；7—触点

图 2-32　速度继电器结构原理图

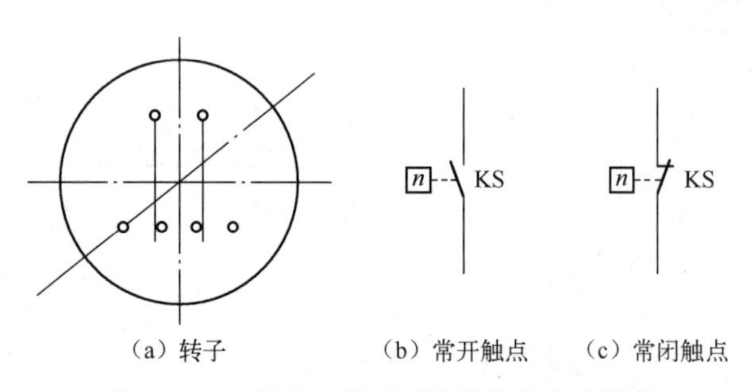

（a）转子　（b）常开触点　（c）常闭触点

图 2-33　速度继电器的图形符号及文字符号

2.6.6　固态继电器

固态继电器（Solid State Relay，SSR）是 20 世纪 70 年代中后期发展起来的一种新型无触点继电器。由于它具有可靠性高、开关速度快、工作频率高、使用寿命长、便于小型化、输入控制电流小，以及与 TTL、CMOS 等集成电路有较好的兼容性等一系列优点，不仅在许多自动控制装置中替代了常规的继电器，而且在常规继电器无法应用的一些领域，如在微型计算机数据处理系统的终端装置、可编程序控制器的输出模块、数控机床的程控装置以及微机控制的测量仪表中都有用武之地。随着我国电子工业的迅速发展，固态继电器的应用领域正在不断扩大。

固态继电器是一种具有两个输入端和两个输出端的四端器件，其输入与输出之间通常采用光电耦合器隔离，并称其为全固态继电器。固态继电器按输出端负载的电源类型可分为直流型和交流型两类。其中直流型以功率晶体三极管的集电极和发射极作为输出端负载电路的开关，而交流型以双向三端晶闸管的两个电极作为输出端负载电路的开关。固态继电器的形式有常开式和常闭式两种，当固态继电器的输入端施加控制信号时，其常开式的输出端负载电路被导通，常闭式的被断开。

交流型的固态继电器按双向三端晶闸管的触发方式可分为非过零型和过零型两种。其主要区别在于交流负载电路导通的时刻不同，当输入端施加控制信号电压时，非过零型负载端开关立即动作，而过零型的必须等到交流负载电源电压过零（接近 0V）时，负载端开关才动作。输入端控制信号撤销时，过零型的也必须等到交流负载电源电压过零时，负载端开关才复位。

固态继电器的输入端要求有数毫安至 20mA 的驱动电流，固态继电器最小工作电压为 3V，所以 MOS 逻辑信号通常要经晶体管缓冲级放大后再去控制固态继电器，对于 CMOS 电路可利用 NPN 晶体管缓冲器。当输出端的负载容量很大时，直流固态继电器可通过功率晶体管（交流固态继电器通过双向晶闸管）再驱动负载。

当温度超过 35℃后，固态继电器的负载能力（最大负载电流）随温度升高而下降，因此使用时必须注意散热或降低电流使用。

对于容性或电阻类负载，应限制其开通瞬间的浪涌电流值（一般为负载电流的 7 倍）；对于电感性负载，应限制其瞬时峰值电压值，以防损坏固态继电器。具体使用时，可参照样本或有关手册。

图 2-34 所示为固态继电器控制三相感应电动机线路图。

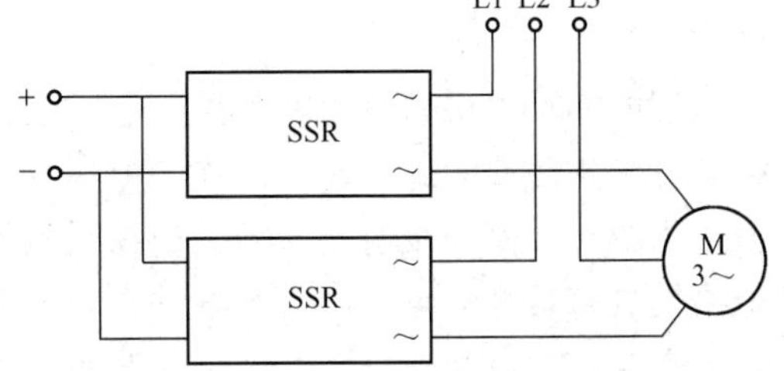

图 2-34　固态继电器控制三相感应电动机线路图

2.7　执行电器

低压执行电器主要用于机床和一些自动控制系统中，起执行任务的作用。这类低压电器主要有电磁铁、电磁离合器等。

1. 电磁铁

电磁铁是低压执行电器的主要元件，由电磁线圈、铁心和衔铁组成。电磁铁基本的工作原理是利用线圈通电后使铁心磁化，产生电磁吸力，吸引衔铁来操动、牵引机械装置完成各种需要的动作，如钢铁零件的吸持、固定、牵移，以及起重、搬运等。因此，电磁铁是将电能转变为机械能的一种电器。电磁铁在自动控制的机械传动系统中应用广泛。

电磁铁的种类很多，按使用电流种类分为直流电磁铁和交流电磁铁两种，交流电磁铁又分为单相励磁和三相励磁两种；按用途分为牵引电磁铁、制动电磁铁、起重电磁铁及其他各种专用电磁铁等。

1）牵引电磁铁 凡是衔铁运动做功的电磁铁都称为牵引电磁铁。牵引电磁铁主要用于自动控制设备中，用作开启或关闭水压、油压、气压等阀门，以及牵引其他机械装置以达到遥控的目的。

牵引电磁铁的基本特点是在一定的负载持续率（工作时间与工作周期之比）和一定的行程下产生一定的电磁吸力，并要在这些基本特性下保证电磁铁机械寿命长、操作频率高、消耗功率小和尺寸小。

主要技术指标是：在一定衔铁行程下的电磁吸力以及它的操作寿命。

常用的 MQ1 系列牵引电磁铁用于在机床及自动化系统中远距离控制和操作各种机构。其工作原理是：电磁铁的导磁体由用硅钢片叠成的铁轭和衔铁两部分组成，使用时，铁轭固定于支架上，衔铁则活动地连接于牵引杆上，当线圈通电时，衔铁被吸合，经过连杆带动其所控制的机构。

MQ1 系列牵引电磁铁额定吸力为 7~250N，操作频率为 200~600 次/h。

2）制动电磁铁 制动电磁铁结构和牵引电磁铁是一样的，如果电磁铁的衔铁牵引一个制动的抱闸装置，那么电磁铁就起制动作用，就称作制动电磁铁。主要用于电气传动装置中，对电动机进行机械制动，使停机准确、迅速。

制动电磁铁的种类较多，按行程分为长行程（行程大于 10mm）和短行程（行程小于 5mm）两种，长行程制动电磁铁一般都制作成衔铁直动式。按通电电流的性质分为直流和交流两类。

常用的制动电磁铁有 MZS1 型交流三相长行程制动电磁铁（见图 2-35），它的工作原理很简单，当激磁线圈通电时，衔铁向上运动，从而提升牵引杆，此牵引杆即可操作机械制动装置。当激磁线圈中没有电流时，衔铁受其本身和牵引杆的重力等的作用而释放，MZS1 制动电磁铁具有缓冲装置，可避免磁铁在合上时因高速冲击而使铁心或衔铁受损。

还有 MZZ2 型直流长行程制动电磁铁（见图 2-36），主要用于闸瓦式制动器，工作原理同 MZS1 制动电磁铁。此外，还有 MZZ1 型直流短行程制动电磁铁和 MZD1 型交流短行程电磁铁，这里不做详细介绍。

3）起重电磁铁 起重电磁铁适用于起重铁砂以及钢轨、钢管等钢材。它的结构根据所搬运的材料而定，一般起重电磁铁制成圆形和矩形，大多作为搬运成型钢材的专门工具。

2. 电磁离合器

电磁离合器又称电磁联轴器，它是应用电磁感应原理和内外摩擦片之间的摩擦力，使机械传动系统中两个旋转运动的零件，在主动零件不停止运动的情况下，与从动零件结合或分离的电磁连接器，是一种自动执行的电器。它可以用来控制机械的起动、反向、调速和制动等，具有结构简单、动作响应快、控制能量小、便于远距离控制等特点。电磁离合器虽然体积小，但能传递大扭矩，在制动控制时，制动迅速且平稳。因此，电磁离合器广泛应用于各种加工机床和机械传动系统中。

图 2-35　MZS1 型制动电磁铁

图 2-36　MZZ2 型制动电磁铁

电磁离合器按工作原理分为摩擦片式、铁粉式、感应转差式和牙嵌式等几种。这里以摩擦片式电磁离合器为例，介绍离合器的结构及工作原理。

摩擦片式电磁离合器具有单片和多片等形式，单摩擦片式电磁离合器具有结构简单、传动转矩大、响应快、无空转力矩、散热良好等优点。摩擦片常在干式状态下使用，磨损快，需及时更换。多摩擦片式电磁离合器由于摩擦片的厚度较薄，传动相同转矩时，虽轴向尺寸增加但径向尺寸明显减小，因而结构紧凑，容易安装在机床内部，而且能在工作过程中接入和切除。

根据摩擦片的摩擦状态，摩擦片式电磁离合器可分为干式与湿式两种；根据摩擦片在磁路中的位置，可分为磁通一次过片、二次过片与磁通不过片；根据有无滑环，又可将其分为线圈旋转与线圈静止电磁离合器。

【单摩擦片式电磁离合器】图 2-37 所示为线圈旋转（带滑环）单摩擦片式电磁离合器，滑环 2 和法兰 1 分别用螺钉固定在磁轭 3 上，磁轭内放置线圈 9，主动摩擦盘 6 与磁轭用螺纹连接。石棉或尼龙摩擦片 7 用螺钉固定在从动摩擦盘 8（衔铁）上，衔铁与套筒 11 用花

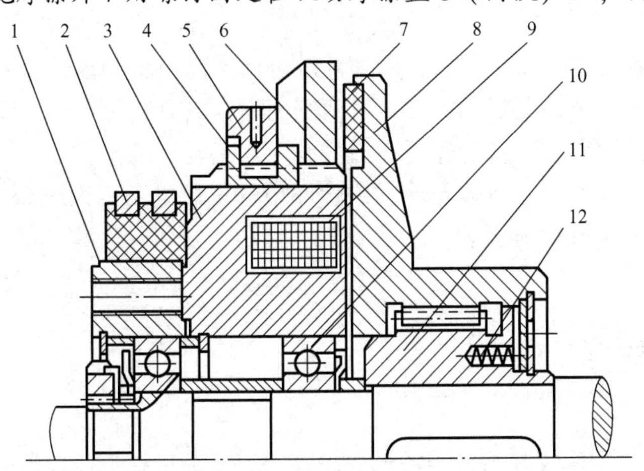

1—法兰；2—滑环；3—磁轭；4—“U”形圈；5—紧锁螺母；6—主动摩擦盘；7—摩擦片；8—从动摩擦盘；9—线圈；10—滚动轴承；11—套筒；12—复位弹簧

图 2-37　单摩擦片式电磁离合器

键连接，并可沿轴向移动。线圈未通电时，与主动摩擦盘相连的各件在滚动轴承 10 上空转，通电后吸引衔铁向左移，使离合器接合。为了调整两摩擦盘间的气隙，在主动摩擦盘背面开有呈辐射状的若干条键槽，同样，磁轭外周也有槽，槽内放置特殊“U”形圈 4，调定气隙后，使滑键进入合适位置的沟槽并用螺母 5 锁紧。法兰上的螺纹孔用来与其他传动件相连接。这种离合器的外形尺寸和转动惯量较大，不适宜用在快速接合的场合。

【多摩擦片式电磁离合器】 图 2-38 所示为线圈旋转（带滑环）多摩擦片式电磁离合器，在磁轭 4 的外表面和线圈槽中分别用环氧树脂固连滑环 5 和励磁线圈 6，线圈引出线的一端焊在滑环上，另一端焊在磁轭上接地。外连接件 1 与外摩擦片组成回转部分，内摩擦片与传动轴套 7、磁轭 4 组成另一回转部分。当线圈通电时，衔铁 2 被吸引沿花键套右移压紧摩擦片组，离合器接合。这种结构的摩擦片位于励磁线圈产生的磁力线回路内，因此需用导磁材料制成。由于受摩擦片的剩磁和涡流影响，其脱开时间较非导磁摩擦片长，常在湿式条件下工作，因而广泛用于远距离控制的传动系统和随动系统中。

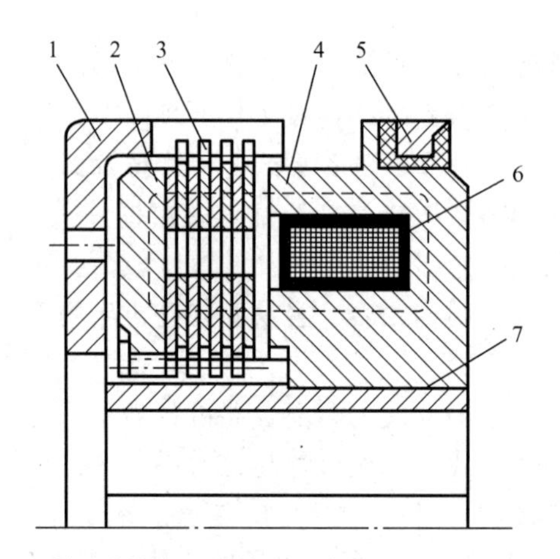

1—外连接件；2—衔铁；3—摩擦片组；4—磁轭；
5—滑环；6—励磁线圈；7—传动轴套

图 2-38 多摩擦片式电磁离合器

摩擦片处在磁路外的电磁离合器，摩擦片既可用导磁材料制成，也可用摩擦性能较好的铜基粉末冶金等非导磁材料制成，或在钢片两侧面黏合具有高耐磨性、韧性好而且摩擦系数大的石棉橡胶材料。这种电磁离合器可在湿式或干式工况下工作。

为了提高导磁性能和减小剩磁影响，磁轭和衔铁可用电工纯铁或 08 号、10 号低碳钢制成，滑环一般用淬火钢或青铜制成。

思考与练习

（1）低压电器按用途及其与使用系统的关系，习惯上可将低压电器分成哪几类？

（2）低压电器的执行机构包括哪两部分？各有何作用？

（3）常用的灭弧方法有哪些？

（4）常用的开关电器包括哪些？各有什么作用？

(5) 熔断器的作用是什么？两台电动机不同时起动，一台电动机额定电流为 14.8A，另一台电动机额定电流为 6.47A。请选择用作短路保护熔断器的熔体额定电流。

(6) 简述控制按钮与行程开关的结构，它们在电路中各起什么作用？

(7) 行程开关、万能转换开关及主令控制器在电路中各起什么作用？

(8) 接触器在电路中的作用是什么？选择接触器应该主要考虑哪些因素？

(9) 常用的继电器有哪些类型？简述其各自在电路中的作用。

(10) 电磁铁有哪几种形式？各有什么作用？

第3章　数控机床电动机驱动系统

数控机床的控制电路是由各种不同的控制电气元件组成的，对进给伺服系统的控制性能在一定程度上决定了数控机床的等级。因此，在数控技术发展的过程中，电动机驱动系统的研制总是放在首要的位置。

3.1　电动机驱动系统的功能和要求

电动机驱动系统是数控装置和机床的联系环节，数控装置发出数控指令后，通过机床电动机驱动系统来驱动执行机构实现机床的精确进给运动，并转换成坐标轴的运动，完成程序所规定的操作。数控机床的电动机驱动系统是一种位置随动与定位系统，其作用是快速、准确地执行由数控装置发出的运动命令，精确地控制机床进给传动链的坐标运动。其性能的优劣决定了数控机床的精度和速度。所以从数控机床的角度来看，电动机驱动系统的作用主要包括两点：一是放大数控装置的控制信号，具有功率输出的能力；二是根据数控装置发出的控制信号对机床移动部件的位置和速度进行控制。

为确保数控机床进给系统的传动精度和工作平稳性等，对数控机床的进给传动系统提出的要求主要包括调速范围、定位精度、响应速度、转矩和稳定性等。

【调速范围要宽】与普通机床相比，数控机床的工艺范围更宽，工艺能力更强，因此要求其主传动具有较宽的调速范围，以保证在加工时能选用合适的切削用量，从而获得最佳的加工质量和生产效率。现代数控机床的主运动广泛采用无级变速传动，用交流调速电动机或直流调速电动机驱动，能方便地实现无级变速，且传动链短、传动件少。调速范围是指进给电动机提供的最低转速和最高转速之比，在数控机床的应用中，由于加工用刀具、被加工材料、主轴转速以及零件加工工艺要求不同，为保证在任何情况下都能得到最佳切削条件，通常要求进给驱动系统的无级调速范围大于1∶10 000，尤其在低速，如转速小于0.1r/min时，进给系统仍能平滑运动而无爬行现象。

【定位精度要高】定位精度是指数控机床要达到的某个坐标值和实际达到的位置之间的差距大小，或者是指零件或刀具等实际位置与标准位置（理论位置、理想位置）之间的差距，差距越小，说明精度越高。定位精度是零件加工精度得以保证的前提。

使用数控机床加工零件主要是为了保证加工质量的稳定性、一致性，减小废品率，解决复杂曲面零件的加工问题；解决复杂零件的加工精度问题，缩短制造周期等。数控机床按设定好的程序自动进行加工，可有效地避免操作者的人为误差。但是，数控机床不能像普通机床那样，可随时用手动操作来调整和补偿各种因素对加工精度的影响。因此，要求进给驱动系统具有较好的静态特性和较高的刚度，从而达到较高的定位精度，以保证机床具有较小的定位误差与重复定位误差。同时，电动机驱动系统还要具有较好的动态性能，以保证机床具有较高的轮廓跟随精度。

【响应速度要快】数控机床进给系统响应速度的大小不仅影响机床的加工效率，而且影响加工精度。数控机床的快速响应特性是指进给系统对指令输入信号的响应速度及瞬态过程结束的迅速程度，即跟踪指令信号的响应要快；定位速度和轮廓切削进给速度要满足要求；工作台应能在规定的速度范围内灵敏而精确地跟踪指令，加工中心进行单步或连续移动，在运行时不出现丢步或多步现象。

数控系统在起动、制动时，要求加/减速的加速度足够大，以缩短进给系统的过渡时间，减小轮廓过渡误差。一般进给电动机的速度从零变到最高转速，或从最高转速降至零的时间在200ms 以内，甚至小于几十毫秒，这就要求进给系统既要快速响应，又不能超调，否则将形成过切，影响加工质量。另一方面，当负载突变时，要求进给电动机速度的恢复时间也要短，且不能有振荡，这样才能得到光滑的加工表面。数控机床要求进给电动机必须具有较小的转动惯量和大的制动转矩、尽可能小的机电时间常数和起动电压。

【过载能力强】 数控机床要求电动机驱动系统有非常宽的调速范围，例如在加工曲线和曲面时，拐角位置某轴的速度会逐渐降至零，这就要求进给驱动系统在低速时保持恒力矩输出，避免爬行，能够实现长时间的过载能力和频繁起动、反转、制动等能力。

【稳定性好、寿命长】 稳定性是伺服进给系统能够正常工作的最基本的条件，特别是在低速进给情况下不产生爬行，并能适应外加负载的变化而不发生共振。稳定性与系统的惯性、刚性、阻尼及增益等都有关系，通过适当地选择各相关参数，使伺服系统达到最佳的工作性能，是电动机驱动系统设计的目标。所谓进给系统的寿命，主要指其保持数控机床传动精度和定位精度的时间长短，即数控机床各传动部件保持其原来制造精度的能力。为此，组成进给机构的各传动部件应选择合适的材料及合理的加工工艺与热处理方法，滚珠丝杠及传动齿轮必须具有一定的耐磨性，并采用适宜的润滑方式，以延长其寿命。

【使用维护方便】 数控机床属高精度自动控制机床，主要用于单件、中小批量、加工中心高精度及复杂的生产加工，机床的开机率相应较高，因而进给系统的结构设计应便于维护和保养，数控机床应最大限度地减少维修工作量，以提高机床的利用率。

3.2　电动机驱动系统的形式

电动机驱动系统主要由电动机驱动装置、电动机、传动机构和检测元件及反馈电路等部分组成。其中电动机驱动装置的主要作用是接收数控系统发出的指令，经过功率放大后，驱动电动机的转动。电动机转速的大小由数控指令来控制。电动机可以是步进电动机、直流伺服电动机，也可以是交流伺服电动机。采用步进电动机时，通常是开环控制。传动机构包括减速装置和滚珠丝杠等。若采用直线电动机作为执行元件，则传动机构与电动机是一体的。反馈电路包括速度反馈和位置反馈，检测元件有旋转变压器、光电编码器、光栅等。

电动机驱动系统包括开环控制和闭环控制两类，开环控制与闭环控制的主要区别为是否采用了位置和速度检测反馈元件组成反馈系统。

开环电动机驱动系统中没有测量装置。数控装置根据程序所要求的进给速度、方向和位移量输出一定频率和数量的进给指令脉冲，经驱动电路放大后，每一个进给指令脉冲驱动功率步进电动机旋转一个步距角，经减速齿轮、丝杠螺母副转化成工作台的当量直线位移。开环控制一般采用步进电动机作为驱动元件，如图 3-1 所示。由于它没有位置和速度反馈控制回路，这简化了线路，设备投资低，调试维修都很方便，但它的进给速度和精度都较低，一般应用于经济型数控机床及普通的机床改造。

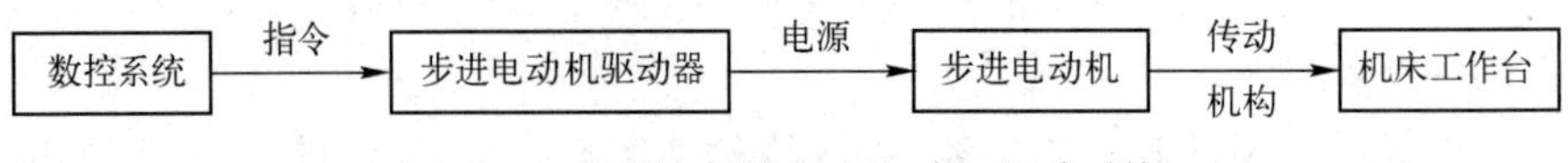

图 3-1　开环控制的步进电动机驱动系统

闭环电动机驱动系统一般采用伺服电动机作为驱动元件，其结构如图 3-2 所示。闭环方式直接从机床的移动部件上获取位置的实际移动值。数控装置将位移指令与位置检测装置（如光栅尺、直线感应同步器等）测得的实际位置反馈信号进行比较，根据其差值与指令进给位移的要求，按照一定的规律转换后，随时对驱动电动机的转速进行校正，使工作台的实际位移量与指令位移量一致，因此其检测精度不受机械传动精度的影响。因闭环环路包括了机械传动机构，它的闭环动态特性不仅与传动部件的刚性、惯性有关，而且还取决于阻尼、油的黏度、滑动面摩擦系数等因素。这些因素对动态特性的影响在不同条件下还会发生变化，这给位置闭环控制的调整和稳定带来了困难，导致调整闭环环路时必须要降低位置增益，这又会对跟随误差与轮廓加工误差产生不利影响。所以采用闭环方式时必须增大机床的刚性，改善滑动面的摩擦特性，减小传动间隙，这样才有可能提高位置增益。闭环方式主要应用在精度要求较高的大型数控机床上。闭环进给伺服系统进给速度快、精度高，是数控机床的发展方向。

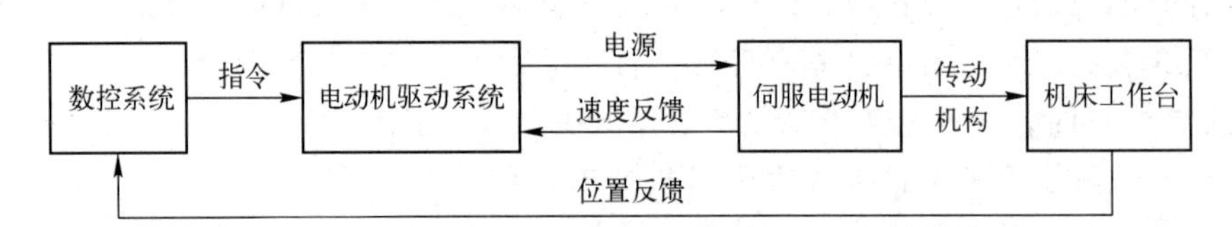

图 3-2　闭环控制的步进电动机驱动系统

半闭环控制一般将检测元件安装在伺服电动机的非输出轴端。伺服电动机角位移通过滚珠丝杠等机械传动机构转换为数控机床工作台的直线或角位移，其结构如图 3-3 所示。半闭环位置检测方式通过安装在电动机轴上的位置检测元件控制电动机的角位移，然后通过滚珠丝杠等传动机构，将电动机的角位移转换为工作台的直线位移。传动链上有规律的误差还可以由数控装置加以补偿，进一步提高精度，因此半闭环控制在精度要求适中的中、小型数控机床上得到了广泛的应用。半闭环方式的优点是它的闭环环路短，因而系统容易达到较高的位置增益，不发生振荡现象，它的快速性也好，动态精度高，传动机构的非线性因素对系统的影响小。但如果传动机构的误差过大或误差不确定，则数控系统难以补偿。由传动机构的扭曲变形所引起的弹性变形与负载力矩有关，故无法补偿。由制造与安装所引起的重复定位误差以及由于环境温度与丝杠温度的变化所引起的丝杠、螺距误差也不能补偿。

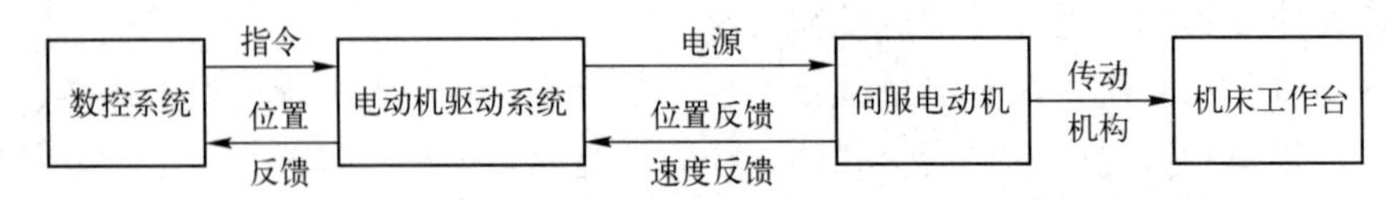

图 3-3　半闭环控制的步进电动机驱动系统

半闭环的电动机驱动系统的速度低于闭环数控机床，高于开环数控机床，由于机械制造水平的提高及速度检测元件和丝杠螺距精度的提高，半闭环数控机床已能达到相当高的进给精度。大多数的机床厂家采用了半闭环数控系统。

值得注意的是，用于速度反馈的检测元件（如编码器、光栅盘等）一般安装在电动机上，用于位置反馈的检测元件则根据闭环的方式不同而安装在电动机或机床上；在半闭环控制时速度反馈和位置反馈的检测元件一般共用电动机上的光电编码器，对于全闭环控制则分别采用各自独立的检测元件。

3.3　步进电动机伺服系统及其控制

正如 3.1 节所述，用步进电动机作为数控机床的进给驱动，一般采用开环的控制结构。数控系统发出的指令脉冲通过步进电动机驱动器，使步进电动机产生角位移，并通过齿轮和丝杠带动工作台移动。开环控制系统控制简单、价格低廉，但其精度低，可靠性和稳定性难以保证，所以通常只适用于经济型数控机床和机床改造。

3.3.1　步进电动机的基本类型

比较常用的步进电动机包括反应式步进电动机（VR）、永磁式步进电动机（PM）、混合式步进电动机（HB）等几种。

反应式步进电动机的转子磁路由软磁材料制成，定子上有多相励磁绕组，利用磁导的变化产生转矩。该步进电动机一般为三相，可实现大转矩输出，步距角一般为 1.5°，但振动和噪声比较大。永磁式步进电动机一般为两相，转矩和体积较小，步距角一般为 7.5°或 15°。混合式步进电动机混合了永磁式和反应式的优点，它又分为两相和五相：两相步距角一般为 1.8°，而五相步距角一般为 0.72°。

反应式步进电动机和混合式步进电动机的结构虽然不同，但工作原理相同，并且反应式价格较低，所以反应式步进电动机是目前数控机床中应用最为广泛的一种。下面以反应式步进电动机为例，来分析说明步进电动机的工作原理。

如图 3-4 所示，在电动机定子上有 A、B、C 三对绕有线圈的磁极，分别称为 A 相、B 相和 C 相，而转子则是一个带齿的铁心，这种步进电动机称为三相步进电动机。当 A、B、C 三个磁极的线圈依次轮流通电时，A、B、C 三对磁极就依次轮流产生磁场吸引转子转动。设 A 相通电，则转子 1、3 两齿被磁极 A 吸住。A 相断电，B 相通电，则磁极 A 的磁场消失，而磁极 B 产生了磁场，磁极 B 的磁场把离它最近的 2、4 两齿吸引过去，这时转子逆时针转了 30°。接下来，B 相断电，C 相通电，根据同样道理，转子又逆时针转了 30°。若 A 相再次通电，C 相断开，那么转子再逆转 30°，使磁极 A 的磁场把 2、4 两个齿吸住。定子各相轮流通电一次，转子转过一个齿。这样，按 A→B→C→A→B→C→A→…次序轮流通电，步进电动机就一步一步地按逆时针方向旋转。通电线圈每转换一次，步进电动机旋转 30°。如果把步进电动机通电线圈转换的次序倒过来，换成 A→C→B→A→C→B→…的顺序，则步进电动机将按顺时针方向旋转，所以，要改变步进电动机的旋转方向，可以在任意相通电时进行。

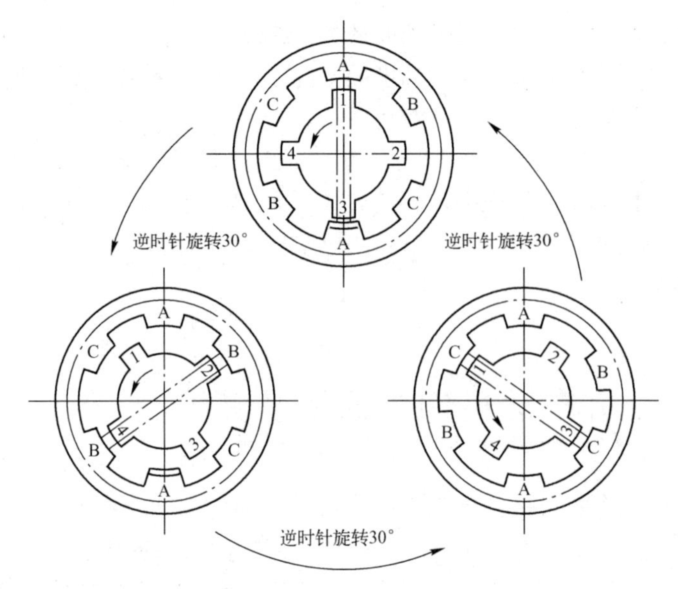

图 3-4 步进电动机工作原理

上述通电方式称为三相单三拍。“拍”是指从一种通电状态转变为另一种通电状态；“单”是指每次只有一相绕组通电；“三拍”是指一个循环中，通电状态切换的次数是三次。

此外，还有一种三相六拍的通电方式，通电顺序为 A→AB→B→BC→C→CA→A……若以三相六拍的通电方式工作，A 相断电而 A、B 相同时通电时，转子的齿将同时受到 A 相和 B 相绕组产生的磁场的共同吸引力，转子的齿只能停在 A 相和 B 相磁极间；A、B 相同时断电而 B 相通电时，转子上的齿沿顺时针方向转动，并与 B 相磁极齿对齐。这样，步进电动机转动一个齿距，需要六拍操作。

还有一种三相双三拍的通电方式，通电顺序为 AB→BC→CA→AB……因为它是两相同时通电，而每个循环只有 3 次通电，故称三相双三拍通电方式。在双三拍通电方式中，每次两相绕组同时通电，转子受到的感应力矩大，静态误差小，定位精度高。

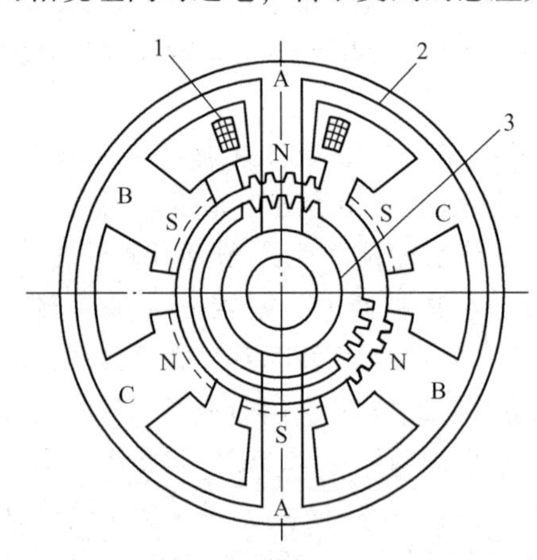

1—绕组；2—定子铁心；3—转子铁心

图 3-5 定子与转子的磁极

通常，我们把步进电动机每步转过的角度（或定义为步进电动机每一拍执行一次步进，其转子所转过的角度）称为步距角。如果转子的齿数为 Z，步进电动机的工作拍数为 K，则步距角 β 为

$$\beta=\frac{360^{\circ}}{ZK}$$

步进电动机的步距角越小，它所能达到的位置精度越高，所以在实际应用中都采用小步距角，常采用图 3-5 所示的实际结构。电动机定子有三对六个磁极，每对磁极上有一个励磁绕组，每个磁极上均匀地开着五个齿槽，齿距角为 9°。转子上没有线圈，沿着圆周均匀分布了 40 个齿槽，齿距角也为 9°。定子和转子均由硅钢片叠成。定子片的三相磁极错开 1/3 的齿距。这就使 A 相定子的齿槽与转子齿槽对准时，B 相定子齿槽与转子齿槽相错 1/3 齿距，C 相的定子齿槽与转子齿槽相错 2/3 齿距。这样才能在连续改变通电状态的条

件下，获得连续不断的步进运动。

步进电动机转速计算公式为

$$n=\frac{\theta}{360°}\times 60f=\frac{\theta f}{60°}$$

式中，n 为转速，f 为控制脉冲频率，θ 为步距角（单位为°）。

3.3.2　步进电动机位置控制系统

步进电动机位置控制系统可以是开环系统，也可以是闭环系统。但出于经济方面的考虑，步进电动机位置控制系统一般采用开环系统。

1. 步进电动机位置控制系统的组成

在步进电动机位置控制系统中，位置指令一般是一串连续的脉冲。步进电动机绕组是按一定通电方式轮流工作的，为实现这种轮流通电，需将控制脉冲按规定的通电方式分配到电动机的每相绕组。这种分配既可以用硬件实现，也可以用软件实现。实现脉冲分配的硬件逻辑电路称为环形分配器。在计算机数字控制系统中，采用软件实现脉冲分配的方式称作软件环形分配。

经过环形分配器输出的进给脉冲式弱电信号功率很小，不能驱动步进电动机绕组，以产生足够的电磁转矩带动负载运动。所以，经过环形分配器输出的进给脉冲，需要进行功率放大，达到一定的电流和电压。一个完整的步进电动机位置控制系统构成如图 3-6 所示。

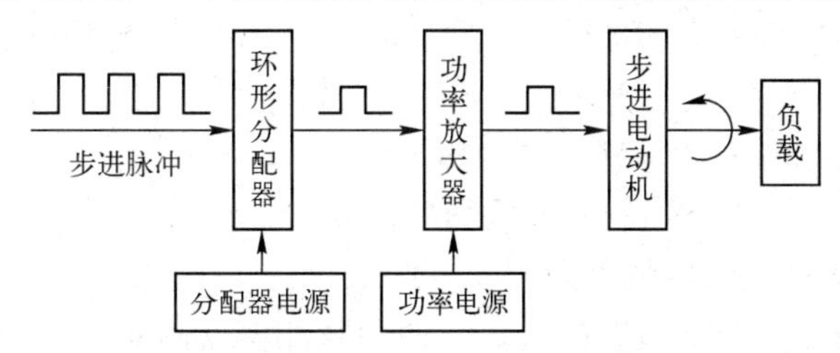

图 3-6　步进电动机位置控制系统

2. 步进电动机的脉冲分配电路

1）硬件脉冲分配器电路　步进电动机的脉冲分配可以由硬件或软件来实现。硬件环形分配器是根据步进电动机的相数以及通电方式而专门设计的电路，图 3-7 所示为一个三相六拍的环形分配器的逻辑电路图，其逻辑真值表如表 3-1 所示。

表 3-1　三相六拍环形分配器逻辑真值表

序号	控制信号状态			输出状态			导电绕组
	CAJ	CBJ	CCJ	QA	QB	QC	
0	1	1	0	1	0	0	A
1	0	1	0	1	1	0	AB
2	0	1	1	0	1	0	B
3	0	0	1	0	1	1	BC
4	1	0	1	0	0	1	C
5	1	0	0	1	0	1	CA
6	1	1	0	1	0	0	A

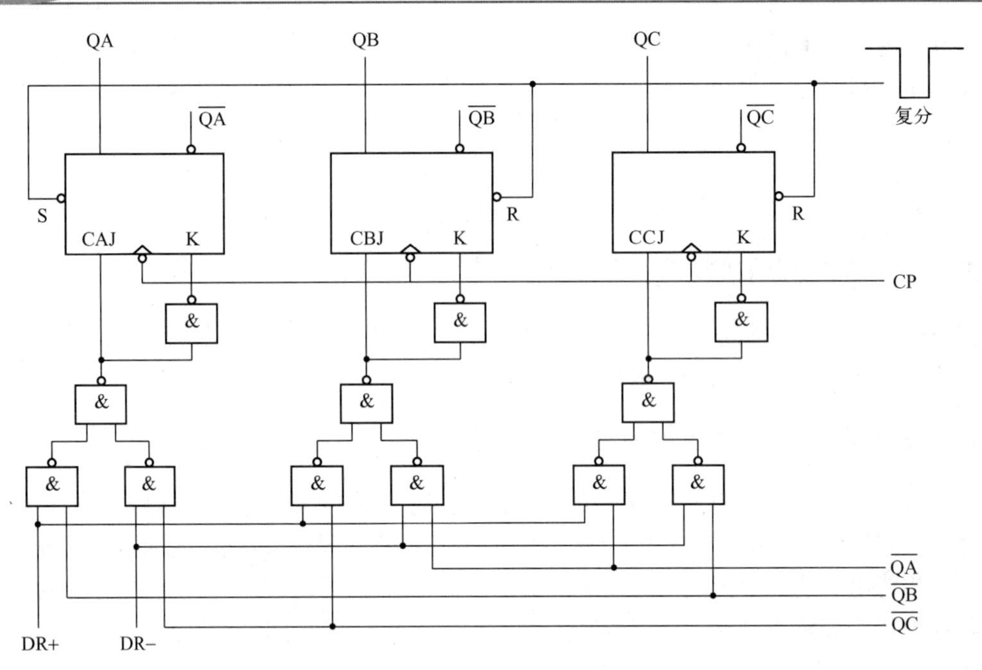

图 3-7　三相六拍环形分配器的逻辑电路图

分配器的主体是 3 个 J-K 触发器。3 个 J-K 触发器的 Q 输出端分别经各自的功放线路与步进电动机 A、B、C 三相绕组连接。当 QA=1 时，A 相绕组通电；QB=1 时，B 相绕组通电；QC=1 时，C 相绕组通电。DR+和 DR-是步进电动机的正/反转控制信号。

正转时，各相通电顺序：A—AB—B—BC—C—CA；

反转时，各相通电顺序：A—AC—C—CB—B—BA。

2）软件脉冲分配　对于不同的计算机和接口器件，软件环形分配有不同的形式，现以 AT89C51 单片机配置的系统为例加以说明。

（1）对于由 P1 口作为驱动电路的接口，控制脉冲经 AT89C51 的并行 I/O 接口 P1 输出到步进电动机各相的功率放大器输入，设 P1 口的 P1.0 输出至 A 相，P1.1 输出至 B 相，P1.2 输出至 C 相。

（2）建立环形分配表。为了使电动机按照上文所述顺序通电，首先必须在存储器中建立一个环形分配表，存储器各单元中存放对应绕组通电的顺序数值，如表 3-2 所示。当运行时，依次将环形分配表中的数据，也就是对应存储器单元的内容送到 P1 口，使 P1.0、P1.1、P1.2 依次送出有关信号，从而使电动机轮流通电。

表 3-2 所示为三相六拍环形分配表，K 为存储器单元基地址（十六位二进制数），后面所加的数为地址的索引值。要使电动机正转，只需依次输出表中各单元的内容即可。当输出状态已是表底状态时，则修改索引值使下次输出重新为表首状态。如要使电动机反转，则只需反向依次输出各单元的内容即可。当输出状态达到表首状态时，修改指针使下一次输出重新为表底状态。

表 3-2　三相六拍环形分配表

存储单元地址	单 元 内 容	对应通电相
K+0	01H（0001）	A
K+1	03H（0011）	AB

续表

存储单元地址	单 元 内 容	对应通电相
K+2	02H（0010）	B
K+3	06H（0110）	BC
K+4	04H（0100）	C
K+5	05H（0101）	CA

3.3.3　步进电动机驱动电路

步进电动机的驱动电路实际上是一种脉冲放大电路，使脉冲具有一定的功率驱动能力。由于功率放大器的输出直接驱动电动机绕组，因此功率放大电路的性能对步进电动机的运行性能影响很大。对驱动电路要求的核心问题则是如何提高步进电动机的快速性和平稳性。目前，国内经济型数控机床步进电动机驱动电路主要有以下几种：

1. 单电压限流型驱动电路

图 3-8 所示是步进电动机单电压驱动电路，L 是电动机绕组，晶体管 VT 可以认为是一个无触点开关，它的理想工作状态应使电流流过绕组 L 的波形尽可能接近矩形波。但是由于电感线圈中的电流按指数规律上升，须经过一定的时间后才能达到稳态电流，又由于步进电动机绕组本身的电阻很小，所以时间常数很大，从而严重影响电动机的起动频率。为了减小时间常数，在励磁绕组中串接电阻 R，这样时间常数就会大大减小，缩短了绕组中电流上升的过渡过程，从而提高了工作效率。

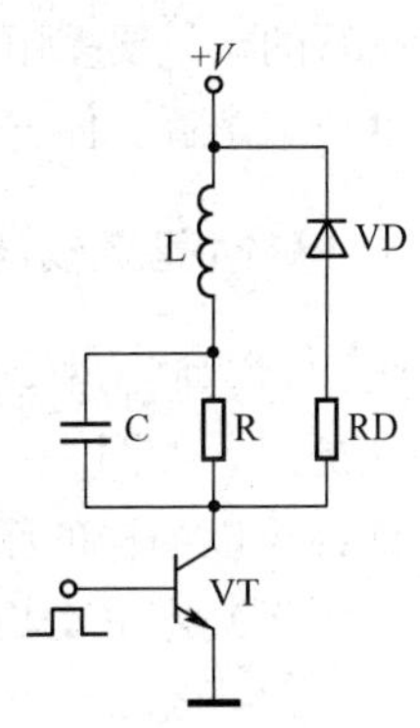

图 3-8　单电压驱动电路

在电阻 R 两端并联电容 C，是由于电容上的电压不能突变，在绕组由截止到导通的瞬间，电源电压全部降落在绕组上，使电流上升更快，所以电容 C 又称为加速电容。二极管 VD 在晶体管 VT 截止时起续流和保护作用，以防止晶体管截止瞬间绕组产生的反电势造成管子击穿，串联电阻 RD 使电流下降更快，从而使绕组电流波形后沿变陡。这种电路的缺点是 R 上有功率消耗。为了提高快速性，需加大电阻 R 的阻值，随着阻值的加大，电源电压也势必提高，功率消耗也进一步加大，正因为这样，单电压限流型驱动电路的使用受到了限制。

2. 高/低压切换型驱动电路

高/低压切换型驱动电路的最后一级和电压、电流波形图如图 3-9 所示。这种电路中采用高压和低压两种电压供电，一般高压大于 60V，低压为 5～20V。U_1在 VT1 和 VT2 都截止时通过电源和 U_2为电动机绕组提供放电回路。在 $t_1 \sim t_2$时间内，VT1 和 VT2 均饱和导通，+80V 的高压电源经过 VT1 和 VT2 管加到步进电动机的绕组上，使其电流迅速上升，当时间到达 t_2，或电流上升到某一数值时，U_{b2}变为低电平，VT2 截止，电动机绕组的电流由+12V 电源经过 VT1 管来维持，此时，电流下降到电动机的额定电流，直到 t_3时 U_{b1}也为低电平，VT1 管截止，电动机绕组电流下降到 0。一般电压 U_{b1}由脉冲分配经过几级放大获得，电压 U_{b2}由单稳态电路再经脉冲变压器获得。

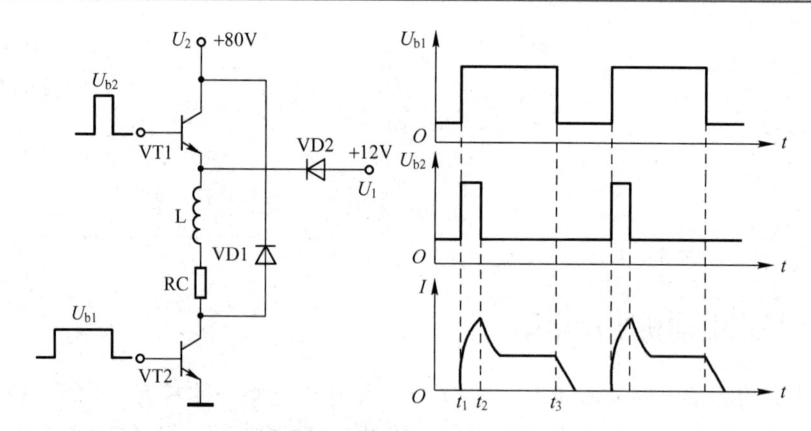

图 3-9 高/低压驱动电路

高/低压切换型驱动电路的优点是功耗小，起动力矩大，突跳频率和工作频率高。缺点是大功率管的数量要多用一倍，增加了驱动电源。另外，由于工作中电路参数的漂移，高压脉冲的宽度很难掌握，偏宽则过电流严重而导致电动机发烫，偏窄则输出转矩不足而引起失步。

3. PWM 型驱动电路

恒频脉宽调制驱动电路就是把常用的斩波恒流和斩波平滑驱动电路的优点集于一身，所以功能更好。如图 3-10 所示，V1 是 20kHz 的方波，它作为各相 D 触发器的时钟信号 CP，以保证各相以同样的频率进行斩波。V2 是步进控制信号。Vref 是比较器 OP 的正输入端信号，它用于确定电动机绕组电流 i_L的稳定值。

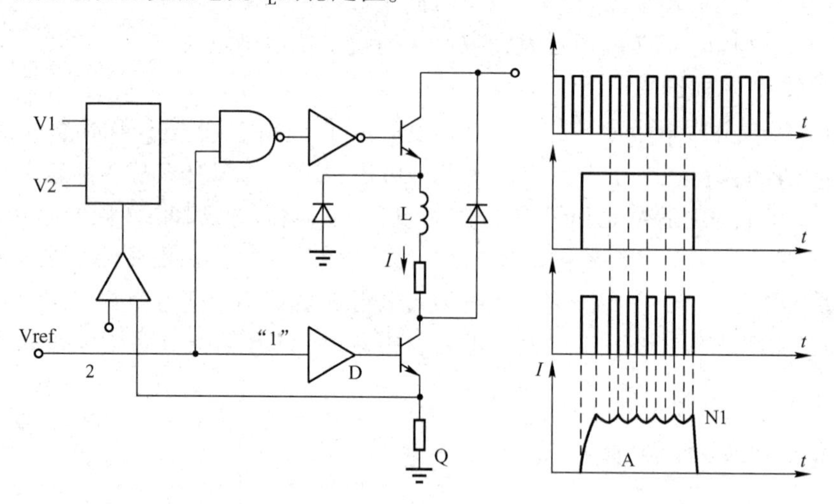

图 3-10 恒频脉宽调制驱动电路

恒频脉宽调制驱动电路不但有较好的高频特性，而且有效地减少了步进电动机的噪声，同时还降低了功耗。由于斩波的频率较高，对功放管的要求也稍高，但是在现有的电力电子器件发展水平下这已不成问题。

3.3.4 步进电动机的特性

【步距误差】 步距误差是步进电动机每个步距的实际值与理论值的差值。步进电动机走过若干步后，应有一定的累积误差，但每转一周的累积误差为零，所以步距误差不会长期累积。

【**静态转矩与矩角特性**】当步进电动机上某相定子绕组通电之后，转子齿力求与定子齿对齐，使磁路中的磁阻最小，转子处在平衡位置不动（$\theta=0°$）。

如在电动机轴上外加一负载转矩 M_z，转子就会偏离平衡位置并向负载转矩方向转过一个角度 θ，称为失调角。有失调角之后，步进电动机就产生一个静态转矩，这时静态转矩等于负载转矩。静态转矩与失调角 θ 的关系称为矩角特性，如图 3-11 所示，近似为正弦曲线。该矩角特性上的静态转矩最大值称为最大静转矩 M_{jmax}。在静态稳定区内，当外加负载转矩除去时，转子在电磁转矩的作用下，仍能回到稳定平衡点位置（$\theta=0°$）。

【**起动转矩**】起动转矩是电动机能带动负载转动的极限转矩。

【**起动频率**】空载时，步进电动机由静止状态突然起动，并进入不失步的正常运行的最高频率，也称突跳频率。加给步进电动机的指令脉冲频率如果大于起动频率，就不能正常工作。步进电动机带负载下的起动频率比空载时要低。而且，随着负载加大，起动频率会进一步降低。

【**连续运行频率**】步进电动机起动后，其运行速度能根据指令脉冲频率连续上升而不丢步的最高工作频率，称为连续运行频率。其值远大于起动频率，它随着电动机所带负载的性质和大小而异，与驱动电源也有很大关系。

【**矩频特性与动态转矩**】矩频特性描述步进电动机连续稳定运行时输出转矩与连续运行频率之间的关系（见图 3-12），该特性上每一个频率对应的转矩称为动态转矩。当步进电动机正常运行时，若输入脉冲频率逐渐增加，则电动机所能带动的负载转矩将逐渐下降。在使用时，一定要考虑动态转矩随连续运行频率的上升而下降的特点。

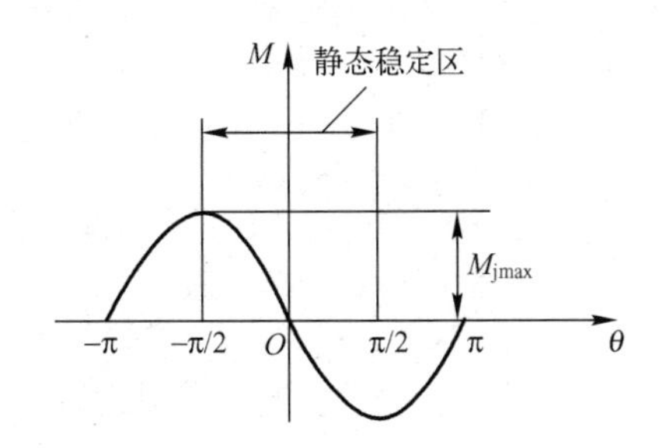

图 3-11　静态矩角特性

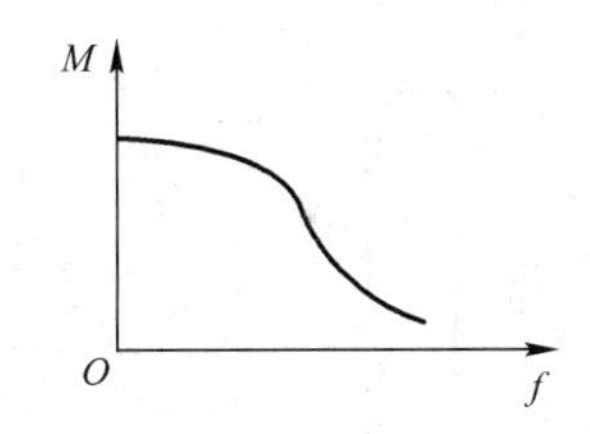

图 3-12　矩频特性

3.4　直流伺服电动机调速系统及其控制

功率步进电动机用作开环进给系统的伺服驱动装置。由它组成的开环进给系统性能不能满足使用要求，而且其性能的提高也受到了很大的限制。因此，20 世纪 60 年代初期出现了小惯量直流伺服电动机，70 年代初出现了大惯量直流伺服电动机（又称宽调速电动机）。目前，许多数控机床均采用了大惯量直流伺服电动机组成的闭环或半闭环进给系统。

直流电动机的工作原理是建立在电磁力定律基础上的，电磁力的大小与电动机中的气隙磁场成正比，直流电动机的励磁绕组所建立的磁场是电动机的主磁场，按对励磁绕组的励磁方式不同，直流电动机可分为：他激式、并激式、串激式、复激式、永磁式。20 世纪 80～90 年代，永磁式直流伺服电动机在数控机床中被广泛采用。

1. 直流伺服电动机的结构及调速

直流伺服电动机的结构与一般直流电动机的基本原理是完全相同的，不同的是为了减小转动惯量，直流伺服电动机做得细长一些。

直流伺服电动机的机械特性公式与他励直流电动机一样：

$$n=\frac{U_2}{K_E\phi}-\frac{R_a}{K_E K_T\phi^2}T$$

直流伺服电动机的调速方法可从以下几点考虑：

☺ 改变电枢电压；

☺ 改变磁通量、改变激磁回路的电阻以改变激磁电流，可以达到改变磁通的目的；

☺ 在电枢回路串联调节电阻；

☺ 在激磁回路串联调节电阻。

2. 直流伺服电动机的机械特性

直流伺服电动机结构图如图 3-13 所示。直流伺服电动机的机械特性曲线如图 3-14 所示，具体说明如下：

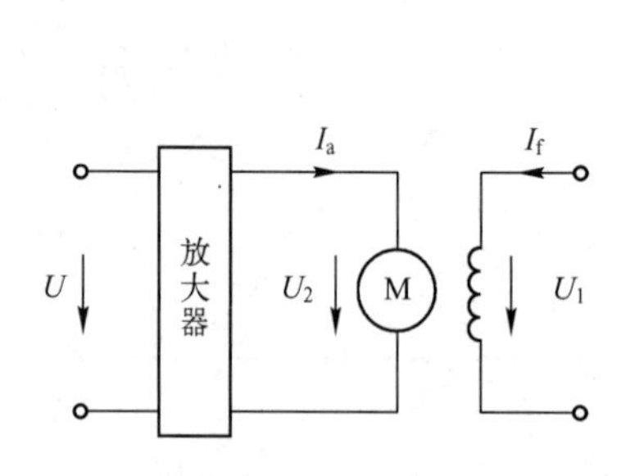

U_1—励磁电压；U_2—电枢电压

图 3-13　直流伺服电动机结构图

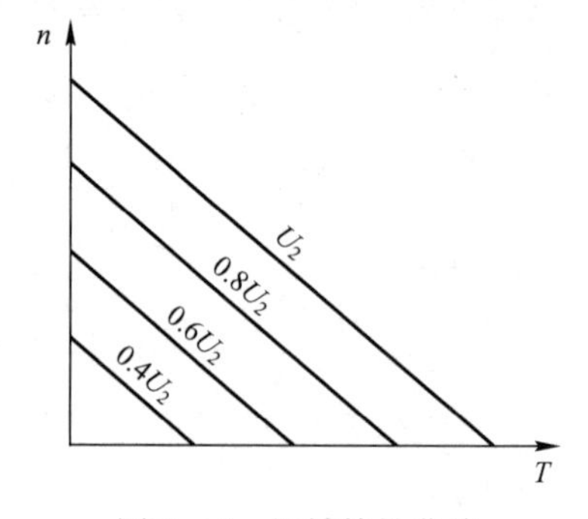

图 3-14　机械特性曲线

☺ 励磁电压 U_1（即磁通 ϕ）不变时，一定的负载下，电枢电压 U_2 升高，转速增大。

☺ 电枢电压 $U_2=0$ 时，电动机立即停转。

欲使直流伺服电动机反转，只要改变电枢电压的极性即可。

3. 直流伺服电动机的特点及应用

直流伺服电动机的特点如下：

☺ 过载倍数大，时间长；

☺ 转矩转动惯量比大，电动机的加速度大，响应快；

☺ 低速转矩大，惯量大，可与丝杠直接相连，省去了齿轮等传动机构，可提高机床的加工精度；

☺ 调速范围大，与高性能的速度控制单元组成速度控制系统时，调速范围超过 1:2000；

☺ 带有高精度的检测元件（包括速度和转子位置检测元件）；

☺ 电动机允许温度可达 150~180℃，由于转子温度高，可通过轴传到机械上去，这会影响机床的精度；

☺ 由于转子惯性较大，因此电源装置的容量以及机械传动件等的刚度都需相应增加。

直流伺服电动机的机械特性较交流伺服电动机硬，经常用在功率稍大的系统中，它的输出功率一般为 1~600W。其用途很多，如随动系统中的位置控制等。

3.5　交流伺服电动机调速系统及其控制

由于直流伺服电动机具有优良的调速性能，20 世纪 80 年代初至 90 年代中，在要求调速性能较高的场合，直流伺服电动机调速系统的应用一直占据主导地位。但它存在一些固有的缺点，即电刷和换向器易磨损，维护麻烦，结构复杂，制造困难，成本高。而交流伺服电动机则没有上述缺点。特别是在同样体积下，交流伺服电动机的输出功率比直流电动机高 10%~70%，且可达到的转速比直流电动机高。因此，人们一直在寻求交流电动机调速方案，来取代直流电动机调速方案。

1. 交流伺服电动机的分类及结构

交流伺服电动机按电动机种类可分为同步型和异步型（感应电动机）两种。数控机床进给伺服系统中多采用永磁式同步电动机，同步电动机的转速是由供电频率所决定的，即在电源电压和频率固定不变时，其转速稳定不变。由变频电源供电给同步电动机时，能方便地获得与频率成正比的可变速度，得到非常硬的机械特性及宽的调速范围。同步电动机原理与两相交流异步电动机相同，定子上装有两个绕组：励磁绕组和控制绕组，两个绕组在空间相隔 90°。同步电动机原理如图 3-15 所示。

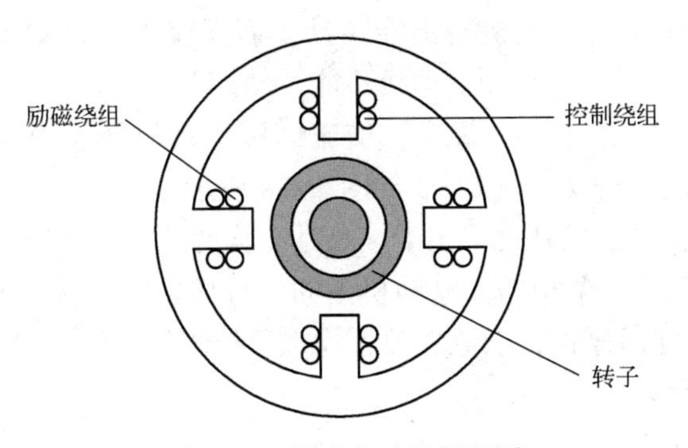

图 3-15　同步电动机原理图

2. 交流伺服电动机的接线

交流伺服电动机常用的接线方式有两种：励磁绕组接线和控制绕组接线。其接线方式如图 3-16 所示。

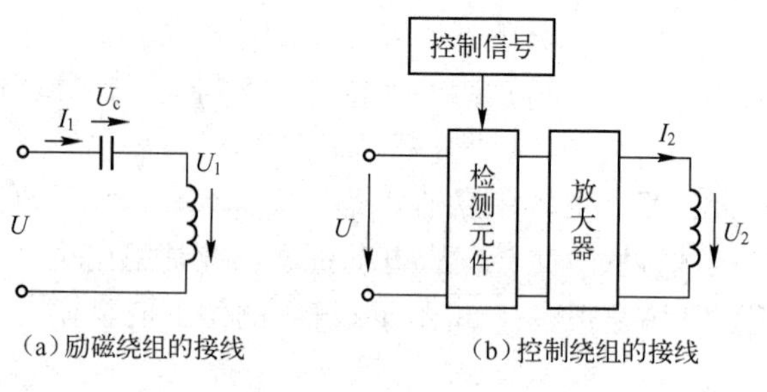

图 3-16　交流伺服电动机的接线图

励磁绕组中串联电容的目的是为了产生两相旋转磁场。适当选择电容的大小，可使通入两个绕组的电流相位差接近 90°，因此便产生旋转磁场，在旋转磁场的作用下，转子便转动起来。

例如，通过选择电容，可使交流伺服电动机电路中的电压、电流的相量关系如图 3-17 所示。

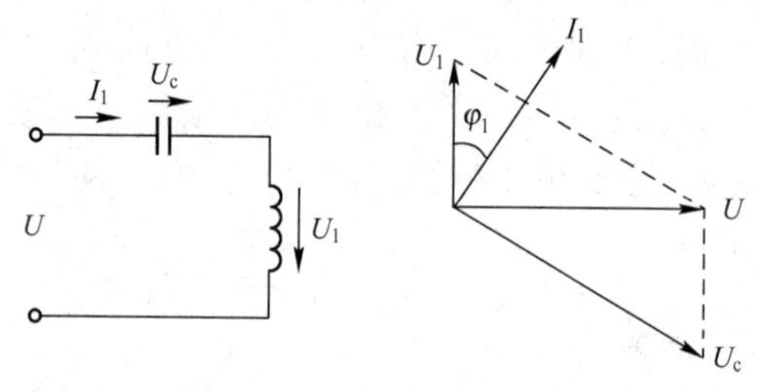

图 3-17　励磁绕组的接线

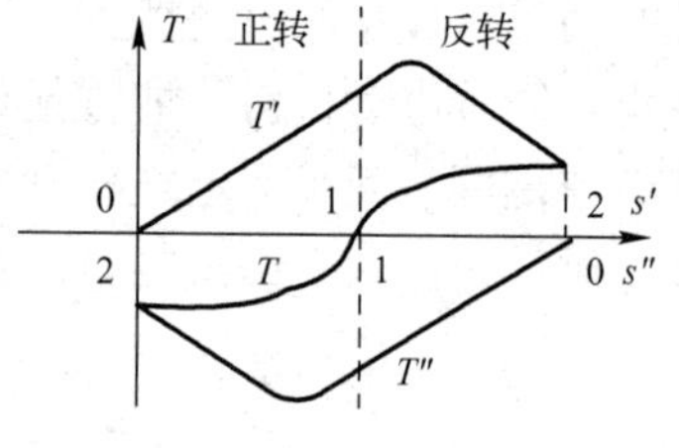

图 3-18　交流伺服电动机的力矩特性曲线

3. 交流伺服电动机的特点及应用

1）交流伺服电动机的力矩特性　当 $U_2=0$V 而 U_1 仍存在时，伺服电动机似乎呈单相运行状态，但与单相异步电动机不同。单相电动机起动运行后，若出现单相运行状态，电动机动仍能转动；而伺服电动机却不同，当出现单相电压时，电动机不能转动。

原因：交流伺服电动机转子电阻设计得较大，所以在 $U_2=0$ 时，交流伺服电动机的 $T=f(s)$ 曲线如图 3-18 所示。

2）交流伺服电动机的机械特性　当 $U_2=0$ 时，脉动磁场分成的正/反向旋转磁场产生的转矩 T'、T''的合成转矩 T 与单相异步电动机不同。合成转矩的方向与旋转方向相反，所以电动机在 $U_2=0$ 时，能立即停止，以免失控，体现了控制信号的作用。交流伺服电动机的机械特性曲线如图 3-19 所示。

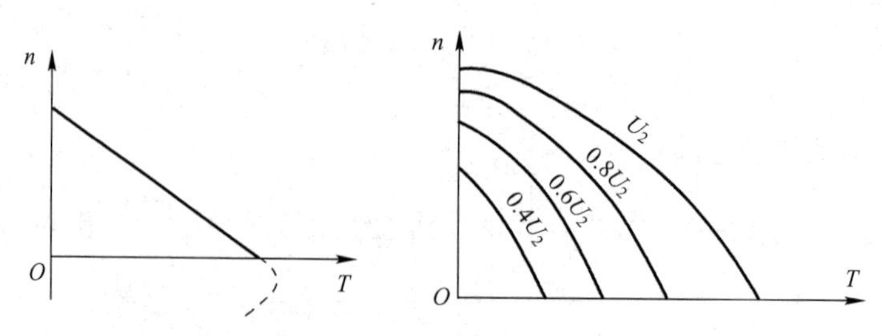

图 3-19　交流伺服电动机的机械特性曲线（$U_1=$const，$n=f(T)$）

☺ 在励磁电压不变的情况下，随着控制电压的下降，特性曲线下移。在同一负载转矩作用下，电动机转速随控制电压的下降而均匀减小。

☺ 控制电压 U_2 大小变化时，转子转速相应变化，转速与电压 U_2 成正比。U_2 的极性改变时，转子的转向改变。

3）交流伺服电动机的应用　交流伺服电动机的输出功率一般为 0.1～100W，电源频率分 50Hz、400Hz 等多种。它的应用很广泛，如用在数控机床、自动控制、温度自动记录等系统中。

思考与练习

（1）常开触点和常闭触点串联或并联，在电路中分别起什么样的控制作用？

（2）与直流伺服电动机相比，交流伺服电动机有哪些优点？

（3）永磁式直流伺服电动机由哪几部分组成？其转子绕组中导体的电流是通过什么来换向的？

（4）数控机床直流进给伺服系统通常采用什么方法来实现调速？该调速方法有何特点？

（5）交流伺服电动机有哪几种？数控机床的交流进给伺服系统通常使用何种交流伺服电动机？

第4章　数控机床电气控制基本环节

读者要了解、分析和设计数控机床的控制电路，除了要熟悉各种控制电气元件，还要掌握数控机床电气原理图的绘制规则、数控机床电气控制的逻辑表示等内容。

4.1　数控机床电气原理图的绘制规则

电气控制线路是由接触器、继电器、按钮、行程开关等组成的，其作用是实现对电力拖动系统的起动、反向、制动和调速等运行性能的控制，保护拖动系统，满足生产工艺要求，实现生产加工自动化。各种机床的加工对象和生产工艺要求均不相同，其电气控制线路也就不同，有的比较简单，有的相当复杂，但都是由一些比较简单的基本线路根据需要组合而成的，因此掌握和识读这些线路图非常必要。

电气控制系统由电动机和各种控制电器（如接触器、继电器、电阻器、开关等）组成。电气控制系统中各电气元件及其连接图，称为电气控制系统图。电气控制系统图包括电气原理图、电气布置图和电气安装图。数控机床电气原理图与普通机床电气控制线路图的绘制规则一致，为便于理解，本节以普通机床为例来进行描述。

4.1.1　电气原理图

电气原理图是用图形符号和项目代号表示电气元件连接关系及电气工作原理的图形，它在设计部门和生产现场广泛应用。图4-1所示的是CW6132机床电气原理图。

绘制电气原理图时应遵循的原则如下所述。

☺ 主电路标号由文字符号和数字组成，其中的文字符号标明主电路中电气元件或线段的主要特征，数字用于区别电路的不同线段。

☺ 控制电路采用数字编号（由3位或3位以下的数字组成）。在垂直绘制的电气原理图中，按从上到下、从左到右的顺序进行编号，凡是被线圈、绕组、触点或电阻、电容等元件所间隔的线段，都应标以不同的电路标号。

☺ 有大电流通过的主电路，用粗线条绘制；辅助电路（包括控制电路、照明电路和信号电路）中通过的电流较小，用细线条绘制。

☺ 无论主电路还是辅助电路，各电气元件均按动作顺序从上到下、从左到右依次排列，可垂直布置，也可水平布置。

☺ 标出各电源电路的电压值、极性（或频率）及相数。

☺ 继电器、接触器的触点，按吸引线圈未通电状态绘制；按钮、行程开关的触点，按

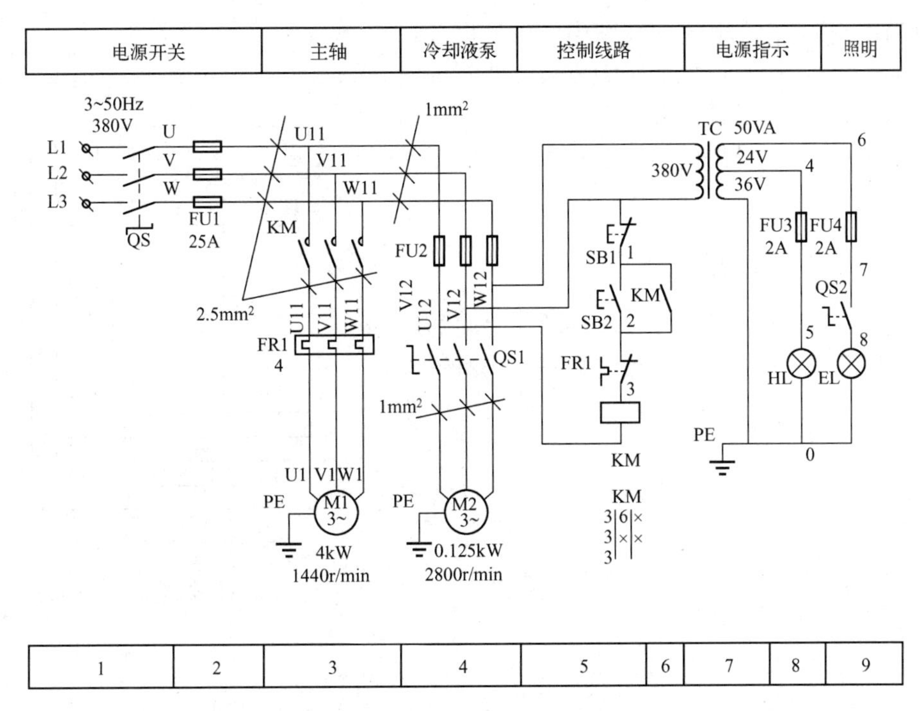

图 4-1　CW6132 机床电气原理图

不受外力作用时的状态绘制。

☺ 同一电器的各导电部件（如继电器、接触器的线圈和触点），按照它们在电路中的联系分开绘制，但用相同的文字符号表示。对完成相同性质作用的多个电器，要在相同的文字符号右侧加上数字序号，以示区别。

☺ 电源电路应绘成水平线；电动机及其保护电器支路，应垂直于电源电路进行绘制；辅助电路垂直绘制在两条或多条水平电源线之间；线圈、电磁铁、照明灯、信号灯、指示灯，应绘制在水平电源线与接地线之间。

☺ 有直接电联系的十字交叉导线连接点，必须用黑圆点表示；否则，不绘制黑圆点。交叉节点的表示方式如图 4-2 所示。

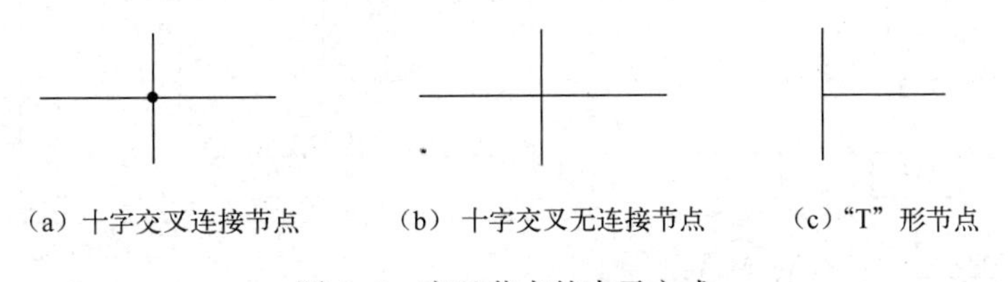

（a）十字交叉连接节点　（b）十字交叉无连接节点　（c）“T”形节点

图 4-2　交叉节点的表示方式

4.1.2　电气安装图

电气安装图用来表示电气设备和电气元件的实际安装位置，它是机械电气控制设备制造、安装和维修必不可少的技术文件。电气安装图可集中绘制在一张图上，也可将控制柜、操作台的电气元件安装图分别绘制，但图中的各电气元件代号应与相关电气原理图和元器件清单上的代号相同。在电气安装图中，机械设备轮廓用点画线绘出，所有可见的和需要表达清楚的电气元件及设备用粗实线绘出其简单的外形轮廓，其中电气元件无须标注尺寸。某机床电气安装图如图 4-3 所示。

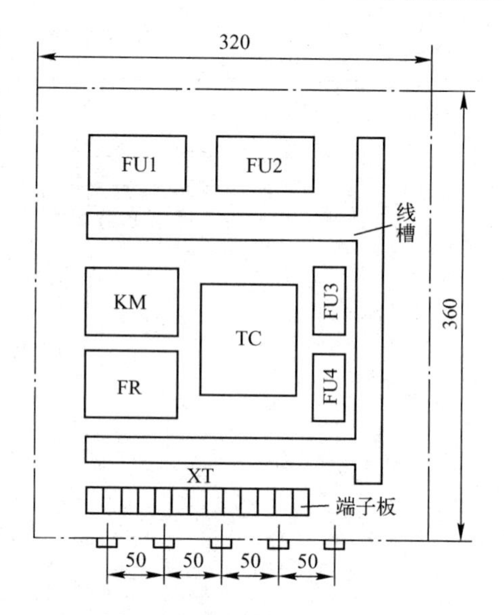

图 4-3　某机床电气安装图

4.1.3　电气接线图

电气接线图用来表示电气设备各单元之间的接线关系，主要用于安装接线、线路检查、线路维修和故障处理。图 4-4 所示为 CW6132 车床电气接线图。

在识读电气接线图时，应熟悉绘制电气接线图的四个基本原则。

☺ 各电气元件的图形符号、文字符号等均与电气原理图中的一致。

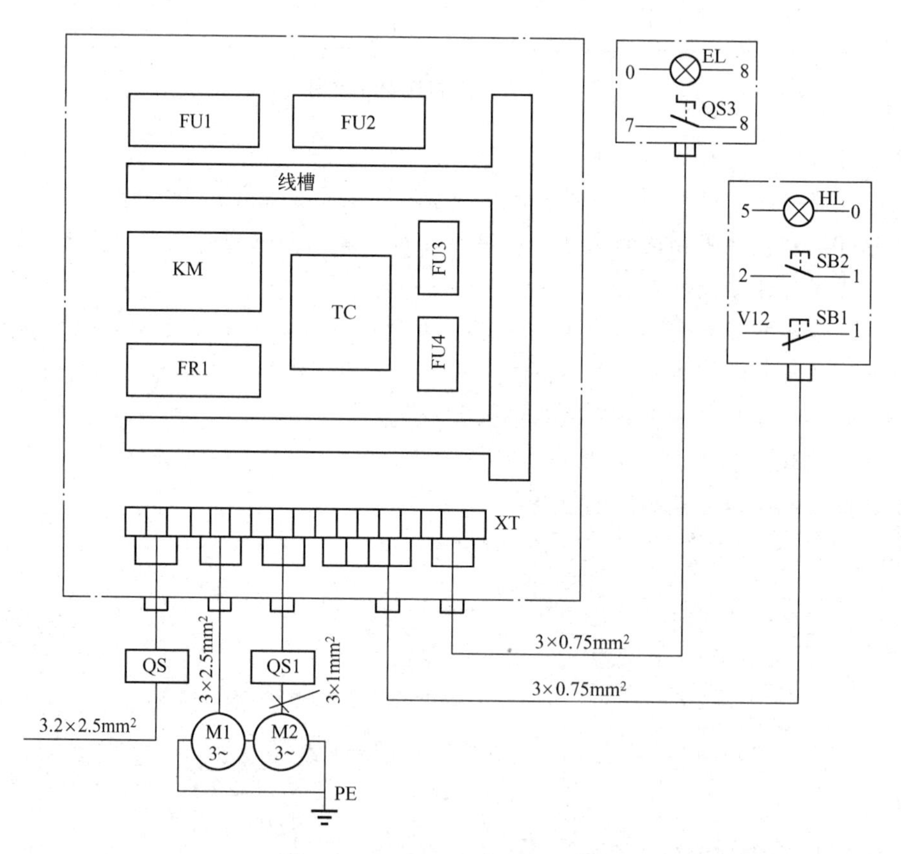

图 4-4　CW6132 车床电气接线图

☺ 外部单元中同一电器的各部件绘制在一起，其布置基本符合电器实际情况。

☺ 不在同一控制箱和同一配电屏上的电气元件是经接线端子排实现连接的，其电气互连关系以线束表示，连接导线应标明导线参数（数量、截面积、颜色等），一般不标

注实际走线途径。

☺ 对于控制装置的外部连接线，应在图上表示清楚，并标明电源引入点。

4.1.4　图面区域的划分

为了确定图上内容的位置及用途，应对一些幅面较大、内容复杂的电气图进行分区。分区方法应标注在电气原理图中，上方一般按主电路及各功能控制环节自左至右进行文字说明，并在各分区方框内加注文字说明，以便机床电气原理图的阅读理解；下方一般按“支路居中”原则从左至右进行数字标注，并在各分区方框内加注数字，以方便继电器、接触器等电器触点位置的查阅。“支路居中”原则是指各支路垂线应对准数字分区方框的中线位置。

对于水平布置的电气原理图，则应左右分区，左方自上而下进行文字说明，右方自上而下进行数字标注。

1. 继电器、接触器的线圈与触点对应位置的索引

在继电器、接触器线圈下方列有触点表，用于说明线圈对应的触点所在图区号，如图 4-5 所示。接触器 KM 线圈下方从左至右的第 1 栏标注常开主触点所在图区号，第 2 栏标注辅助常开触点所在图区号，第 3 栏标注辅助常闭触点所在图区号；中间继电器、电流继电器 KA 线圈下方从左至右的第 1 栏标注常开触点所在图区号，第 2 栏标注常闭触点所在图区号；时间继电器 KT 线圈下方从左至右第 1 栏标注延时常开触点所在图区号，第 2 栏标注延时常闭触点所在图区号，第 3 栏标注瞬动常开触点所在图区号，第 4 栏标注瞬动常闭触点所在图区号。在继电器、接触器的触点下面标注与触点对应的线圈所在图区号。

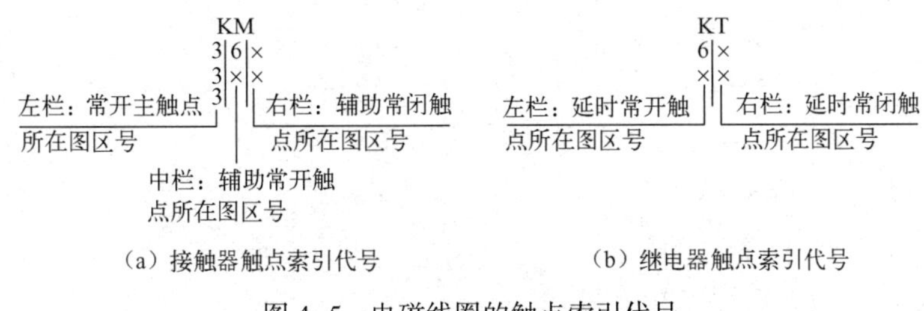

（a）接触器触点索引代号　　（b）继电器触点索引代号

图 4-5　电磁线圈的触点索引代号

2. 技术数据的标注

在电气原理图中，还应标注各电气元件的技术参数，如熔断器熔体的额定电流、热继电器的动作电流范围及其整定值、导线的截面积等。

4.2　数控机床电气控制的逻辑表示

1. 机床电气控制的逻辑表示

逻辑变量通常只有“1”“0”两种取值，表示两种相反的逻辑状态。在电气控制中，通

常用逻辑变量来描述开关、线圈元件触点的开关状态、线圈的通断状态。通常，“1”表示线圈通电或开关闭合状态，“0”表示线圈断电或开关断开状态。也可使用“真”“假”或其他字母表示逻辑状态。

2. 逻辑运算法则

1）逻辑与运算 图 4-6 所示为触点串联实现逻辑与运算，逻辑与运算“相当于”算术乘运算，用符号“·”表示。图 4-6 中的电路可用逻辑表达式表示为

$$KM=KA1\cdot KA2$$

2）逻辑或运算 图 4-7 所示为触点并联实现逻辑或运算，逻辑或运算“相当于”算术加运算，用符号“+”表示。图 4-7 中的电路可用逻辑表达式表示为

$$KM=KA1+KA2$$

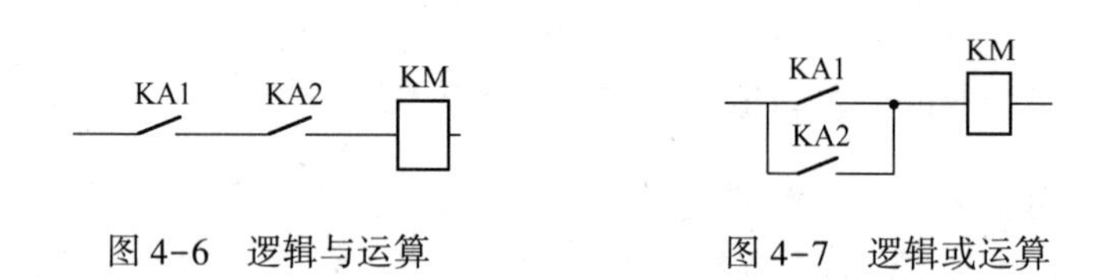

图 4-6 逻辑与运算　　图 4-7 逻辑或运算

3）逻辑非运算 逻辑非运算用符号“-”表示，可用逻辑表达式表示为

$$KM=\overline{KA}$$

3. 逻辑运算的基本公式

下面是逻辑运算中的一些基本公式：

0 定则　$0+A=A$

1 定则　$1+A=1$

互补定律　$A+\overline{A}=1$

同一定律　$A+A=A$

反转定律　$\overline{\overline{A}}=A$

交换律　$A+B=B+A$

结合律　$(A+B)+C=A+(B+C)$

分配律　$A\cdot(B+C)=A\cdot B+A\cdot C$　　$A+B\cdot C=(A+B)\cdot(A+C)$

反演律（摩根定理）　$\overline{A+B}=\overline{A}\cdot\overline{B}$　　$\overline{A\cdot B}=\overline{A}+\overline{B}$

4.3 电气控制基本环节

4.3.1 三相笼型异步电动机的直接起动控制线路

1. 直接起动控制线路

直接起动是一种最简单的起动方式，是指起动时，通过一些直接起动设备把全部电源电

压（即全压）直接加到电动机的定子绕组上。一般规定：若异步电动机的功率低于 7.5kW，允许直接起动；若其功率不小于 7.5kW，但符合下式者，也可直接起动：

$$\frac{\text{起动电流}}{\text{额定电流}} \leqslant \frac{1}{4}\left(3+\frac{\text{电源总功率}}{\text{起动电动机功率}}\right)$$

若不满足上式，则必须采用降压起动的方法。

图 4-8 所示的是用开关直接起动线路，一般用于小型台钻和砂轮机等设备。图 4-9 所示的是用接触器直接起动线路，许多中小型机床的主电动机都采用这种起动方式。

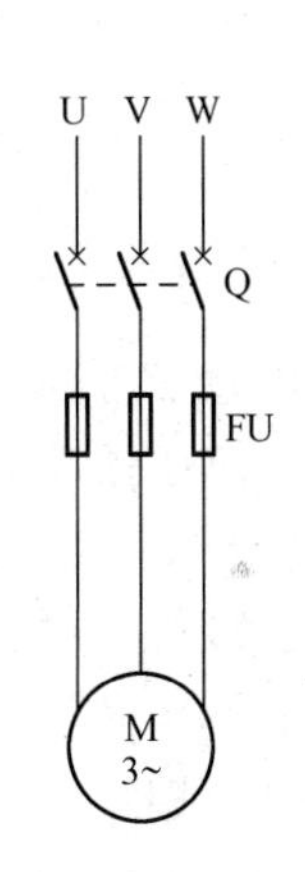

图 4-8　用开关直接起动线路

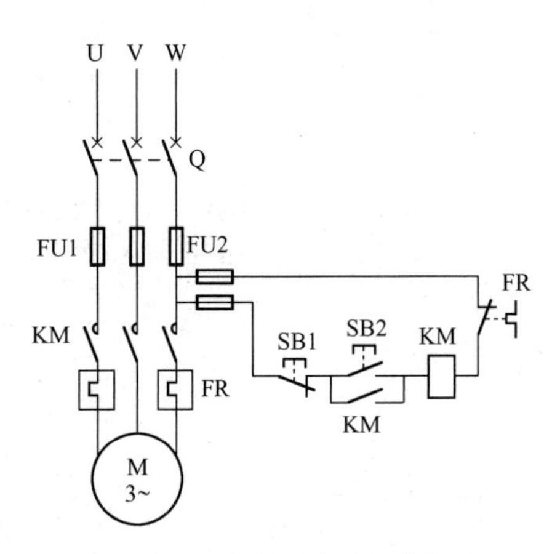

图 4-9　用接触器直接起动线路

2. 点动与长动控制线路

图 4-10 中的接触器辅助触点 KM 是自锁触点，其作用是当释放起动按钮 SB2 后仍可保证 KM 线圈通电，电动机运行（长动）。通常将这种用接触器本身的触点来使其线圈保持通电的环节称为自锁环节。如果起动按钮 SB2 不并联触点 KM，则松开 SB2 后 KM 线圈断电，电动机停止运行，此为点动方式。点动用于机床刀架、横梁、立柱的快速移动以及机床的调整对刀等。图 4-10（a）、(b）、(c）所示分别为用按钮、开关、中间继电器来实现点动的控制线路。长动与点动的主要区别是其控制电器能否自锁。

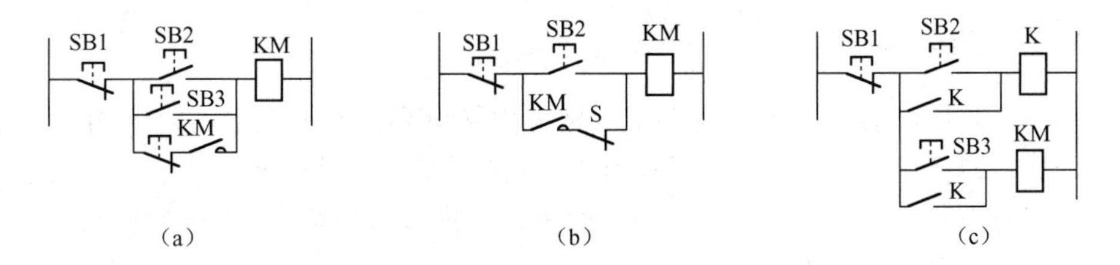

图 4-10　点动控制线路

3. 多点起/停控制线路

在大型机床设备中，为了方便操作，常要求能在多个位置对机床进行控制。例如：图 4-11（a）中将起动按钮并联、停止按钮串联，可在 3 个位置对机床实现起/停控制；图 4-11（b）中则将起动按钮串联，只有这几个起动按钮都被压下时设备才能工作，可保证操作安全。

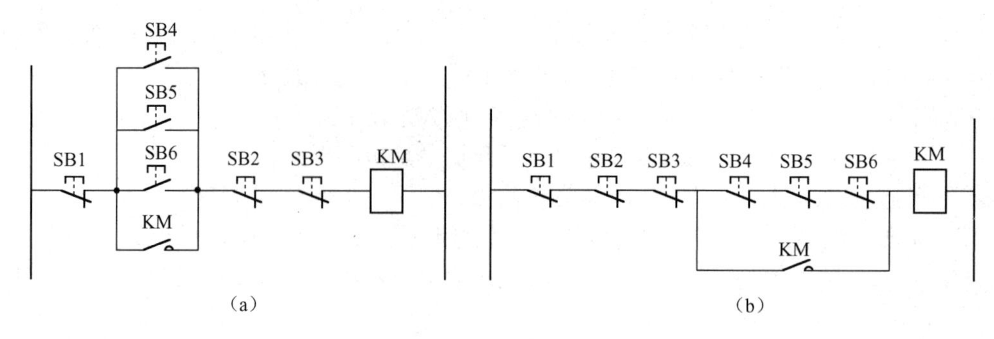

图 4-11　多点起/停控制线路

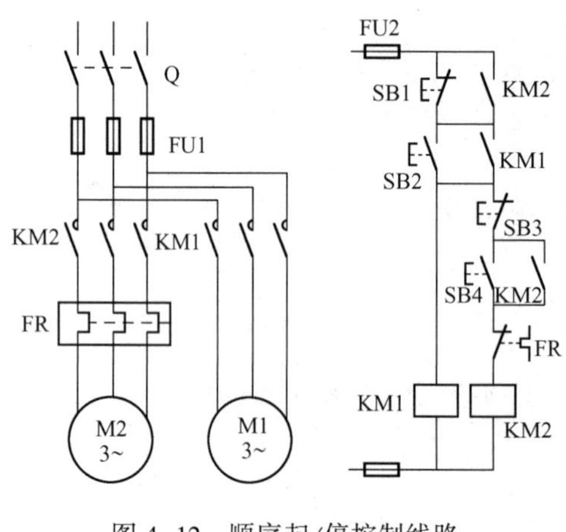

图 4-12　顺序起/停控制线路

4. 顺序起/停控制线路

有些机床要求电动机能够经常有序地起动，比如主轴必须在液压泵工作后才能工作，主轴旋转后工作台才能运动，主轴停转后润滑泵才能停止工作等。如图 4-12 所示，为保证电动机 M1、M2 的顺序起动，起动时先合上开关 Q，按下 SB2，KM1 线圈得电自保，电动机 M1 起动运转；再按下 SB4，KM2 线圈得电自保，M2 起动，同时将 SB1 锁住。停车时，先按下 SB3，KM2 线圈失电，其常开辅助触点复位，M2 停转；再按下 SB1，KM1 线圈失电，M1 停转。

4.3.2　三相笼型异步电动机的降压起动控制线路

当三相笼型异步电动机不满足直接起动条件时，电动机必须采用降压起动，将起动电流限制在允许的范围内。常用的降压起动方式有定子串电阻降压起动、Y-△降压起动和自耦变压器降压起动 3 种。

1. 定子串电阻降压起动

定子串电阻降压起动时，在三相定子电路上串接电阻，使加在电动机绕组上的电压降低，起动完成后再将串接电阻短接，电动机加额定电压正常运行。这种起动方式利用时间继电器延时动作来控制各电气元件的先后顺序动作，因此称之为按时间顺序的控制。典型定子串电阻降压起动控制线路如图 4-13 所示。

线路工作过程如下所述。

（1）起动：合上电源开关 QS→按下 SB2→KM1 线圈得电→KM1 自锁触点闭合→KM1 主触点闭合→电动机串联电阻 R 后起动→KM1 常开触点闭合→KT 线圈得电→KM2 线圈得电→KM2 自锁触点闭合→KM2 主触点闭合（短接电阻 R）→电动机 M 全压运行→KM2 常闭触点断开→KM1、KT 线圈断电释放。

（2）停止：按下 SB1→KM2 线圈断电释放→M 断电停止。

起动电阻 R 一般采用 ZX1、ZX2 系列铸铁电阻，其特点是功率大，能够通过较大电流；

三相电路中每相所串接的电阻的电阻值相等。

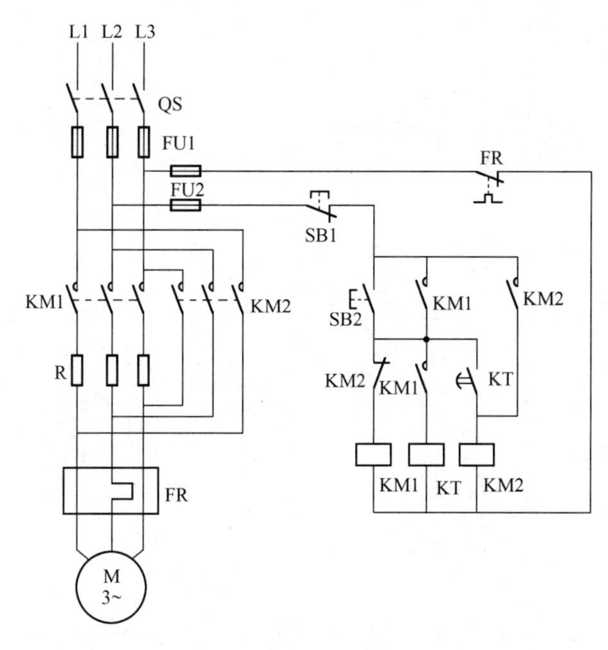

图 4-13　典型定子串电阻降压起动控制线路

定子串电阻降压起动不受电动机接线形式限制，线路简单。中小型机床常用这种方法限制点动调整时电动机的起动电流，如 C650 车床、T68 卧式镗床、T612 卧式镗床等。

2. Y-△降压起动

正常运行时定子绕组接成△连接的笼型异步电动机，常用Y-△降压起动的方法限制起动电流。起动时，定子绕组先接成Y连接，待转速上升到接近额定转速时，再将定子绕组接成△连接，电动机全压运行。图 4-14所示控制线路的工作过程如下：合上 Q，按下 SB2，KM2 线圈得电自保，KM1 线圈得电，使 M 进行Y连接起动，同时 KT 线圈得电。当 M 的转速接近额定转速时，到达时间继电器 KT 整定时间，KT 的常闭延时触点先打开，KM1 线圈失电，KT 的常开延时触点后闭合，KM3 线圈得电自保，M 定子绕组△连接全压运转，同时 KT 线圈失电。图中 KM1、KM3 的辅助常闭触点用于防止 KM1、KM3 同时得电造成电源短路。

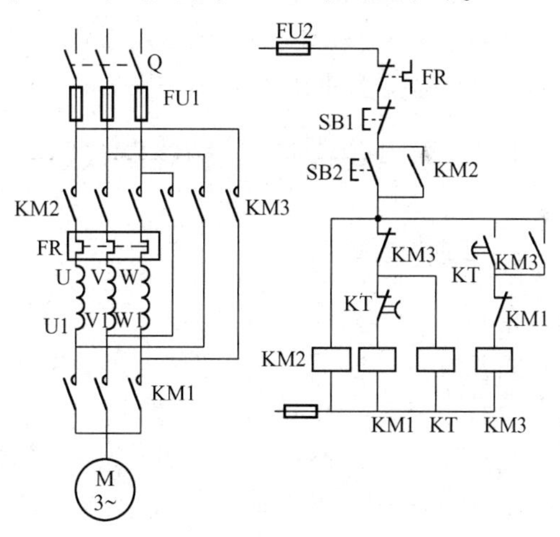

图 4-14　Y-△降压起动控制线路

3. 自耦变压器降压起动

正常运行时定子绕组接成Y连接的异步电动机，可用自耦变压器降压起动。起动时，定子绕组加上自耦变压器的二次电压，一旦起动完毕，自耦变压器即被“甩开”，定子绕组加上额定电压正常运行。图 4-15 所示控制线路的工作过程如下：合上 Q，按下 SB2，

KM1线圈得电，自耦变压器T做Y连接，同时KM2线圈得电自保，电动机降压起动，KT线圈得电自保。

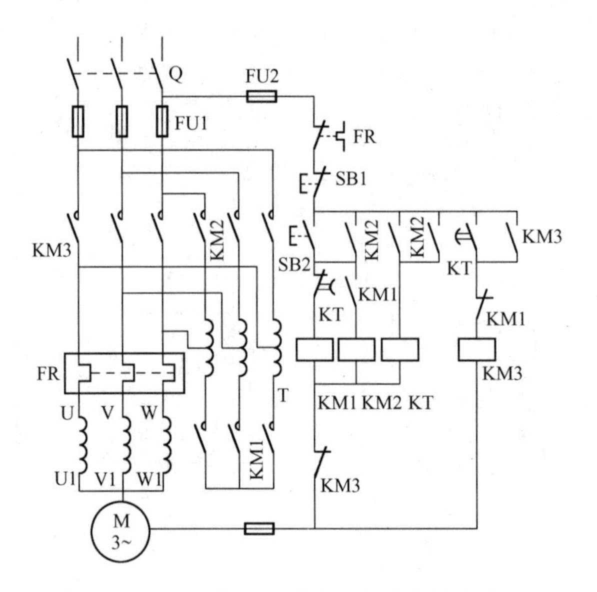

图4-15　自耦变压器降压起动控制线路

当电动机的转速接近额定转速时，到达KT的整定时间，其常闭延时触点先打开，KM1、KM2线圈先后失电，T被断开，KT的常开延时触点后闭合，在KM1的常闭辅助触点复位的前提下，KM3得电自保，电动机全压运行。

电路中KM1、KM3的常闭辅助触点用于防止线圈KM1、KM2、KM3同时得电，将T的一部分绕组短接而使其余部分绕组烧坏。

4.3.3　电动机正/反转控制线路

1. 互锁控制线路

在电气控制系统中，有时要求两个电动机不同时接通，或者同一电动机驱动的执行元件有两个相反的动作（如主轴正/反转、工作台的上/下双向移动等），或者两个电气元件不同时得电，这时就要用到互锁控制线路。如图4-16所示，分别将KM1、KM2的动断（常闭）触点串接在对方线圈所在电路中，使KM1、KM2的触点互相制约，可保证KM1、KM2的线圈不会同时得电。此外，还可以将复合按钮或行程开关的常闭触点串接在对方接触器的线圈电路中来实现机械互锁。

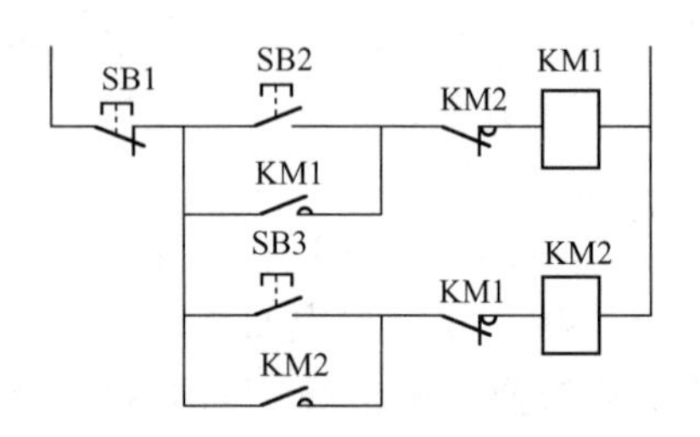

图4-16　互锁控制线路

2. 正/反转控制线路

大多数机床的主轴或进给运动都需要正反两个方向运行，故要求电动机能够正/反转。由电工学可知，只要把电动机定子三相绕组中的任意两相调换一下接到电源上去，电动机定子相序即可改变，电动机就可改变运转方向了。

如果用两个接触器KM1和KM2来完成电动机定子绕组相序的改变，那么由正转与反转起动线路组合起来就构成了正/反转控制线路。

图 4-17 所示控制线路的工作过程是：当电动机 M 停转时，若要 M 正转，则按下 SB2（其常闭触点先打开，其常开触点后闭合），KM1 线圈得电（其常闭辅助触点先断开，其常开主触点后闭合），M 正向起动运转，常开辅助触点闭合自保；当 M 正转时，若要 M 反转，则按下 SB3，其常闭触点先打开，KM1 线圈失电，M 的定子切断正序电源，其常开触点后闭合，在 KM1 常闭触点复位的前提下，KM2 线圈得电自保，M 反转；M 反转变为正转与其正转变为反转类似。此控制线路采用复合按钮 SB2、SB3 与接触器 KM1、KM2 联合控制，可避免由于 KM1 或 KM2 的常闭辅助触点烧结而造成电源短路。

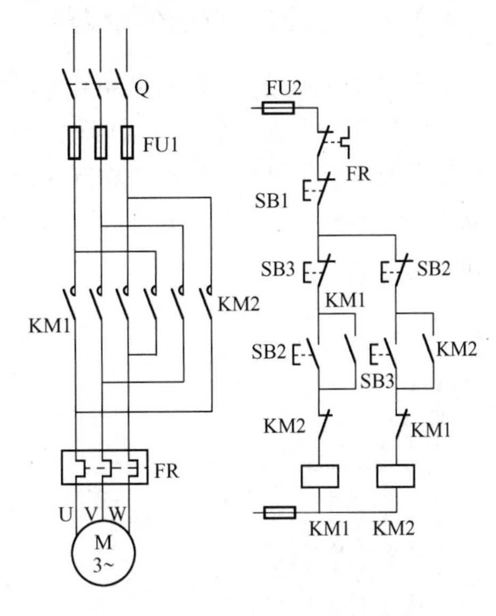

图 4-17　正/反转控制线路

有的机床工作台需要自动往返运行，而自动往返运行是利用行程开关来检测往返运动的相对位置的。图 4-18 所示为机床工作台往返运动的示意图。行程开关 SQ1（反向转正向）、SQ2（正向转反向）分别固定安装在床身上，反映循环两端点的撞块 A、B 固定在工作台上，随着运动部件的移动可压下行程开关 SQ1、SQ2，使其触点动作，并使电动机正/反向运转。

图 4-19 所示为往复自动循环控制线路，其工作过程是：合上 Q，按下 SB2，KM1 线圈得电自锁，M 正转，驱动运动部件前进；当前进到位时，撞块 B 压下 SQ2，其常闭触点断开，KM1 线圈断电，M 切断正序电源，但 SQ2 常开触点闭合，又使 KM2 得电，M 反转，运动部件后退；当后退到位时，撞块 A 压下 SQ1 使 KM2 断电，KM1 通电，M 由反转变为正转；如此周而复始地自动往复工作。按下 SB1 时，M 停转。若换向用行程开关 SQ1、SQ2 失灵，则由限位开关 SQ3、SQ4 的常闭触点切断 M 的电源，避免运动部件因超出极限位置而发生事故。

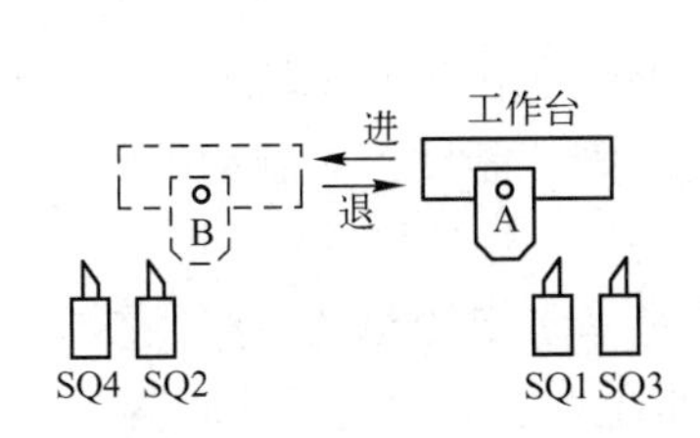

图 4-18　工作台往返运动示意图

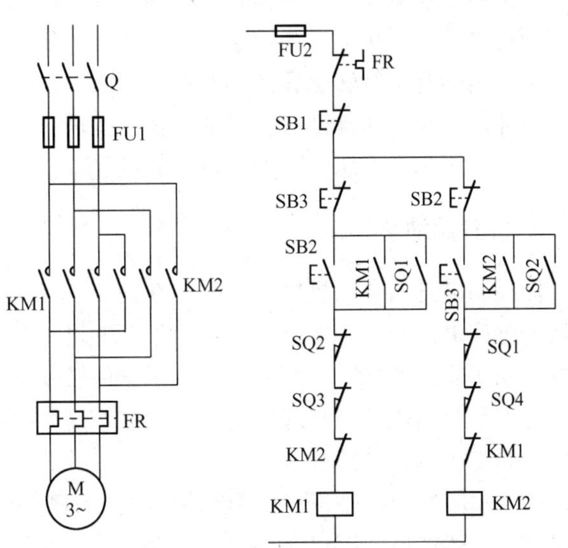

图 4-19　往复自动循环控制线路

4.3.4 电动机制动控制线路

由于惯性的原因，电动机从切断电源到完全停止旋转，总要经过一段时间。为了缩短辅助时间，提高生产效率，停机位置准确，并为了安全生产，需要电动机能迅速停车。电动机制动一般分为机械制动和电气制动两种方式，机械制动采用机械抱闸或液压装置制动，电气制动是在电动机停车时产生一个与原旋转方向相反的制动力矩。机床中常用的电气制动方式是反接制动和能耗制动。

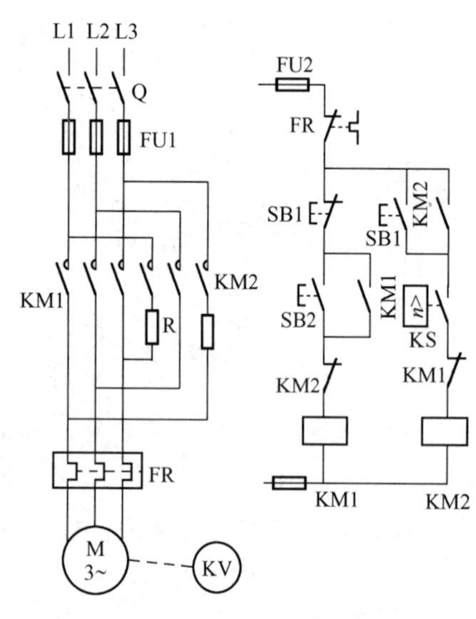

图 4-20 单向反接制动线路

1. 反接制动

反接制动利用改变异步电动机定子绕组中的三相电源相序，产生与转子惯性旋转方向相反的转矩，因而产生制动作用。反接制动的过程为：停车时，首先切换三相电源，然后当电动机转速较低时再将三相电源切断。

图 4-20 所示为单向反接制动线路。其工作过程是：合上 Q，按 SB2，KM1 得电自锁，电动机 M 正转，当转速达到速度继电器 KS 的整定值时，KS 的常开触点闭合，为反接制动做好准备。M 停车时，按下 SB1，SB1 的常闭触点先打开，KM1 失电，切断 M 的正序电源，但 M 因惯性仍以很高的转速继续旋转，原已闭合的 KS 常开触点仍闭合，SB1 的常开触点后闭合，由于此时 KM1 的常闭辅助触点已复位，所以 KM2 得电自锁，M 定子串接两相电阻进行反接制动。当 M 的转速下降到低于 KS 的整定值时，KS 的常开触点复位，KM2 失电，切断反序电源，自然停车至转速为零。

由于反接制动时，转子与定子旋转磁场间的速度近于 2 倍的同步转速，所以定子绕组中流过的反接制动电流相当于全电压直接起动时的 2 倍，故较大功率的电动机进行反接制动时，须在电动机两相或三相定子绕组中串接一定的电阻以限制制动电流。

反接制动时，旋转磁场的相对速度很大，定子电流也很大，制动效果显著，但在制动过程中有冲击，对传动部件有害，能量消耗也较大。因此反接制动多用于不太经常起动、制动的设备，如铣床、镗床、中型车床主轴的制动。

2. 能耗制动

能耗制动是当电动机要停车时，在切断三相交流电源的同时，把定子绕组接入电源，利用转子感应电流与静止磁场的作用以达到制动的目的，在转速接近于零时再切除直流电源。能耗制动实质上是把转子原来储存的机械能转变为电能，消耗在转子的制动上。一般可用时间继电器按时间控制原则或用速度继电器按速度控制原则来进行制动，对制动准确性要求不高的机床也可以手动控制。

图 4-21 所示的是用时间继电器按时间控制原则设计的单向能耗制动线路。图中，KM1 为单向运行接触器，KM2 为能耗制动接触器，KT 为时间继电器，T 为整流变压器，VC 为桥式整流电路。其工作过程如下：合上 Q，按下 SB2，KM1 得电自保，电动机 M 起动；停车

时，按下 SB1，其常闭触点先断开，KM1 失电，M 定子切断三相电源；SB1 的常开触点后闭合，KM2、KT 同时得电自保，如果 M 定子绕组采用Y连接，则将两相定子绕组接入直流电源进行能耗制动。M 在能耗制动作用下转速迅速下降，当转速接近零时，到达 KT 的整定时间，其延时常闭触点打开，KM2、KT 相继断电，制动结束。

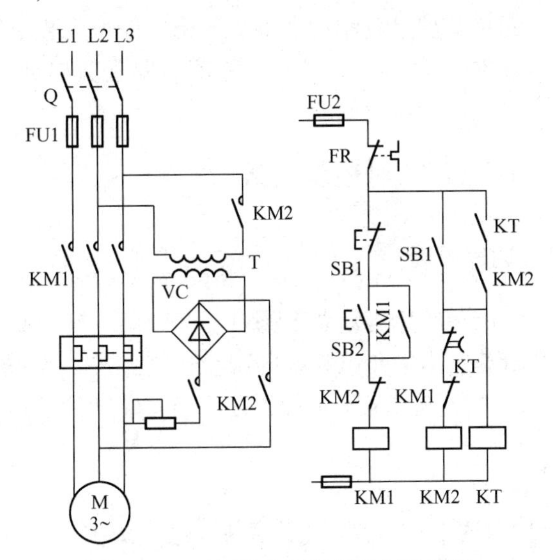

图 4-21　时间继电器控制的制动线路

该电路中，将 KT 常开瞬动触点与 KM2 自保触点串联，是考虑到 KT 断线或机械卡住致使常闭延时触点不能断开，不至于使 KM2 长期得电，造成 M 定子绕组长期通过直流电流而过热。

图 4-22 所示的是用速度继电器按速度控制原则设计的双向能耗制动控制线路。图中，KM1、KM2 为正/反转接触器，KM3 为制动接触器，KS1、KS2 为速度继电器。

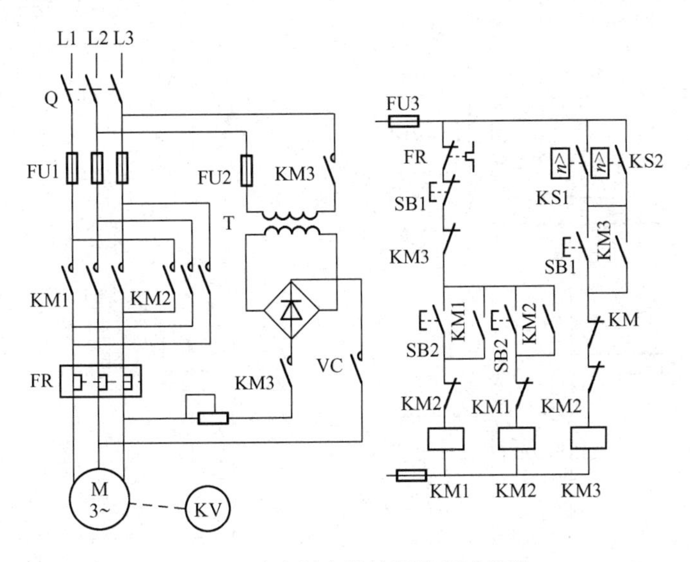

图 4-22　速度继电器控制的制动线路

电动机 M 正向起动运转停车时的能耗制动过程为：合上 Q，按下 SB2，KM1 得电自保，M 正向起动运转，当正向转速达到 KS1 整定值时，KS1 常开触点闭合；停车时，按下 SB1，其常闭触点先打开，KM1 失电，由于存在惯性，M 的转速还很高，KS1 的常开触点仍闭合；

在 SB1 的常开触点闭合时，KM3 得电自锁，M 定子绕组接通直流电进行能耗制动，M 的转速迅速下降；当正向转速低于 KS1 整定值时，KS1 的常开触点复位，KM3 失电，能耗制动结束，之后 M 自然停车。

M 反向起动运转停车时的能耗制动过程与正向的类似，不再赘述。

与反接制动相比较，能耗制动具有制动准确、平稳、能量消耗小等优点。但能耗制动的制动力较弱，特别是在低速时尤为突出。另外，它还需要直流电源，故适用于要求制动准确、平稳的场合，如磨床、龙门刨床及组合机床的主轴定位等。

4.3.5 双速电动机的高/低速控制线路

1. 双速电动机的变极调速原理

双速电动机在车床、铣床、镗床等设备上都有较多应用。笼型双速电动机通过改变定子绕组的磁极对数来改变其转速。由异步电动机的同步转速公式 $n_0=60f_1/p$ 可知，如果电动机的磁极对数 p 减少一半，旋转磁场的转速 n_0 便提高 1 倍，转子的转速 n 也几乎提高 1 倍。

2. 高/低速控制线路

图 4-23 所示的是 3 种双速电动机高/低速控制线路。图中，接触器 KM1 动作对应低速控制，KM2 动作对应高速控制。

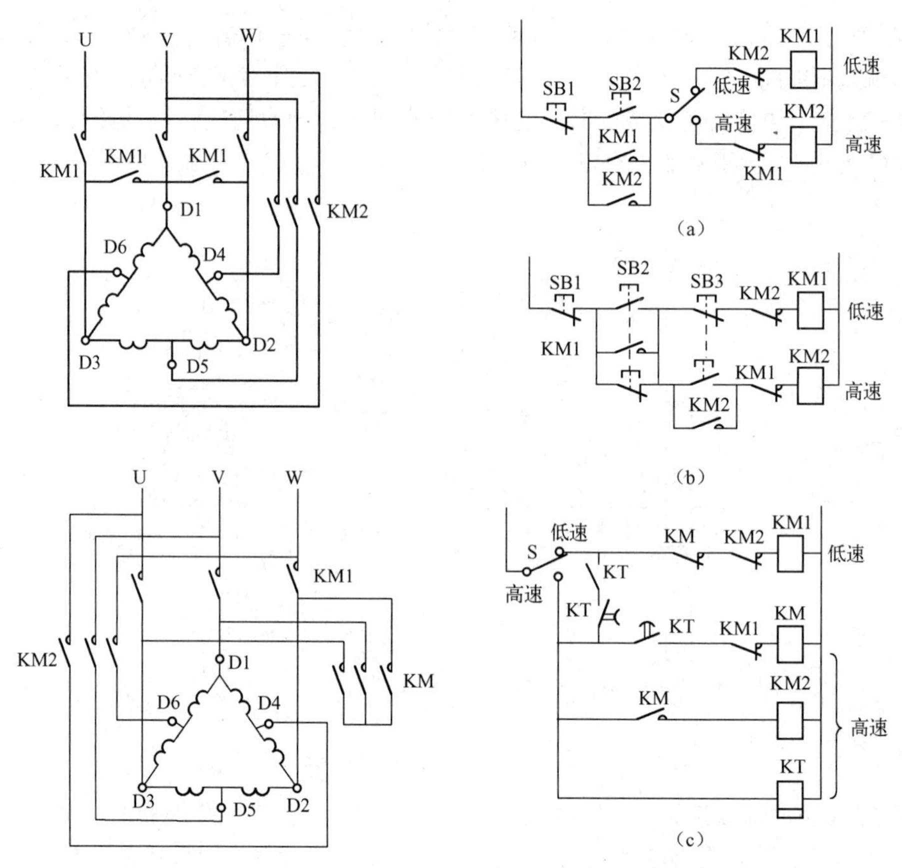

图 4-23　3 种双速电动机高/低速控制线路

图 4-23（a）中用开关 S 实现高/低速控制。

图 4-23（b）中用复合按钮 SB2 和 SB3 来实现高/低速控制。采用复合按钮联锁，可使高/低速直接转换，而不必经过停止按钮。这两种方式均用于小功率电动机。

图 4-23（c）中用开关 S 控制高/低速切换。接触器 KM1 动作，电动机为低速运行状态；接触器 KM2 和 KM 动作时，电动机为高速运行状态。当开关 S 扳到高速位置时，由时间继电器的两个触点首先接通低速控制，经延时后自动切换到高速，以便限制起动电流。此控制方式适用于较大容量的电动机。

4.3.6　电动机的保护环节

电气控制系统除能满足生产机械的加工工艺要求外，要想长期无故障运行，还必须采取各种保护措施。保护环节是所有机床电气控制系统不可缺少的组成部分，利用它来保护电动机、电网、电气控制设备以及人身安全等。电气控制系统中常用的保护环节有短路保护、过载保护、过电流保护、失电压与欠电压保护以及弱磁保护等。

1. 短路保护

当电动机绕组或导线的绝缘损坏，或者线路发生故障时，如果发生短路现象，会产生短路电流并引起电气设备绝缘损坏，甚至导致电气设备损坏。因此，在发生短路现象时，必须迅速切断电源。常用的短路保护元件有熔断器和自动断路器。当熔断器或自动断路器串接在被保护的电路中时，一旦电路发生短路故障或严重过载，熔断器的熔体会迅速熔断，自动断路器的过电流脱钩器会自动脱开，从而切断电路，保护导线和电气设备不被损坏。

2. 过载保护

电动机长期超载运行时，电动机绕组温升超过其允许值，其绝缘材料就会变脆，寿命缩短，严重时使电动机损坏。过载电流越大，达到允许温升的时间就越短。常用的过载保护元件是热继电器和自动开关。热继电器可以满足以下要求：在额定电流条件下，电动机的温升为额定温升，热继电器不动作；当过载电流较小时，热继电器要经过较长时间才动作；当过载电流较大时，热继电器则经过较短时间就会动作。

由于热惯性的原因，热继电器不会受电动机短时过载冲击电流或短路电流的影响而瞬时动作，所以在使用热继电器进行过载保护时，还必须设有短路保护，并且用于短路保护的熔断器熔体的额定电流不应超过热继电器发热元件额定电流的 4 倍。

3. 过电流保护

过电流通常是由不正确的起动和过大的负载转矩引起的，一般比短路电流要小。在电动机运行中，产生过电流要比发生短路的可能性更大，尤其是在频繁正/反转、起/制动的重复短时工作制动的电动机中更是如此。

对于三相笼型电动机，由于其短时过电流不会产生严重后果，一般不采用过电流保护而采用短路保护。直流电动机和绕线转子异步电动机一般采用过电流继电器来实现短路保护。

4. 失电压与欠电压保护

当电动机正在运行时，如果电源电压因某种原因突然消失，那么在电源电压恢复时，电动机就将自行起动，这就可能造成生产设备的损坏，甚至造成人身事故。对电网来说，同时有许多电动机及其他用电设备自行起动也会引起不允许的过电流及瞬间网络电压下降。防止电压恢复时电动机自行起动的保护称为失电压保护。一般常用电压继电器来实现失电压保护，用按钮代替开关来操作也可实现失电压保护。

当电动机正常运转时，电源电压过分降低将引起一些继电器释放，造成控制线路不正常工作，可能产生事故；电源电压过分降低也会引起电动机转速下降甚至停转。因此需要在电源电压降到一定允许值时将电源切断，这就是欠电压保护。一般常用欠电压继电器来实现欠电压保护。

5. 弱磁保护

直流电动机在一定的磁场强度下才能起动，如果磁场太弱，电动机的起动电流就会很大。如果直流电动机正在运行时磁场突然减弱或消失，电动机转速就会迅速升高，甚至发生飞车，因此须要采取弱励磁保护。弱励磁保护是通过在电动机励磁回路中串入弱磁继电器（电流继电器）来实现的，在电动机运行时，如果励磁电流消失或降低很多，弱磁继电器就释放，其触点切断主回路接触器线圈的电源，使电动机断电停车。

4.3.7 电液联合控制

液压传动系统和电气控制线路相结合的电液控制系统在组合机床、自动化机床、生产自动线、数控机床等设备中的应用越来越广泛。液压传动系统易获得很大的力矩，运动传递平稳、均匀，准确可靠，控制方便，易实现自动化。

许多机床的自动循环都是靠行程控制来完成的，某些机床（如龙门刨床、平面磨床等）的工作台要求正/反向运动自动循环，除了采用电动机正/反转来实现，采用电液联合控制更易满足这一要求，且电动机无须频繁正/反转。下面以组合机床液压动力头的控制为例，来说明电液联合控制的工作过程和特点。

组合机床的动力头是既能完成进给运动，又能同时完成刀具切削运动的动力部件。液压动力头的自动工作循环是由控制线路控制液压系统来实现的。图4-24所示的是动力头工作循环示意图，图4-25所示的是动力头工作循环液压和电气控制线路图。其自动工作循环是：快进—工进—快退。其工作过程如下所述。

1. 动力头原位停止

动力头由液压缸YG驱动，当电磁铁1YA、2YA、3YA都断电时，电磁阀YV1处于中间位置，动力头停止不动。动力头在原位时，限位开关SQ1由挡铁压住，其动合触点闭合，动断触点断开。

2. 动力头快进

把转换开关S拨到“1”位置，按动按钮SB1，中间继电器KA1得电动作并自锁，其动合触点闭合，使电磁铁1YA、2YA通电。1YA通电使电磁阀YV1左位工作，动力头向右运动（进）。由于 1YA、3YA 同时通电，除了接通工进油路，还经阀 YV2 将液压缸有杆腔内的回油排入无杆腔，形成差动连接，加大了油的流量，所以动力头快速向前运动。

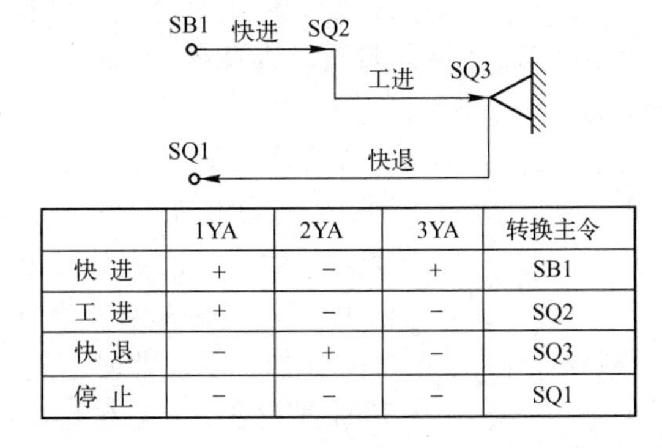

	1YA	2YA	3YA	转换主令
快 进	+	−	+	SB1
工 进	+	−	−	SQ2
快 退	−	+	−	SQ3
停 止	−	−	−	SQ1

图 4-24　动力头工作循环示意图

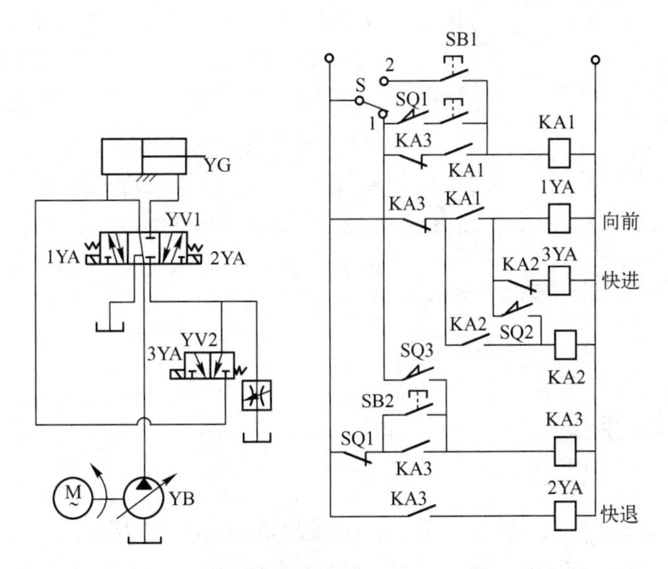

图 4-25　动力头工作循环液压及电气控制线路图

3. 动力头工进

在动力头快进过程中，当挡铁压动开关 SQ2 时，其动合触点闭合，使 KA2 得电动作，KA2 的动断触点断开，使 3YA 断电，动力头自动转换为工作进给（简称工进）状态。KA2 的动合触点接通自锁电路（即当挡铁离开 SQ2 时，SQ2 触点复位，KA2 的线圈仍保持得电）。

4. 动力头快退

当动力头工进到终点后，挡铁压下开关 SQ3，其动合触点闭合，使 KA3 得电动作并自锁，其动断触点打开，使 1YA、3YA 断电，动力头停止工进；KA3 的动合触点闭合，使 2YA 得电，电磁阀 YV1 右位工作，动力头快速退回（简称快退），动力头退到原位后，开关 SQ1 被压下，其动断触点断开，使 KA3 断电，因此 2YA 也断电，动力头停止运动。

5. 动力头“点动调整”

将转换开关 S 拨到“2”位置时，按动按钮 SB1 也可接通 KA1，使电磁铁 1YA、3YA 通电，动力头可向前快进。但由于 KA1 不能自锁，因此松开 SB1 后，动力头立即停止运动，故动力头可点动向前调整。

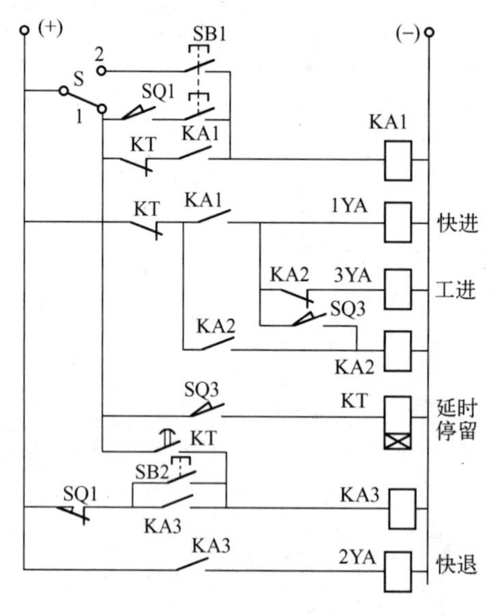

图 4-26　具有“延时停留”功能的控制线路

当动力头不在原位（SQ1 原态），需要快退时，可按动按钮 SB2，使 KA3 得电动作而使 2YA 得电，动力头快速退回原位，压下 SQ1，使 KA3 断电，动力头停止。

在加工不通孔时，为了保证孔底的光洁和顺利断屑，需要刀具在孔底短暂停留，在上述控制线路的基础上增加延时线路，就可得到这样的自动工作循环：快进—工进—延时停留—快退。新的控制线路如图 4-26 所示，实际上就多加了一个时间继电器 KT。当工进到终点后，压动开关 SQ3，使时间继电器 KT 通电，其瞬时动断触点 KT 断开，使 1YA、3YA 断电，动力头停止工进。到达时间继电器的整定时间后，其延时闭合触点闭合，使继电器 KA3 延时接通得电，即 2YA 通电后，才开始快退。

思考与练习

（1）设计一个控制电路，要求：第一台电动机起动 10s 以后，第二台电动机自动起动，运行 5s 以后，第一台电动机停止转动，同时第三台电动机起动，再运转 15s 后，电动机全部停止。

（2）电气控制系统图通常包括哪些图？

（3）电气控制原理图基本的绘图原则有哪些？

（4）试述“自锁”“联锁”“互锁”的含义，并举例说明各自的作用。

（5）短路保护、过电流保护及热继电器保护有何区别？各自常用的保护元件是什么？

（6）为什么电动机应具有失电压和欠电压保护？

第 5 章　PLC 编程入门及指令系统

5.1　PLC 概述

5.1.1　PLC 的基本结构

PLC 主要由 CPU 模块、输入模块、输出模块和编程器组成，如图 5-1 所示。有的 PLC 还配备了特殊功能模块，用来完成某些特殊的任务。

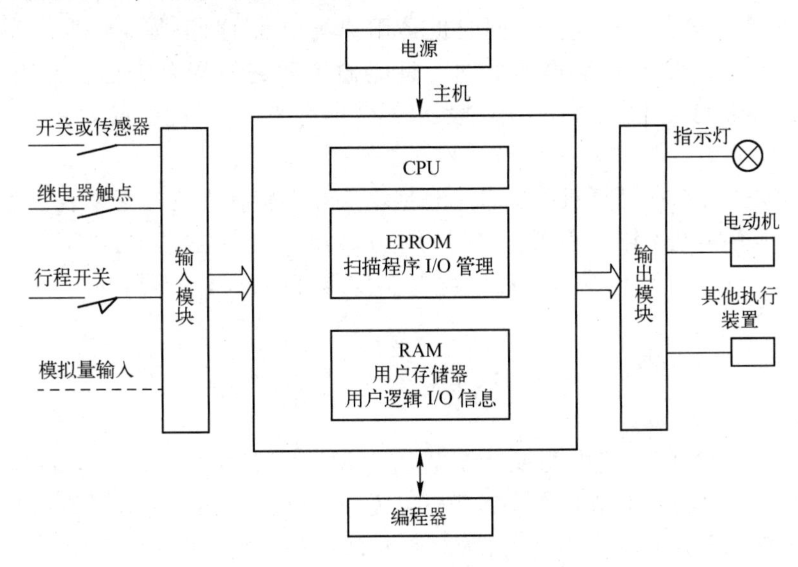

图 5-1　PLC 的组成框图

1. CPU 模块

CPU 模块主要由微处理器（CPU）和存储器组成。在 PLC 控制系统中，CPU 模块相当于人的大脑，它不断采集输入信号，执行用户程序，刷新系统的输出。存储器用来存储程序和数据。

2. I/O 模块

输入（Input）模块和输出（Output）模块简称 I/O 模块，它们是系统的眼、耳、手、脚，是联系外部现场设备和 CPU 模块的桥梁。

输入模块用来接收和采集输入信号，其中开关量输入模块用来接收从按钮、选择开关、数字拨码开关、限位开关、接近开关、光电开关、压力继电器等传送过来的开关量输入信号；模拟量输入模块用来接收电位器、测速发电机和各种变送器提供的连续变化的模拟量（电流、电压）信号。

开关量输出模块用来控制接触器、电磁阀、电磁铁、指示灯、数字显示装置和报警装置等输出设备，模拟量输出模块用来控制调节阀、变频器等执行装置。

CPU模块的工作电压一般是5V，而PLC的输入/输出信号电压一般较高，如直流24V和交流220V。从外部引入的尖峰电压和干扰噪声可能损坏CPU模块中的元器件，或使PLC不能正常工作。在I/O模块中，用光耦合器、光电晶闸管、小型继电器等器件来隔离PLC的内部电路与外部的I/O电路。除了传递信号，I/O模块还有电平转换与隔离的作用。

3. 编程器

编程器是PLC必不可少的重要外部设备。编程器将用户希望实现的功能通过编程语言送到PLC的用户程序存储器中。编程器不仅能对程序进行写入、读出、修改操作，还能对PLC的工作状态进行监控，同时也是用户与PLC之间进行人机对话的界面。手持式编程器不能直接输入和编辑梯形图，只能输入和编辑指令表程序，因此又称为指令编程器。它体积小，价格便宜，一般用来给小型PLC编程，或者用于现场调试和维护。

使用编程软件可以在计算机的屏幕上直接生成和编辑梯形图、指令表、功能块图和顺序功能图程序，并实现不同编程语言之间的相互转换。程序被编译后，下载到PLC，也可以将PLC中的程序上传到计算机。程序可以存盘或打印，通过网络还可以实现远程编程和传送。

4. 电源

PLC一般使用220V交流电源或24V直流电源。内部的开关电源为各模块提供5V、±12V、24V等直流电源。小型PLC一般都可以为输入电路和外部的电子传感器（如接近开关）提供24V直流电源，驱动PLC负载的直流电源一般由用户提供。

5.1.2 PLC的物理结构

根据硬件结构的不同，可以将PLC分为整体式PLC和模块式PLC两类。

1. 整体式PLC

整体式PLC又称单元式或箱体式PLC，CPU模块、I/O模块和电源装在一个箱状机壳内，结构非常紧凑。它的体积小、价格低，小型PLC一般采用整体式结构。三菱公司的FX1S系列PLC就是整体式PLC。

整体式PLC提供多种不同I/O点数的基本单元和扩展单元供用户选用，基本单元内有CPU模块、I/O模块和电源，扩展单元内只有I/O模块和电源，基本单元和扩展单元之间用扁平电缆连接。各单元的输入点与输出点的比例一般是固定的，有的PLC有全输入型和全输出型的扩展单元。选择不同的基本单元和扩展单元，可以满足用户的不同要求。

整体式 PLC 一般配备有许多专用的特殊功能单元，如模拟量 I/O 单元、位置控制单元和通信单元等，使 PLC 的功能得到扩展。

FX 系列的基本单元、扩展单元和扩展模块的高度和深度相同，但是宽度不同。它们不用基板，各模块可用其底部自带的卡子卡在 DIN 导轨上，两个相邻的单元或模块之间用扁平电缆连接，安装好后组成一个整齐的长方体。

2. 模块式 PLC

大、中型 PLC（如西门子的 S7-300 和 S7-400 系列）一般采用模块式结构。模块式 PLC 用搭积木的方式组成系统，它由机架和模块组成。模块插在总线连接板上的模块插座上，有的厂家也将机架称为基板。PLC 厂家备有不同槽数的机架供用户选用，如果一个机架容纳不下所选用的模块，可以增设一个或数个扩展机架，各机架之间用 I/O 扩展电缆相连，有的 PLC 需要通过接口模块来连接各机架。

用户可以选用不同档次的 CPU 模块、品种繁多的 I/O 模块和特殊功能模块，对硬件配置的选择余地较大，维修时更换模块也很方便。

有的模块式 PLC（如西门子的 S7-300 系列 PLC）没有机架，各模块安装在铝质导轨上，相邻的模块之间用模块下面的“U”形总线连接器连接。

5.1.3　PLC 的工作原理

1. 扫描工作方式

PLC 有两种基本的工作模式，即运行（RUN）模式与停止（STOP）模式。在运行模式下，PLC 通过反复执行反映控制要求的用户程序来实现控制功能。为了使 PLC 的输出及时地响应可能随时变化的输入信号，用户程序不是只执行一次，而是不断地重复执行，直至 PLC 停机或切换到停止模式。

除了执行用户程序，在每次循环过程中，PLC 还要完成内部处理、通信处理等工作，一次循环可分为 5 个阶段（见图 5-2）。PLC 的这种周而复始的循环工作方式称为扫描工作方式。由于计算机执行指令的速度极高，从外部输入/输出关系来看，处理过程似乎是同时完成的。

在内部处理阶段，PLC 检查 CPU 模块内部的硬件是否正常，将监控定时器复位，以及完成一些其他内部工作。

在通信服务阶段，PLC 与其他的带微处理器的智能装置通信，响应编程器输入的命令，更新编程器的显示内容。

当 PLC 处于停止（STOP）模式时，只执行以上操作。当 PLC 处于运行（RUN）模式时，还要完成另外 3 个阶段的操作。

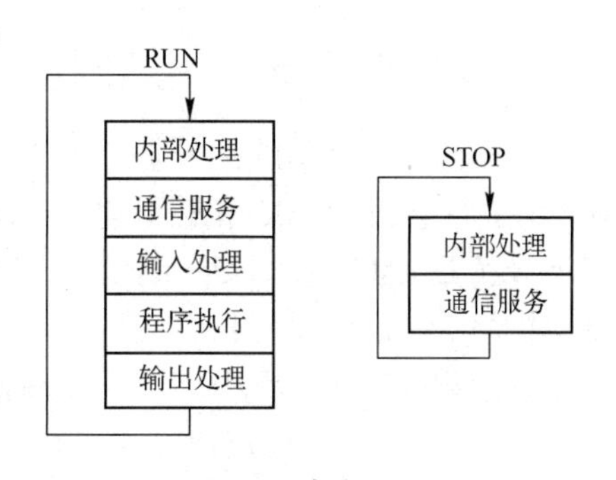

图 5-2　扫描过程

在 PLC 的存储器中，设置了一片区域用来存放输入信号和输出信号的状态，它们分别称为输入映像寄存器和输出映像寄存器。PLC 梯形图中的其他编程元件也有对应的映像存储区，它们统称为元件映像寄存器。

在输入处理阶段，PLC把所有外部输入电路的接通、断开状态读入输入映像寄存器。外部输入电路接通时，对应的输入映像寄存器为1状态，梯形图中对应的输入继电器的常开触点接通，常闭触点断开。外部输入触点电路断开时，对应的输入映像寄存器为0状态，梯形图中对应的输入继电器的常开触点断开，常闭触点接通。

某一编程元件对应的映像寄存器为1状态时，称该编程元件为ON；映像寄存器为0状态时，称该编程元件为OFF。

在程序执行阶段，即使外部输入信号的状态发生了变化，输入映像寄存器的状态也不会随之而变，输入信号的状态变化只能在下一个扫描周期的输入处理阶段被读入。

PLC的用户程序由若干条指令组成，指令在存储器中按步序号顺序排列。在没有跳转指令时，CPU从第一条指令开始，逐条顺序执行用户程序，直到用户程序结束。在执行指令时，从输入映像寄存器或别的元件映像寄存器中将有关编程元件的0/1状态读进来，并根据指令的要求执行相应的逻辑运算，运算的结果写入对应的元件映像寄存器中。因此，各编程元件的映像寄存器（输入映像寄存器除外）的内容随着程序的执行而变化。

在输出处理阶段，CPU将输出映像寄存器的0/1状态传送到输出锁存器。梯形图中某一输出继电器的线圈“通电”时，对应的输出映像寄存器为1状态。信号经输出模块隔离和功率放大后，继电器型输出模块中对应的硬件继电器的线圈通电，其常开触点闭合，使外部负载通电工作。

若梯形图中输出继电器的线圈“断电”，对应的输出映像寄存器为0状态，在输出处理阶段之后，继电器型输出模块中对应的硬件继电器的线圈断电，其常开触点断开，外部负载断电，停止工作。

2. 扫描周期

PLC在运行模式时，执行一次图5-2中所示的扫描操作所需的时间称为扫描周期，其典型值为1~100ms。扫描周期与用户程序的长短、指令的种类和CPU执行指令的速度有很大的关系。当用户程序较长时，指令执行时间在扫描周期中占相当大的比例。有的编程软件或编程器可以提供扫描周期的当前值，有的还可以提供扫描周期的最大值和最小值。

3. PLC工作原理

下面用一个简单的例子来进一步说明PLC的扫描工作过程。在图5-3（a）中，启动按钮SB1、停止按钮SB2和热继电器FR的常开触点分别接在编号为X0~X2的PLC输入端，交流接触器KM的线圈接在编号为Y0的PLC输出端；图5-3（b）所示的是这4个I/O变量对应的I/O映像寄存器；图5-3（c）所示的是PLC的梯形图。梯形图是一种软件，是PLC图形化的程序。图中的X0等是梯形图中的编程元件，X0~X2是输入继电器，Y0是输出继电器。梯形图中的编程元件X0与接在输入端子X0的SB1的常开触点和输入映像寄存器X0相对应，编程元件Y0与输出映像寄存器Y0和接在输出端子Y0的PLC内部的输出电路相对应。

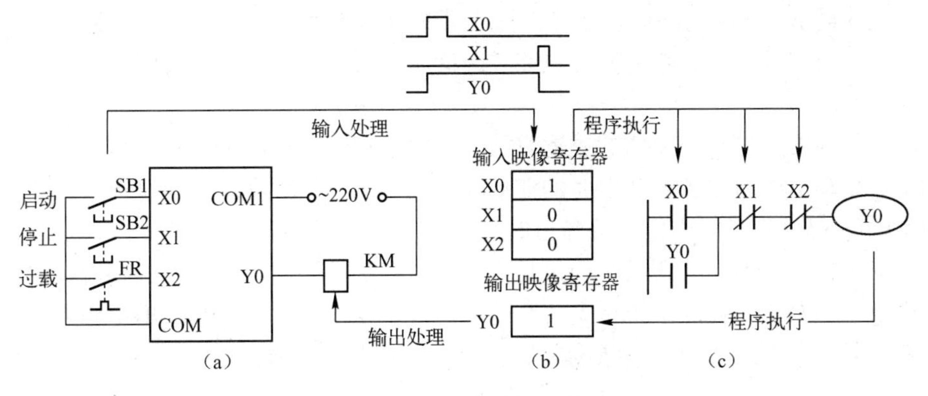

图 5-3　PLC 外部接线图与梯形图

梯形图以指令的形式存储在 PLC 的用户程序存储器中，图 5-3 中的梯形图与下面的 5 条指令相对应（说明："；"之后是对该指令的注释）。

```
LD    X0    ;接在左侧母线上的 X0 的常开触点
OR    Y0    ;与 X0 的常开触点并联的 Y0 的常开触点
ANI   X1    ;与并联电路串联的 X1 的常闭触点
ANI   X2    ;串联的 X2 的常闭触点
OUT   Y0    ;Y0 的线圈
```

图 5-3 中的梯形图完成的逻辑运算为：$Y0=(X0+Y0)\cdot\overline{X1}\cdot\overline{X2}$。

在输入处理阶段，CPU 将 SB1、SB2 和 FR 的常开触点的状态读入相应的输入映像寄存器，外部触点接通时存入寄存器的是二进制数 1，反之存入 0。

执行第 1 条指令时，从 X0 对应的输入映像寄存器中取出二进制数并将其保存起来。执行第 2 条指令时，取出 Y0 对应的输出映像寄存器中的二进制数，与 X0 对应的二进制数相"或"（电路的并联对应"或"运算）。执行第 3 条或第 4 条指令时，分别取出 X1 或 X2 对应的输入映像寄存器中的二进制数，因为是常闭触点，所以取反后与前面的运算结果相"与"（电路的串联对应"与"运算），然后将运算结果存入运算结果寄存器。执行第 5 条指令时，将运算结果寄存器中的二进制数送入 Y0 对应的输出映像寄存器。

在输出处理阶段，CPU 将各输出映像寄存器中的二进制数传送给输出模块并锁存起来，如果 Y0 对应的输出映像寄存器存放的是二进制数 1，外接的 KM 的线圈将通电，反之将断电。

如果读入输入映像寄存器 X0～X2 的均为二进制数 0，在程序执行阶段，经过上述逻辑运算后，运算结果仍为 Y0=0，则 KM 的线圈处于断电状态。按下启动按钮 SB1，X0 变为 1 状态，经逻辑运算后 Y0 变为 1 状态，在输出处理阶段，将 Y0 对应的输出映像寄存器中的 1 送到输出模块，PLC 内 Y0 对应的物理继电器的常开触点接通，接触器 KM 的线圈通电。

4. 输入/输出滞后时间

输入/输出滞后时间又称系统响应时间，是指 PLC 外部输入信号发生变化的时刻至它控制的有关外部输出信号发生变化的时刻之间的时间间隔，它由输入电路的滤波时间、输出电路的滞后时间和因扫描工作方式产生的滞后时间这 3 部分组成。

输入模块的 RC 滤波电路用来滤除由输入端引入的干扰噪声，消除因外接输入触点动作时产生的抖动引起的不良影响。滤波电路的时间常数决定了输入滤波时间的长短，其典型值约为 10ms。

输出模块的滞后时间与模块的类型有关，继电器型输出电路的滞后时间一般约为 10ms；双向晶闸管型输出电路在负载通电时的滞后时间约为 1ms，负载由通电到断电时的最大滞后时间为 10ms；晶体管型输出电路的滞后时间一般在 1ms 以内。

由扫描工作方式引起的滞后时间最长可达两个多扫描周期。PLC 总的响应延迟时间一般只有数十毫秒，对于一般的系统是无关紧要的。对于要求输入信号与输出信号之间的滞后时间尽量短的系统，可以选用扫描速度快的 PLC 或采取其他措施。

5.1.4 PLC 的特点

【编程方法简单易学】 梯形图是使用最多的 PLC 编程语言，其电路符号和表达方式与继电器电路图相似。梯形图语言形象直观，易学易懂，熟悉继电器电路图的电气技术人员只需花几天时间就可以熟悉梯形图语言，并用来编制用户程序。

梯形图语言实际上是一种面向用户的高级语言，PLC 在执行梯形图程序时，将它“翻译”成汇编语言后再去执行。

【功能强，性能价格比高】 一台小型 PLC 内有成百上千个可供用户使用的编程元件，有很强的功能，可以实现非常复杂的控制功能。与相同功能的继电器控制系统相比，PLC 具有很高的性价比。PLC 可以通过通信联网，实现分散控制、集中管理。

【硬件配套齐全，使用方便，适应性强】 PLC 产品已经标准化、系列化、模块化，配备有品种齐全的各种硬件装置供用户选用，用户能灵活方便地进行系统配置，组成不同功能、不同规模的系统。PLC 的安装及接线也很方便，一般用接线端子连接外部接线。PLC 具有带负载能力，可以直接驱动一般的电磁阀和中小型交流接触器。硬件配置确定后，通过修改用户程序，就可以方便、快速地适应工艺条件的变化。

【可靠性高，抗干扰能力强】 传统的继电器控制系统中使用了大量的中间继电器、时间继电器，若触点接触不良，容易出现故障。PLC 用软件代替中间继电器和时间继电器，仅剩下与 I/O 有关的少量硬件元件，接线可减少到继电器控制系统的 1/10~1/100，因触点接触不良造成的故障大为减少。

PLC 使用了一系列硬件和软件抗干扰措施，具有很强的抗干扰能力，平均无故障时间达到数万小时以上，可以直接用于存在强烈干扰的工业生产现场，因此 PLC 被用户公认为最可靠的工业控制设备之一。

【系统的设计、安装、调试工作量少】 PLC 用软件功能取代了继电器控制系统中大量的中间继电器、时间继电器、计数器等器件，使控制柜的设计、安装、接线工作量大大减少。

PLC 的梯形图程序可以用顺序控制设计法来设计。这种编程方法很有规律，很容易掌握。对于复杂的控制系统，如果掌握了正确的设计方法，设计梯形图的时间比设计继电器系统电路图的时间要少得多。

可以在实验室模拟调试 PLC 的用户程序，输入信号用小开关来模拟，可通过 PLC 上的 LED 观察输出信号的状态。完成了系统的安装和接线后，在现场的统调过程中发现的问题一般通过修改程序就可以解决，系统的调试时间比继电器控制系统的少得多。

【维修工作量小，维修方便】 PLC 的故障率很低，且有完善的自诊断和显示功能。PLC 或外部的输入装置和执行机构发生故障时，可以根据 PLC 上的 LED 或编程器提供的信息查明故障的原因，用更换模块的方法迅速地排除故障。

【体积小，能耗低】 对于复杂的控制系统，使用 PLC 后，可以减少大量的中间继电器和时间继电器。小型 PLC 的体积仅相当于几个继电器的大小，因此可将开关柜的体积缩小到原来的 1/2~1/10。

PLC 控制系统的配线比继电器控制系统的少得多，因此可以节省大量的配线和附件，减少很多安装接线工时，缩小开关柜体积，从而节省大量的费用。

5.1.5　PLC 的应用领域

在发达的工业国家，PLC 已经广泛应用在所有的工业部门。随着其性价比的不断提高，PLC 的应用范围不断扩大，主要有以下几个方面。

【开关量逻辑控制】 PLC 具有“与”“或”“非”等逻辑指令，可以实现触点和电路的串/并联，代替继电器进行组合逻辑控制、定时控制与顺序逻辑控制。开关量逻辑控制可以用于单台设备，也可以用于自动生产线，其应用领域非常广泛。

【运动控制】 PLC 使用专用的指令或运动控制模块，对直线运动或圆周运动的位置、速度和加速度进行控制，可实现单轴、双轴、3 轴和多轴位置控制，使运动控制与顺序控制功能有机地结合在一起。PLC 的运动控制功能广泛用于各种机械，如金属切削机床、金属成形机械、装配机械、机器人、电梯等。

【闭环过程控制】 过程控制是指对温度、压力、流量等模拟量的闭环控制。PLC 通过模拟量 I/O 模块，实现模拟量（Analog）和数字量（Digital）之间的 A/D 转换与 D/A 转换，并对模拟量实行闭环 PID（比例-积分-微分）控制。现代的大中型 PLC 一般都有 PID 闭环控制功能，这一功能可以用 PID 子程序或专用的 PID 模块来实现。PID 闭环控制功能已经广泛应用于塑料挤压成形机、加热炉、热处理炉、锅炉等设备，以及轻工、化工、机械、冶金、电力、建材等行业。

【数据处理】 现代的 PLC 具有数学运算（包括四则运算、矩阵运算、函数运算、字逻辑运算、求反、循环、移位和浮点数运算等）、数据传送、转换、排序和查表、位操作等功能，可以完成数据的采集、分析和处理。这些数据可以与存储在存储器中的参考值比较，也可以用通信功能传送到别的智能装置，或者将它们打印制表。

【通信联网】 PLC 的通信包括主机与远程 I/O 之间的通信、多台 PLC 之间的通信、PLC 与其他智能控制设备（如计算机、变频器、数控装置）之间的通信。PLC 与其他智能控制设备一起，可以组成“集中管理、分散控制”的分布式控制系统。

必须指出，并不是所有的 PLC 都有上述全部功能，有些小型 PLC 只有上述的部分功能。

5.1.6　PLC 的主要生产厂家

我国有不少厂家研制和生产过 PLC，但是还没有出现有影响力和较大市场占有率的产品，目前我国使用的 PLC 几乎都是国外品牌的产品。

在全世界上百个 PLC 制造厂中，有几家举足轻重的公司。它们是美国 Rockwell 自动化公司所属的A.B（Allen & Bradly）公司、GE-Fanuc公司，德国的西门子（Siemens）公司和法国的施耐德（Schneider）自动化公司，日本的三菱公司和欧姆龙（OMRON）公司。这几家公司控制着全世界80%以上的PLC市场，它们的系列产品有其技术广度和深度，从微型PLC到有上万个I/O点的大型PLC应有尽有。

与个人计算机（PC）相比，PLC的软、硬件体系结构是封闭的而不是开放的；绝大多数PLC使用专用的总线、专用通信网络及协议；各种PLC产品的编程语言在表示方式、寻址方式和语法结构上都不一致，使得它们互不兼容。国际电工委员会的IEC 61131-3《可编程序控制器的编程软件标准》为PLC编程的标准化铺平了道路。不少厂家正在开发以PC为硬件平台，在Windows操作系统下，符合IEC 61131-3标准的新一代开放体系结构的PLC。目前，有的厂家已推出了符合或接近IEC 61131-3标准的编程软件，但是仍有相当多的PLC产品的编程语言与IEC 61131-3有较大的差异。尽管如此，各种PLC产品在软件上还是比较接近的，学好了一种PLC编程语言，再学别的PLC就比较容易了。

本章以三菱公司的FX_{1S}、FX_{1N}、FX_{2N}和FX_{2NC}系列小型PLC为主要讲授对象。三菱的FX系列PLC以其极高的性价比，在国内占有很大的市场份额。FX系列PLC的功能强、应用范围广，可满足大多数用户的需要。

5.2 FX系列PLC性能简介

5.2.1 FX系列PLC的特点

1. 体积极小的微型PLC

FX_{1S}、FX_{1N}和FX_{2N}系列PLC的高度为90mm，深度为75mm（FX_{1S}和FX_{1N}系列）或87mm（FX_{2N}和FX_{2NC}系列），FX_{1S}-14M（14个I/O点的基本单元）的底部尺寸仅为90mm×60mm，很适合在机电一体化产品中使用。其内置的24V DC电源可作为输入回路的电源和传感器的电源。

2. 先进美观的外部结构

三菱公司的FX系列PLC吸收了整体式和模块式PLC的优点，它的基本单元、扩展单元和扩展模块的高度和深度相同，宽度不同。它们之间用扁平电缆连接，紧密拼装后组成一个整齐的长方体。

3. 提供多个子系列供用户选用

FX_{1S}、FX_{1N}和FX_{2N}的外观、高度、深度差不多，但是性能和价格有很大的差别（见表5-1）。

表 5-1　FX_{1S}、FX_{1N}、FX_{2N}、FX_{2NC}的性能比较

型　　号	I/O 点数	用户程序步数	应用指令	通信功能	基本指令执行时间
FX_{1S}	10~30	2K 步 EEPROM	85 条	较强	0.55~0.7μs
FX_{1N}	14~128	8K 步 EEPROM	89 条	强	0.55~0.7μs
FX_{2N}和 FX_{2NC}	16~256	内置 8K 步 RAM，最大 16K 步	128 条	最强	0.08μs

FX_{1S}的功能简单实用，价格便宜，属于小型开关量控制系统，最多可配置 30 个 I/O 点，有通信功能，可用于一般的紧凑型 PLC 不能应用的地方；FX_{1N}最多可配置 128 个 I/O 点，可用于要求较高的中小型系统；FX_{2N}的功能最强，可用于要求很高的系统；FX_{2NC}的结构紧凑，基本单元有 16 点、32 点、64 点和 96 点 4 种，可扩展到 256 点，有很强的通信功能。由于不同的系统可以选用不同的子系列，避免了功能的浪费，使得用户能用最少的投资来满足系统的要求。

4. 灵活多变的系统配置

FX 系列 PLC 的系统配置灵活，用户除了可选用不同的子系列，还可以选用多种基本单元、扩展单元和扩展模块，组成不同 I/O 点和不同功能的控制系统，而且各种配置都可以得到很高的性价比。FX 系列的硬件配置就像模块式 PLC 那样灵活，因为它的基本单元采用整体式结构，又具有比模块式 PLC 更高的性价比。

每台 PLC 可将一块功能扩展板安装在基本单元内，不需要外部的安装空间，这种功能扩展板的价格非常便宜。功能扩展板有以下品种：4 点开关量输入板、2 点开关量输出板、2 路模拟量输入板、1 路模拟量输出板、8 点模拟量调整板、RS-232C 通信板、RS-485 通信板和 RS-422 通信板。

显示模块 FX_{1N}-5DM 价格便宜，可以直接安装在 FX_{1S}和 FX_{1N}上，它可以显示实时时钟的当前时间和错误信息，也可以对定时器、计数器和数据寄存器等进行监视，还可以对设定值进行修改。

FX 系列还有许多特殊模块，如模拟量 I/O 模块、热电阻/热电偶温度传感器用模拟量输入模块、温度调节模块、高速计数器模块、脉冲输出模块、定位控制器、可编程凸轮开关、CC-Link 系统主站模块、CC-Link 接口模块、MELSEC 远程 I/O 连接系统主站模块、AS-i 主站模块、DeviceNet 接口模块、PROFIBUS 接口模块、RS-232C 通信接口模块、RS-232C 适配器、RS-485 通信板适配器、RS-232C/RS-485 转换接口等。

FX 系列 PLC 还有多种规格的数据存取单元，可用于修改定时器、计数器的设定值和数据寄存器的数据，也可以用来作为监控装置，有的可以显示字符，有的可以显示画面。

5. 功能强，使用方便

FX 系列的体积虽小，却具有很强的功能。它内置高速计数器，有 I/O 刷新、中断、输入滤波时间调整、恒定扫描时间等功能，有高速计数器的专用比较指令。使用脉冲列输出功能，可直接控制步进电机或伺服电机。脉冲宽度调制功能可用于温度控制或照明灯的调光控

制。可设置8位数字密码，以防止别人对用户程序的误改写或盗用，保护设计者的知识产权。FX系列的基本单元和扩展单元一般采用插接式的接线端子排，更换单元方便快捷。

FX_{1S}和FX_{1N}系列PLC使用EEPROM，无须定期更换锂电池；FX_{2N}系列使用带后备电池的RAM。若采用可选的存储器扩充卡盒，FX_{2N}的用户存储器容量可扩充到16K步，可选用RAM、EPROM或EEPROM存储器卡盒。

FX_{1S}和FX_{1N}系列PLC有两个内置的设置参数用的小电位器，FX_{2N}和FX_{1N}系列可选用有8点模拟设定功能的功能扩展板，可以用旋具来调节设定值。

FX系列PLC可在线修改程序，通过调制解调器和电话线可实现远程监视和编程，元件注释可存储在程序存储器中。持续扫描功能可用于定义扫描周期，可调节8点输入滤波器的时间常数，面板上的运行/停止开关易于操作。

5.2.2 FX系列PLC型号名称的含义

FX系列PLC型号名称的含义如下：

FX-(1)-(2)-(3)-(4)-(5)

(1) 子系列名称，如1S、1N、2N等。

(2) I/O的总点数。

(3) 单元类型：M为基本单元，E为I/O混合扩展单元与扩展模块，EX为输入专用扩展模块，EY为输出专用扩展模块。

(4) 输出形式：R为继电器输出，T为晶体管输出，S为双向晶闸管输出。

(5) 电源和I/O类型等特性：D和DS为DC 24V电源；DSS为DC 24V电源，源型晶体管输出；ESS为交流电源，源型晶体管输出；UAl为AC电源，AC输入。

例如，FX_{1N}-60MT-D属于FX_{1N}系列，是有60个I/O点的基本单元，输出形式为晶体管输出，使用24V直流电源。

5.2.3 FX系列PLC的一般技术指标

FX系列PLC的一般技术指标包括输入技术指标（见表5-2）和输出技术指标（见表5-3）。

表5-2 FX系列PLC输入技术指标

技术指标		典型值
输入信号电压		24V（1±10%）DC
输入信号电流		7mA（元件X0~X7）或5mA（其他输入点）
输入开关电流	OFF→ON	>4.5mA（元件X0~X7）或>3.5mA（其他输入点）
	ON→OFF	<1.5mA
输入响应时间		10ms
可调节输入响应时间		0~60ms（FX_{2N}）或0~15ms（其他FX系列）
输入信号形式		无电压触点，或者NPN型集电极开路输出晶体管
输入状态显示		输入为ON时，LED亮

表 5-3　FX 系列 PLC 输出技术指标

技术指标		典型值		
		继电器输出型	晶闸管输出型	晶体管输出型
外部电源电压		<250V AC 或<30V DC	85～242V AC	5～30V DC
最大负载	阻性负载	≤2A/点，总和≤8A	≤0. 3A/点，总和≤0. 8A	≤0. 3A/点，总和≤0. 8A
	感性负载	80V・A（@120/240V AC）	36V・A（@240V AC）	12V・A（@24V DC）
	灯负载	100W	30W	0. 9W（@24V DC）
最小负载		2mA（最大电压为 5V DC 时）或 5mA（最大电压为 24V DC 时）	2. 3V・A（@240V AC）	—
响应时间	OFF→ON	10ms	1ms	<0. 5μs（Y0 和 Y1） <0. 2ms（其他）
	ON→OFF	10ms	10ms	<0. 5μs（Y0 和 Y1） <0. 2ms（其他）
开路漏电流		—	24mA（@240V AC）	0. 1mA（@30V DC）
电路隔离形式		继电器隔离	光电晶闸管隔离	光耦合器隔离
输出动作显示		线圈通电时，LED 亮	晶闸管驱动时，LED 亮	光耦合器驱动时，LED 亮

5. 2. 4　FX_{1S}系列 PLC

FX_{1S}系列 PLC 是用于极小规模系统的超小型 PLC，该系列有 16 种基本单元，10～30 个 I/O 点，用户存储器（EEPROM）容量为 2K 步。FX_{1S}可使用一个 I/O 点扩展板、串行通信扩展板或模拟量扩展板，可同时安装显示模块和扩展板，有两个内置的设置参数用的小电位器。FX_{1S}一个单元可同时输出 2 点 100kHz 的高速脉冲，有 7 条特殊的定位指令。

FX_{1S}通过通信扩展板可实现多种通信和数据链接，如 RS-232C、RS-422 和 RS-485 通信，*N*:*N* 链接、并行链接和计算机链接。

5. 2. 5　FX_{1N}系列 PLC

FX_{1N}有 13 种基本单元（见表 5-4），可组成 14～128 个 I/O 点的系统，并能使用特殊功能模块、显示模块和扩展板。用户存储器容量为 8K 步，有内置的实时时钟。

表 5-4　FX_{1N}系列基本单元

AC 电源，24V 直流输入基本单元		DC 电源，24V 直流输入基本单元		输入点数	输出点数
继电器输出型	晶体管输出型	继电器输出型	晶体管输出型		
FX_{1N}-14MR-001	—	—	—	8	6
FX_{1N}-24MR-001	FX_{1N}-24MT	FX_{1N}-24MR-D	FX_{1N}-24MT-D	14	10
FX_{1N}-40MR-001	FX_{1N}-40MT	FX_{1N}-40MR-D	FX_{1N}-40MT-D	24	16
FX_{1N}-60MR-001	FX_{1N}-60MT	FX_{1N}-60MR-D	FX_{1N}-60MT-D	36	24

PID 指令可实现模拟量闭环控制，一个单元可同时输出 2 点 100kHz 的高速脉冲，有 7 条特殊的定位指令，有两个内置的设置参数用的小电位器。

通过通信扩展板或特殊适配器可实现多种通信和数据链接，如 CC-Link，AS-i 网络，RS-232C、RS-422 和 RS-485 通信，*N*∶*N* 链接、并行链接、计算机链接和 I/O 链接。

5.2.6 FX_{2N}系列 PLC

FX_{2N}是 FX 系列中功能最强、速度最高的微型 PLC。它的基本指令执行时间低至 0.08μs 每条指令，内置的用户存储器为 8K 步，可扩展到 16K 步，最大可扩展到 256 个 I/O 点，它有多种特殊功能模块或功能扩展板，可实现多轴定位控制。机内有实时时钟，PID 指令可实现模拟量闭环控制。它还有功能很强的数学指令集，如浮点数运算、开平方和三角函数等。每个 FX_{2N}基本单元可扩展 8 个特殊单元。

FX_{2N}通过通信扩展板或特殊适配器可实现多种通信和数据链接，如 CC-Link、AS-i、Profibus、DeviceNet 等开放式网络通信，RS-232C、RS-422 和 RS-485 通信，*N*∶*N* 链接、并行链接、计算机链接和 I/O 链接。

FX_{2N}系列基本单元见表 5-5。

表 5-5 FX_{2N}系列基本单元

AC 电源，24V 直流输入基本单元		DC 电源，24V 直流输入基本单元		输入点数	输出点数
继电器输出型	晶体管输出型	继电器输出型	晶体管输出型		
FX_{2N}-16MR-001	FX_{2N}-16MT	—	—	8	8
FX_{2N}-32MR-001	FX_{2N}-32MT	FX_{2N}-32MR-T	FX_{2N}-32MT-D	16	16
FX_{2N}-48MR-001	FX_{2N}-48MT	FX_{2N}-48MR-T	FX_{2N}-48MT-D	24	24
FX_{2N}-64MR-001	FX_{2N}-64MT	FX_{2N}-64MR-T	FX_{2N}-64MT-D	32	32
FX_{2N}-80MR-001	FX_{2N}-80MT	FX_{2N}-80MR-T	FX_{2N}-80MT-D	40	40
FX_{2N}-128MR-001	FX_{2N}-128MT	—	—	64	64

FX_{1N}和 FX_{2N}系列带电源的 I/O 扩展单元见表 5-6。

表 5-6 FX_{1N}和 FX_{2N}系列带电源的 I/O 扩展单元

AC 电源，24V 直流输入 I/O 扩展单元		DC 电源，24V 直流输入 I/O 扩展单元		输入点数	输出点数	可连接的 PLC
继电器输出型	晶体管输出型	继电器输出型	晶体管输出型			
FX_{2N}-32ER	FX_{2N}-32ET	—	—	16	16	FX_{1N} FX_{2N}
FX_{1N}-40ER	FX_{1N}-40ET	FX_{1N}-40ER-D	—	24	16	FX_{1N}
FX_{2N}-48ER	FX_{2N}-48ET	—	—	24	24	FX_{1N} FX_{2N}
—	—	FX_{2N}-48ER-D	FX_{2N}-48ET-D	24	24	FX_{2N}

表 5-7 中所列的扩展模块可用于 FX_{1N}、FX_{2N}和 FX_{2NC}系列 PLC。此外，输入扩展板 FX_{1N}-4EX-BD 有 4 点 24V DC 输入，输出扩展板 FX_{1N}-2EYT-BD 有 2 点晶体管输出，可用于 FX_{1S}和 FX_{1N}系列 PLC。

表 5-7　FX_{1N}和 FX_{2N}系列的 I/O 模块

输入模块	继电器输出模块	晶体管输出模块	输入点数	输出点数
FX_{1N}-8ER		—	4	4
FX_{1N}-8EX	—	—	8	—
FX_{1N}-16EX	—	—	16	—
FX_{2N}-16EX	—	—	16	—
—	FX_{1N}-8EXR	FX_{1N}-8EYT	—	18
—	FX_{1N}-16EXR	FX_{1N}-16EYT	—	16
—	FX_{2N}-16EXR	FX_{2N}-16EYT	—	16

FX_{2NC}具有很高的性能体积比和通信功能，可安装到比标准的 PLC 小很多的空间内。I/O 型连接器可降低接线成本，节省接线时间。I/O 点数可扩展到 256 点，可选用实时时钟，最多可连接 4 个特殊功能模块。利用 FX_{2NC}内置的功能，可控制两轴（包括插补功能），通过增加扩展单元可控制多轴。

FX_{2NC}通过通信扩展板或特殊适配器可实现多种通信和数据链接，如 CC-Link、PROFIBUS、DeviceNet 开放式网络通信，RS-232C 和 RS-485 通信，N:N 链接、并行链接、计算机链接和 I/O 链接。FX_{2NC}系列也可以使用 FX_{1N}和 FX_{2N}的扩展模块。

FX_{2NC}系列基本单元见表 5-8。

表 5-8　FX_{2NC}系列基本单元

DC 电源，24V 直流输入基本单元		输入点数	输出点数
继电器输出型	晶体管输出型		
FX_{2NC}-16MR-T	FX_{2NC}-16MT	8	8
—	FX_{2NC}-32MT	16	16
—	FX_{2NC}-64MT	32	32
—	FX_{2NC}-96MT	48	48

FX_{2NC}系列的 I/O 模块配置见表 5-9。

表 5-9　FX_{2NC}系列的 I/O 模块配置

DC 电源，24V 直流输入模块		输出模块		
型　号	输入点数	型　号	输出点数	备　注
FX_{2NC}-16EX-T	16	FX_{2NC}-16EYR-T	16	继电器型
FX_{2NC}-16EX	16	FX_{2NC}-16EYT	16	晶体管型
FX_{2NC}-32EX	32	FX_{2NC}-32EYT	32	晶体管型

5.2.7　编程设备与人机接口

编程器用来生成用户程序，并对其进行编辑、检查和修改。某些编程器还可以将用户程序写入 EPROM 或 EEPROM 中。编程器还可以用来监视系统运行的情况。

1. 专用编程器

专用编程器由PLC生产厂家提供，它们只能用于某一生产厂家的某些PLC产品。现在的专用编程器一般都是手持式的LCD字符显示编程器，它们不能直接输入和编辑梯形图程序，只能输入和编辑指令表程序。

手持式编程器的体积小，一般通过电缆与PLC相连。其价格便宜，常用来给小型PLC编程，便于系统的现场调试和维修。

FX系列PLC的手持式编程器FX-10P-E和FX-20P-E的体积小、重量轻、价格便宜、功能强。它们采用液晶显示器，分别显示2行和4行字符。手持式编程器可用指令表的形式读出、写入、插入和删除指令，可监视位编程元件的ON/OFF状态和字编程元件中的数据，如定时器、计数器的当前值和设定值，数据寄存器的值及PLC内部的其他信息。

用户可对FX-20P-E内置的存储器进行存取操作，实现脱机编程，根据编程器中电容的充电时间，存储器中的内容最多可以保存3天。

2. 编程软件

专用编程器只能对某一PLC生产厂家的PLC产品编程，使用范围有限。现在，在PC或笔记本电脑上安装PLC生产厂家提供的编程软件，利用编程软件即可实现编程和调试。

大多数PLC厂家都向用户提供免费使用的演示版编程软件，正版编程软件的价格也在不断降低，因此用很少的投资就可以得到高性能的PLC程序开发系统。下面介绍的三菱PLC编程软件和模拟软件均可在Windows操作系统中使用，通过调制解调器可实现远程监控与编程。

1）FX-FCS/WIN-E/-C编程软件　该软件包专门用于FX系列PLC的程序开发，可用梯形图、指令表和顺序功能图（SFC）编程。

2）SWOPC-FXGP/WIN-C编程软件　这是专为FX系列PLC设计的编程软件，其界面和帮助文件均已汉化，它占用存储空间较少，功能较强。

3）GX开发器（GPPW）　可用于开发所有三菱PLC的程序，可用梯形图、指令表和顺序功能图（SFC）编程。

4）GX模拟器（LLT）　GX模拟器（LLT）与GPPW配套使用，可以在PC中模拟三菱PLC的编程，在将程序下载到实际的PLC之前，对虚拟的PLC进行监控和调试。可用梯形图、指令表和顺序功能图（SFC）编程。

5）FX-FCS-VPS/WIN-E定位编程软件　可用流程图、通用代码或功能模块编程，最多可生成500个流程图画面，在监控屏幕上可显示数据的值、运动轨迹和操作过程。用户可快速和直观地通过屏幕理解程序，在屏幕上通过窗口显示和设置所有模块的参数。

6）GT设计者与FX-FCS/DU-WIN-E屏幕生成软件　这两种软件用于图形终端（GT）的画面设计，具有友好的编程界面，可实现不同窗口之间的剪切和粘贴，可以为DU系列的所有显示模块生成画面，有位图图形库。

3. 显示模块

随着工厂自动化的发展，微型 PLC 的功能越来越复杂且高级。FX 系列 PLC 可配备种类繁多的显示模块和图形操作终端作为人机接口。

显示模块 FX_{1N}-5DM 有 4 个按键和带背光的 LED 显示器，可以直接安装在 FX_{1S}和 FX_{1N}上，无须接线。它能显示以下内容：

☺ PLC 中各种位编程元件的 ON/OFF 状态；

☺ 定时器（T）和计数器（C）的当前值或设定值；

☺ 数据寄存器（D）的当前值；

☺ FX_{1N}特殊单元和特殊模块中的缓冲寄存器的值；

☺ 当 PLC 出现错误时，可显示错误代码；

☺ 显示时钟的当前值，并能设置日期和时间。

FX_{1N}-5DM 可将位编程元件 Y、M、S 强制设置为 ON 或 OFF 状态，可改变 T、C 和 D 的当前值，以及 T 和 C 的设定值，可指定设备的监控功能。显示模块 FX-10DM-E 可安装在面板上，用电缆与 PLC 相连，它有 5 个按键和带背光的 LED 显示器，可显示两行数据，每行 16 个字符。FX-10DM-E 可用于各种型号的 FX 系列 PLC，既可监视和修改 T、C 的当前值和设定值，也可监视和修改 D 的当前值。

5.2.8　GOT-900 系列图形操作终端

GOT-900 系列图形操作终端的电源电压为 24V DC，可通过 RS-232C 或 RS-485 接口与 PLC 通信；有 50 个触摸键，可设置 500 个画面。

930GOT 图形操作终端带有 4 英寸的 LCD 显示器，可显示 240×80 点或 5 行（每行 30 个字符），有 256KB 闪存。

940GOT 图形操作终端带有 5.7 英寸 8 色 LCD 显示器，可显示 320×240 点或 15 行（每行 40 个字符），有 512KB 闪存。

F940GOT-SBD-H-E 和 F940GOT-LBD-H-E 手持式图形操作终端有 8 色和黑白 LED 显示器，适用于现场调试，其他性能与 940GOT 图形操作终端类似。

F940GOT-TWD-C 图形操作终端的 256 色 7 英寸 LED 显示器可水平或垂直安装，屏幕可分为 2~3 个部分，有一个 RS-422 接口和两个 RS-232C 接口，可显示 480×234 点或 14 行（每行 60 个字符），有 1MB 闪存。

5.3　PLC 程序设计基础

1. PLC 编程语言的国际标准

IEC 的 PLC 编程语言标准（IEC 61131－3）中有 5 种编程语言，即顺序功能图（Sequential Function Chart，SFC）、梯形图（Ladder Diagram，LD）、功能块图（Function

Block Diagram，FBD）、指令表（Instruction List，IL）和结构文本（Structured Text，ST），如图 5-4 所示。其中，顺序功能图（SFC）、梯形图（LD）和功能块图（FBD）是图形编程语言，指令表（IL）和结构文本（ST）是文字语言。

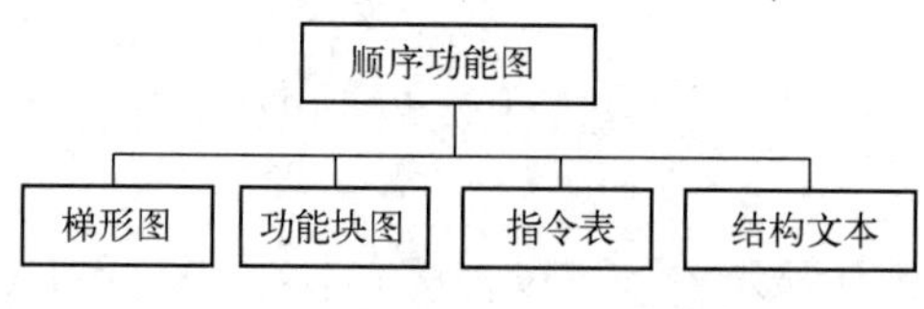

图 5-4　PLC 的编程语言

目前已有越来越多的生产 PLC 的厂家提供符合 IEC 61131-3 标准的产品，有的厂家推出的在 PC 上运行的“软 PLC”软件包也是按 IEC 61131-3 标准设计的。

1）顺序功能图（SFC）　这是一种位于其他编程语言之上的图形语言，用来编制顺序控制程序。顺序功能图提供了一种组织程序的图形方法，在顺序功能图中可以用别的语言嵌套编程。步、转换和动作是顺序功能图中的 3 种主要元件（见图 5-5）。顺序功能图用来描述开关量控制系统的功能，根据它可以很容易地绘制出顺序控制梯形图程序。

2）梯形图（LD）　梯形图是使用得最多的 PLC 图形编程语言。梯形图与继电器控制系统的电路图很相似，直观易懂，很容易被熟悉继电器控制的技术人员掌握，特别适用于开关量逻辑控制。在图 5-5 至图 5-7 中，用西门子 S7-200 系列 PLC 的 3 种编程语言来表示同一逻辑关系。在西门子 PLC 的说明书中，将指令表称为语句表。

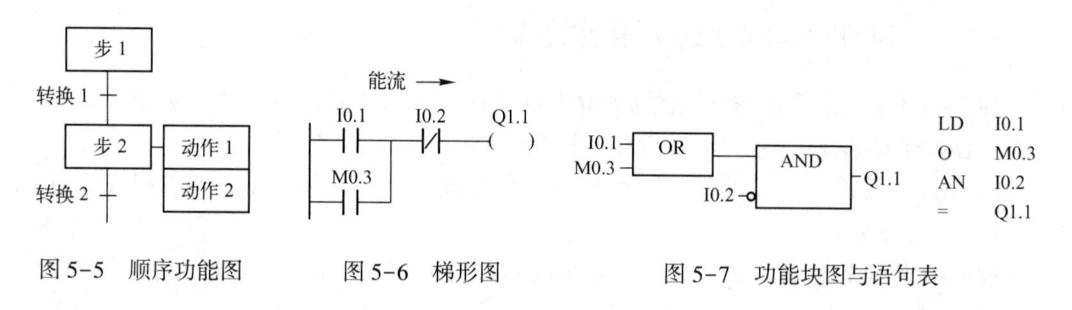

图 5-5　顺序功能图　　图 5-6　梯形图　　图 5-7　功能块图与语句表

梯形图由触点、线圈和应用指令等组成。触点代表逻辑输入条件，如外部的开关、按钮和内部条件等。线圈通常代表逻辑输出结果，用来控制外部的指示灯、交流接触器和内部的输出标志位等。

在分析梯形图中的逻辑关系时，为了借用继电器电路图的分析方法，可以想象左右两侧垂直母线之间有一个左正右负的直流电源电压（有时省略了右侧的垂直母线），当图 5-6 中 I0.1 与 I0.2 的触点接通，或 M0.3 与 I0.2 的触点接通时，有一个假想的“能流”（Power flow）流过 Q1.1 的线圈。利用能流这一概念，可以帮助我们更好地理解和分析梯形图。能流只能从左向右流动。

图 5-8（a）中所示的电路不能用触点的串/并联来表示，能流可能从两个方向流过触点 5（经过触点 1→5→4 或经过触点 3→5→2），无法将该图转换为指令表。应将它改为图 5-8（b）所示的等效电路。

利用编程软件可以直接生成和编辑梯形图，并将它下载到 PLC 中。

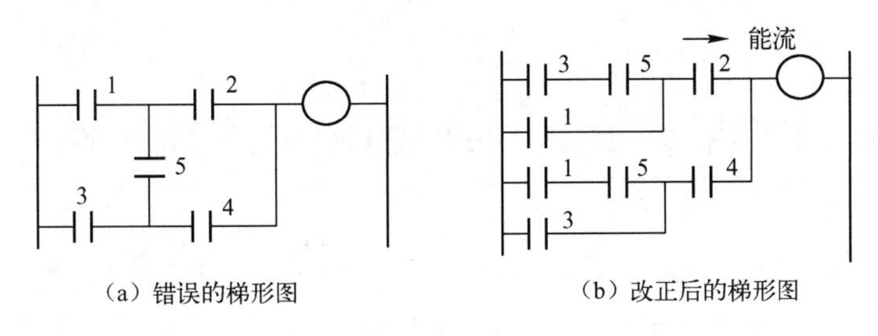

（a）错误的梯形图　　（b）改正后的梯形图

图 5-8　梯形图示例

3）功能块图（FBD）　这是一种类似于数字逻辑门电路的编程语言，有数字电路基础的人很容易掌握。该编程语言用类似与门、或门的方框来表示逻辑运算关系，方框的左侧为逻辑运算的输入变量，右侧为输出变量，I/O 端的小圆圈表示“非”运算，方框被“导线”连接在一起，信号自左向右流动。图 5-7 所示的控制逻辑与图 5-6 中的相同。有的微型 PLC 模块（如西门子公司的“LOGO”逻辑模块）使用功能块图语言，但在国内很少有人使用功能块图语言。

4）指令表（IL）　PLC 的指令是一种与汇编语言中的指令相似的助记符表达式，由指令组成的程序称为指令表程序。指令表程序较难阅读，其中的逻辑关系很难一眼看出，因此在设计时一般使用梯形图语言。如果使用手持式编程器，必须将梯形图转换成指令表后再写入 PLC。在用户程序存储器中，指令按步序号顺序排列。

5）结构文本（ST）　这是为 IEC 61131-3 标准创建的一种专用的高级编程语言。与梯形图相比，它能实现复杂的数学运算，编写的程序非常简洁和紧凑。

除了提供几种编程语言供用户选择，IEC 61131-3 标准还允许编程者在同一程序中使用多种编程语言，这使编程者能选择不同的语言来适应特殊的工作。

2. 梯形图的主要特点

（1）PLC 梯形图中的某些编程元件沿用了继电器这一名称，如输入继电器、输出继电器、辅助继电器等，但是它们不是真实的物理继电器（即硬件继电器），而是在软件中使用的编程元件。每一编程元件与 PLC 存储器中元件映像寄存器的两个存储单元相对应。以辅助继电器为例：如果该存储单元为 0 状态，梯形图中对应的编程元件的线圈“断电”，其常开触点断开，常闭触点闭合，此时称该编程元件为 0 状态，或称该编程元件为 OFF（断开）；如果该存储单元为 1 状态，对应编程元件的线圈“通电”，其常开触点接通，常闭触点断开，此时称该编程元件为 1 状态，或称该编程元件为 ON（接通）。

（2）根据梯形图中各触点的状态和逻辑关系，求出与图中各线圈对应的编程元件的 ON/OFF 状态，称为梯形图的逻辑解算。逻辑解算是按梯形图中从上到下、从左至右的顺序进行的。解算的结果马上可以被后面的逻辑解算所利用。逻辑解算是根据输入映像寄存器中的值，而不是根据解算瞬时外部输入触点的状态来进行的。

（3）梯形图中各编程元件的常开触点和常闭触点均可以无限次使用。

（4）输入继电器的状态仅取决于对应的外部输入电路的通/断状态，因此在梯形图中不能出现输入继电器的线圈。

5.4　FX系列PLC梯形图中的编程元件

FX系列PLC梯形图中的编程元件又称软元件，主要包括输入继电器（X）、输出继电器（Y）、辅助继电器（M）、状态继电器（S）、定时器（T）、计数器（C）、数据寄存器（D）、指针（P/I）等。

5.4.1　基本数据结构

1. 位元件

FX系列PLC有4种基本编程元件，为了分辨各种编程元件，给它们分别指定了专用的字母符号。

X：输入继电器，用于直接给PLC输入物理信号。

Y：输出继电器，用于从PLC直接输出物理信号。

M和S：辅助继电器和状态继电器，PLC内部的运算标志。

上述各种元件称为“位（bit）元件”，它们只有两种不同的状态，即ON和OFF，可以分别用二进制数1和0来表示这两种状态。

2. 字元件

8个连续的位组成一个字节（Byte），16个连续的位组成一个字（Word），32个连续的位组成一个双字（Double Word）。定时器和计数器的当前值和设定值均为有符号字，最高位（第15位）为符号位，正数的符号位为0，负数的符号位为1。有符号字可表示的最大正整数为32767。

3. 常数

字符K用来表示十进制整数数据，16位的十进制整数的取值范围为-32768~+32767，32位的十进制整数的取值范围为-2147483648~+2147483647。

字符H用来表示十六进制整数数据，16位的十六进制整数的取值范围为0~FFFF，32位的十六进制整数的取值范围为0~FFFFFFFF。

字符E用来表示浮点数数据。

5.4.2　输入继电器（X）与输出继电器（Y）

在FX系列PLC梯形图中，编程元件的名称由字母和数字组成，它们分别表示元件的类型和元件号，如Y10、M129。输入继电器与输出继电器的元件号用八进制数表示，八进制数只有0~7这8个数字符号，遵循“逢8进1”的运算规则。例如，八进制数X17和X20是两个相邻的整数。表5-10给出了FX_{2N}系列PLC的输入继电器与输出继电器的元件号。

表 5-10　FX_{2N}系列 PLC 的输入继电器与输出继电器的元件号

型　　号	输入继电器元件号	输 入 点 数	输出继电器元件号	输 出 点 数
FX_{2N}-16M	X0~X7	8	Y0~Y7	8
FX_{2N}-32M	X0~X17	16	Y0~Y17	16
FX_{2N}-48M	X0~X27	24	Y0~Y27	24
FX_{2N}-64M	X0~X37	32	Y0~Y37	32
FX_{2N}-80M	X0~X47	40	Y0~Y47	40
FX_{2N}-128M	X0~X77	64	Y0~Y77	64
扩展	X0~X267	184	Y0~Y267	184

1. 输入继电器（X）

输入继电器是 PLC 接收外部输入的开关量信号的窗口。PLC 通过光耦合器将外部信号的状态读入并存储在输入映像寄存器中。输入端可以外接常开触点或常闭触点，也可以接由多个触点组成的串/并联电路或电子传感器（如接近开关）。在梯形图中，可以多次使用输入继电器的常开触点和常闭触点。

在图 5-9 所示的 PLC 控制系统中，X0 端子外接的输入电路接通时，它对应的输入映像寄存器为 1 状态，断开时为 0 状态。输入继电器的状态仅取决于外部输入信号的状态，不可能受用户程序的控制，因此在梯形图中绝对不能出现输入继电器的线圈。

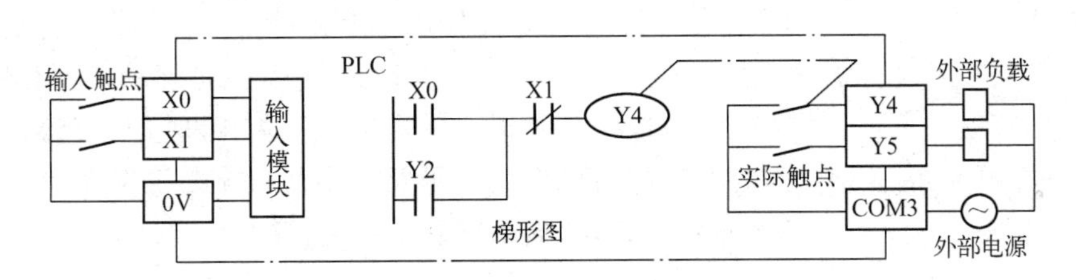

图 5-9　输入继电器与输出继电器示例

因为 PLC 只是在每一扫描周期开始时读取输入信号，所以输入信号为 ON 或 OFF 的持续时间应大于 PLC 的扫描周期。如果不满足这一条件，可能会丢失输入信号。

2. 输出继电器（Y）

输出继电器是 PLC 向外部负载发送信号的窗口。输出继电器用来将 PLC 的输出信号传送给输出模块，再由后者驱动外部负载。在图 5-9 所示的梯形图中，如果 Y4 的线圈“通电”，则继电器型输出模块中对应的硬件继电器的常开触点闭合，使外部负载工作。输出模块中的每一个硬件继电器仅有一对常开触点，但是在梯形图中，每一个输出继电器的常开触点和常闭触点都可以多次使用。

5.4.3　辅助继电器（M）

辅助继电器（见表 5-11）是用软件实现的，它们不能接收外部的输入信号，也不能直接驱动外部负载，仅是一种内部的状态标志，相当于继电器控制系统中的中间继电器。注意：在FX系列PLC中，除输入继电器和输出继电器的元件号采用八进制数外，其他编程元件的元件号均采用十进制数。

表5-11　FX系列PLC的辅助继电器

PLC系列	通用辅助继电器		电池后备/锁存辅助继电器		总计点数
	元件号	点数	元件号	点数	
FX_{1S}	M0～M383	384	M384～M511	128	512
FX_{1N}	M0～M383	384	M384～M1535	1152	1536
FX_{2N}、FX_{2NC}	M0～M499	500	M500～M3071	2572	3072

1. 通用辅助继电器

FX系列PLC的通用辅助继电器没有断电保持功能。如果在PLC运行时突然断电，输出继电器和通用辅助继电器将全部变为OFF；若电源再次接通，除因外部输入信号而变为ON的继电器外，其余的仍将保持为OFF状态。

2. 电池后备/锁存辅助继电器

某些控制系统要求“记忆”电源中断瞬时的状态，以便重新上电后再现其状态。电池后备/锁存辅助继电器可以用于这种场合，在断电时用锂电池保持RAM中的映像寄存器内容，或将它们保存在EEPROM中，但这只是在PLC重新上电后的第一个扫描周期保持断电瞬时的状态。如图5-10所示，X0和X1分别是起动按钮和停止按钮，M500通过Y0控制外部的电动机，如果断电时M500为1状态，因为电路的记忆作用，重新上电后M500将保持为1状态，使Y0继续为ON，电动机重新开始运行。

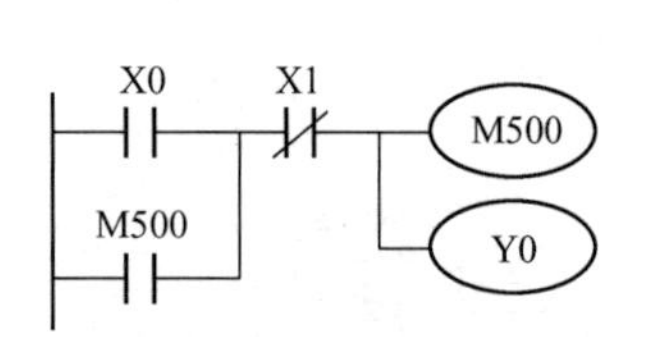

图5-10　断电保持功能示例

3. 特殊辅助继电器

特殊辅助继电器共256点，它们用来表示PLC的某些状态，提供时钟脉冲和标志（如进位、借位标志），设定PLC的运行方式，或者用于步进顺控、禁止中断、设定计数器是加计数还是减计数等。特殊辅助继电器分为两类。

1）触点利用型　由PLC的系统程序来驱动触点利用型特殊辅助继电器的线圈，在用户程序中直接使用其触点，但不能出现它们的线圈，下面是几个例子。

M8000（运行监视）：当PLC执行用户程序时，M8000为ON；停止执行时，M8000为OFF（见图5-11）。

M8002（初始化脉冲）：M8002仅在M8000由OFF变为ON状态的一个扫描周期内为ON（见图5-11），可以用M8002的常开触点来使有断电保持功能的元件初始化复位或给它们置初始值。

M8011～M8014分别是10ms、100ms、1s和1min时钟脉冲。

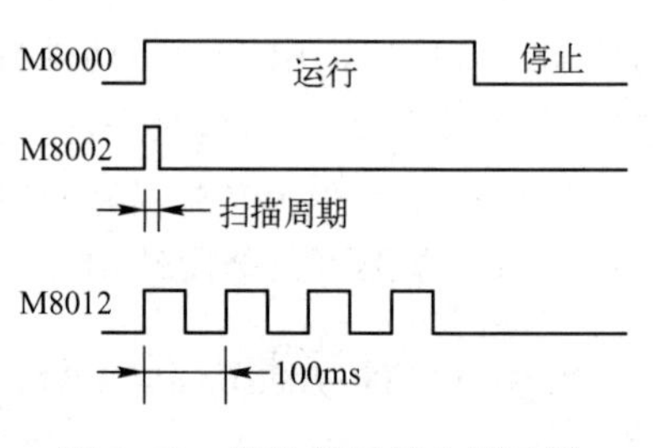

图5-11　特殊辅助继电器示例

M8005（锂电池电压降低）：当电池电压下降至规定值时变为 ON，可以用它的触点驱动输出继电器和外部指示灯，提醒工作人员更换锂电池。

2）线圈驱动型　由用户程序驱动其线圈，使 PLC 执行特定的操作，用户并不使用它们的触点。例如：M8030 的线圈"通电"后，"电池电压降低"LED 熄灭；M8033 的线圈"通电"时，PLC 进入 STOP 状态后，所有输出继电器的状态保持不变；M8034 的线圈"通电"时，禁止所有的输出；M8039 的线圈"通电"时，PLC 以 D8039 中指定的扫描时间工作。

5.4.4　状态继电器（S）

1. 状态继电器

状态继电器是用于编制顺序控制程序的一种编程元件（状态标志），它与 STL 指令（步进梯形指令）一起使用。

通用状态继电器没有断电保持功能。在使用 IST 指令（初始化状态功能指令）时，其中的S0~S9 供初始状态使用。

电池后备/锁存状态继电器在断电时用带锂电池的 RAM 或 EEPROM 来保存其 ON/OFF 状态。

2. 状态继电器使用举例

某机械手的顺序功能图如图 5-12 所示。图中：当起动信号 X0 为 ON 时，状态继电器 S20 被置位（变为 ON），控制下降的电磁阀 Y0 动作；当下限位开关 X1 为 ON 时，状态继电器 S21 被置位，控制夹紧的电磁阀 Y1 动作。随着动作的转移，前一状态继电器自动变为 OFF 状态。不对状态继电器使用步进梯形指令时，可以把它们当作普通辅助继电器（M）使用。

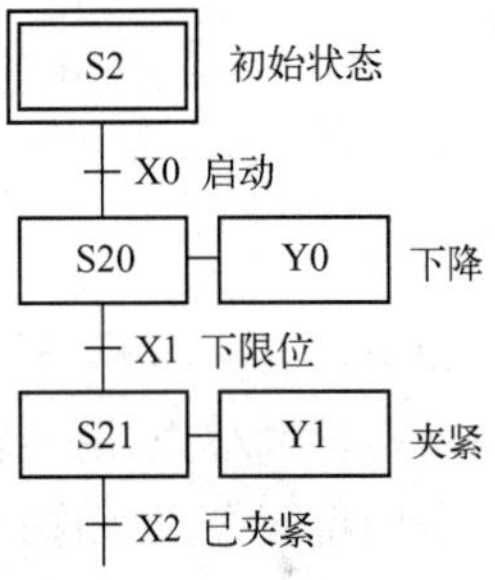

S2 初始状态
X0 启动
S20 Y0 下降
X1 下限位
S21 Y1 夹紧
X2 已夹紧

图 5-12　某机械手的顺序功能图

3. 信号报警器标志（Annunciator Flags）

在使用应用指令 ANS（信号报警器置位）和 ANR（信号报警器复位）时，状态继电器 S900~S999 可用作外部故障诊断的输出，称为信号报警器。

5.4.5　定时器（T）

PLC 中的定时器相当于继电器系统中的时间继电器。它有一个设定值寄存器（一个字长）、一个当前值寄存器（一个字长）和一个用来存储其输出触点状态的映像寄存器（占二进制的一位），这三个存储单元使用同一个元件号。FX 系列 PLC 的定时器分为通用定时器和积算定时器。

常数 K 可以作为定时器的设定值，也可以用数据寄存器（D）的内容来设置定时器。例如，外部数字开关输入的数据可以存入数据寄存器，作为定时器的设定值。通常，使用有电池后备的数据寄存器，这样在断电时不会丢失数据。

1. 通用定时器

FX 系列 PLC 的定时器个数和元件编号见表 5-12。100ms 定时器的定时范围为 0.1~

3276.7s，10ms 定时器的定时范围为 0.01～327.67s。当 FX_{1S} 的特殊辅助继电器 M8028 为 1 状态时，T32～T62（31 点）被定义为 10ms 定时器。图 5-13 所示为定时器应用示例。图中：当 X0 的常开触点接通时，T200 的当前值计数器从 0 开始，对 10ms 时钟脉冲进行累加计数；当当前值等于设定值 414 时，定时器的常开触点接通，常闭触点断开，即 T200 的输出触点在其线圈被驱动 10ms×414＝4.14s 后动作；X0 的常开触点断开后，定时器被复位，它的常开触点断开，常闭触点接通，当前值恢复为 0。

表 5-12　FX 系列 PLC 的定时器

PLC 系列	元　件　号				
	100ms 定时器	10ms 定时器	1ms 定时器	1ms 积算定时器	10ms 积算定时器
FX_{1S}	T0～T62	T32～T62	T63	—	—
FX_{1N}、FX_{2N}、FX_{2NC}	T0～T199	T200～T245	—	T246～T249	T250～T255

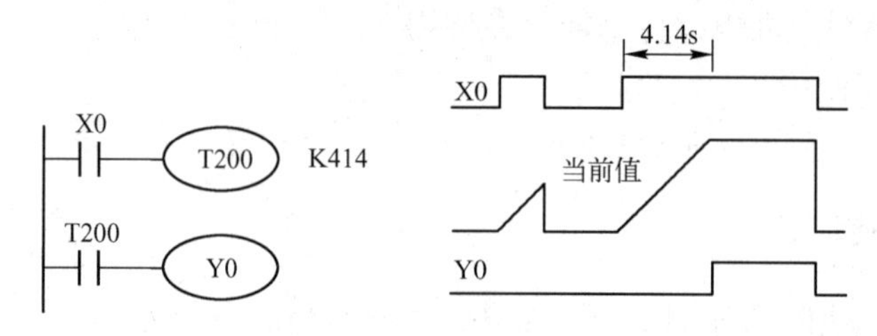

图 5-13　定时器应用示例

如果需要在定时器的线圈“通电”时就立刻动作的瞬动触点，可以在定时器线圈两端并联一个辅助继电器的线圈，并使用它的触点。

通用定时器没有保持功能，在输入电路断开或停电时会被复位。FX 系列的定时器只能提供其线圈“通电”后延迟动作的触点，如果需要在输入信号变为 OFF 后的延迟动作，可以使用图 5-14 所示的电路。

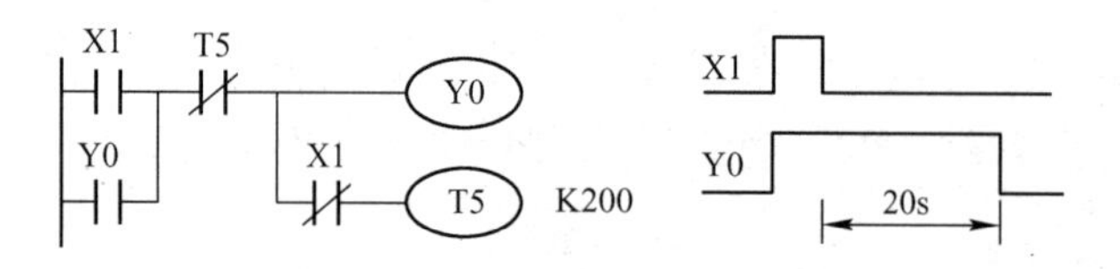

图 5-14　输入电路断开后延时的电路

2. 积算定时器

100ms 积算定时器 T250～T255 的定时范围为 0.1～3276.7s。在图 5-15 所示的积算定时器应用示例中，当 X1 的常开触点接通时，T250 的当前值计数器对 100ms 时钟脉冲进行累加计数。当 X1 的常开触点断开或停电时停止定时，当前值保持不变。当 X1 的常开触点再次接通或重新上电时继续定时，累计时间（t_1+t_2）为 1055×100ms＝105.5s 时，T250 的触点动作。因为积算定时器的线圈断电时不会复位，所以需要用 X2 的常开触点使 T250 强制复位。

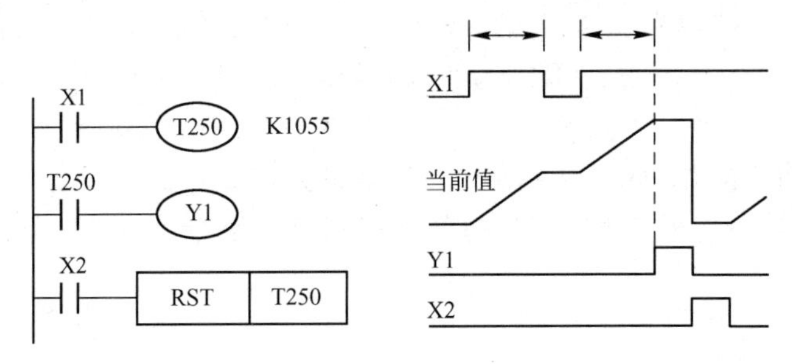

图 5-15　积算定时器应用示例

3. 使用定时器的注意事项

如果在子程序或中断程序中使用 T192~T199 和 T246~T249，在执行 END 指令时，应修改定时器的当前值。当定时器的当前值等于设定值时，其输出触点在执行定时器线圈指令或 END 指令时动作。如果使用的不是上述定时器，在特殊情况下，定时器的工作可能不正常。如果 1ms 定时器用于中断程序和子程序，在它的当前值达到设定值后，其触点在执行该定时器的第一条线圈指令时动作。

4. 定时器的定时精度

定时器的精度与程序的安排有关，如果定时器的触点在线圈之前，精度将会降低。平均误差约为 1.5 倍扫描周期。最小定时误差为输入滤波器时间减去定时器的分辨率，1ms、10ms 和 100ms 定时器的分辨率分别为 1ms、10ms 和 100ms。

如果定时器的触点在线圈之后，最大定时误差为 2 倍扫描周期加上输入滤波器时间。

5.4.6　内部计数器

内部计数器用来对 PLC 的内部映像寄存器（X、Y、M、S）提供的信号进行计数，计数脉冲为 ON 或 OFF 的持续时间（应大于 PLC 的扫描周期）。表 5-13 给出了 FX_{1S}、FX_{1N}、FX_{2N}/FX_{2NC}内部计数器的位数及寄存器。

表 5-13　FX 系列 PLC 的内部计数器

PLC 系列	元件号			
	16 位通用计数器	16 位电池后备/锁存计数器	32 位通用双向计数器	32 位电池后备/锁存计数器
FX_{1S}	C0~C15	C16~C32	—	—
FX_{1N}	C0~C15	C16~C199	C200~C219	C220~C234
FX_{2N}、FX_{2NC}	C0~C99	C100~C199	C200~C219	C220~C234

1. 16 位加计数器

16 位加计数器的可设定值为 1~32767。图 5-16 所示为 16 位加计数器应用示例。由图可知：X10 的常开触点接通后，C0 被复位，它对应的位存储单元被置 0，它的常开触点断开，常闭触点接通，同时其计数当前值被置为 0；X11 用于提供计数输入信号，当计数器的复位输入电路断开，计数输入电路由断开变为接通（即计数脉冲的上升沿）时，计数器的当前值加 1；在 5 个计数脉冲后，C0 的当前值等于设定值 5，它对应的位存储单元的内容被置 1，其常开触点接通，常闭触点断开；再来计数脉冲时，当前值不变，直到复位输入电路接通，计数器的当前值被置为 0。计数器也可以通过数据寄存器来指定设定值。具有电池后备/锁存功能的计数器在电源断电时可保持其状态信息，重新送电后能立即按断电时的状态恢复工作。

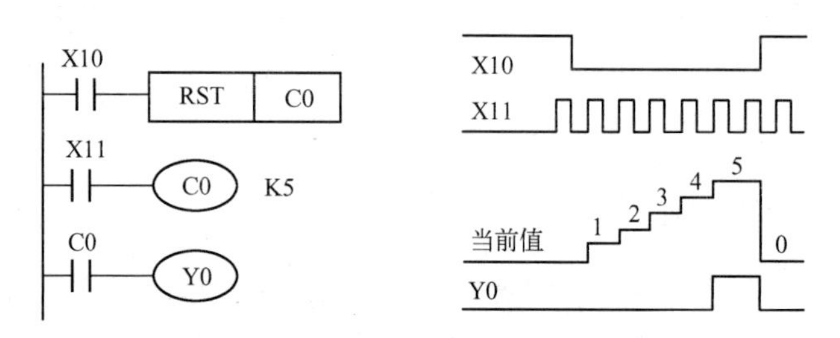

图 5-16　16 位加计数器应用示例

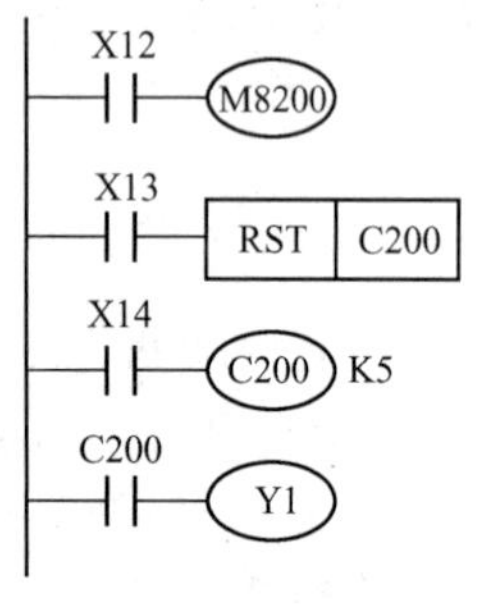

图 5-17　加/减计数器应用示例

2. 32 位双向计数器

32 位双向计数器 C200～C234 的设定值为-2 147 483 648～+2 147 483 647，其加/减计数方式由特殊辅助继电器 M8200～M8234 设定，对应的特殊辅助继电器为 ON 时，为减计数，否则为加计数。

32 位计数器的设定值除了可由整数 K 设定，还可以通过指定数据寄存器来设定，32 位设定值存放在元件号相连的两个数据寄存器中。如果指定的数据寄存器是 D0，则设定值存放在 D1 和 D0 中。在图 5-17 中，C200 的设定值为 5，在加计数时，若计数器的当前值由 4 变为 5，计数器的输出触点为 ON；当计数值大于等于 5 时，输出触点不变，仍为 ON；当计数器的当前值由 5 变为 4 时，输出触点为 OFF；当计数值小于等于 4 时，输出触点仍为 OFF。

计数器的当前值在最大值 2 147 483 647 时加 1，将变为最小值-2 147 483 648；类似地，当当前值-2 147 483 648 减 1 时，将变为最大值 2 147 483 647。因此，这种计数器又称环形计数器。

在图 5-17 中，当复位输入 X13 的常开触点接通时，C200 被复位，其常开触点断开，常闭触点接通，当前值被置位。如果使用电池后备/锁存计数器，当电源中断时，计数器停止计数，并保持计数当前值不变，电源再次接通后在当前值的基础上继续计数，因此电池后备/锁存计数器可累计计数。

5.4.7　高速计数器

1. 高速计数器概述

21 个高速计数器 C235～C255 共用 PLC 的 8 个高速计数器输入端 X0～X7，某一输入端同时只能供一个高速计数器使用。这 21 个高速计数器均为 32 位加/减计数器（见表 5-14）。不同类型的高速计数器可以同时使用，但是它们的输入不能冲突。

表 5-14　高速计数器简表

中断输入	无启动/复位端的单向高速计数器						带启动/复位端的单向高速计数器				
	C235	C236	C237	C238	C239	C240	C241	C242	C243	C244	C245
X0	U/D						U/D			U/D	
X1		U/D					R			R	
X2			U/D					U/D			U/D
X3				U/D				R			R
X4					U/D				U/D		
X5						U/D			R		
X6										S	
X7											S

中断输入	双端双向高速计数器					A/B 相型高速计数器				
	C246	C247	C248	C249	C250	C251	C252	C253	C254	C255
X0	U	U		U		A	A		A	
X1	D	D		D		B	B		B	
X2		R		R			R		R	
X3			U		U			A		A
X4			D		D			B		B
X5			R		R			R		R
X6				S					S	
X7				S						S

高速计数器的运行建立在中断的基础上，这意味着事件的触发与扫描时间无关。在对外部高速脉冲进行计数时，梯形图中高速计数器的线圈应一直通电，以表示与它有关的输入点已被使用，其他高速计数器的处理不能与其冲突。可用运行时一直为 ON 的 M8000 的常开触点来驱动高速计数器的线圈。例如，在图 5-18 中，当 X14 为 ON 时，选择了高速计数器 C235，从表 5-14 可知，C235 的计数输入端是 X0，但是它并不在程序中出现，计数信号不是 X14 提供的。

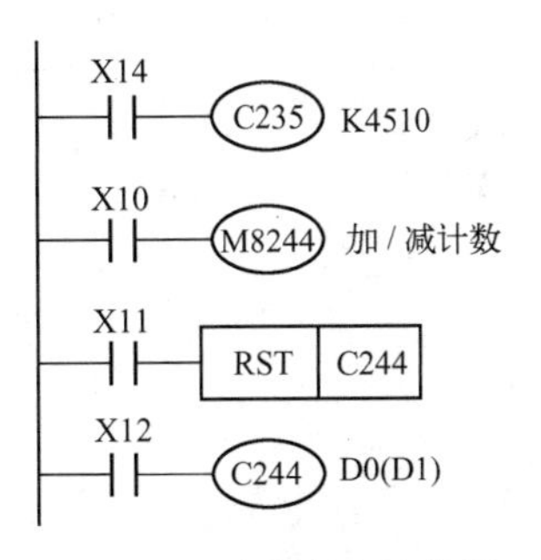

图 5-18　单向高速计数器应用示例

表 5-14 给出了各高速计数器对应的输入端子的元件号，表中的 U、D 分别为加、减计数输入，A、B 分别为 A、B 相输入，R 为复位输入，S 为置位输入。

2. 单向高速计数器

C235～C240 为无启动/复位端的单向高速计数器，C241～C245 为带启动/复位端的单向高速计数器，可用 M8235～M8245 来设置 C235～C245 的计数方向：M 为 ON 时，为减计数；M 为 OFF 时，为加计数。C235～C240 只能用 RST 指令来复位。

图 5-18 中的 C244 是带启动端/复位端的单向高速计数器，由表 5-14 可知，X1 和 X6 分别为复位端和启动端，它们的复位和启动与扫描工作方式无关，其作用分别是立即的和直

接的。当 X12 为 ON 时：一旦 X6 变为 ON，立即开始计数，计数输入端为 X0；若 X6 变为 OFF，立即停止计数，C244 的设定值由 D0 和 D1 指定。除了用 X1 来立即复位，也可以在梯形图中用复位指令复位。

3. 双端双向高速计数器

双端双向高速计数器（C246～C250）有一个加计数输入端和一个减计数输入端。例如，C246 的加、减计数输入端分别是 X0 和 X1，当计数器的线圈通电时，在 X0 的上升沿，计数器的当前值加 1，在 X1 的上升沿，计数器的当前值减 1。某些高速计数器还有复位端和启动端。

4. A/B 相型高速计数器

C251～C255 为 A/B 相型高速计数器，它们有两个计数输入端，某些高速计数器还有复位端和启动端。

在图 5-19 中：当 X12 为 ON 时，C251 通过中断，对 X0 输入的 A 相信号和 X1 输入的 B 相信号的动作计数；当 X11 为 ON 时，C251 被复位；当计数值大于等于设定值时，Y2 的线圈通电，若计数值小于设定值，则 Y2 的线圈断电。

A/B 相输入不仅提供计数信号，根据它们的相对相位关系，还提供了计数的方向。利用旋转轴上安装的 A/B 相型编码器，在机械正转时自动进行加计数，反转时自动进行减计数。当 A 相输入为 ON 时，若 B 相输入由 OFF 变为 ON，则为加计数，如图 5-19（b）所示；当 A 相为 ON 时，若 B 相由 ON 变为 OFF，则为减计数，如图 5-19（c）所示。通过 M8251 可监视 C251 的加/减计数状态，加计数时 M8251 为 OFF，减计数时 M8251 为 ON。

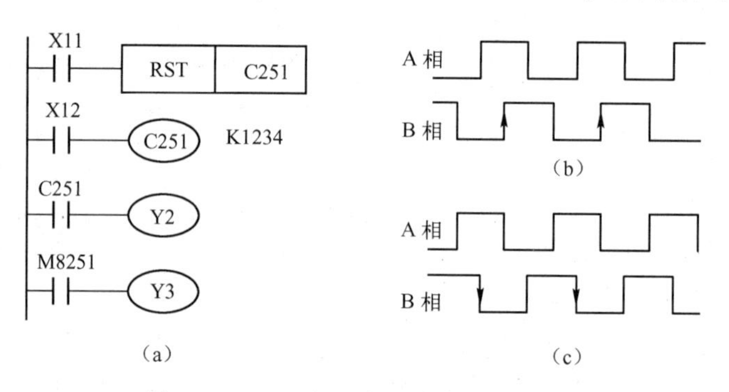

图 5-19　A/B 相型高速计数器应用示例

5. 高速计数器的计数速度

计数器的计数频率：单向和双向高速计数器的最高计数频率为 10kHz，A/B 相型高速计数器的最高计数频率为 5kHz。最高的总计数频率：FX_{1S} 和 FX_{1N} 为 60kHz，FX_{2N} 和 FX_{2NC} 为 20kHz。计算总计数频率时，A/B 相型高速计数器的频率应加倍。FX_{2N} 和 FX_{2NC} 的 X0 和 X1 因为具有特殊的硬件，供单向或双向计数时（C235、C236 或 C246）最高计数频率为 60kHz，用 C251 双向计数时最高计数频率为 30kHz。

应用指令 SPD（速度检测，FUC56）具有高速计数器和输入中断的功能，X0～X5 可能被 SPD 指令使用，SPD 指令使用的输入点不能与高速计数器和中断使用的输入点冲突。在计算高速计数器总的计数频率时，应将 SPD 指令视为单向高速计数器。

5.4.8　数据寄存器（D）

数据寄存器（D）在模拟量检测与控制及位置控制等场合用来存储数据和参数，数据寄存器可存储 16 位二进制数（一个字），两个数据寄存器合并起来可以存放 32 位数据（双字），在 D0 和 D1 组成的双字中，D0 存放低 16 位，D1 存放高 16 位。字或双字的最高位为符号位，该位为 0 时数据为正，为 1 时数据为负。FX 系列 PLC 的数据寄存器见表 5-15。

表 5-15　FX 系列 PLC 的数据寄存器

PLC 系列	元　件　号				
	通用寄存器	电池后备/锁存寄存器	特殊寄存器	文件寄存器	外部调整寄存器
FX_{1S}	D0～D127	D128～D255	D8000～D8255	—	D8030～D8031
FX_{1N}	D0～D127	D128～D7999	D8000～D8255	D1000～D7999	D8030～D8031
FX_{2N}、FX_{2NC}	D0～D199	D200～D7999	D8000～D8255	D1000～D7999	—

1. 通用数据寄存器

将数据写入通用数据寄存器后，其值将保持不变，直到下一次被改写。PLC 从运行模式进入停止模式时，所有的通用数据寄存器的值被改写为 0。

当特殊辅助继电器 M8033 为 ON 时，如果 PLC 从运行模式进入停止模式，通用数据寄存器的值保持不变。

2. 电池后备/锁存数据寄存器

电池后备/锁存数据寄存器有断电保持功能，当 PLC 从运行模式进入停止模式时，电池后备寄存器的值保持不变。利用参数设定，可改变电池后备数据寄存器的应用范围。

3. 特殊寄存器

特殊寄存器 D8000～D8255 共 256 点，用来控制和监视 PLC 内部的各种工作方式和元件，如电池电压、扫描时间、正在动作的状态的编号等。当 PLC 上电时，这些数据寄存器被写入默认的值。

4. 文件寄存器

文件寄存器以 500 点为单位，可被外部设备存取。文件寄存器实际上被设置为 PLC 的参数区。文件寄存器与锁存寄存器是重叠的，可保证数据不会丢失。

FX_{1S}的文件寄存器只能用外部设备（如手持式编程器或运行编程软件的计算机）来改写。其他 FX 系列 PLC 的文件寄存器可通过 BMOV（块传送）指令改写。

5. 外部调整寄存器

FX_{1S}和 FX_{1N}系列 PLC 有两个内置的设置参数用的小电位器（见图 5-20），用小旋钮调节电位器，可以改变指定

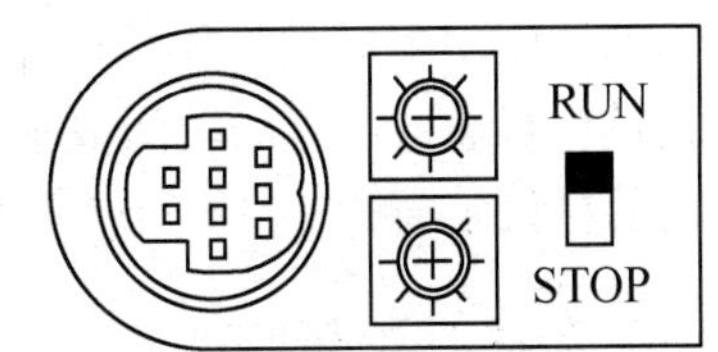

图 5-20　设置参数用的小电位器

的数据寄存器 D8030 或 D8031 的值（0~255）。FX_{2N} 和 FX_{2NC} 系列 PLC 没有内置的供设置用的电位器，但是可用附加的特殊功能扩展板 FX_{2N}-8AV-BD 来实现同样的功能，该扩展板上有 8 个小电位器，使用应用指令 VRRD（模拟量读取）和 VRSC（模拟量设定）来读取电位器提供的数据。设置用的小电位器常用于修改定时器的时间设定值。

6. 变址寄存器

FX_{1S} 和 FX_{1N} 系列 PLC 有两个变址寄存器（V 和 Z），FX_{2N} 和 FX_{2NC} 系列 PLC 有 16 个变址寄存器（V0~V7 和 Z0~Z7），在进行 32 位操作时，应将 V、Z 合并使用（Z 为低位）。变址寄存器用于改变编程元件的元件号，如当 V=12 时，数据寄存器的元件号 D6V 相当于 D18（6+12=18）。通过修改变址寄存器的值，可以改变实际的操作数。变址寄存器也可以用来修改常数的值，如当 Z=21 时，K48Z 相当于常数 69(48+21=69)。

5.4.9　指针（P/I）

指针（P/I）包括分支和子程序用的指针（P）及中断用的指针（I）。在梯形图中，指针放在左侧母线的左边。具体内容请参看相关说明手册。

5.5　FX 系列 PLC 的基本逻辑指令

FX 系列 PLC 共有 27 个基本逻辑指令，此外还有一百多个应用指令。仅用基本逻辑指令便可以编制出开关量控制系统的用户程序。

1. LD、LDI、OUT 指令

LD：电路开始的常开触点对应的指令，可以用于元件 X、Y、M、T、C 和 S。

LDI：电路开始的常闭触点对应的指令，可以用于元件 X、Y、M、T、C 和 S。

OUT：驱动线圈的输出指令，可以用于元件 Y、M、T、C 和 S，但不能用于 X。

LD 与 LDI 指令对应的触点一般与左侧母线相连，在使用 ANB 或 ORB 指令时，用来定义与其他电路串/并联的电路的起始触点。

OUT 指令不能用于输入继电器 X，线圈和输出类指令应放在梯形图的最右侧。

OUT 指令可以连续使用若干次，相当于线圈的并联（见图 5-21）。定时器和计数器的 OUT 指令后应设置以字母 K 开始的十进制常数，常数占一个步序。定时器实际的定时时间与定时器的种类有关，图 5-21 中的 T0 是 100ms 定时器，K19 对应的定时时间为 19×100ms=1.9s。也可以指定数据寄存器的元件号，用它里面的数作为定时器和计数器的设定值。计数器的设定值用来表示计完多少个计数脉冲后计数器的位元件变为 1。

如果使用手持式编程器，输入指令“OUT T0”后，应按标有“SP”（或“Space”）的空格键，再输入设置的时间值常数。定时器和 16 位计数器的可设定值为 1~32 767，32 位计数器的可设定值为-2 147 483 648~2 147 483 647。

2. 触点的串/并联指令

AND：常开触点串联连接指令。

ANI：常闭触点串联连接指令。

OR：常开触点并联连接指令。

ORI：常闭触点并联连接指令。

串/并联指令可用于元件 X、Y、M、T、C 和 S。单个触点与左侧的电路串联时，使用 AND 和 ANI 指令，串联触点的个数没有限制。在图 5-22 中，OUT M101 指令之后通过 T1 的触点去驱动 Y4，称为连续输出。只要按正确的次序设计电路，就可以重复使用连续输出。

串/并联指令是用来描述单个触点与别的触点或触点组成的电路的连接关系的。虽然 T1 的触点和 Y4 的线圈组成的串联电路与 M101 的线圈是并联关系，但是 T1 的常开触点与左侧的电路是串联关系，因此对 T1 的触点应使用串联指令。

注意，图 5-22 中 M101 和 Y4 线圈所在的并联支路如果改为图 5-23 中的电路（不推荐），必须使用后面要讲到的 MPS（进栈）和 MPP（出栈）指令。

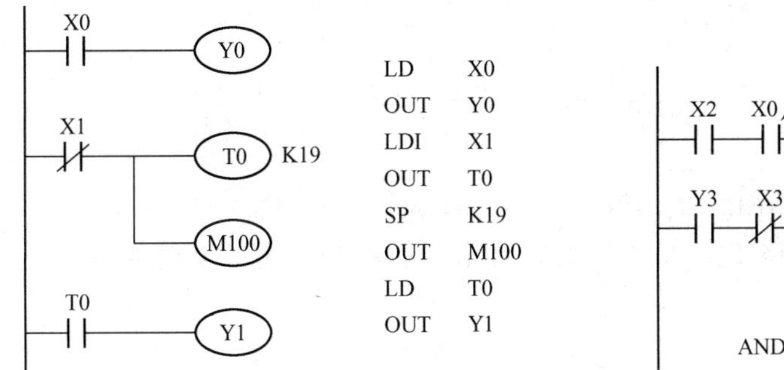

图 5-21　LD、LDI 与 OUT 指令应用示例

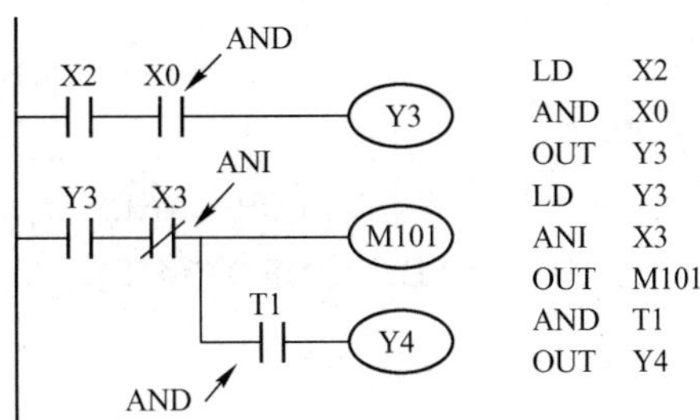

图 5-22　AND 与 ANI 指令应用示例

OR 和 ORI 用于单个触点与前面电路的并联，并联触点的左端接在该指令所在的电路块的起始点（LD 点）上，右端与前一条指令对应的触点的右端相连。OR 和 ORI 指令总是将单个触点并联到它前面已经连接好的电路的两端。以图 5-24 中的 M110 的常闭触点为例，它前面的 4 条指令已经将 4 个触点串/并联为一个整体，因此 ORI M110 指令对应的常闭触点并联到该电路的两端。

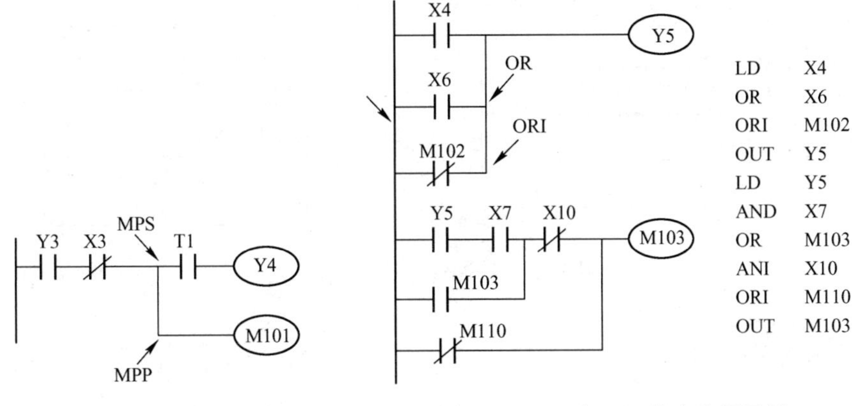

图 5-23　不推荐的电路　　图 5-24　OR 与 ORI 指令应用示例

3. 边沿检测触点指令

LDP、ANDP 和 ORP 是用作上升沿检测的触点指令，触点的中间有一个向上的箭头，对应的触点仅在指定位元件的上升沿（由 OFF 变为 ON）时接通一个扫描周期。

LDF、ANDF 和 ORF 是用作下降沿检测的触点指令，触点的中间有一个向下的箭头，对应的触点仅在指定位元件的下降沿（由 ON 变为 OFF）时接通一个扫描周期。

上述指令可用于元件 X、Y、M、T、C 和 S。在图 5-25 中，检测到 X2 的上升沿或 X3 的下降沿后，Y0 仅在一个扫描周期内为 ON。

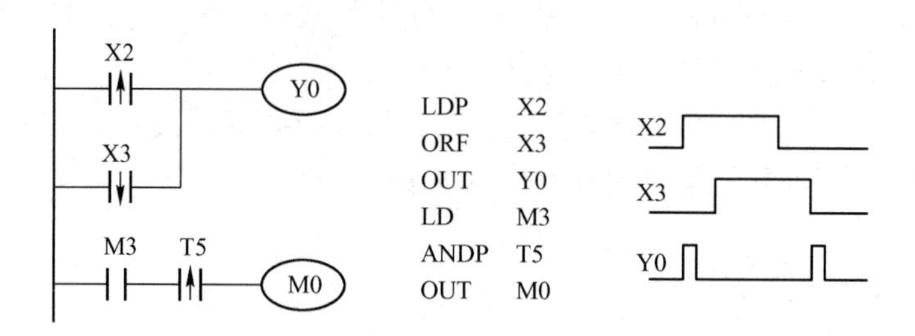

图 5-25　边沿检测触点指令应用示例

用手持式编程器输入 LDP、ANDP 或 ORP 指令时，应先按 LD、AND 或 OR 键，再按 P/I 键；输入 LDF、ANDF 或 ORF 指令时，应先按 LD、AND 或 OR 键，再按 F 键。

4. PLS 与 PLF 指令

PLS：上升沿微分输出指令。

PLF：下降沿微分输出指令。

PLS 和 PLF 指令只能用于输出继电器 Y 和辅助继电器 M（不包括特殊辅助继电器）。在图 5-26 中，M0 仅在 X0 的常开触点由断开变为接通（即 X0 的上升沿）时的一个扫描周期内为 ON，M1 仅在 X0 的常开触点由接通变为断开（即 X0 的下降沿）时的一个扫描周期内为 ON。

当 PLC 从运行模式变为停止模式，然后又由停止模式变为运行模式时，其输入信号仍然为 ON，PLS　M0 指令将输出一个脉冲。然而，如果用电池后备/锁存辅助继电器代替 M0，其 PLS 指令在这种情况下不会输出脉冲。

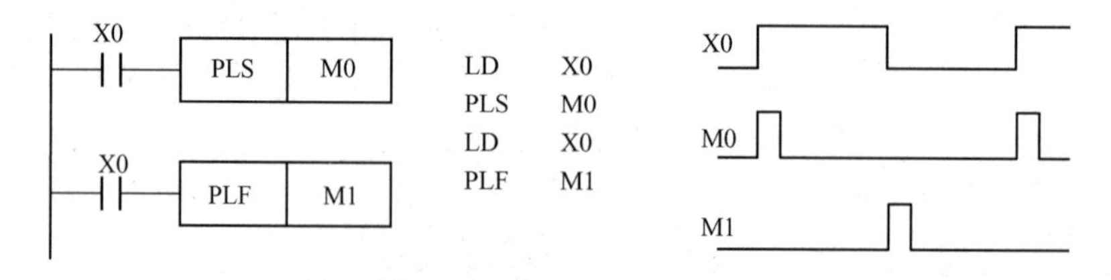

图 5-26　脉冲输出指令应用示例

5. 电路块的串/并联指令

ORB：多触点电路块的并联连接指令。图 5-27 所示为 ORB 指令应用示例。

ANB：多触点电路块的串联连接指令。图 5-28 所示为 ANB 指令应用示例。

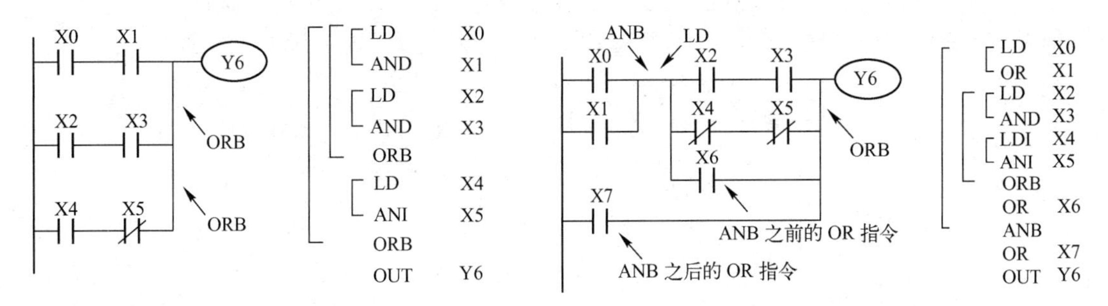

图 5-27　ORB 指令应用示例　　　图 5-28　ANB 指令应用示例

ORB 指令将多触点电路块（一般是串联电路块）与前面的电路块并联，它不带元件号，相当于电路块间右侧的一段垂直连线。要并联的电路块的起始触点使用 LD 或 LDI 指令完成了电路块的内部连接后，用 ORB 指令将它与前面的电路并联。

ANB 指令将多触点电路块（一般是并联电路块）与前面的电路块串联，它不带元件号。ANB 指令相当于两个电路块之间的串联连线，该点也可以视为它右侧的电路块的 LD 点。要串联的电路块的起始触点使用 LD 或 LDI 指令完成两个电路块的内部连接后，用 ANB 指令将它与前面的电路串联。

6. 栈存储器与多重输出指令

MPS、MRD、MPP 指令分别是进栈、读栈和出栈指令，它们用于多重输出电路。

FX 系列 PLC 有 11 个存储中间运算结果的栈存储器（见图 5-29），堆栈采用先进后出的数据存取方式。MPS 指令用于存储电路中有分支处的逻辑运算结果，以便以后处理有线圈的支路时可以调用该运算结果。使用一次 MPS 指令，当时的逻辑运算结果将压入堆栈的第一层，堆栈中原有的数据依次向下一层推移。

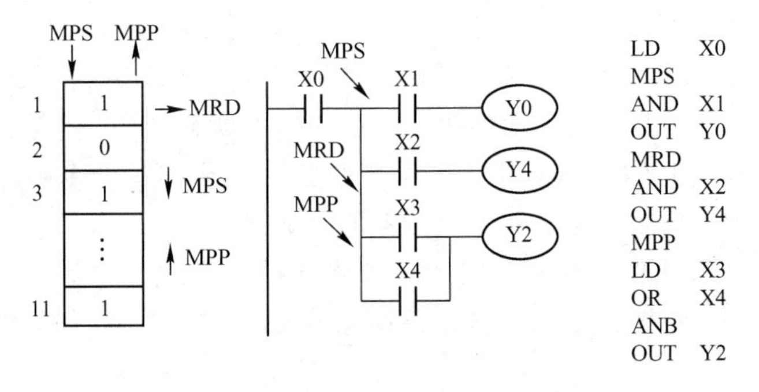

图 5-29　栈存储器与多重输出指令应用示例

MRD 指令读取存储在堆栈最上层的电路中分支点处的运算结果，将下一个触点强制性地连接在该点。读取后堆栈内的数据不会上移或下移。

MPP 指令弹出（调用并去掉）存储的电路中分支点的运算结果，即先将下一触点连接在该点，然后从堆栈中去除该点的运算结果。使用 MPP 指令时，最上层的数据在读出后从栈内消失，堆栈中各层的数据向上移动一层。

图 5-29 和图 5-30 分别给出了使用一层栈和使用多层栈的例子。每一个 MPS 指令必须有一个对应的 MPP 指令，处理最后一条支路时必须使用 MPP 指令，而不是 MRD 指令。在一个独立电路中，用进栈指令同时保存在堆栈中的运算结果不能超过 11 个。

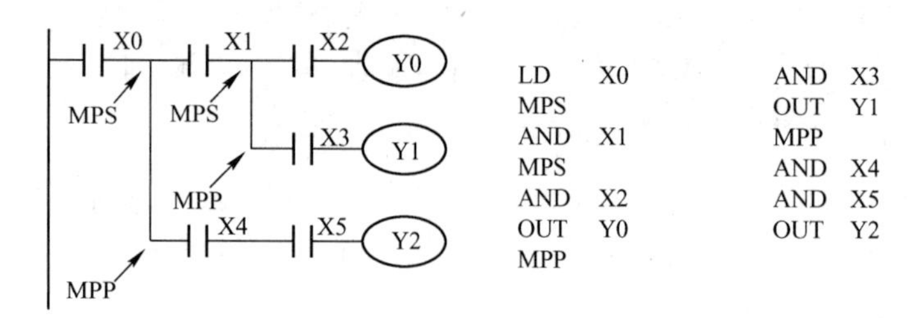

图 5-30　两层栈示例

用编程软件生成梯形图程序后，如果将梯形图转换为指令表程序，编程软件会自动加入 MPS、MRD 和 MPP 指令。写入指令表程序时，必须由用户来写入 MPS、MRD 和 MPP 指令。

7. 主控与主控复位指令

MC：主控指令，也称公共触点串联连接指令，用于表示主控区的开始。MC 指令只能用于输出继电器 Y 和辅助继电器 M（不包括特殊辅助继电器）。

MCR：主控指令 MC 的复位指令，用来表示主控区的结束。

编程时，经常会遇到许多线圈同时受一个或一组触点控制的情况，如果在每个线圈的控制电路中都串联至同样的触点，将占用很多存储单元。主控指令就是针对这一情况而设置的。使用主控指令的触点称为主控触点，它在梯形图中与一般的触点垂直。主控触点是控制一组电路的总开关。

与主控触点相连的触点必须用 LD 或 LDI 指令。换句话说，执行 MC 指令后，母线移到主控触点之后了，MCR 使母线（LD 点）回到原来的位置。

在图 5-31 中，当 X0 的常开触点接通时，执行从 MC 到 MCR 之间的指令；当 MC 指令的输入电路断开时，不执行上述区间的指令，其中的积算定时器、计数器、用复位/置位指令驱动的元件保持其当时的状态；其余的元件被复位，用 OUT 指令驱动的元件变为 OFF。说明：图 5-31 指令中的 SP 表示手持式编程器的空格键。

在 MC 指令区内使用 MC 指令称为嵌套，如图 5-32 所示。MC 和 MCR 指令中包含嵌套的层数为 N0~N7（N0 为最高层，N7 为最低层）。若没有嵌套结构，通常用 N0 编程，N0 的使用次数没有限制。

若有嵌套结构，MCR 指令将同时复位低的嵌套层，如指令 MCR N2 将复位 N2~N7 层。

8. 置位与复位指令

SET：置位指令，使操作保持 ON 的指令。

RST：复位指令，使操作保持 OFF 的指令。

SET 指令可用于元件 Y、M 和 S；RST 指令可用于复位元件 Y、M、S、T 和 C，或者将字元件 D、V 和 Z 清零。

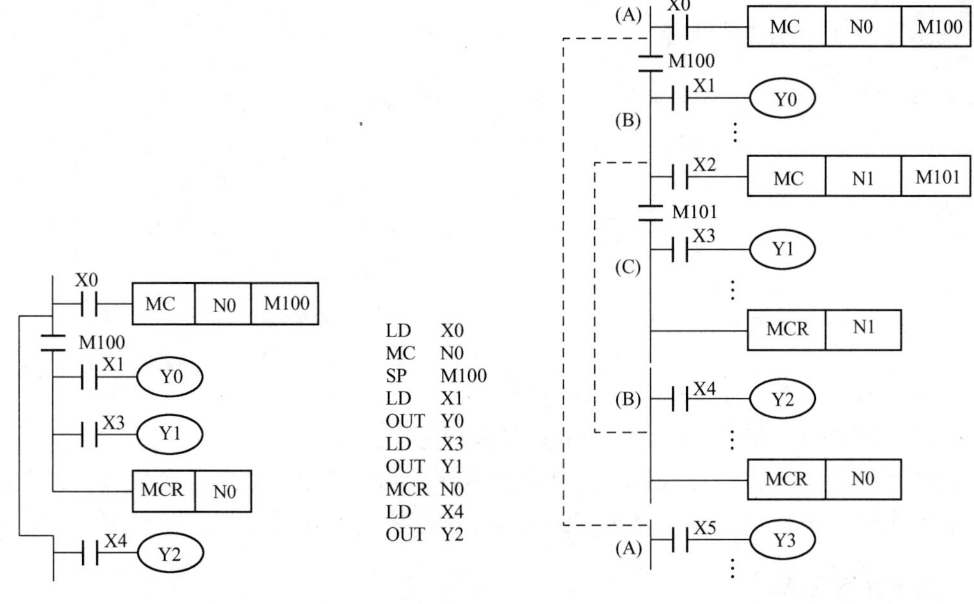

图 5-31　主控与主控复位指令应用示例　　图 5-32　多重嵌套主控指令应用示例

在图 5-33 中，如果 X0 的常开触点接通，Y0 变为 ON 并保持该状态，即使将 X0 的常开触点断开，它也仍然保持 ON 状态；当 X1 的常开触点闭合时，Y0 变为 OFF 并保持该状态，即使将 X1 的常开触点断开，它也仍然保持 OFF 状态。

对同一编程元件，可多次使用 SET 和 RST 指令，最后一次执行的指令将决定当前的状态。RST 指令可将数据寄存器 D、变址寄存器 Z 和 V 的内容清零，RST 指令还用来复位积算定时器 T246~T255 和计数器 C。SET、RST 指令的功能与数字电路中 R-S 触发器的功能相似，SET 与 RST 指令之间可以插入别的程序。如果它们之间没有别的程序，最后的指令有效。

在图 5-34 中，当 X0 和 X3 的常开触点接通时，积算定时器 T246 和计数器 C200 复位，它们的当前值被清零，常开触点断开，常闭触点闭合。在任何情况下，RST 指令都优先执行。当计数器处于复位状态时，输入的计数脉冲不起作用。如果不希望计数器和积算定时器具有断电保持功能，可以在用户程序开始运行时用初始化脉冲 M8002 将它们复位。

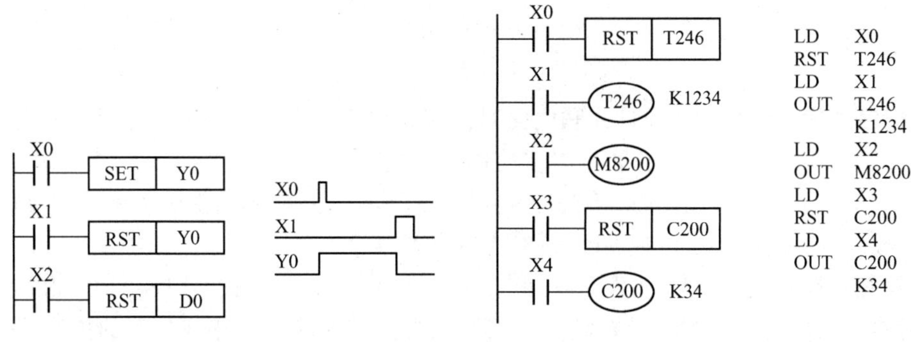

图 5-33　置位与复位指令应用示例　　图 5-34　定时器与计数器的复位示例

9. 取反、空操作与结束指令

INV为取反指令，在梯形图中用一条45°的短斜线来表示，它将执行该指令之前的运算结果取反：运算结果如为0则将它变为1，运算结果如为1则变为0。在图5-35中，如果X0和X1同时为ON，则Y0为OFF；否则Y0为ON。INV指令也可以用于LDP、LDF、ANDP等脉冲触点指令。

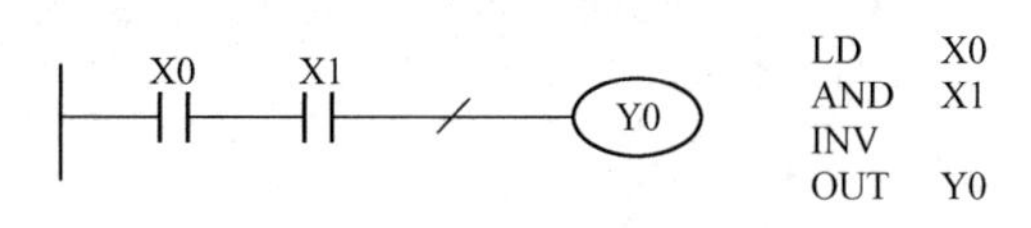

图5-35 INV指令应用示例

用手持式编程器输入INV指令时，先按“NOP”键，再按“P/I”键。

NOP为空操作指令，使该步序进行空操作。

END为结束指令，将强制结束当前的扫描执行过程。

在调试程序时，可以将END指令插在各段程序之后，从第一段开始分段调试，调试好后再删去程序中间的END指令。这种方法对程序的查错也很有用处。

10. 编程注意事项

1）双线圈输出 如果在同一个程序中，同一元件的线圈使用了两次或多次，称为双线圈输出。对于输出继电器，在扫描周期结束时，真正输出的是最后一个Y0的线圈的状态，如图5-36（a）所示。

Y0线圈的通/断状态不仅对外部负载起作用，通过它的触点还可能对程序中别的元件的状态产生影响。在图5-36（a）中，Y0两个线圈所在的电路将梯形图划分为3个区域。因为PLC是循环执行程序的，所以最上面和最下面的区域中Y0的状态相同。如果两个线圈的通/断状态相反，不同区域中Y0的触点的状态也是相反的，这可能使程序运行异常。有时会因双线圈引起输出继电器快速振荡的异常现象，所以一般应避免出现双线圈输出现象。例如，可以将图5-36（a）改为图5-36（b）。

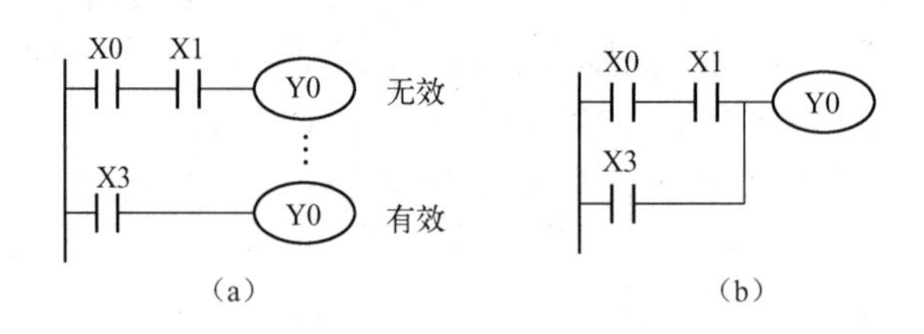

图5-36 双线圈输出示例

2）程序的优化设计 在设计并联电路时，应将单个触点的支路放在下面；设计串联电路时，应将单个触点放在右边，否则将多使用一条指令，如图5-37所示。建议在有线圈的并联电路中将单个线圈放在上面，例如，将图5-37（a）所示的电路改为图5-37（b）所示的电路，可以避免使用入栈指令MPS和出栈指令MPP。

3）编程元件的位置 输出类元件（与OUT、MC、SET、RST、PLS、PLF和大多数应用指令相关）应放在梯形图的最右侧，它们不能直接与左侧母线相连。有的指令（如END和MCR指令）不能用触点驱动，必须直接与左侧母线或临时母线相连。

```
LD    X2        MPS
LD    X3        AND   X4
LD    X0        OUT   Y0
AND   X1        MPP
ORB             OUT   Y1
ANB
```

（a）不好的梯形图

```
LD    X0
AND   X1
OR    X3
AND   X2
OUT   Y1
AND   X4
OUT   Y0
```

（b）好的梯形图

图 5-37　梯形图的优化设计示例

5.6　PLC 的应用指令

除了基本逻辑指令和步进指令，FX 系列 PLC 还有很多条应用指令，多达 100 多条。受篇幅限制，本章只详细介绍比较常用的应用指令，对其余的指令只进行简单介绍，其使用方法可参阅 FX 的编程手册（可到三菱电机公司官方网站下载）。

5.6.1　FX 系列 PLC 应用指令的表示方法与数据格式

1. 应用指令的表示方法

FX 系列 PLC 采用计算机通用的助记符形式来表示应用指令，一般用指令的英文名称或缩写作为助记符。例如，图 5-38 中的指令助记符 BMOV 用来表示数据块传送指令。

大多数应用指令有 1~4 个操作数，但有的应用指令没有操作数。在图 5-38 中，[S] 表示源（Source）操作数，[D] 表示目标（Destination）操作数。当源操作数或目标操作数不止一个时，可表示为 [S_1]、[S_2]、[D_2] 等。n 或 m 表示其他操作数，它们常用来表示常数，或者源操作数和目标操作数的补充说明。当注释的项目较多时，可以采用 m_1、m_2 等方式。

应用指令的指令助记符占一个程序步，每一个 16 位操作数和 32 位操作数分别占 2 个和 4 个程序步。图 5-38 同时给出了应用指令 BMOV 的指令表和步序号，指令中的 SP 表示在用编程器输入时，在两个操作数之间要按标有“SP”（或“Space”）的空格键。

```
X0   BMOV | [S] D10 | [D] D20 | n K3
X1   (D)MOV(P) | D10 | D12

0   LD          X0
1   BMOV(FUN 15)
3   SP          D10
5   SP          D20
7   SP          K3
8   …
```

图 5-38　应用指令表示方法示例

写入应用指令时，应先按“FNC”键，再输入应用指令的编号（如应用指令 BMOV 的编号为 FNC 15）。使用编程器“HELP”键的帮助功能，可以显示出应用指令助记符和编号的一览表。

在图 5-38 中，当 X0 的常开触点接通时，将 3 个（$n=3$）数据寄存器 D10~D12 中的数据传送到 D20~D22 中去。

2. 32 位指令与脉冲执行指令

1）32 位指令 在图 5-38 中，助记符 MOV 前的“D”表示处理 32 位双字数据，这时相邻的两个数据寄存器组成数据寄存器对，该指令将 D11、D10 中的数据传送到 D13、D12 中，D10 中为低 16 位数据，D11 中为高 16 位数据。处理 32 位数据时，为了避免出现错误，建议使用首地址为偶数的操作数。在 FX 系列 PLC 的编程手册和编程软件中，表示 32 位指令的“D”的两侧不加括号。

2）脉冲执行指令 在图 5-38 中，MOV 后面有“P”时，表示脉冲执行，即仅在 X1 为 OFF→ON 状态时执行一次。如果没有“P”，在 X1 为 ON 的每一扫描周期指令都要被执行，这称为连续进行。INC（加 1）、DEC（减 1）和 XCH（数据交换）等指令一般应使用脉冲执行方式。如果不需要每个周期都执行指令，使用脉冲方式可以减少执行指令的时间。符号“P”和“D”可同时使用，例如 D×××P，其中的“×××”表示应用指令的助记符。

MOV 应用指令的编号为 12，输入应用指令“D MOV P”时按以下顺序按键：FNC→D→1→2→P。

在编程软件中，直接输入“DMOVP D10 D12”，指令和各操作数之间用空格分隔。

3. 数据格式

1）位元件与位元件组合 位元件用来表示开关量的状态（如常开触点的通、断，线圈的通电和断电）。通常，开关量的两种状态分别用二进制数 1 和 0 来表示，这也表示该编程元件处于 ON 或 OFF 状态。X、Y、M 和 S 为位元件。

FX 系列 PLC 用 KnP 的形式表示连续的位元件组，每组由 4 个连续的位元件组成，P 为位首地址，n 为组数（$n=1\sim8$）。例如，K2M0 表示由 M0~M7 组成的两个位元件组构成，M0 为数据的最低位（首位）。对于 16 位操作数，$n=1\sim4$，当 $n<4$ 时高位为 0；对于 32 位操作数，$n=1\sim8$，当 $n<8$ 时高位为 0。

建议在使用成组的位元件时，X 和 Y 的首地址的最低位为 0，如 X0、X10、Y20 等。对于 M 和 S，首地址可以采用能被 8 整除的数，也可以采用最低位为 0 的数，如 M32、S50 等。

2）字元件 一个字由 16 个二进制位组成，字元件用来处理数据。例如，定时器和计数器的设定值寄存器、当前值寄存器和数据寄存器（D）都是字元件，也可以用位元件 X、Y、M、S 等组成字元件来进行数据处理。PLC 可以按以下的方式存取字数据。

【二进制补码】 在 FX 系列 PLC 内部，数据以二进制（BIN）补码的形式存储，所有四则运算和加/减 1 运算都使用二进制数。二进制补码的最高位（第 15 位）为符号位（正数的符号位为 0，负数的符号位为 1），最低位为第 0 位。

【十六进制数】 十六进制数使用 16 个数字符号（即 0~9 和 A~F），采用逢 16 进 1 的运算规则。

【BCD 码】 BCD 码是按二进制编码的十进制数。每位十进制数用 4 位二进制数来表示。0~9 对应的二进制数为 0000~1001，各位十进制数之间采用逢 10 进 1 的运算规则。从 PLC 外部的数字拨码开关输入的数据是 BCD 码，PLC 送给外部的 7 段显示器的数据一般也是 BCD 码。

3）科学记数法与浮点数　科学记数法和浮点数可以用来表示整数或小数，包括很大的数和很小的数。在 FX 系列 PLC 中，有时会用到科学记数法和浮点数。

【科学记数法】 在 FX 系列 PLC 的科学记数法中，数字占用相邻的两个数据寄存器，以 D0 和 D1 为例，D0 中是尾数，D1 中是指数，数据格式为尾数×10 的指数次幂，其尾数是 4 位 BCD 整数，范围为 0、1000~9999 和 -1000~-9999，指数的范围为 -41~+35。例如，小数 24.567 用科学记数法表示为 2456×10^{-2}。科学记数法格式不能直接用于运算，但可用于监视接口中数据的显示。在 PLC 内部，尾数和指数都按 2 的补码处理，它们的最高位为符号位。

使用应用指令 EBCD 和 BEIN 可以实现科学记数法格式与浮点数格式之间的相互转换。

【浮点数格式】 在 FX 系列 PLC 中，浮点数由相邻的两个数据寄存器（如 D11 和 D10）中的数字组成（其中 D10 中的数是低 16 位）。在 32 位中，尾数占低 23 位（b0~b22，最低位为 b0），指数占 8 位（b23~b30），最高位（b31）为符号位。

$$浮点数=(尾数)\times2^{指数}$$

因为尾数为 32 位，与科学记数法相比，浮点数的精度有很大的提高，其尾数相当于 6 位十进制数。浮点数的表示范围为 $+1.75\times10^{-38}\sim+3.403\times10^{+38}$。

使用应用指令 FLT 和 INT 可以实现整数与浮点数之间的相互转换。

4. 变址寄存器

FX_{1S}、FX_{1N}有两个变址寄存器（V 和 Z），FX_{2N}和 FX_{2NC}有 16 个变址寄存器（V0~V7 和 Z0~Z7）。在传送指令、比较指令中，变址寄存器作为修改操作对象的元件号，在循环程序中经常被使用。

对于 32 位指令，V 为高 16 位，Z 为低 16 位，V、Z 自动组对使用。变址指令只须指定 Z，Z 就能代表 V 和 Z 的组合。

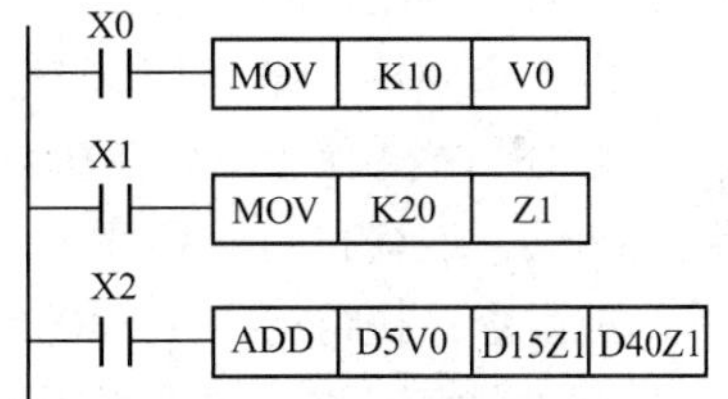

图 5-39　变址寄存器应用示例

在图 5-39 中，当各触点接通时，十进制整数 10 送到 V0，十进制整数 20 送到 Z1，ADD（加法）指令完成运算(D5V0)+(D15Z1)→(D40Z1)，即(D15)+(D35)→(D60)。

5.6.2　程序流控制指令

1. 条件跳转指令（FNC00）

指针（P）用于分支和跳步程序。在梯形图中，指针放在左侧母线的左边。FX_{1S}有 64 点指针（P0~P63），FX_{1N}、FX_{2N}和 FX_{2NC}有 128 点指针（P0~P127）。

条件跳转指令（CJ）用于跳过顺序程序中的某一部分，以控制程序的流程。当图 5-40 中的 X0 为 ON 时，程序跳转到指针 P8 处；如果 X0 为 OFF，不执行跳转，程序按原顺序执行。跳转时，不执行被跳过的那部分指令。用编程器输入程序时，图 5-40 中的指针 P8 放在指令“LD X14”之前。多条跳转指令可以使用相同的指针。

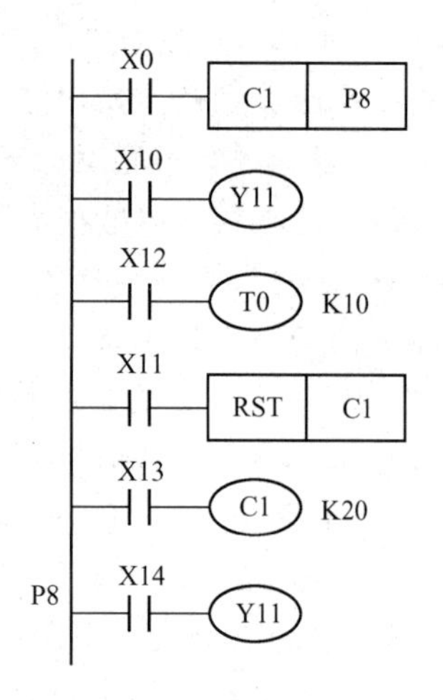

图5-40　CJ跳转指令应用示例

指针可以出现在相应跳转指令之前，但是如果反复跳转的时间超过监控定时器的设定时间，会引起监控定时器出错。

一个指针只能出现一次，如出现两次或两次以上，则会出错。如果用M8000的常开触点驱动CJ指令，相当于无条件跳转指令，因为运行时M8000总是为ON。

如果Y、M、S被OUT、SET、RST指令驱动，跳步期间即使驱动Y、M、S的电路状态改变了，它们仍保持跳步前的状态。例如，当图5-40中的X0为ON时，Y11的状态不会随X10发生变化，因为跳步期间根本没有执行这一段程序。定时器和计数器如果被CJ指令跳过，跳过期间它们的当前值将被冻结。如果跳步开始时定时器和计数器正在工作，在跳步期间它们将停止定时和计数，在CJ指令的条件变为不满足后再继续工作。高速计数器的处理独立于主程序，其工作不受跳步的影响。如果应用指令PLSY（脉冲输出，FNC 57）和PWM（脉冲宽度调制，FNC58）在被CJ指令跳过时正在执行，跳步期间将继续工作。

2. 子程序调用与子程序返回指令

子程序调用指令CALL（FNC01）的操作数为P0～P62，子程序返回指令SRET（FNC02）无操作数。在图5-41中，当X10为ON时，CALL指令使程序跳转到指针P8处，子程序被执行，执行完SRET指令后返回到104步。

子程序应放在FEND（主程序结束）指令之后。同一指针只能出现一次，CJ指令中用过的指针不能再用。不同位置的CALL指令可以调用同一指针的子程序。在子程序中调用子程序称为嵌套调用，最多可以嵌套5级。在图5-42中，CALL（P）P11指令仅在X0由OFF变为ON时执行一次。在执行子程序1时，如X1为ON，CALL P12指令被执行，程序跳到P12处，嵌套执行子程序2。执行第2条SRET指令后，返回子程序1中CALL P12指令的下一条指令，执行第1条SRET指令后返回主程序中CALL P11指令的下一条指令。因为子程序是间歇使用的，在子程序中使用的定时器应在T192～T199和T246～T249中选择。

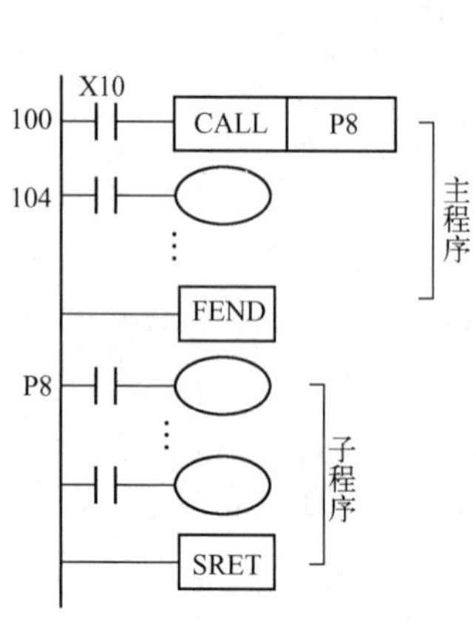

图5-41　子程序调用示例

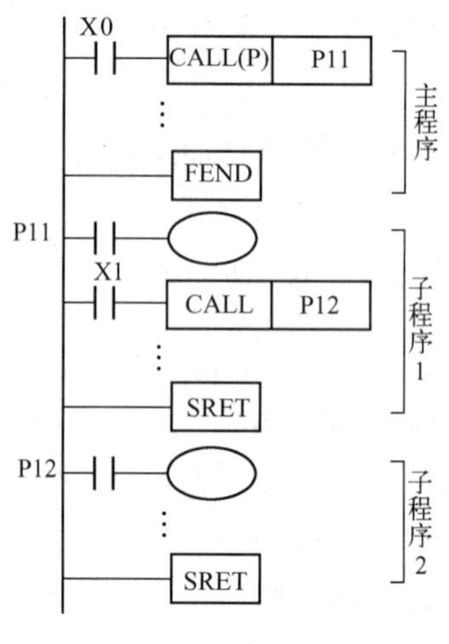

图5-42　子程序的嵌套调用示例

5.6.3　与中断有关的指令

FX 系列 PLC 的中断事件包括输入中断、定时器中断和高速计数器中断。发生中断事件时，CPU 停止执行当前的工作，立即执行预先写好的对应的中断程序，这一过程不受 PLC 扫描工作方式的影响，因此使 PLC 能迅速响应中断事件。

1. 中断指针

中断指针是用来指明某一中断源所对应的中断程序入口指针，执行到 IRET（中断返回）指令时返回主程序。中断指针应在 FEND 指令之后使用。输入中断用来接收特定的输入地址号的输入信号，图 5-43 中给出了输入中断和定时器中断指针编号的含义，输入中断指针为 1□0□，输入号与 X0～X5 的元件号相对应。最低位为 0 时表示下降沿中断，为 1 时表示上升沿中断。例如，中断指针 1001 之后的中断程序在输入信号 X0 的上升沿时执行。

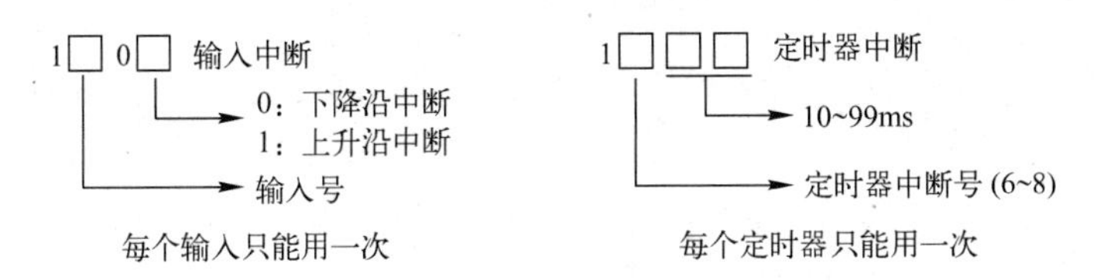

图 5-43　中断指针

用于中断的输入点不能与已经用于高速计数器的输入点冲突。

FX_{2N}和 FX_{2NC}系列有 3 个定时器中断，中断指针为 16□□～18□□，低两位是以 ms 为单位的定时时间。定时器中断使 PLC 以指定的周期定时执行中断子程序，循环处理某些任务，处理时间不受 PLC 扫描周期的影响。

FX_{2N}和 FX_{2NC}系列有 6 个计数器中断，中断指针为 10□0，□＝1～6。计数器中断与 HSCS（高速计数器比较置位）指令配合使用，根据高速计数器的计数当前值与计数设定值的关系来确定是否执行相应的中断服务程序。

如图 5-44 所示，与中断有关的指令——中断返回指令（IRET）、允许中断指令（EI）和禁止中断指令（DI）的应用指令编号分别为 FNC03～FNC05，均无操作数，分别占用一个程序步。

PLC 通常处于禁止中断的状态，指令 EI 和 DI 之间的程序段为允许中断的区间；当程序执行到该区间时，如果中断源产生中断，CPU 将停止执行当前的程序，转去执行相应的中断子程序；执行到中断子程序中的 INET 指令时，返回原断点，继续执行原来的程序。中断程序从它唯一的中断指针开始，到第一条 IRET 指令结束。中断程序应放在 FEND 指令之后，IRET 指令只能在中断程序中使用。当特殊辅助继电器 M805△ 为 ON 时（△＝0～8），禁止执行相应中断 I△□□（□□是与中断有关的数字）。当 M8059 为 ON 时，关闭所有的计数器中断。

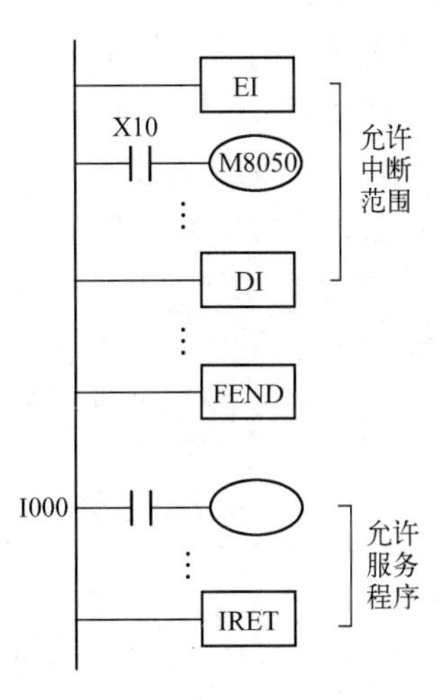

图 5-44　中断指令应用示例

如果有多个中断信号依次发出，则发生越早的信号优先级越高。若同时发生多个中断信号，则中断指针号小的优先。

执行一个中断子程序时，其他中断被禁止，在中断子程序中编入EI和DI，可实现双重中断，但只允许两级中断嵌套。如果中断信号在禁止中断区间出现，该中断信号被存储，并在EI指令之后影响该中断。若无须关闭中断，可以不使用DI指令，只使用EI指令。

中断输入信号的脉冲宽度应大于200μs，若选择了输入中断，其硬件输入滤波器自动复位为50μs（通常为10μs）。

直接高速输入可用于“捕获”窄脉冲信号。FX系列PLC需要用EI指令来激活X0～X5的脉冲捕获功能，捕获的脉冲状态存放在M8170～M8175中。接收到脉冲后，相应的特殊辅助继电器M变为ON，可用捕获的脉冲来触发某些操作。如果输入元件已用于其他高速功能，脉冲捕获功能将被禁止。

2. 主程序结束指令FEND（FNC06）

主程序结束指令（FEND）无操作数，占用一个程序步，表示主程序结束和子程序区的开始。执行到FEND指令时，PLC进行I/O处理、监控定时器刷新，完成后返回第0步。子程序（包括中断子程序）应放在FEND指令之后。CALL指令调用的子程序必须用SRET指令结束，中断子程序必须以IRET指令结束。

若FEND指令在CALL指令执行之后和SRET指令执行之前出现，则程序出错。另一个类似的错误是，FEND指令出现在FOR-NEXT循环程序之中。使用多条FEND指令时，中断程序应放在最后的FEND指令与END指令之间。

3. 监控定时器指令WDT（FNC07）

监控定时器指令（WDT）无操作数，占用一个程序步。监控定时器俗称看门狗，在执行FEND和END指令时，监控定时器被刷新（复位），PLC正常工作时扫描周期（从0步到FEND或END指令的执行时间）小于它的定时时间。如果强烈的外部干扰使PLC偏离正常的程序执行路径，监控定时器不再被复位，当定时时间到时，PLC将停止运行，它上面的CPU-E LED亮。监控定时器定时时间的默认值为200ms，可通过修改D8000来设定它的定时时间。如果扫描周期大于它的定时时间，可将WDT指令插入到合适的程序步中刷新监控定时器。如果FOR-NEXT循环程序的执行时间可能超过监控定时器的定时时间，可将WDT指令插入到循环程序中。条件跳步指令CJ若在它对应的指针之后（即程序往回跳），可能因连续反复跳步使它们之间的程序被反复执行，总的执行时间可能超过监控定时器的定时时间，为了避免出现这样的情况，可在CJ指令与对应的指针之间插入WDT指令。

5.6.4 循环指令

FOR（FNC08）指令用来表示循环区域的起点，它的源操作数用来表示循环次数N（N=1～32 767），可以取任意的数据格式。如果N为负数，则将其作为N=1处理。循环最多可嵌套5层。NEXT（FNC09）是循环区终点指令，本指令无操作数。

FOR与NEXT之间的程序被反复执行，执行次数由FOR指令的源操作数设定。执行完后，执行NEXT后面的指令。

在图 5-45 中，外层循环程序 A 嵌套了内层循环 B，循环 A 执行 5 次，每执行一次循环 A，就要执行 10 次循环 B，因此循环 B 一共要执行 50 次。利用循环中的 CJ 指令可跳出 FOR-NEXT 之间的循环区。

FOR 与 NEXT 指令总是成对使用的。FOR 指令应放在 NEXT 的前面，如果没有满足上述条件，或 NEXT 指令放在 FEND 和 END 指令的后面，都会出错。如果执行 FOR-NEXT 循环的时间太长，应注意扫描周期是否会超过监控定时器的定时时间。

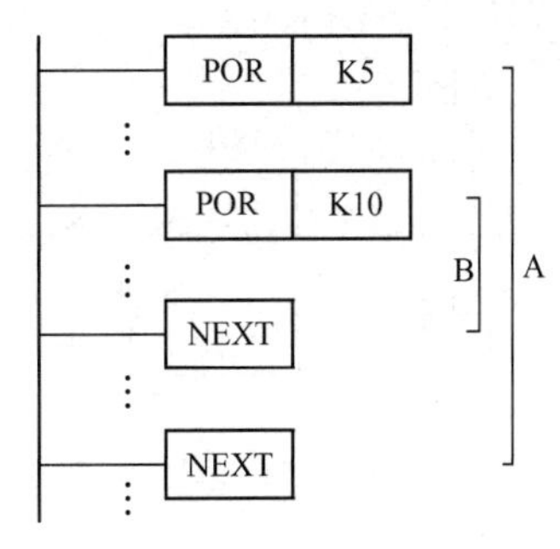

图 5-45　循环程序示例

5.6.5　比较指令与传送指令

1. 比较指令

比较指令包括 CMP（比较）和 ZCP（区间比较），比较结果用目标元件的状态来表示。待比较的源操作数 $[S_1]$、$[S_2]$ 和 $[S_3]$（CMP 只有两个源操作数）可取任意的数据格式，目标操作数 [D] 可取 Y、M 和 S，占用连续的 3 个元件。

1）比较指令 CMP（FNC10）　比较指令（CMP）比较源操作数 $[S_1]$ 和 $[S_2]$，比较的结果送到目标操作数 [D] 中去。在图 5-46 中，比较指令将十进制整数 100 与计数器 C10 的当前值比较，比较结果送到 M0~M2。当 X1 为 OFF 时，不进行比较，M0~M2 的状态保持不变。当 X1 为 ON 时进行比较：如果比较结果为 $[S_1]>[S_2]$，M0 处于 ON 状态；若 $[S_1]=[S_2]$，M1 处于 ON 状态；若 $[S_1]<[S_2]$，M2 处于 ON 状态。指定的元件种类或元件号超出允许范围时将会出错。

2）区间比较指令 ZCP（FNC11）　在图 5-47 中，当 X2 为 ON 时，执行 ZCP 指令，将 T3 的当前值与整数 100 和 150 相比较，比较结果送到 M3~M5。注意，源数据 $[S_1]$ 不能大于 $[S_2]$。

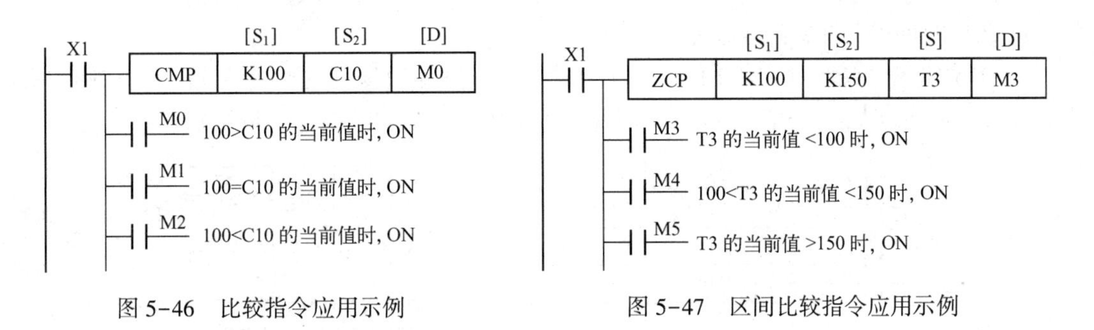

图 5-46　比较指令应用示例　　　图 5-47　区间比较指令应用示例

3）触点型比较指令　触点型比较指令相当于一个触点，执行时比较源操作数 $[S_1]$ 和 $[S_2]$，满足比较条件则触点闭合，源操作数可取所有的数据类型。以 LD 开始的触点型比较指令接在左侧母线上，以 AND 开始的触点型比较指令与其他触点或电路串联，以 OR 开始的触点型比较指令与其他触点或电路并联。触点型比较指令的助记符和含义见表 5-16。在图 5-48 中：当 C10 的当前值等于 20 时，Y10 被驱动；当 D200 的值大于-30 且 X0 为 ON 时，Y11 被 SET 指令置位。在图 5-49 中，当 M27 为 ON 或 C20 的值等于 146

时，Y10 的线圈通电。

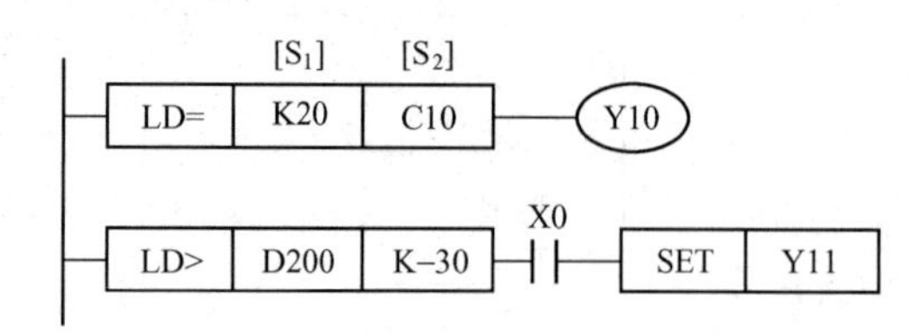

图 5-48　LD 触点型比较指令应用示例

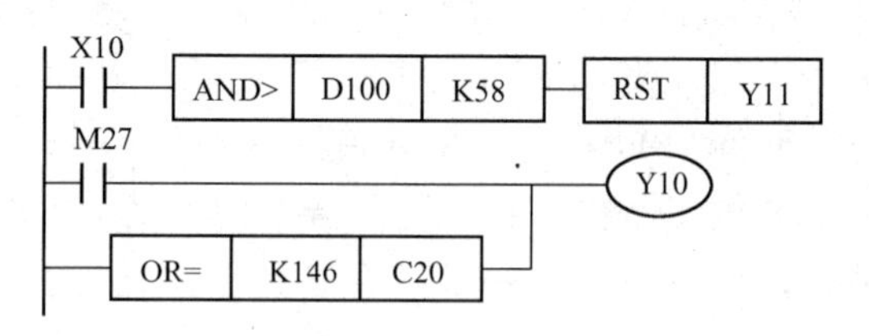

图 5-49　触点型比较指令应用示例

表 5-16　触点型比较指令的助记符和含义

功能号	助 记 符	命 令 名 称	功能号	助 记 符	命 令 名 称
224	LD=	当[S_1]=[S_2]时，运算开始的触点接通	236	AND<>	当[S_1]≠[S_2]时，串联触点接通
225	LD>	当[S_1]>[S_2]时，运算开始的触点接通	237	AND<=	当[S_1]≤[S_2]时，串联触点接通
226	LD<	当[S_1]<[S_2]时，运算开始的触点接通	238	AND>=	当[S_1]≥[S_2]时，串联触点接通
228	LD<>	当[S_1]≠[S_2]时，运算开始的触点接通	240	OR=	当[S_1]=[S_2]时，并联触点接通
229	LD<=	当[S_1]≤[S_2]时，运算开始的触点接通	241	OR>	当[S_1]>[S_2]时，并联触点接通
230	LD>=	当[S_1]≥[S_2]时，运算开始的触点接通	242	OR<	当[S_1]<[S_2]时，并联触点接通
232	AND=	当[S_1]=[S_2]时，串联触点接通	244	OR<>	当[S_1]≠[S_2]时，并联触点接通
233	AND>	当[S_1]>[S_2]时，串联触点接通	245	OR<=	当[S_1]≤[S_2]时，并联触点接通
234	AND<	当[S_1]<[S_2]时，串联触点接通	246	OR>=	当[S_1]≥[S_2]时，并联触点接通

2. 传送指令（FNC12~FNC16）

传送指令包括传送指令（MOV）、移位传送指令（SMOV）、取反传送指令（CML）、块传送指令（BMOV）和多点传送指令（FMOV）。

1）传送指令 MOV（FNC12）　传送指令 MOV 将源数据传送到指定目标。在图 5-50 中，当 X1 为 ON 时，十进制整数 100 被传送到 D10，并自动转换为二进制数。

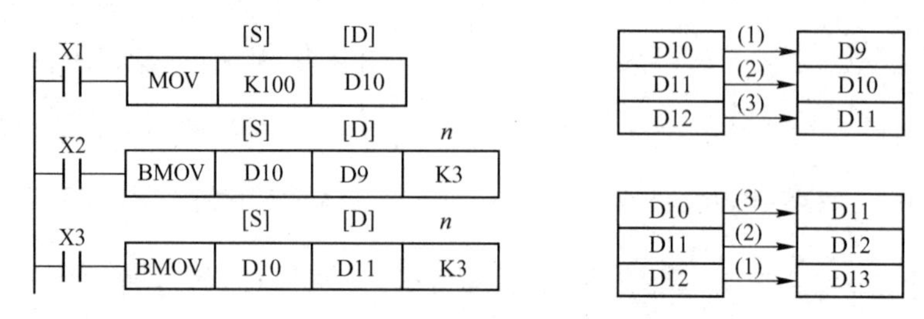

图 5-50　传送指令与块传送应用示例

2）移位传送指令 SMOV（FNC13）　移位传送指令 SMOV 将 4 位十进制源操作数中指定位数的数据，传送到 4 位十进制目标操作数中指定的位置。

3）取反传送指令 CML（FNC14）　取反传送指令 CML 将源操作数中的数据逐位取反

（1→0，0→1），并传送到指定目标操作数中。

4）块传送指令 BMOV（FNC15）　块传送指令 BMOV 的源操作数可取 K*n*X、K*n*Y、K*n*M、K*n*S、T、C、D、V、Z 和文件寄存器，目标操作数可取 K*n*Y、K*n*M、K*n*S、T、C、D、V、Z 和文件寄存器。该指令将从指定的元件开始的 *n* 个源数据组成的数据块传送到指定的目标元件中。如果元件号超出允许的范围，数据仅传送到允许的范围内。

传送顺序是自动决定的，以防止源数据块与目标数据块重叠时，源数据在传送过程中被改写。如果源元件与目标元件的类型相同，传送顺序见图 5-50。

5）多点传送指令 FMOV（FNC16）　多点传送指令 FMOV 将单个元件中的数据传送到指定目标地址开始的 *n* 个元件中，传送后 *n* 个元件中的数据完全相同。多点传送指令的源操作数可取所有的数据类型，目标操作数可取 K*n*Y、K*n*M、K*n*S、T、C、D、V 和 Z，*n* 为常数，$n \leqslant 512$。

在图 5-51 中，当 X2 为 ON 时，将整数 0 送到 D5~D14 这 10 个（$n=10$）数据寄存器中。

3. 数据交换指令 XCH（FNC17）

执行数据交换指令 XCH 时，数据在指定的目标元件之间交换。数据交换指令一般采用脉冲执行方式，如图 5-51 所示，否则在每一个扫描周期都要交换一次。

4. 数据变换指令

数据变换指令包括 BCD（二进制数转换成 BCD 码并传送）和 BIN（BCD 码转换成二进制数并传送）指令。它们的源操作数可取 K*n*X、K*n*Y、K*n*M、K*n*S、T、C、D、V 和 Z，目标操作数可取 K*n*Y、K*n*M、K*n*S、T、C、D、V 和 Z，如图 5-52 所示。

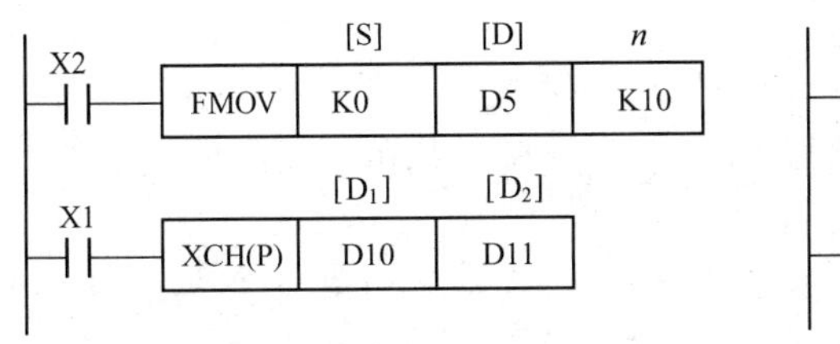

图 5-51　多点数据传送与数据交换示例

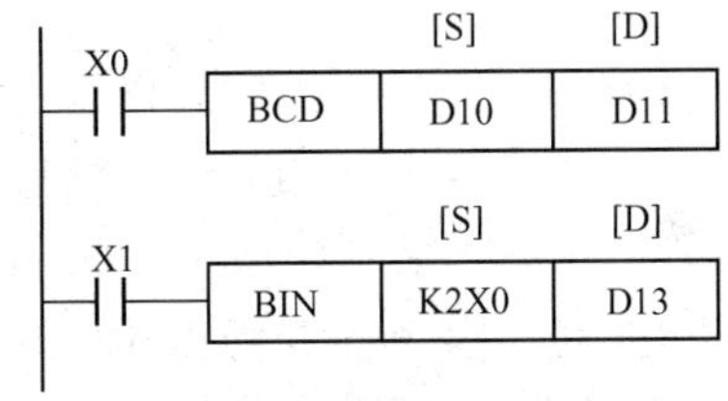

图 5-52　BCD 变换与 BIN 变换示例

1）BCD 指令（FNC18）　BCD 指令将源元件中的二进制数转换为 BCD 码并送到目标元件中。如果执行的结果超过 0~9999，或者双字的执行结果超过 0 ~99999999，将会出错。

PLC 内部的算术运算用二进制数进行，可以用 BCD 指令将二进制数转换为 BCD 码后输出到 7 段显示器。当 M8032 为 ON 时，双字将被转换为科学记数法格式。

2）BIN 指令（FNC19）　BIN 变换指令将源元件中的 BCD 码转换为二进制数后送到目标元件中。可以用 BIN 指令将 BCD 数字拨码开关提供的设定值输入到 PLC，如果源元件中的数据不是 BCD 数，将会出错。当 M8032 为 ON 时，将科学记数法格式的数转换为浮点数。

5.6.6　算术运算指令与字逻辑运算指令

1. 算术运算指令

算术运算指令包括 ADD、SUB、MUL、DIV（二进制加、减、乘、除）指令，源操作数可取所有的数据类型，目标操作数可取 K*n*Y、K*n*M、K*n*S、T、C、D、V 和 Z，32 位乘除指令中 V 和 Z 不能用作目标操作数。

每个数据的最高位为符号位（0 为正，1 为负），所有的运算均为代数运算。在 32 位运算中被指定的字编程元件中存放的是低位字，下一个字编程元件中存放的是高位字。为了避免错误，建议指定操作元件时采用偶数元件号。如果目标元件与源元件相同，为避免每个扫描周期都执行一次指令，应采用脉冲执行方式。

如果运算结果为 0，零标志 M8020 置 1；运算结果超过 32 767（16 位运算）或 2 147 483 647（32 位运算），进位标志 M8022 置 1；运算结果小于-32 768（16 位运算）或-2 147 483 648（32 位运算），借位标志 M8021 置 1。

如果目标操作数（如 K*n*M）的位数小于运算结果的位数，将只保存运算结果的低位。例如，运算结果为二进制数 11001（十进制数 25），指定的目标操作数为 K1Y4（由 Y4～Y7 组成的 4 位二进制数），实际上只能保存低位的二进制数 1001（十进制数 9）。令 M8023 为 ON，可用算术运算指令做 32 位浮点数运算。

2. 加 1 指令 INC（FNC24）和减 1 指令 DEC（FNC25）

加 1 指令（INC）和减 1 指令（DEC）的操作数均可取 K*n*Y、K*n*M、K*n*S、T、C、D、V 和 Z。它们不影响零标志、借位标志和进位标志。

在 16 位运算中，+32 767 再加 1 就变成-32 768。在 32 位运算中，+2 147 483 647 再加 1 就会变为-2 147 483 648。减 1 指令也采用类似的处理方法。如果不用脉冲指令，每一个扫描周期都要加 1。

3. 字逻辑运算指令（FNC26～FNC29）

字逻辑运算指令包括字逻辑与指令（WAND）、字逻辑或指令（WOR）、字逻辑异或指令（WXOR）和求补指令（NEG），它们的［S_1］和［S_2］均可取所有的数据类型，目标操作数可取 K*n*Y、K*n*M、K*n*S、T、C、D、V 和 Z。

这些指令以位（bit）为单位做相应的运算，见表 5-17。XOR 指令与求反指令（CML）组合使用可以实现“异或非”运算，如图 5-53 所示。

表 5-17　逻辑运算关系表

与			或			异　或		
M = A · B			M = A + B			M = A⊕B		
A	B	M	A	B	M	A	B	M
0	0	0	0	0	0	0	0	0
0	1	0	0	1	1	0	1	1
1	0	0	1	0	1	1	0	1
1	1	1	1	1	1	1	1	0

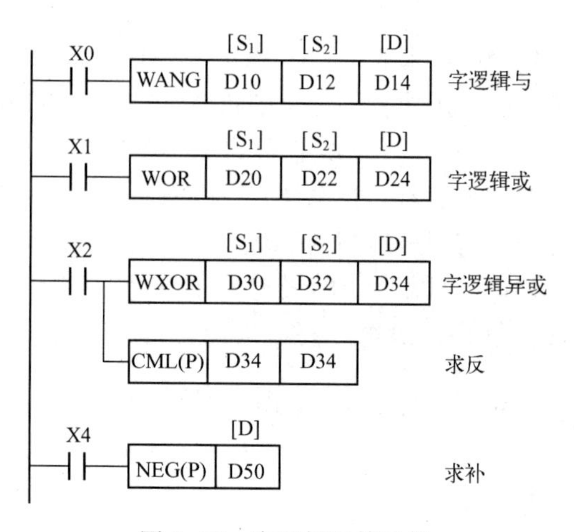

图 5-53　字逻辑运算示例

求补指令（NEG）只有目标操作数。它将［D］指定的数的每一位取反后再加 1，结果存放在同一元件中，求补指令实际上是绝对值不变的变号操作。

FX 系列 PLC 的负数用 2 的补码的形式来表示（最高位为符号位，正数时该位为 0，负数时该位为 1），将负数求补后即可得到它的绝对值。

5.6.7　移位指令

1）右循环移位指令、左循环移位指令　右循环移位指令、左循环移位指令分别为 ROR（FNC30）和 ROL（FNC31）。它们只有目标操作数，可取 KnY、KnM、KnS、T、C、D、V 和 Z。

执行这两条指令时，各位的数据向右（或向左）循环移动 n 位（n 为常数），16 位指令和 32 位指令中 n 应分别小于 16 和 32，每次移出来的那一位同时存入进位标志 M8022 中，如图 5-54 和图 5-55 所示。若在目标元件中指定位元件组的组数，只有 K4（16 位指令）和 K8（32 位指令）有效，如 K4Y10 和 K8M0。

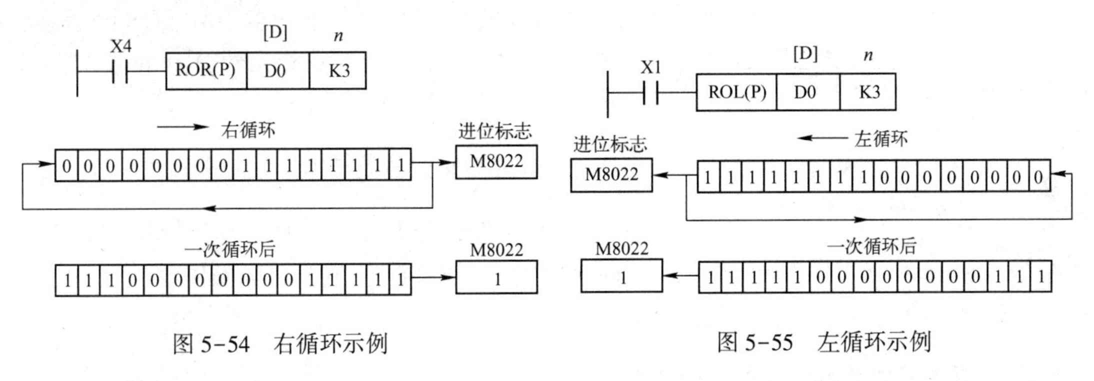

图 5-54　右循环示例　　　图 5-55　左循环示例

2）带进位的循环移位指令　带进位的右、左循环移位指令的指令代码分别为 RCR（FNC32）和 RCL（FNC33）。它们的目标操作数、程序步数和 n 的取值范围与循环移位指令相同。执行这两条指令时，各位的数据与进位位 M8022 一起（16 位指令时一共 17 位）向右（或向左）循环移动 n 位。在循环中移出的位送入进位标志，后者又被送回到目标操作数的另一端。

3）位右移指令和位左移指令　位右移指令 SFTR（FNC34）与位左移指令 SFTL（FNC35）使位元件中的状态成组地向右或向左移动，由 n_1 指定位元件的长度，n_2 指定移动的位数，整数 $n_2 \leq n_1 \leq 11024$。

4）字右移指令和字左移指令　字右移指令 WSFR（FNC36）、字左移指令 WSFL（FNC37）将 n_1 个字成组地右移或左移 n_2 个字（$n_2 \leq n_1 \leq 512$）。

5）移位寄存器写入与读出指令　移位寄存器又称 FIFO（先入先出）堆栈，堆栈的长度范围为 2~512 个字。移位寄存器写入指令（SFWR）和移位寄存器读出指令（SFRD）用于 FIFO 堆栈的读写，先写入的数据先读出。

5.6.8　数据处理指令

1. 区间复位指令 ZRST（FNC40）

区间复位指令 ZRST 将［D_1］、［D_2］指定的元件号范围内的同类元件成批复位，目标操作数可取 T、C 和 D（字元件）或 Y、M、S（位元件）。

［D_1］和［D_2］指定的应为同一类元件，［D_1］的元件号应小于［D_2］的元件号。如果［D_1］的元件号大于［D_2］的元件号，则只有［D_1］指定的元件被复位。

虽然 ZRST 指令是 16 位处理指令，［D_1］、［D_2］也可以指定 32 位计数器。

2. 编码指令与解码指令

设图 5-56 中解码指令 DECO（FNC41）的源操作数 X2~X0 组成的二进制数为 n，该指令将从 M10 开始的目标操作数 M10~M17（共 8 位，$2n=8$）中的第 n 位置 1，其余各位置 0，相当于数字电路中译码电路的功能。利用解码指令，可以用数据寄存器中的值来控制位元件的 ON/OFF 状态。$n=1\sim4$，X0 是源操作数的首位。

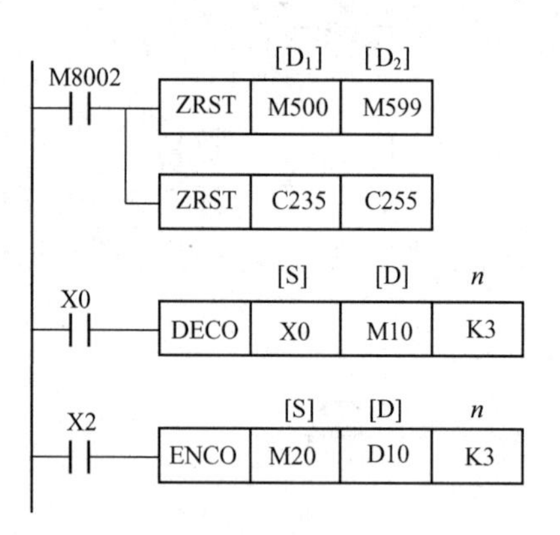

图 5-56 区间复位与解码指令、编码指令应用示例

图 5-56 中的编码指令 ENCO（FNC42）将源操作数 M20~M27（共 8 位，$2n=8$）中为 ON 的最高位的位数（二进制）存放在目标元件 D10 的低 3 位中，$n=1\sim4$。

3. 求置 ON 位总数与 ON 位判别指令

位元件的值为 1 时称为 ON，求置 ON 位总数指令 SUM（FNC43）统计源操作数中位为 ON 的数目。若为 ON，则位目标操作数变为 ON，目标元件是源操作数中指定位的状态的镜像。

4. 信号报警器置位指令与复位指令

如图 5-57 所示，在使用应用指令 ANS（信号报警器置位）和 ANR（信号报警器复位）时，状态标志 S900~S999 可用作外部故障诊断的输出。

5. 其他应用指令

1）平均值指令 MEAN（FNC45） 平均值指令 MEAN 用来求 1~64 个源操作数的代数和被 n 除的商（余数略去），如图 5-58 所示。

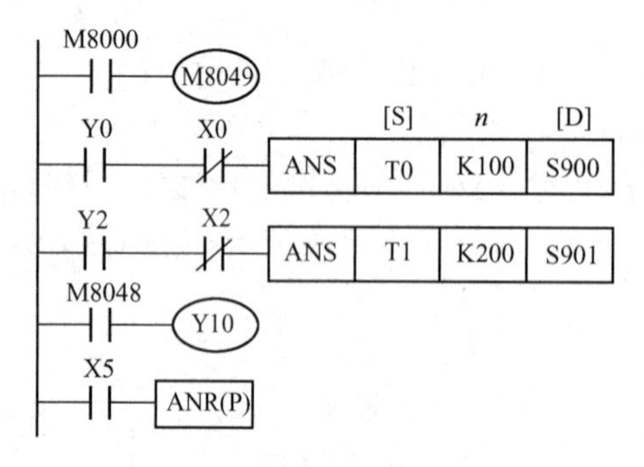

图 5-57 信号报警器置位与复位命令应用示例

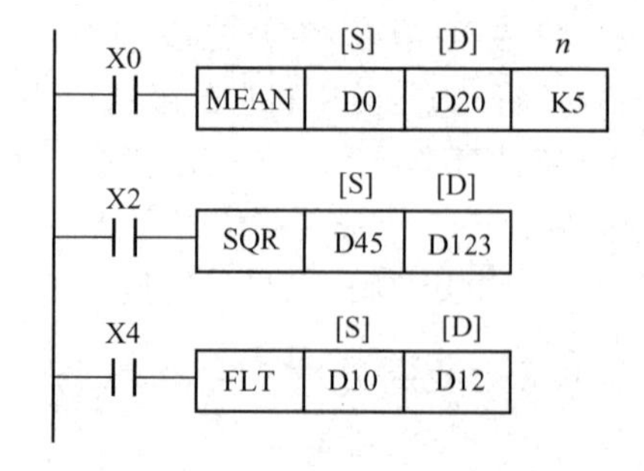

图 5-58 其他应用指令应用示例

2）二进制平方根指令 SQR（FNC48） 平方根指令 SQR 的源操作数［S］应大于零，可取 K、H、D，目标操作数为 D。当图 5-58 中的 X2 为 ON 时，将存放在 D45 中的数开平

方，结果存放在 D123 内。计算结果舍去小数，只取整数。当 M8023 为 ON 时，将对 32 位浮点数开方，结果为浮点数。当源操作数为整数时，将自动转换为浮点数。如果源操作数为负数，运算错误标志 M8067U 将会 ON。

3）浮点数转换指令 FLT（FNC49）　浮点数转换指令 FLT 的源操作数和目标操作数均为 D。在图 5-58 中，当 X4 为 ON 且 M8023（浮点数标志）为 OFF 时，FLT 指令将存放在源操作数 D10 中的数据转换为浮点数，并将结果存放在目标操作数 D13 和 D12 中。当 M8023 为 ON 时，将把浮点数转换为整数。用于存放浮点数的目标操作数应为双整数，源操作数可以是整数或双整数。

4）高低字节交换指令 SWAP（FNC147）　一个 16 位的字由两个 8 位的字节组成。进行 16 位运算时，高低字节交换指令 SWAP 交换源操作数的高字节和低字节。进行 32 位运算时，如指定的源操作数为 D20，先交换 D20 的高低字节，再交换 D21 的高低字节。

5.6.9　处理指令

1）I/O 刷新指令 REF　REF 指令的目标操作数［D］用来指定目标元件的首位，应取元件号最低位为 0 的 X 和 Y 元件，如 X0、X10、Y20 等，n 应为 8 的整数倍。

FX 系列 PLC 使用 I/O 批处理的方法，即输入信号是在程序处理前成批读入输入映像寄存器的，而输出数据是在执行 END 指令后由输出映像寄存器通过输出锁存器送到输出端子的。REF 指令用于在某段程序处理时读入最新输入状态信息，或将操作结果立即输出。

在图 5-59 中，当 X0 为 ON 时，X10~X17 这 8 点输入（n=8）被立即刷新。当 X1 为 ON 时，Y0~Y27 共 24 点输出被刷新。I/O 元件被刷新时，有很短的延迟，输入的延迟与输入滤波器设置有关。

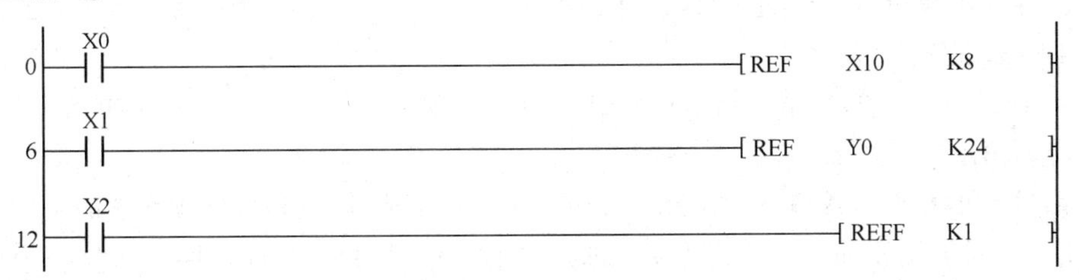

图 5-59　I/O 刷新指令

2）刷新和滤波时间常数调整指令 REFF（FNC51）　REFF 指令用来刷新 FX_{1S} 和 FX_{1N} 系列的 X0~X7 或 FX_{2N} 系列的 X0~X17 输入映像寄存器，它们的滤波时间常数被设定为 1ms（n=1）。

为了防止输入噪声的影响，输入端有 RC 滤波器，滤波时间常数约为 10ms，无触点的电子固态开关没有抖动噪声，可以高速输入。对于这一类输入信号，PLC 输入端的 RC 滤波器影响了高速输入的速度。FX 系列 PLC 的 X0~X17 输入端采用数字滤波器，滤波时间可用 REFF 指令加以调整，调节范围为 0~60ms，这些输入端也有 RC 滤波器，其滤波时间常数不小于 50μs。

3）矩阵输入指令 MTR（FNC52）　MTR 指令用连续的 8 点输入与连续的 n 点晶体管输出组成 n 行 8 列的输入矩阵，用来输入 n×8 开关量信号。指令处理时间为 n×20ms。如果用高速输入 X0~X17 作为输入点，则读入时间减半。

4）高速计数器指令　高速计数器（C235~C255）用来对外部输入的脉冲计数，高速计数器比较置位指令 HSCS 和高速计数器比较复位指令 HSCR 均为 32 位运算。源操作数［S_1］

可取所有的数据类型，［S_2］为 C235~C255，目标操作数可取 Y、M 和 S。建议用 M8000 的常开触点来驱动高速计数器指令。

5）速度检测指令 SPD（FNC56） SPD 指令用来检测在给定时间内从编码器输入的脉冲个数，并计算出具体速度。

6）脉冲输出指令 PLSY（FNC57） PLSY 指令的源操作数［S_1］和［S_2］可取所有的数据类型，［D］可取 Y1 和 Y2，该指令只能使用一次。

PLSY 指令用于产生指定数量和频率的脉冲。［S_1］指定脉冲频率（2~20 000Hz），［S_2］指定脉冲数，16 位指令的脉冲数范围为 1~32 767，32 位指令的脉冲数范围为 1~2 147 483 647。若指定脉冲数为 0，则持续产生脉冲。［D］用来指定脉冲输出元件（只能用晶体管输出型 PLC 的 Y0 或 Y1）。脉冲的占空比为 50%，以中断方式输出。指定脉冲数输出完成后，指令执行完成标志 M8029 置 1。在图 5-60 中，当 X10 由 ON 变为 OFF 时，M8029 复位，脉冲输出停止。当 X10 再次变为 ON 时，脉冲重新开始输出。在发出脉冲串期间 X10 若变为 OFF，Y0 也变为 OFF。

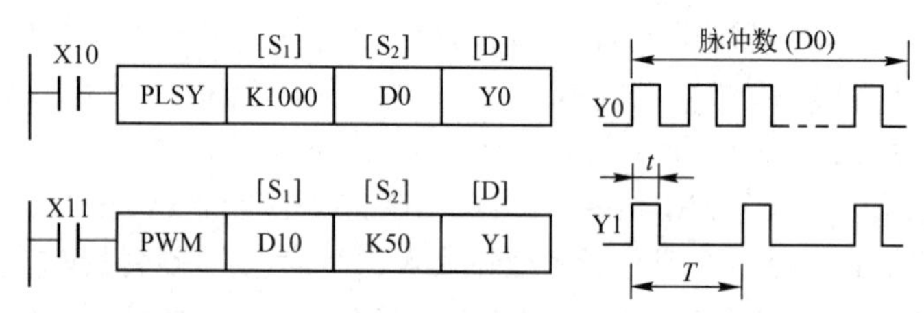

图 5-60 脉冲输出与脉宽调制指令应用示例

FX_{1S}和 FX_{1N}系列 PLC 的输出频率可达 100kHz，FX_{2N}和 FX_{2NC}系列 PLC 为 20kHz。Y0 或 Y1 输出的脉冲个数可分别通过 D8140、D8141 或 D8142、D8143 监视，脉冲输出的总数可用 D8136、D8137 监视。

［S_1］和［S_2］中的数据在指令执行过程中可以改变。但［S_2］中数据的改变在指令执行完前不起作用。

7）脉宽调制指令 PWM（FNC58） PWM 指令的源操作数和目标操作数的类型与 PLSY 指令的相同，只能用于晶体管输出型 PLC 的 Y0 和 Y1，该指令只能使用一次。

PWM 指令用于产生指定脉冲宽度和周期的脉冲串。［S_1］应小于［S_2］，［D］用来指定输出脉冲的元件号（Y0 或 Y1），输出的 ON/OFF 状态用中断方式控制。

在图 5-60 中，当 D10 的值从 0 到 50 变化时，Y0 输出的脉冲的占空比从 0 到 1 变化。当 X11 变为 OFF 时，Y1 也为 OFF。

8）带加/减速功能的脉冲输出指令 PLSR（FNC59） PLSR 指令的源操作数和目标操作数的类型与 PLSY 指令的相同，只能用于晶体管输出型 PLC 的 Y0 或 Y1，该指令只能使用一次。

用户需要指定最高频率、总的输出脉冲、加/减速时间和脉冲的输出元件号（Y0 或 Y1），加/减速的变速次数固定为 10 次。

5.6.10 方便指令

1. 状态初始化指令 IST（FNC60）

IST 指令与步进梯形指令 STL 一起使用，用于自动设置多种工作方式的系统的顺序控制编程。

2. 数据搜索指令 SER（FNC61）

SER 指令用于在数据表中查找指定的数据，可提供搜索到的符合条件的值的个数、搜索到的第一个数据在表中的序号、搜索到的最后一个数据在表中的序号，以及表中最大的数或最小的数的序号。

3. 凸轮顺控指令

1）绝对值式凸轮顺控指令 ABSD（FNC62） 装在机械转轴上的编码器给 PLC 的计数器提供角度位置脉冲，ABSD 指令可产生一组对应于计数值变化的输出波形，用来控制最多 64 个输出变量（Y、M 和 S）的 ON/OFF。

2）增量式凸轮顺控指令 INCD（FNC63） INCD 指令根据计数器对位置脉冲的计数，实现对最多 64 个输出变量（Y、M 和 S）的循环顺序控制，使它们依次为 ON，同时只有一个输出变量为 ON。

4. 定时器指令

1）示教定时器指令 TTMR（FNC64） TTMR 指令的目标操作数［D］为 D，$n=0\sim2$。使用该指令可以用一个按钮调整定时器的设定时间。

图 5-61 中的示教定时器将按钮 X10 按下的时间乘以系数 10^n 后作为定时器的预置值，按钮按下的时间（单位 ms）由 D301 记录，该时间（s）乘以 10^n 后存入 D300。设按钮按下的时间为 t，存入 D300 的值为 $10^n\times t$，即 $n=0$ 时存入 t，$n=1$ 时存入 $10t$，$n=2$ 时存入 $100t$。当 X10 为 OFF 时，D30 复位，D300 保持不变。

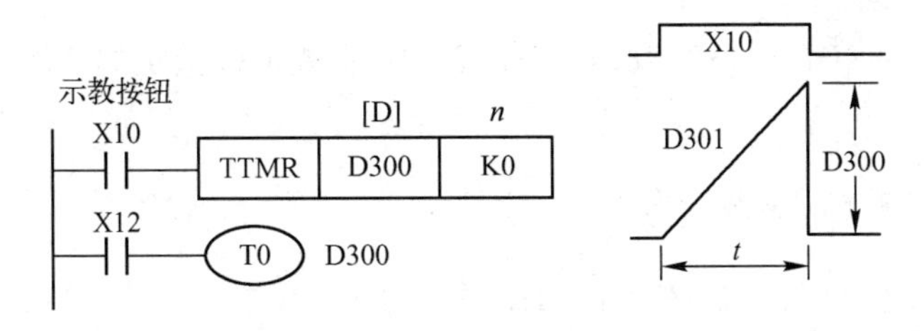

图 5-61　示教定时器指令应用示例

2）特殊定时器指令 STMR（FNC65） STMR 指令的源操作数［S］为 T0～T199（100ms 定时器），目标操作数［D］可取 Y、S、M（1～32767），只有 16 位运算。

STMR 指令用来产生延时断开定时器、单脉冲定时器和闪动定时器。M 用来指定定时器的设定值，如图 5-62 中 T12 的设定值为 5s（$m=50$），图中的 M0 是延时断开定时器，M1 是 X2 由 ON→OFF 的单脉冲定时器，M2 和 M3 是为闪动而设的。

在图 5-63 中，M3 的常闭触点接到 STMR 指令的输入电路中，使 M1 和 M2 产生闪动输出。当 X2 为 OFF 时，M0、M1 和 M2 在设定的时间后变为 OFF，T12 同时被复位。

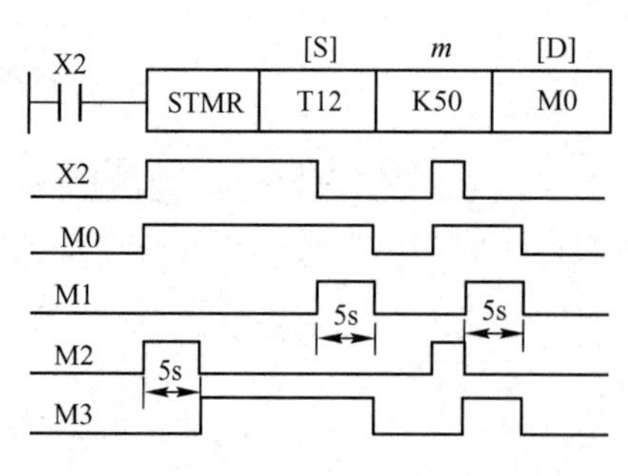

图 5-62　特殊定时器指令应用示例

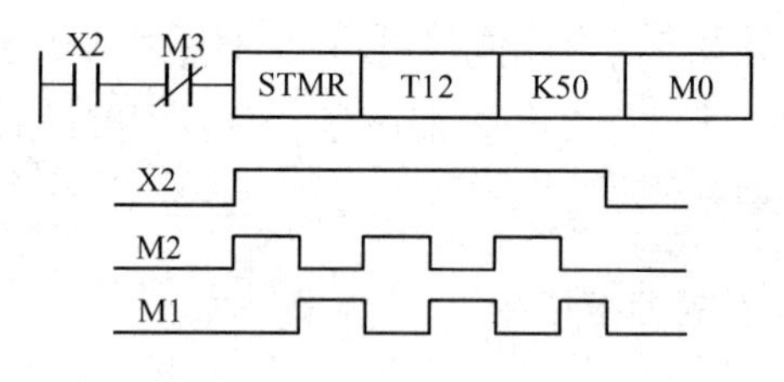

图 5-63　闪动定时器示例

5. 其他方便指令

1）交替输出指令 ALT（FNC66）　ALT 指令的目标操作数［D］可取 Y、M、S。在图 5-64 中，每当 X0 由 OFF 变为 ON 时，Y0 的状态改变一次，若不用脉冲执行方式，每个扫描周期 Y0 的状态都要改变一次。ALT 指令具有分频器的效果，使用 ALT 指令，用一个按钮 X0 就可以控制 Y0 对应的外部负载的启动和停止。

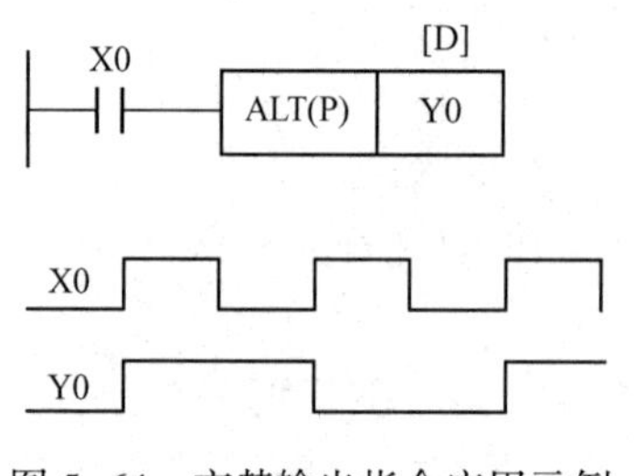

图 5-64　交替输出指令应用示例

2）斜坡信号输出指令 RAMP（FNC67）　RAMP 指令与模拟量输出结合，可实现软启动和软停止。设置好斜坡输出信号的初始值和最终值后，执行该指令时输出数据由初始值逐渐变为最终值，变化过程所需的时间由扫描周期的个数来设置。

3）旋转工作台控制指令 ROTC（FNC68）　ROTC 指令使工作台上被指定的工件以最短的路径转到出口位置。

4）数据排序指令 SORT（FNC69）　SORT 指令将数据按指定的要求以从小到大的顺序重新排列。

5.6.11　外部 I/O 设备指令

1）10 键输入指令 TKY（FNC70）　TKY 指令的源操作数可取 X、Y、M 和 S，目标操作数［D_1］可取 KnY、KnM、KnS、T、C、D、V 和 Z，［D_2］可取 Y、M 和 S，该指令只能使用一次。

在图 5-65 中，用 X0 作为首元件，10 个键接在 X0～X11 上。以①、②、③、④的顺序按数字键 X2、X1、X3 和 X0，则［D_1］中存入数据 2130。若送入的数大于 9999，则高位数溢出并丢失，数据以二进制形式存于 D0。

使用 32 位指令（D）TKY 时，D1 和 D2 组合使用，若输入的数据大于 99 999 999，则高位数据溢出。

在图 5-65 中，因为指定［D_2］为 M10，按下 X2 后，M12 置 1 至另一键被按下，其他键也一样，M10～M19 的动作对应用于 X0～X11。按下任意一个键，键信号标志 M20 置 1，直到该键被释放。当两个或更多的键被按下时，最先被按下的键有效。当 X30 变为 OFF 时，D0 中的数据保持不变，但 M10～M20 全部变为 OFF。

2）16 位键输入指令 HKY（FNC71）　HKY 指令用矩阵方式排列的 16 个键来输入 BCD

数字和 6 个功能键的状态，占用 PLC 的 4 个输入点和 4 个输出点。扫描全部 16 个键需要 8 个扫描周期。

3）数字开关指令 DSW（FNC72） DSW 指令用于读入一组或两组 4 位 BCD 码数字拨码开关的设置值，占用 PLC 的 4 个或 8 个输入点和 4 个输出点。

4）7 段译码指令 SEGD（FNC73） SEGD 指令将源操作数指定的元件的低 4 位中的十六进制数（0~F）译码后送给 7 段显示器显示，译码信号存放在目标操作数指定的元件中，输出时要占用 7 个输出点。

5）带锁存的 7 段显示指令 SEGL（FNC74） SEGL 指令用 12 个扫描周期显示一组或两组 4 位数据，占用 8 个或 12 个晶体管输出点。

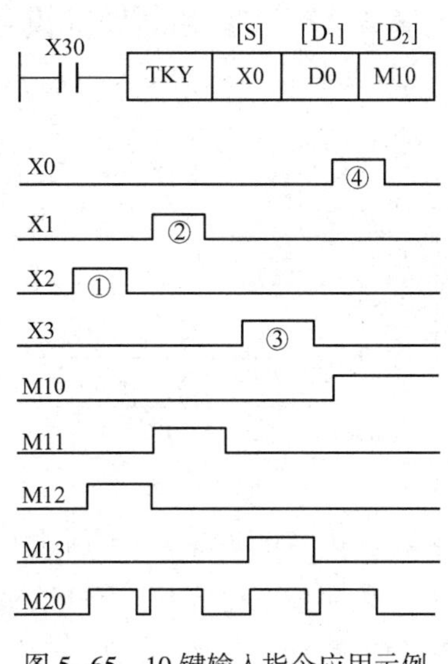

图 5-65　10 键输入指令应用示例

6）方向开关指令 ARWS（FNC75） ARWS 指令用方向开关（4 个按钮）来输入 4 位 BCD 数据，输入的数据用带锁存功能的 7 段显示器显示。输入数据时，用左移、右移开关来移动要修改或显示的位，用加/减开关增/减该位数据。该指令占用 4 个输入点和 8 个输出点。

5.6.12　ASCII 码处理指令

1）ASCII 码转换指令 ASC（FNC76） ASC 指令将最多 8 个字符转换为 ASCII 码，并存放在指定的元件中。

2）ASCII 码打印指令 PR（FNC77） PR 指令用于 ASCII 码的打印输出。将 PR 指令和 ASC 指令配合使用，可以用外部显示单元显示出错信息等。

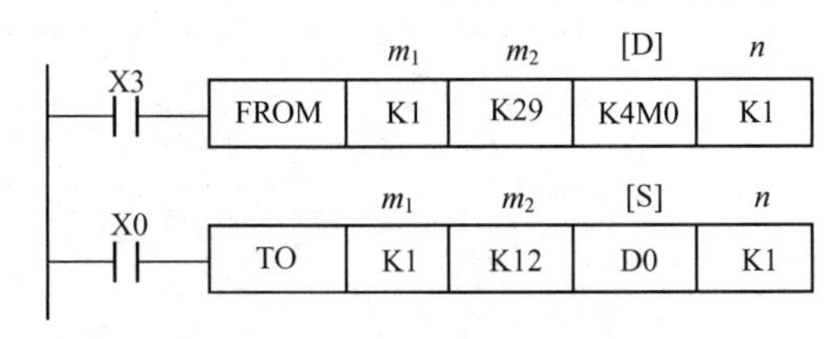

图 5-66　读/写特殊功能模块指令应用示例

3）读特殊功能模块指令 FROM（FNC78） FROM 指令的目标操作数为 KnY、KnM、KnS、T、C、D、V 和 Z。在图 5-66 中，当 X3 为 ON 时，会将编号为 m_1（0~7）的特殊功能模块内的从编号为 m_2（0~32 767）开始的 n 个缓冲寄存器的数据读入 PLC，并存入从［D］开始的 n 个数据寄存器中。

接在 FX 系列 PLC 基本单元右侧扩展总线上的功能模块，从最靠近基本单元的那个开始，其编号依次为 0~7。n 是待传送数据的字数，n=1~16（16 位操作）或 1~32（32 位操作）。

4）写特殊功能模块指令 TO（FNC79） TO 指令的源操作数可取所有的数据类型，m_1、m_2、n 的取值范围与 FROM 指令的相同。

在图 5-66 中，当 X0 为 ON 时，会将 PLC 基本单元中从［S］指定的元件开始的 n 个字的数据写到编号为 m_1 的特殊功能模块中的从编号 m_2 开始的 n 个缓冲寄存器中。

当 M8028 为 ON 时，在 FROM 和 TO 指令执行过程中，禁止中断；在此期间发生的中断在 FROM 和 TO 指令执行完成后执行。当 M8028 为 OFF 时，在 FROM 和 TO 指令执行过程中，不禁止中断。

5.6.13 FX系列外部设备指令

FX系列外部设备指令（FNC80~89）包括与串行通信有关的指令、模拟量功能扩展板处理指令和PID运算指令。

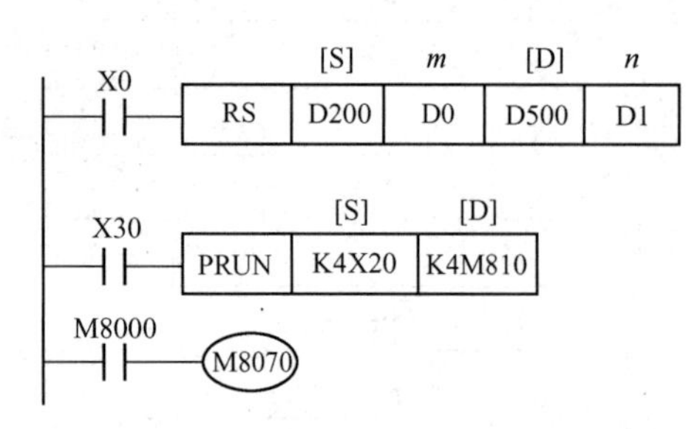

图5-67 串行通信指令与并联运行指令

1）串行通信指令RS（FNC80） 如图5-67所示，RS指令的源操作数和目标操作数为D、*m*和*n*（1~255，FX_{2N}系列PLC为1~4096）可使用K和D。该指令是通信用的功能扩展板发送和接收串行数据的指令。[S] 和*m*用来指定发送数据缓冲区的首地址和数据寄存器的个数，[D] 和*n*用来指定接收数据缓冲区的首地址和数据寄存器的个数。数据的传送格式（如数据位数、奇偶校验位、停止位、波特率、是否有调制解调等）可以用初始化脉冲和MOV指令写入串行通信用的特殊数据寄存器D8120。

2）并联运行指令PRUN（FNC81） PRUN指令的源操作数可取K*n*X、K*n*M，目标操作数可取K*n*Y、K*n*M，*n*=1~8，指定元件号的最低位为0。

PRUN指令用于控制并行链接适配器FX2-40AW/AP，它将源数据传送到位发送区，并行链接通信用特殊M标志控制。当两台FX PLC已经“链接”，并且分别设置了主站标志（M8070 ON）和从站标志（M8071 ON）时，并行链接通信将自动进行，从站不需要为通信使用PRUN指令。主站和从站中应分别用M8000的常开触点驱动M8070和M8071的线圈，该指令只能链接两台相同型号的FX系列PLC。一旦设置了站标志，它们只能在PLC进入停止模式或上电时被清除。

在通信期间，主PLC和从PLC之间将自动交换表5-18中的数据。

表5-18 并行链接通信交换数据

主站（M8070 ON）	通信方向	从站（M8071 ON）
M800~899（100点）	→	M800~899（100点）
M900~999（100点）	←	M900~999（100点）
D490~499（10个字）	→	D490~499（10个字）
D500~509（10个字）	←	D500~509（10个字）

PRUN指令将数据送入位发送区或从位接收区读出。传送时，元件的地址为八进制数，这意味着用PRUN指令将16个输入点K4X20（X20~X27和X30~X37）送给发送缓冲区中的K3M810（M810~M817和M820~M827）时，数据不会写入M818和M819，因为它们不属于八进制计数系统。

3）HEX→ASCII转换指令ASCI（FNC82） ASCI指令将十六进制数（HEX）转换为ASCII码。当M8161为OFF时，为16位模式，每4个十六进制数占一个数据寄存器，转换后每两个ASCII码占一个数据寄存器，转换的字符个数由*n*指定，*n*=1~256。当M8161为ON时，为8位模式，转换后的每一个ASCII码传送给目标操作数的低8位，其高位为0。

4）ASCII→HEX转换指令HEX（FNC83） 当M8161为OFF时为16位模式，HEX指

令将最多 256 个 ASCII 码转换为 4 位十六进制数，每两个 ASCII 码占一个数据寄存器，每 4 个 ASCII 码转换后的十六进制数占一个数据寄存器。当 M8161 为 ON 时为 8 位模式，只转换源操作数低字节中的 ASCII 码。

5）校验码指令 CCD（FNC84） CCD 指令与 RS 指令配合使用，它将［S］指定的字节堆栈中最多 256 字节的 8 位二进制数据分别求和与异或（又称为垂直奇偶校验），将累加和存入目标操作数 D、异或值存入 D+1 中。通信时，可将求和与异或的结果随同数据发送出去，对方收到后对接收到的数据也做同样的求和与异或运算，并判别接收到的求和与异或的结果是否等于求出的结果，如不等则说明数据传送出错。

6）FX-8AV 模拟量功能扩展板读取指令 VRRD（FNC85） VRRD 指令的源操作数［S］为整数 0~7，用来指定模拟量的编号，目标操作数可取 K*n*Y、K*n*M、K*n*S、T、C、D、V 和 Z。

FX_{2N}-8AV-BD 是内置式 8 位 8 路模拟量功能扩展板，板上有 8 个小型电位器，用 VRRD 指令读取的数据（0~255）与电位器的角度成正比。在图 5-68 中，当 X0 为 ON 时，读取 0 号模拟量的值（［S］=0），送到 D0 后作为定时器 T0 的设定值。也可以用乘法指令将读取的数乘以某一系数后作为设定值。

7）FX-8AV 模拟量功能扩展板设定指令 VRSC（FNC86） VRSC 指令的源操作数和目标操作数与 VRRD 指令的操作数一样。

VRSC 指令将电位器读取的数四舍五入，整量化为 0~10 的整数值，存放在［D］中，这时电位器相当于一个有 11 挡的模拟开关。在图 5-69 中，用模拟开关的输出值和 DECO 指令来控制 M0~M10，用户可以根据模拟开关的刻度 0~10 来分别控制 M0~M10 的 ON/OFF。

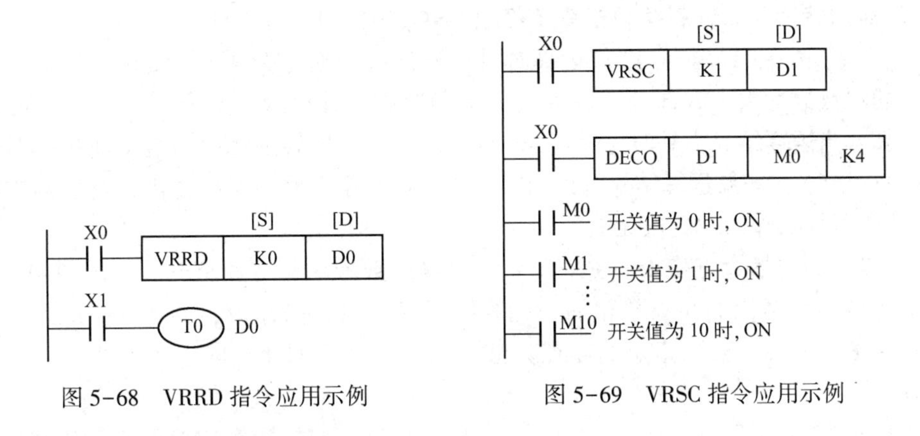

图 5-68　VRRD 指令应用示例　　图 5-69　VRSC 指令应用示例

8）比例-积分-微分运算指令 PID（FNC88） PID 指令用于模拟量闭环控制。PID 运算所需的参数存放在指令指定的数据区内。

5.6.14　浮点数运算指令

1）浮点数比较指令 ECMP（FNC110） ECMP 指令的源操作数［S_1］和［S_2］可取 K、H 和 D，目标操作数可取 Y、M 和 S，占用连续的 3 个元件。ECMP 指令用来比较源操作数［S_1］和［S_2］，比较结果用目标操作数指定的元件 ON/OFF 状态来表示，如图 5-70 所示。整数参与比较时，被自动转换为浮点数。

2）浮点数区间比较指令 EZCP（FNC111） EZCP 指令的源操作数［S_1］、［S_2］和

[S_3] 可取 K、H 和 D，目标操作数可取 Y、M 和 S，占用连续的 3 个元件。[S_1] 应小于 [S_2]。[S_3] 指定的浮点数与作为比较范围的源操作数 [S_1] 和 [S_2] 相比较，比较结果用目标操作数指定的元件 ON/OFF 状态来表示，如图 5-71 所示。参与比较的整数被自动转换为浮点数。

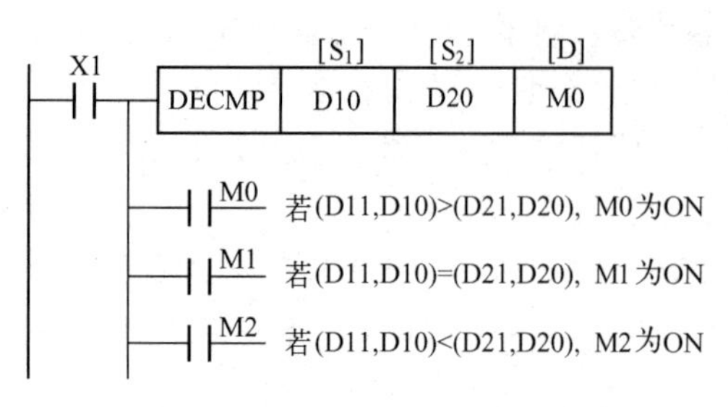

图 5-70 浮点数比较指令应用示例

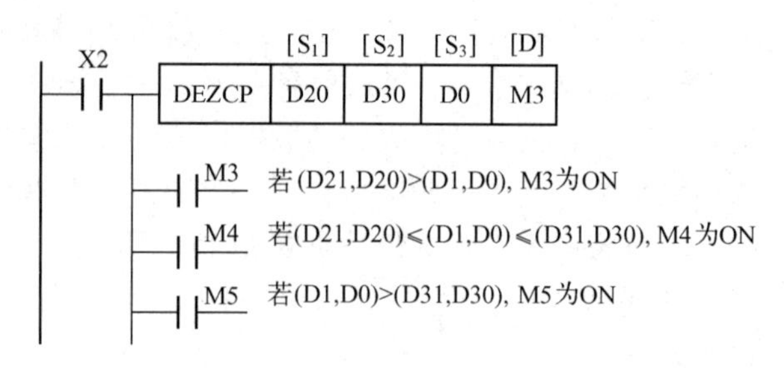

图 5-71 浮点数区间比较指令应用示例

3）浮点数转换为科学记数法格式的数指令 EBCD（FNC118） EBCD 指令的源操作数 [S] 和目标操作数 [D] 均取 D。说明：若在指令之前加字母“D”，表示双字指令（后同）。为了保证转换的精度，尾数在 1000～9999 之间（或等于 0）。例如，假设 [S] = 3.4567×10^{-5}，转换后 D50 = 3456，D51 = -8。

4）科学记数法格式的数转换为浮点数指令 EBIN（FNC119） EBIN 指令的源操作数 [S] 和目标操作数 [D] 均取 D。该指令将源操作数指定的元件内的科学记数法格式的数转换为浮点数，并存入目标元件。为了保证转换的精度，科学记数法格式的数的尾数应在 1000～9999 之间（或等于 0）。

5）浮点数转换为二进制整数指令 INT（FNC129） INT 指令的源操作数 [S] 和目标操作数 [D] 均取 D，16 位或 32 位运算时目标操作数分别为 16 位或 32 位。该指令将源操作数指定的浮点数舍去小数部分后转换为二进制整数，并存入目标元件。该指令是 FLT 指令的逆运算，当运算结果为 0 时，零标志 M8020 为 ON；因转换结果不足 1 而舍掉时，借位标志 M8021 为 ON；如果运算结果超出目标操作数的范围，将会发生溢出，进位标志 M8022 为 ON，此时目标操作数中的值无效。

6）浮点数加法指令 EADD（FNC120）和浮点数减法指令 ESUB（FNC121） EADD 指令将两个源操作数内的浮点数相加，运算结果存入目标操作数，如图 5-72 所示。浮点数减法指令 ESUB 将 [S_1] 指定的浮点数减去 [S_2] 指定的浮点数，运算结果存入目标操作数 [D]。

触点	指令	[S1]	[S2]	[D]
X1	DEADD	D10	D20	D30
X2	DESUB	D40	D50	D60
X3	DEMUL	D70	D80	D90
X4	DEDIV	D0	K100	D6

图 5-72 浮点数四则运算示例

7）浮点数乘法指令 EMUL（FNC122）和浮点数除法指令 EDIV（FNC123） EMUL 指令将两个源操作数内的浮点数相乘，运算结果存入目标操作数 [D]。EDIV 指令将 [S_1] 指定的浮点数除以 [S_2] 指定的浮点数，运算结果存入目标操作数 [D]。当除数为零时，出现运算错误，不执行指令。

8）浮点数开平方指令 ESQR（FNC127） ESQR 指令的源操作数 [S] 可取 K、H 和 D，目标操作数 [D] 可取 D。[S] 指定的浮点数被开方，结果存入目标操作数。源操作数应为正数，若为负数则出错，运算错误标志 M8067 为 ON，不执行指令。

9）浮点数三角函数运算指令　浮点数三角函数运算指令包括 SIN（正弦）、COS（余弦）和 TAN（正切）指令，应用指令编号分别为 FNC130～132，均为 32 位指令。源操作数［S］和目标操作数［D］可取 D。

这些指令用来求出源操作数指定的浮点数的三角函数，角度单位为弧度，结果是浮点数，并存入目标操作数指定的元件中。源操作数应满足 0≤角度≤2π，弧度值=π×角度值/180°。

浮点数开平方与三角函数运算指令应用示例如图 5-73 所示。

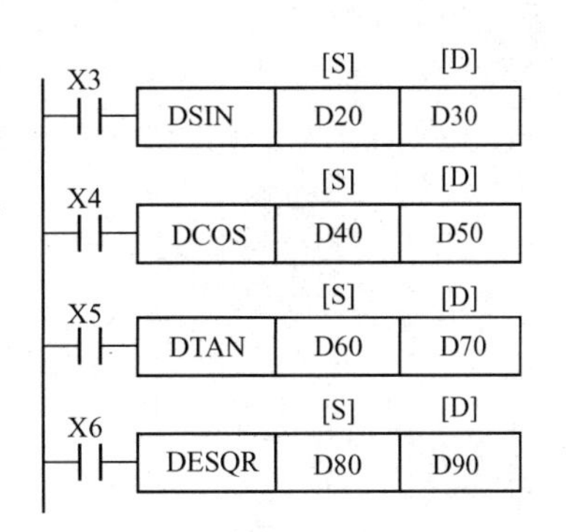

图 5-73　浮点数开平方与三角函数运算指令应用示例

5.6.15　时钟运行指令

1）时钟数据比较指令 TCMP（FNC160）　TCMP 指令的源操作数［S_1］、［S_2］和［S_3］用来存放指定时间的时、分、秒，可取任意的数据类型，［S］可取 T、C 和 D，目标操作数［D］可取 Y、M、S（占用 3 个连续的元件）。该指令用来比较指定时刻与时钟数据的大小。时钟数据的时间存放在［S］～［S］+2 中，比较的结果用来控制［D］～［D］+2 的 ON/OFF，如图 5-74 所示。

2）时钟数据区间比较指令 TZCP（FNC161）　TZCP 指令的源操作数［S_1］、［S_2］、［S］可取 T、C、D，要求［S_1］≤［S_2］，目标操作数［D］为 Y、M、S（占用 3 个连续的元件），只有 16 位运算。［S］中的时间与［S_1］、［S_2］指定的时间区间相比较，比较的结果用来控制［D］～［D］+2 的 ON/OFF，［S_1］、［S_2］和［S］分别占用 3 个数据寄存器，图 5-75 中的 D20～D22 分别用来存放时、分、秒，如图 5-75 所示。

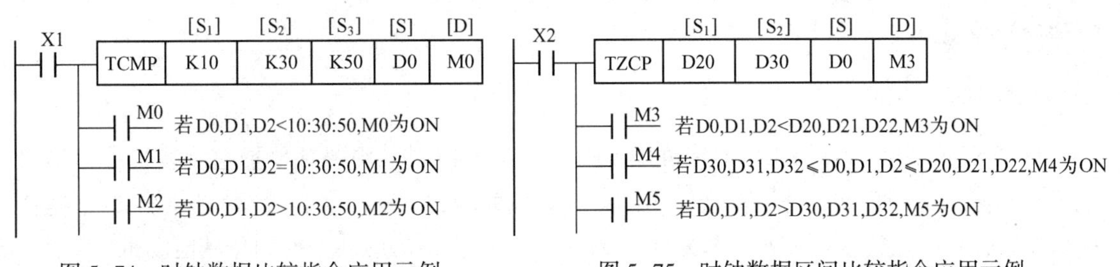

图 5-74　时钟数据比较指令应用示例　　图 5-75　时钟数据区间比较指令应用示例

3）时钟数据加法指令 TADD（FNC162）　TADD 指令的［S_1］、［S_2］和［D］中存放的是时间数据（时、分、秒），［S_1］、［S_2］和［D］可取 T、C、D。在图 5-76 中，TADD 指令将 D10～D12 和 D20～D22 的时钟数据相加后存入 D30～D32 中。运算结果如果超过 24h，进位标志 ON，其和减去 24h 后存入目标地址。

4）时钟数据减法指令 TSUB（FNC163）　图 5-76 中的 TSUB 指令将 D40～D42 和 D50～D52 的时钟数据相减后存入 D60～D62 中。运算结果如小于零，借位标志 ON，其差值加上 24h 后存入目标地址。

5）时钟数据读出指令 TRD（FNC166）　TRD 指令的目标操作数［D］可取 T、C 和 D，只有 16 位运算。该指令用来读出内置的实时时钟的数据，并存放在［D］开始的 7 个字内，实时时钟的时间数据存放在特殊数据寄存器D8013~D8019内，D8018~D8013中分别存放年、月、日、时、分和秒，星期存放在D8019中。在图5-77中，当X3为ON时，D8018~D8013中存放的6个时钟数据读入D0~D5，D8019中的星期值读入D6。

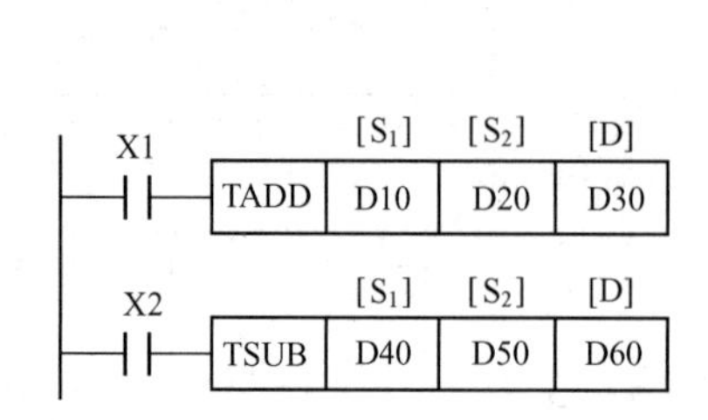

图5-76　时钟数据加/减法指令应用示例

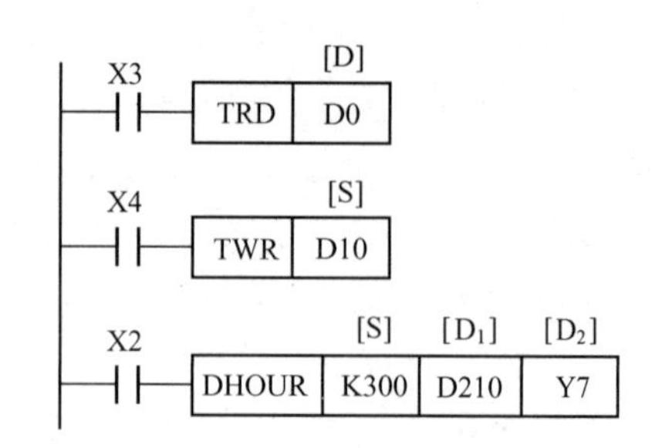

图5-77　实时时钟指令应用示例

6）时钟数据写入指令TWR（FNC167）　TWR指令的［S］可取T、C和D，只有16位运算。该指令用来将时间设定值写入内置的实时时钟，写入的数据预先放在［S］开始的7个单元内。执行该指令时，内置的实时时钟的时间立即变更，改为使用新的时间。在图5-77中，D10~D15分别存放年、月、日、时、分和秒，D16存放星期，当X4为ON时，D10~D15中的预置值分别写入D8018~D8013，D16中的数据写入D8019。

7）小时定时器指令HOUR（FNC169）　在HOUR指令中，［S］可选所有的数据类型，它是使报警器输出［D_2］（可选Z、Y、M、S）为ON所需的延时时间（h），［D_1］为当前的小时数，为了在PLC断电时也连续计时，应选有电池后备的数据寄存器。［D_1］+1是以s为单位的小于1h的当前值。

在［D_1］超过［S］（例如在300小时零1秒）时，图5-77中的报警输出［D_2］（Y7）变为ON，之后小时定时器仍继续运行，当其值达到16位（HOUR指令）或32位数（DHOUR指令）的最大值时停止定时。如果需要再次工作，应清除［D_1］和［D_1］+1（16位指令）或［D_1］~［D_1］+2（32位指令）。

5.6.16　其他指令

1）FX_{1S}和FX_{1N}系列PLC的定位控制指令　定位控制采用两种位置检测装置，即绝对位置编码器和增量式编码器。前者输出的是绝对位置的数字值，后者输出的脉冲个数与位置的增量成正比。定位控制用晶体管输出型的Y0和Y1输出的脉冲来控制步进电动机。

读当前绝对值指令DABS（FNC155）用来读取绝对位置数据。

回零指令ZRN（FNC156）在开机或初始设置时使机器返回原点。

PLSV是带方向输出的变速脉冲输出指令（FNC157），输出脉冲的频率可在运行中修改。

增量式单速定位指令DRVI（FNC158）用于增量式定位控制，可指定脉冲个数和脉冲频率。绝对式单速定位指令DRVA（FNC159）是使用零位和绝对位置测量的定位指令。

2）格雷码变换指令（FNC170）　格雷码常用于光电码盘编码器，其特点是相邻的两个二进制数的各位中只有一位的值不同。格雷码变换指令GRY将源数据转换为格雷码并存入目标地址。格雷码逆变指令GBIN将从格雷码编码器输入的数据转换为二进制数。

3）读写FX 0N-3A指令（FNC176、FNC177）　RD3A指令用于读取模拟量块FX 0N-3A的值，WR3A指令用于将数据写入模拟量模块FX 0N-3A。

5.7　PLC 应用系统的设计调试方法

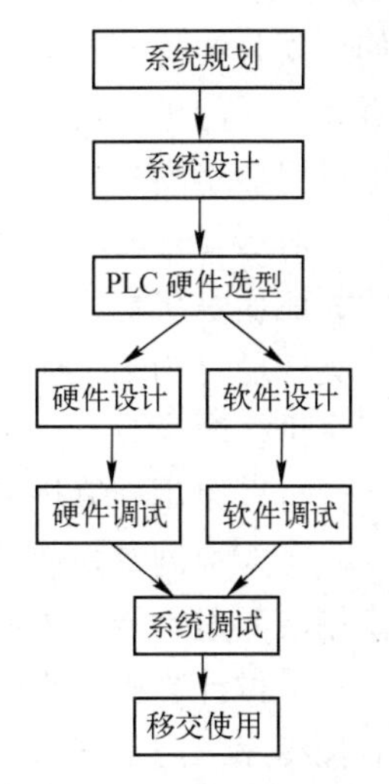

图 5-78　PLC 应用系统设计流程

随着 PLC 自身功能的不断增强，PLC 应用系统越来越复杂，对 PLC 应用系统设计人员的要求也越来越高。PLC 应用系统设计流程如图 5-78 所示，如果 I/O 数量较多，建议先做硬件设计，再做软件设计，这样有利于编程元件地址的统筹安排。下面按图 5-78 所示的流程对 PLC 应用系统的设计进行介绍。

5.7.1　系统规划与设计

1. 系统规划

系统规划是应用系统设计的关键阶段，若规划得不好，在应用系统设计和施工中就会遇到很多困难。下面讨论系统规划中的一些基本问题。

1）明确设计目的　设计一个新系统，希望它能干什么？如果对现有的系统进行技术改造，系统改造前能干什么？改造完之后又能干什么？

2）详细了解系统的功能与要求　应详细了解被控对象的全部功能，如机械部件的动作顺序、动作条件、必要的保持与联锁；系统要求哪些工作方式（如手动、自动、半自动、单步等）；设备内部机械、液压、气动、仪表、电气几大系统之间的关系；PLC 与其他智能设备（如别的 PLC、计算机、变频器等）之间的关系；PLC 是否需要通信联网，是否需要设置远程 I/O，需要显示哪些数据及显示的方式；电源突然停电及紧急情况的处理；安全电路的设计，是否需要设置 PLC 之外的手动的或机电的联锁装置来防止危险的操作。

还应了解系统的运行环境、运行速度、加工精度、可重复性、成本的限制和工期要求等。与熟悉该系统工艺、机械方面的技术人员、运行人员和维修人员进行交流，可获得更全面的信息。

3）查阅技术文档　若是对现有设备进行改造，可以参阅有关的文件资料，如设计图、原理图和继电器电路图等，在设计新系统时可参考系统的工艺流程图、原理图和机械图等。

2. 系统设计

在完成系统规划的基础上进行系统设计。系统设计是指对控制系统总体方案的设计，主要解决人机接口和通信方面的问题。

1）人机接口的选择　人机接口用于操作人员与 PLC 之间的信息交换。使用单台 PLC 的小型开关量控制系统一般用指示灯、报警器、按钮和操作开关来作为人机接口。PLC 本身的数字输入和数字显示功能较差，可以用 PLC 的开关量 I/O 点来实现数字的输入和显示。为了减少占用的 I/O 点数，有的 PLC 厂家设计了有关的应用指令，如三菱 FX 系列 PLC 的 7 段显示指令、方向开关指令、16 键输入指令、数字开关（即拨码开关）输入指令等。这些指令简化了编程，但是需要用户自制硬件。

为了实现小型 PLC 的低成本数据输入和显示，有的 PLC 厂家推出了价格便宜的产品，

如三菱公司的 FX_{1N}-5DM 微型显示模块，它可以监视和修改 PLC 的内部数据，其售价仅数百元。西门子公司的 TD 200 文本显示器可显示 20 个汉字或 40 个字符，可用编程软件方便地设置显示内容，可用它修改用户程序中的变量，其售价比 FX_{1N}-5DM 微型显示模块略高。

对于要求较高的大中型控制系统，可选用较高档的操作员接口（也称可编程终端），有的只能显示字符，有的可以显示单色或彩色的图形，有的带有触摸键功能（俗称触摸屏）。这类产品可用于工业现场，工作可靠，它们有专用的组态软件，可以方便地生成各种画面，但是价格较高。

也可以用计算机来作为人机接口，普通台式机的价格便宜，但是对工作环境的要求较高，可在控制室内使用。如果要求将计算机安装在现场的控制屏内，一般应选用价格较高、使用液晶显示器的工业控制计算机，有的显示器也有触摸键功能。

上位计算机的程序可以用 VC、VB 等软件来开发，也可以用组态软件来生成控制系统的监控程序。用组态软件可以很容易地实现计算机与现场工业设备（如 PLC）的通信，生成用户需要的有动画功能和各种人机接口的画面。组态软件的入门也很容易，但其价格较高。

2）系统的冗余设计 某些生产过程必须连续不断地进行，因此要求控制装置有极高的可靠性。在 PLC 出现故障时，也不允许停止生产，这种系统可以使用有冗余控制功能的 PLC。冗余控制系统一般采用两个或 3 个 CPU 模块，其中一个直接参与控制，其余的作为备用。当参与控制的 CPU 模块出现故障时，立即投入备用 CPU 模块。为了进一步提高系统的可靠性，某些重要的 I/O 模块、通信模块和通信电缆也应采取冗余措施。

5.7.2 PLC 及其组件的选型

1. PLC 型号的选择

在确定 PLC 型号时，应考虑以下问题。

1）PLC 的硬件功能 开关量控制是 PLC 的基本功能，对于开关量控制系统，主要考虑 PLC 的最大开关量 I/O 点数是否能满足系统的要求。

某些系统对 PLC 的功能有特殊要求，如通信联网、PID 闭环控制、快速响应、高速计数和运动控制等，模块式 PLC 应考虑是否有相应的特殊功能模块。有的整体式 PLC 集成有调整计数器、高速脉冲输出、模拟量调节电位器、脉冲捕捉、实时时钟等功能和中断功能。对于有模拟量 I/O 的系统，应考虑 PLC 的最大模拟量 I/O 点数是否能满足要求，以及每个模块的点数和平均每点的价格。

2）PLC 指令系统的功能 对于小型单台仅需要开关量控制的设备，一般的小型 PLC 便可以满足要求。如果系统要求 PLC 完成某些特殊功能，应考虑 PLC 的指令系统是否有相应的指令来支持。例如，使用 RS-232C 无协议通信方式时，须要对传送的数据按字节做求和校验或异或校验，应考虑是否有专用的求检验码的指令，如三菱 FX 系列的 CCD 指令，如果没有专用指令，应考虑是否可以用通用指令来实现这一任务。

3）PLC 物理结构的选择 根据物理结构，可以将 PLC 分为整体式和模块式，整体式 PLC 每个 I/O 点的平均价格比模块式的便宜，在小型控制系统中一般采用整体式 PLC。但是模块式 PLC 的功能扩展方便灵活，I/O 点数的多少、输入点数与输出点数的比例、I/O 模块的种类和块数、特殊 I/O 模块的使用等方面的选择余地都比整体式 PLC 大得多，维修时更换模块、判断故障范围也很方便，因此较复杂的、要求较高的系统一般选用模块式 PLC。

4）确定 I/O 点数　PLC 的 CPU 模块型号的选择、I/O 模块的数量和型号的选择，与 I/O 点数有很大关系。应确定哪些信号需要输入给 PLC，哪些负载由 PLC 驱动，是开关量还是模拟量，是直流量还是交流量，以及电压的等级；还应考虑系统是否有特殊要求，如快速响应等。如果系统不同部分相互距离很远，应考虑使用远程 I/O 模块。

5）估算需要的用户程序存储容量　根据 I/O 点数和下述经验数据可初步估算系统对 PLC 用户程序存储容量的要求：仅需开关量控制时，将 I/O 点数乘以 8，就是所需存储器字数；仅有模拟量输入，无模拟量输出时，为每路模拟量准备 100 个存储器字；既有模拟量输入，又有模拟量输出时，为每路模拟量准备 200 个存储器字。有的 PLC 允许用存储器来增加用户存储器的容量。

2. I/O 模块的选型

选好 PLC 型号后，根据 I/O 点数和可供选择的 I/O 模块的类型，可确定 I/O 模块的型号和块数。选择 I/O 模块时，I/O 点数一般应留有 10%～20%的裕量，以备今后系统改进或扩充时使用。

1）开关量输入模块输入电压的选择　开关量输入模块的输入电压一般为 24V DC 和 220V AC。直流输入电路的延迟时间较短，可以直接与接收开关、光电开关等电子输入装置连接。交流输入方式适合在有油雾、粉尘的恶劣环境下使用，在这种条件下交流输入触点的接触较为可靠。

2）开关量输出模块的选择　继电器型输出模块的工作电压范围大，触点的导通压降小，承受瞬时过电压和过电流的能力较强，但是动作速度较慢，触点寿命（动作次数）有一定的限制。如果系统的信号输出很频繁，建议优先选用继电器型的输出模块。

晶体管型与双向晶闸管型输出模块分别用于直流负载和交流负载，它们的可靠性高，响应速度快，寿命长，但是过载能力稍差。

选择时，应考虑负载电压的种类和大小、系统对延迟时间的要求、负载状态变化是否频繁等，还应注意同一输出模块对电阻性负载、电感性负载和白炽灯的驱动能力的差异。如果继电器型模块的最高工作电压为 250V AC，则可驱动 2A 的电阻性负载、80V · A 的电感性负载和 100W 的白炽灯。

输出模块的输出电流额定值应大于负载电流的最大值，大多数模块对每组的总输出电流也有限制，如 0. 5A/点、0. 8A/4 点。

选择 I/O 模块还应考虑下面的问题。

（1）输入模块的输入电路应与外部传感器的输出电路的类型配合，使二者能直接相连。例如，有的 PLC 的输入模块只能与 NPN 管集电极开路输出的传感器直接相连，如果选用 NPN 管发射极输出的传感器，则应在二者之间增加转换电路。

（2）PLC 的模拟量输入或输出是电压还是电流，变送器、执行机构的量程与模拟量 I/O 模块的量程是否匹配。

模拟量 I/O 模块的 ADC、DAC 的位数反映了模块的分辨率，8 位的分辨率低，价格较便宜。模拟量 I/O 模块的转换时间反映了模块的工作速度。

（3）成本方面的考虑：选择某些高密度 I/O 模块（如 32 点开关量 I/O 模块），可以降低系统成本，但是高密度模块一般用 D 型插座来连接 I/O 线，不如普通 I/O 模块的接线端子那样方便。

（4）响应时间和抗干扰能力：I/O 模块有不同的响应时间和抗干扰能力。一般来说，更高的响应速度会牺牲干扰抑制能力。因此，如果高的响应速度不是必需的，选择有更高的干扰抑制能力但是较慢的 I/O 模块将会更好。

（5）高速输入：高速计数器可对编码器提供的高速脉冲序列计数，也可提供与 PLC 的扫描工作方式无关的高速输出。

3. 模块式 PLC 的基板与模块的选择

1）基板　模块式 PLC 通过基板（称为机架）将模块组成一个系统，选型时主要考虑基板支持的 I/O 模块数量。

2）电源模块的选择　根据系统所选取的模块型号、数量和各模块对电源的需求，确定要求的电源供电容量和输出电压等级，在 PLC 可供选择的电源模块中选择电源模块型号。

3）通信模块　应根据通信接口的点数、PLC 和通信模块支持的通信距离、通信速率、有关的通信协议和标准来选择通信模块。

5.7.3 系统硬件、软件设计与调试

1. 系统硬件设计与组态

（1）给各 I/O 变量分配地址。梯形图中变量的地址与 PLC 的外部接线端子号是一致的，这一步为绘制硬件接线图做好准备，也为绘制梯形图做好准备。

（2）绘制 PLC 的外部硬件接线图，以及其他电气原理图和接线图。

（3）绘制操作站和控制柜面板的布置图和内部安装图。

（4）在某些编程软件中，须要对模块式 PLC 进行硬件组态，组态画面中的模块型号和安装位置应与实际的模块一样，此外还应设置各模块的参数。

有的模块须要用模块上的 DIP 开关来完成模块的硬件组态，如设置通信的地址和通信参数等。

2. 软件设计

软件设计包括系统初始化程序、主程序、子程序、中断程序、故障应急措施和辅助程序的设计等，小型开关量控制系统一般只有主程序。

首先应根据总体要求和控制系统的具体情况，确定用户程序的基本结构，绘制程序流程图或开关量控制系统的顺序功能图。它们是编程的主要依据，应尽可能准确和详细。

较简单的系统的梯形图可以用经验法设计，复杂的系统一般用顺序控制设计法设计。绘制系统的顺序功能图后，根据它设计出梯形图程序。有的编程软件可以直接用顺序功能图语言来编程。

编程时，可给用户程序中的各个变量命名，变量名称可在梯形图中显示出来，便于程序的阅读和调试，变量名称的定义要简短、明确。

3. 软件的模拟调试

设计好用户程序后，一般先进行模拟调试。有的 PLC 厂家提供了在计算机上运行，可以代替 PLC 硬件用来调试用户程序的仿真软件，例如西门子公司的与 STEP 7 编程软件配套

的 S7-PLCSIM 仿真软件、三菱公司的与 SW3D5C-GPPW-C 编程软件配套的 SW3D5C-LLT-C 仿真软件，西门子的“LOGO!”可编程逻辑模块的编程软件也有仿真功能。仿真时，按照系统功能的要求，将某些输入元件强制为 ON 或 OFF，或者改写某些元件中的数据，监视系统功能是否能正确实现。

如果有 PLC 的硬件，可用小开关和按钮来模拟 PLC 实际的输入信号，例如用它们发出操作指令，或者在适当的时候用它们来模拟实际的反馈信号，如限位开关触点的接通和断开。通过输出模块上各输出位对应的 LED 观察输出信号是否满足设计的要求。

调试顺序控制程序的主要任务是检查程序的运行是否符合顺序功能图的规定，即在某一转换实现时，是否发生步的活动状态的正确变化，该转换所有的前级步是否变为不活动步，所有的后续步是否变为活动步，以及各步被驱动的负载是否发生相应的变化。

在调试时，应充分考虑各种可能的情况，对系统各种不同的工作方式、顺序功能图中的每一条支路、各种可能的进展路线逐一检查，不能遗漏。发现问题后及时修改程序，直到在各种可能的情况下输入信号与输出信号之间的关系完全符合要求为止。

对于用经验法设计的电路，或者根据继电器的电路图设计的电路，为了调试程序方便，有时需要根据用户程序画出对应的顺序功能图，用它来调试程序。

如果程序中某些定时器或计数器的设定值较大，为了缩短调试时间，可以在调试时将它们减小，模拟调试结束后再写入它们的实际设定值。

在编程软件中，可用梯形图来监视程序的运行，触点和线圈的 ON/OFF 状态用不同的颜色来表示。也可以用元件监视功能来监视、改写编程元件。

4. 硬件调试与系统调试

在对程序进行模拟调试的同时，可以设计、制作控制屏，除 PLC 外其他硬件的安装、接线工作也可以同时进行。完成控制屏内部的安装接线后，应对控制屏内的接线进行测试。可在控制屏的接线端子上模拟 PLC 外部的开关量输入信号，或者操作控制屏面板上的按钮和指令开关，观察对应的 PLC 输入点的状态变化是否正确。用编程器或编程软件将 PLC 的输出点强制为 ON 或 OFF，观察对应的控制屏内的 PLC 负载（如外部的继电器、接触器）是否正常，或者对应的控制屏接线端子上的输出信号的状态变化是否正确。

对于有模拟量输入的系统，可给控制屏内的变送器提供标准的输入信号，通过硬件调整或调节程序中的系数，使模拟量输入信号和转换后的数字量之间的关系满足要求。

在现场安装好控制屏后，接入外部的输入元件和执行机构。与控制屏内的调试类似，首先检查控制屏外的输入信号是否能正确送到 PLC 的输入端，PLC 的输出信号是否能正确操作控制屏外的执行机构。完成上述调试后，将 PLC 置于运行模式，运行用户程序，检查控制系统是否满足要求。

在调试过程中，会暴露出系统中可能存在的硬件问题，以及梯形图设计中的问题。发现问题后，在现场加以解决，直到完全符合要求为止。按系统验收规程的要求，对整个系统进行逐项验收合格后，交付使用。

5. 整理技术文件

根据调试的最终结果整理出完整的技术文件，并将其提供给用户，便于今后系统的维护与改进。技术文件应包括：①PLC 的外部接线图和其他电气图纸；②PLC 的编程元件表，包括定时器、计数器的设定值等；③带注释的程序和必要的总体文字说明。

思考与练习

（1）简述 PLC 的定义、特点。

（2）简述 PLC 的扫描工作过程。

（3）整体式 PLC 与模块式 PLC 各有什么特点？

（4）PLC 常用哪几种存储器？它们各有什么特点？分别用来存储什么信息？

（5）交流输入模块与直流输入模块各有什么特点？它们分别适用于什么场合？

（6）开关量输出模块有哪几种类型？它们各有什么特点？

（7）FX_{2N}-48MR 是基本单元还是扩展单元？有多少个输入点、多少个输出点？输出是什么类型？

（8）写出图 5-79 所示梯形图的指令表程序。

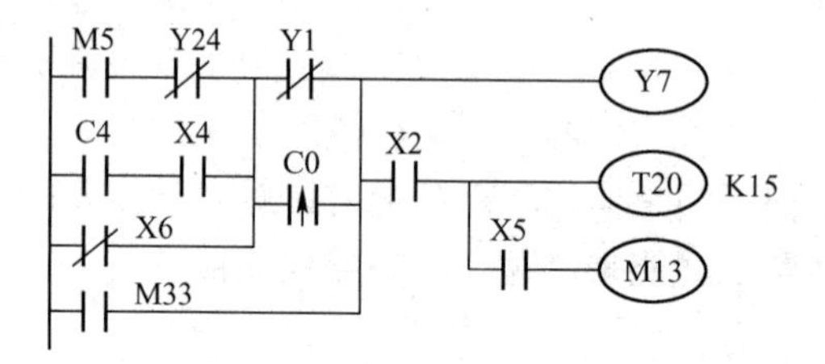

图 5-79　第（8）题图

（9）写出图 5-80 所示梯形图的指令表程序。

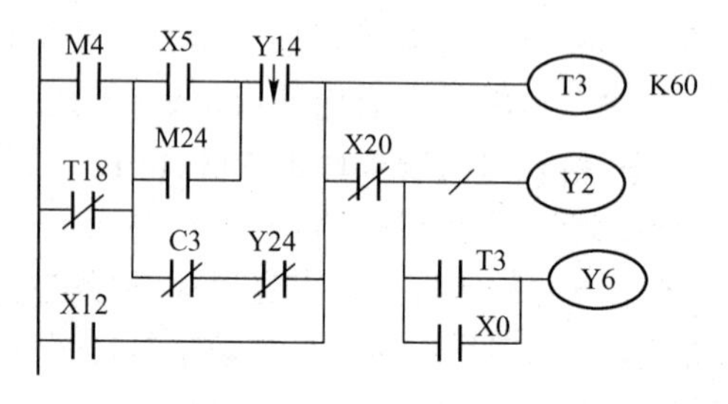

图 5-80　第（9）题图

（10）用 PLS 指令设计出使 M0 在 X0 的下降沿为 ON 的一个扫描周期的梯形图。

（11）分别用上升沿检测触点指令和 PLS 指令设计梯形图，在 X0 或 Xl 波形的上升沿，使 M0 在一个扫描周期内为 ON。

（12）用 X0~X11 这 10 个键输入十进制数 0~9，将它们用二进制数的形式存放在 Y0~Y3 中，用触点和线圈指令设计编码电路。

（13）用 ALT 指令设计用按钮 X0 输入 4 个脉冲，从 Y0 输出一个脉冲的电路。

（14）A/D 转换得到的 8 个 12 位二进制数据存放在 D0~D7 中，A/D 转换得到的数值 0~2000 对应温度值 0~1000℃，在 X0 的上升沿，用循环指令将它转换为对应的温度值，存放在 D20~D27 中，设计出梯形图程序。

第6章　典型数控机床电气与PLC控制

6.1　机床电气控制电路的设计

6.1.1　设计方法及注意事项

电气控制系统是数控机床的重要组成部分，它由各基本控制环节结合而成，具体由哪些基本控制环节结合以及如何结合，要视不同数控机床所需功能而定。它不仅能单独完成起动、制动、反向、调速等基本要求，还能保证各运动的准确与协调，满足生产工艺要求，工作可靠，操作自动化。

电气控制电路通常有两种设计方法，即分析设计法（经验设计法）和逻辑代数设计法。经验设计法是根据生产工艺的要求，选择一些成熟的典型基本环节来实现这些基本要求，然后再逐步完善其功能，并适当配置联锁和保护等环节，使其组合成一个整体，成为满足控制要求的完整电路。逻辑代数设计法是利用逻辑代数这一数学工具设计电气控制电路的。在继电器/接触器控制电路中，把表示触点状态的逻辑变量称为输入逻辑变量，把表示继电器/接触器线圈等受控元件的逻辑变量称为输出逻辑变量。输入、输出逻辑变量之间的相互关系称为逻辑函数关系，这种相互关系表明了电气控制电路的结构。所以，应根据控制要求，先写出这些逻辑变量关系的逻辑函数关系式，再运用逻辑函数基本公式和运算规律对逻辑函数式进行化简，然后根据化简了的逻辑函数式绘制相应的电路结构图，最后进行检查和优化，以获得较为完善的设计方案。

对于一般不太复杂的电路，用分析设计法比较直观、自然，而逻辑代数设计法设计难度较大，设计过程复杂，在一般常规设计中很少单独采用。

分析设计法的基本步骤如下所述。

（1）按工艺要求提出的起动、制动、反向和调速等要求设计主电路。

（2）根据所设计出的主电路，设计控制电路的基本环节，即满足设计要求的起动、制动、反向和调速等基本控制环节。

（3）根据各部分运动要求的配合关系及联锁关系，确定控制参量并设计控制电路的特殊环节。

（4）分析电路工作中可能出现的故障，加入必要的保护环节。

（5）综合审查，仔细检查电气控制电路动作是否正确，对关键环节可进行必要的实验，进一步完善和简化电路。

下面举例说明如何用分析设计法来设计控制电路。

某机床有左、右两个动力头，用以铣削加工，它们各由一台交流电动机拖动；另外有一个安装工件的滑台，由另一台交流电动机拖动。加工工艺是，在开始工作时，滑台先快速移动到加工位置，然后自动变为慢速进给，进给到指定位置自动停止，再由操作者发出指令使滑台快速返回，回到原位后自动停车。要求两动力头电动机在滑台电动机正向起动后起动，而在滑台电动机正向停车时也停车。

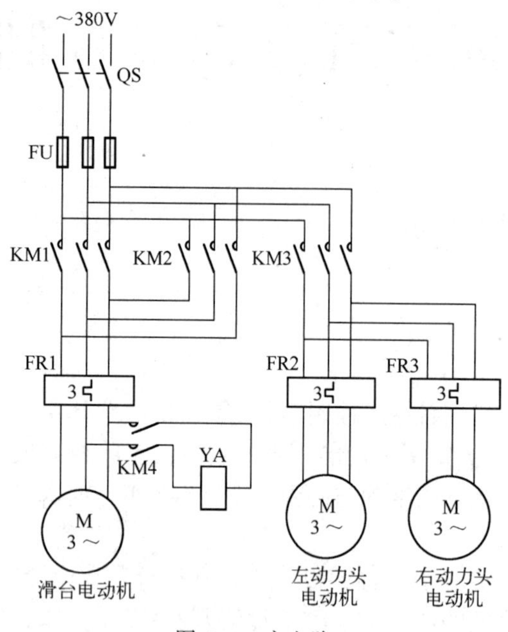

图 6-1　主电路

1）主电路设计　如图 6-1 所示，动力头拖动电动机只要求单方向旋转，为使两台电动机同步起动，可用一个接触器 KM3 控制。滑台拖动电动机需要正转、反转，可用两个接触器 KM1、KM2 控制。滑台的快速移动由电磁铁 YA 改变机械传动链来实现，由接触器 KM4 来控制。

2）控制电路设计

（1）滑台电动机的正转、反转分别用两个按钮 SB1 与 SB2 控制，停车则分别用 SB3 与 SB4 控制。由于动力头电动机在滑台电动机正转后起动，停车时也停车，所以可用接触器 KM1 的常开辅助触点控制 KM3 的线圈，如图 6-2（a）所示。

（2）滑台的快速移动可通过电磁铁 YA 通电时，改变凸轮的变速比来实现。滑台的快速前进与返回分别用 KM1 与 KM2 的辅助触点控制 KM4，再由 KM4 触点去通/断电磁铁 YA。滑台快速前进到加工位置时，要求慢速进给，因而在 KM1 触点控制 KM4 的支路上串联限位开关 SQ3 的常闭触点。此部分的辅助电路如图 6-2（b）所示。在图 6-2 所示的控制电路草图设计的基础上进行整合，完成控制电路设计，如图 6-3 所示。

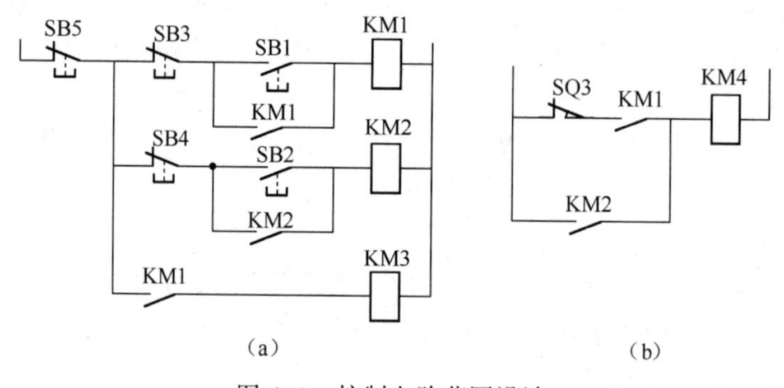

图 6-2　控制电路草图设计

3）联锁与保护环节设计　用限位开关 SQ1 的常闭触点控制滑台慢速进给到位时的停车；用限位开关 SQ2 的常闭触点控制滑台快速返回至原位时的自动停车。接触器 KM1 与 KM2 之间应互相联锁，三台电动机均用热继电器做过载保护。

4）电路的完善　电路初步设计完后，可能还有不完善的地方，因此应仔细校核。此时电路中总共用了三个 KM1 的常开辅助触点，而一般的接触器只有两个常开辅助触点。因此，必须进行修改。从电路的工作情况可以看出，KM3 的常开辅助触点完全可以代替 KM1 的常开辅助触点去控制电磁铁 YA，修改后的控制电路如图 6-4 所示。

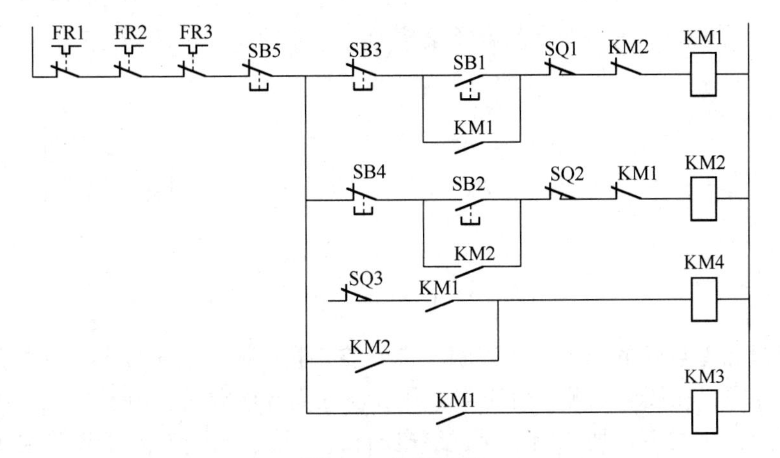

图 6-3　控制电路

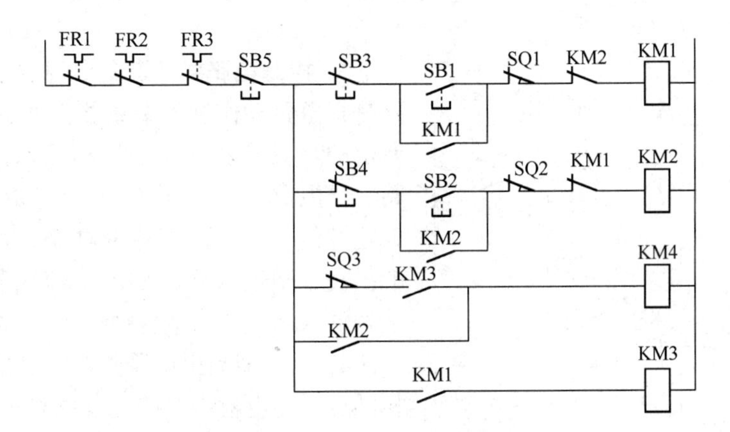

图 6-4　修改后的控制电路

在进行控制电路设计时，应注意以下问题。

1）尽量减少连接导线　设计控制电路时，应考虑电气元件的实际位置，尽量减少配线时的连接线。例如，图 6-5（a）所示的电气连接图是不合理的。

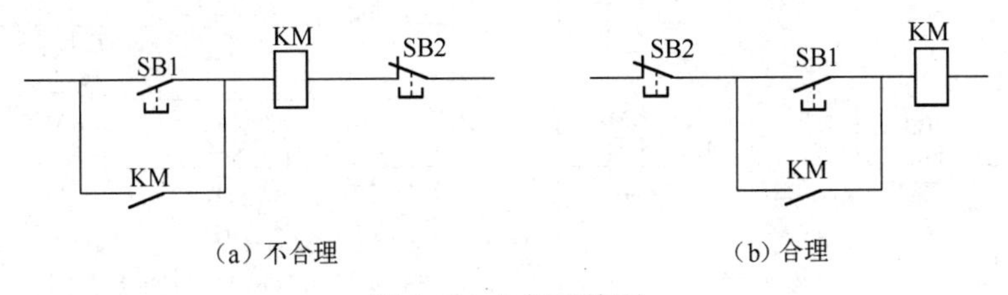

（a）不合理　　（b）合理

图 6-5　电气连接图

按钮一般装在操作台上，而接触器则装在电气柜内，这样接线就需要由电气柜二次引出连接线到操作台上。将起动按钮和停止按钮直接连接，就可以减少一次引出线，如图 6-5（b）所示。

2）正确连接电磁线圈

（1）电压线圈通常不能串联使用，如图 6-6（a）所示。由于它们的阻抗不尽相同，会造成两个线圈上的电压分配不均。即使外加电压是同型号线圈电压的额定电压之和，也不允许这样做。因为电气动作总有先后，当一个接触器先动作时，则其线圈阻抗增大，该线圈上的电压降增大，可能导致另一个接触器不能吸合，严重时将使电路烧毁。

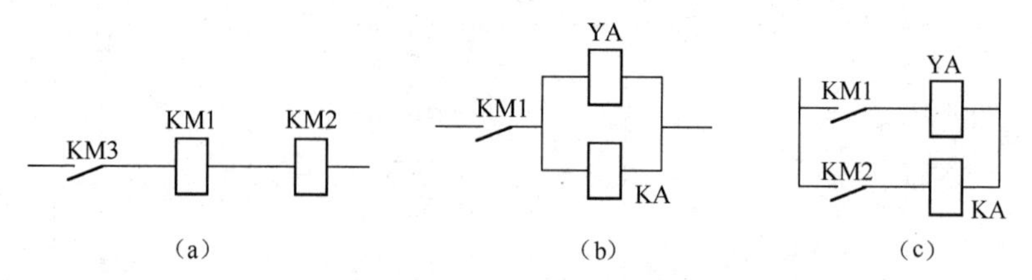

图 6-6　电磁线圈的串/并联

（2）电感量相差悬殊的两个电磁线圈，也不要并联连接。图 6-6（b）中直流电磁铁 YA 与继电器 KA 并联，在接通电源时可正常工作，但在断开电源时，由于电磁铁线圈的电感比继电器线圈的电感大得多，所以断电时，继电器很快释放，但电磁铁线圈产生的自感电动势可能使继电器又吸合一段时间，从而造成继电器的误动作。解决方法是，给两个接触器分别串联触点，如图 6-6（c）所示。

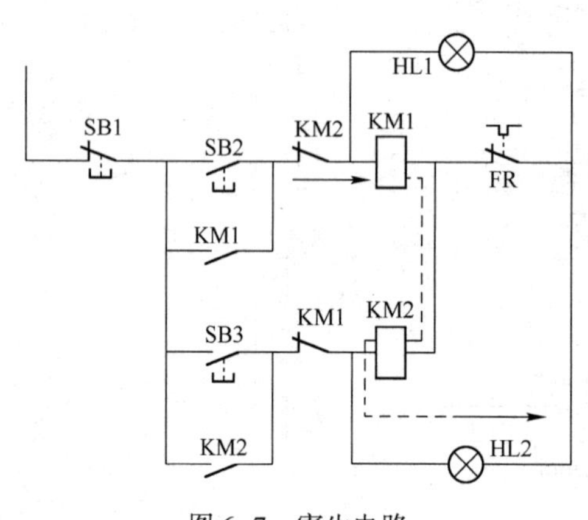

图 6-7　寄生电路

3）控制电路中应避免出现寄生电路　寄生电路是指电路动作过程中意外接通的电路。图 6-7 所示的是具有指示灯 HL 和热保护的正/反向电路。当电路正常工作时，能完成正/反向起动、停止和信号指示。当热继电器 FR 动作时，电路就出现了寄生电路（如图中虚线所示），使正向接触器 KM1 不能有效释放，起不到保护作用。

4）尽可能减少电器数量　尽量采用标准件和相同型号的电器。当控制支路数较多，而触点数目不够时，可采用中间继电器来增加控制支路的数量。如图 6-8 所示，去掉不必要的 KM1，简化电路，提高电路的可靠性。

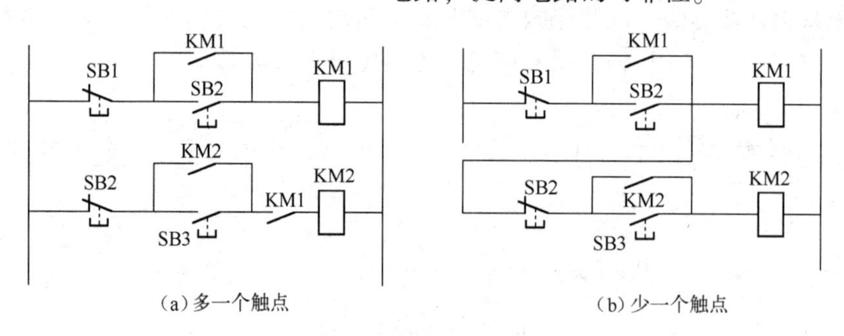

图 6-8　简化后的电路

5）多个电器的依次动作问题　在电路中应尽量避免许多电器依次动作才能接通另一个电器的情况。

6）可逆电路的联锁　在频繁操作的可逆电路中，正/反向接触器之间不仅要有电气联锁，还要有机械联锁。

7）要有完善的保护措施　常用的保护措施有漏电流、短路、过载、过电流、过电压、失电压等保护环节，有时还应设有合闸、断开、事故、安全等必需的指示信号。

6.1.2　设计实例

下面列举某数控车床的部分电气原理图，并简单分析电路工作原理。图 6-9～图 6-11 所示的是某数控车床的部分电气原理图。

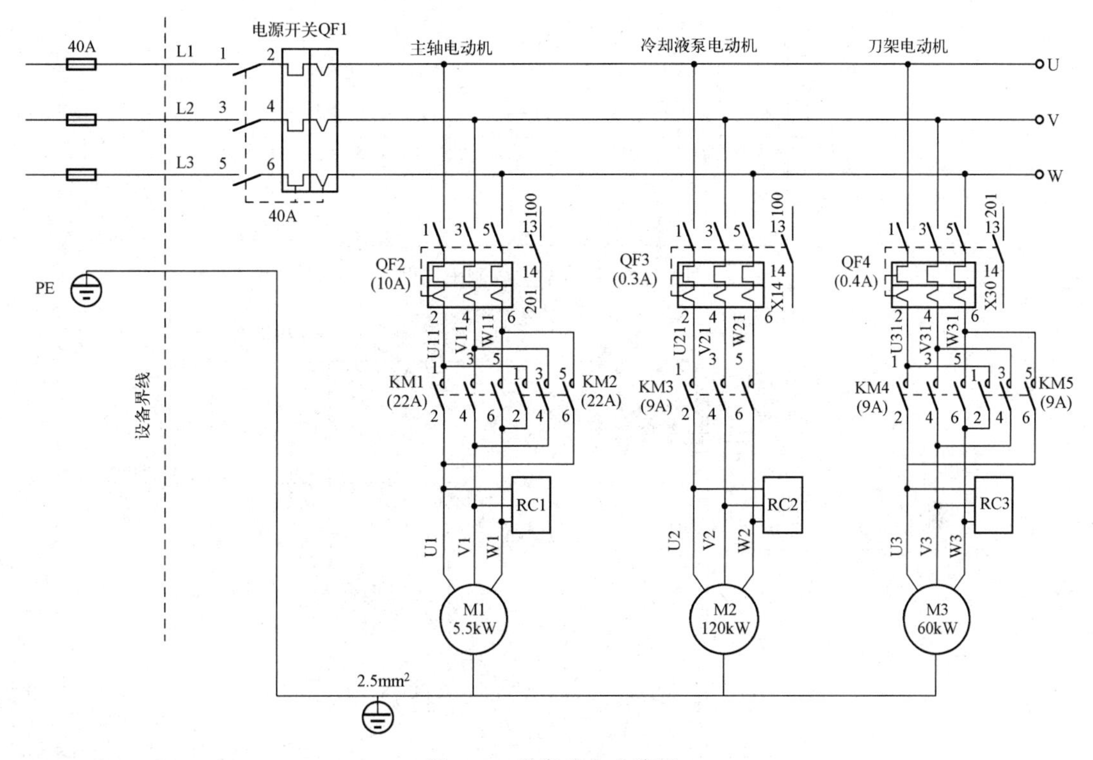

图 6-9　机床动力电路图

图 6-9 所示的是机床的动力电路图。图中交流接触器 KM1、KM2 用来控制主轴电动机 M1 的正/反转，断路器 QF2 作为主轴电动机的过载及短路保护；交流接触器 KM4 和 KM5 用来控制刀架电动机 M3 的正/反转，断路器 QF4 作为刀架电动机的过载及短路保护；交流接触器 KM3 用来控制冷却液泵电动机 M2 的起动和停止，断路器 QF3 作为冷却液泵电动机的过载及短路保护。灭弧器 RC1～RC3 用来保护交流接触器的主触点，防止当主触点断开时，在动、静触点间产生强烈电弧，烧坏主触点。断路器 QF1 用来对整个线路进行过载及短路保护。

图 6-10 所示的是机床交流控制电路图。图中交流接触器 KM1 线圈和 KM2 一对常闭辅助触点串联，交流接触器 KM2 线圈和 KM1 一对常闭辅助触点串联，从而实现主轴电动机正/反向接触器间的互锁控制；交流接触器 KM4 线圈和 KM5 一对常闭辅助触点串联，交流接触器 KM5 和 KM4 一对常闭辅助触点串联，从而实现刀架电动机正/反向接触器间的互锁控制；交流接触器 KM3 线圈用来控制 KM3 主触点吸合。继电器 KA2～KA6 触点由 PLC 或数控装置 I/O 口控制，用来控制交流接触器 KM1～KM5 的线圈得电或断电。

图 6-11 所示为机床的电源电路图，图中变压器 TC2 一次侧接三相 AC 380V，3 个二次绕组分别提供 220V、24V、110V 交流电压，220V AC 给开关电源供电，24V AC 给工作灯供电，110V AC 给电气柜风扇供电，断路器 QF6～QF10 用来对线路进行过载及短路保护。

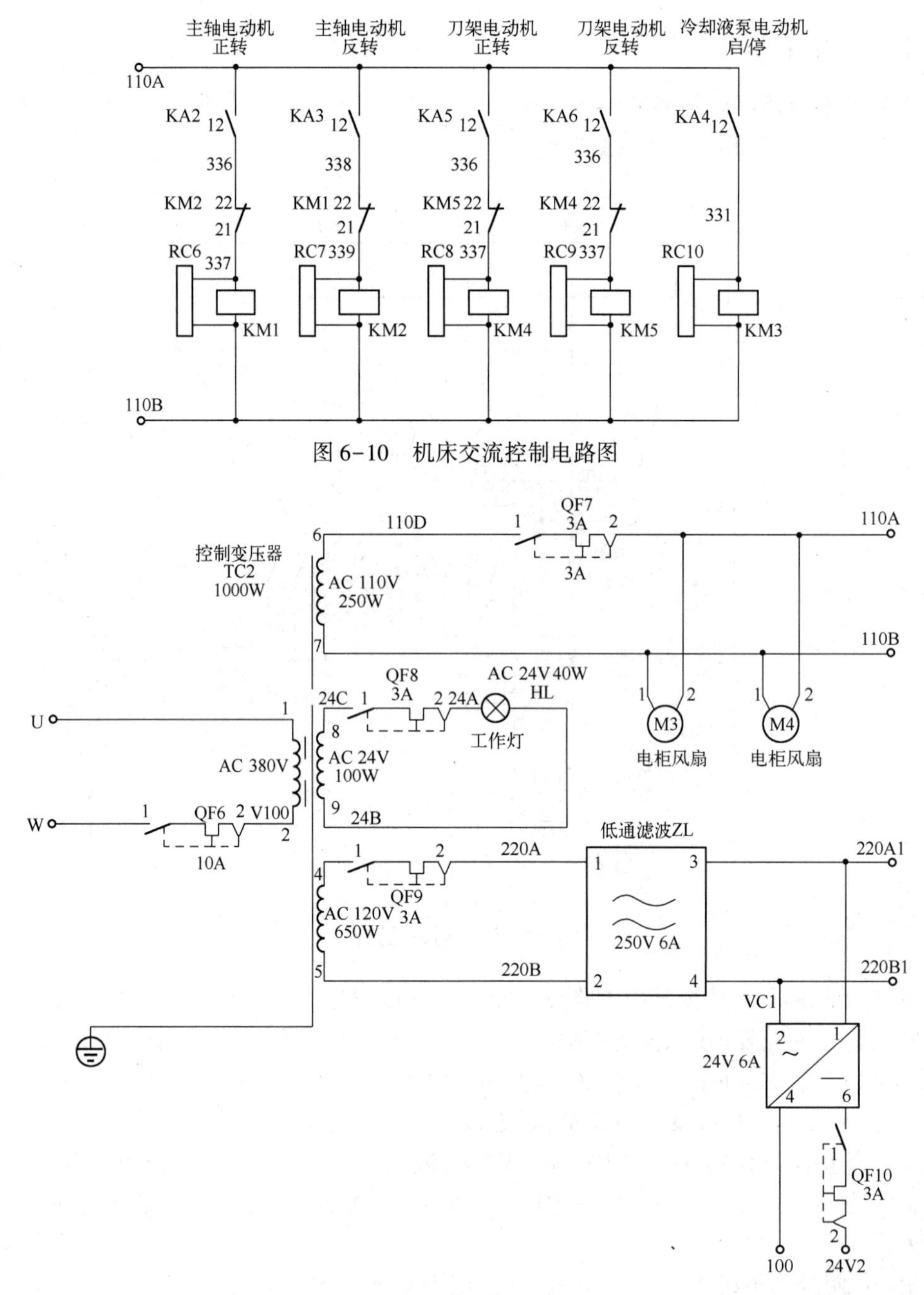

图6-10　机床交流控制电路图

图6-11　机床电源电路图

6.2　数控机床电气控制电路设计原则

1. 电气控制电路设计原则

1）最大限度满足机械设计和工艺的要求　数控机床是机电一体化产品，其主轴、进给轴伺服控制系统绝大多数是机电式的，其输出都包含某种类型的机械环节和元件，它们是控制系统的重要组成部分。这些机械环节和元件一旦制造好，其性能就难以更改，远不如电气部分灵活易变。因此，数控机床的机械与数控系统的设计人员都应该了解机械环节和元件的参数对整机系统的影响，以便密切配合，在设计阶段就仔细考虑相互之间的各种要求，以便进行合理设计。

2）保证数控机床稳定、可靠运行　数控机床运行的稳定性和可靠性在某种程度上取决于电气控制部分的稳定性和可靠性。在加工车间，数控机床的使用条件、环境比较恶劣，极易造成数控系统的故障。在工业现场，电磁环境尤为恶劣，各种电气设备会产生电磁干扰，这对数控系统的抗电磁干扰能力提出了更高的要求。

3）便于组织生产、降低生产成本、保证产品质量　以最低成本生产出最高质量、满足用户要求的产品，是商品生产的基本要求。数控机床的加工也是如此。设计电气控制电路时，就应该充分考虑元器件的品质、供应，并便于安装、调试和维修，以便保证产品质量和组织生产。

4）保证安全　电气控制电路的设计应高度重视人身安全和设备安全，要符合相关安全规范和标准。各种指示信号应该容易识别，操纵机构应该易操作，易切换。

2. 数控系统功能的选择

除基本功能外，数控系统生产厂家还为机床制造厂家提供了多种多样的可选功能。由于常用品牌数控系统的基本功能差别不大，所以合理选择适合本机床的可选功能，放弃可有可无的或不实用的可选功能，对提高机床的性价比大有好处。下面介绍几个可选功能供参考。

1）加工轨迹显示功能　该功能用于模拟零件的加工过程，显示真实刀具在毛坯上的切削路径，可以分别选择直角坐标系中的两个不同平面，也可以选择不同视角的三维立体；可以在加工时实时显示，也可以在机械锁定方式下进行加工过程的快速描绘。利用该功能可以检验零件加工程序，提高编程效率，实时监视加工过程。

2）数据存储与传输功能　通过这一功能可以将系统中已经调试完毕的加工程序存入存储器中，也可以将在其他计算机中生成的加工程序存入该系统，还可以通过它进行各种机床数据的备份和存储，这会给编程和操作人员带来很大方便。此外，若数控系统基于通用操作系统，应注意防病毒的问题。

3）刚性加工螺纹功能　加工螺纹是数控机床的一项常用功能。刚性加工螺纹必须采用伺服电动机驱动主轴，这不仅要求在主轴上增加一个位置传感器，还对主轴传动机构的间隙和惯量有严格要求，其电气设计和调整也有一定的工作量，选用这个功能可能会增加成本。

4）网络数控功能　网络数控技术是各种先进制造技术的基本单元，为各种先进制造环境提供基本的技术基础，如远程制造、远程诊断、远程维护等。是否选择此项功能，须考虑实际需要和数控的应用水平。

6.3　数控机床电气设计的一般内容

数控机床的电气设计与数控机床的机械结构设计是分不开的，尤其是现代数控机床的结构及使用效能均与电气自动化程度密切相关。对机械设计人员来说，也应对数控机床的电气设计有一定的了解。

在这一部分，将就数控机床电气设计涉及的主要内容，以及电气控制系统如何满足数控机床的主要技术性能加以讨论。

（1）数控机床主要技术性能，即机械传动、液压和气动系统的工作特性，以及对电气控制系统的要求。

（2）数控机床的电气技术指标，即电气传动方案，要根据数控机床的结构、传动方式、调速指标，以及对起/制动和正/反向要求等来确定。

数控机床的主运动与进给运动都有一定的调速范围要求。要求不同，则采取的调速传动方案也就不同，调速性能的好坏与调速方式密切相关。中小型数控机床一般采用单速或双速笼型异步电动机，通过变速箱传动；对传动功率较大、主轴转速较低的数控机床，为了降低成本，简化变速机构，可选用转速较低的异步电动机；对调速范围、调速精度、调速的平滑性要求较高的数控机床，可考虑采用交流变频调速和直流调速系统，满足无级调速和自动调速的要求。

由电动机完成数控机床正/反向运动比机械方法简单、容易，因此只要条件允许，应尽可能由电动机进行。传动电动机是否需要制动，要根据数控机床的需要而定。对于由电动机实现正/反向的数控机床，对制动无特殊要求时，一般采用反接制动，这样可使控制线路简化。若电动机频繁起/制动或经常正/反向运动，必须采取措施限制电动机起/制动电流。

（3）数控机床电动机的调速性质应与数控机床的负载特性相适应。调速性质是指转矩、功率与转速之间的关系。设计任何一个机床电力拖动系统都离不开对负载和系统调速性质的研究，它是选择拖动和控制方案及确定电动机容量的前提。

我们知道，数控机床的切削运动（主运动）需要恒功率传动，而进给运动则需要恒转矩传动。对于双速异步电动机，当定子绕组由△连接改成Y连接时，转速由低速升为高速，功率增加得很小，因此适用于恒功率传动。定子绕组低速为Y连接，而高速为双Y连接的双速电动机，当转速改变时，电动机所输出的转矩保持不变，因此适用于恒转矩调速。

他励直流电动机改变电压的调速方法则属于恒转矩调速；改变励磁的调速方法属于恒功率调速。

（4）正确合理地选择电气控制方式是数控机床电气设计的主要内容。电气控制方式应能保证数控机床的使用效能、动作程序和自动循环等基本动作要求。现代数控机床的控制方式与数控机床结构密切相关。由于近代电子技术和计算技术已深入到数控机床控制系统的各个领域，各种新型控制系统不断出现，它不仅关系到数控机床的技术与使用性能，而且也深刻地影响着数控机床的机械结构和总体方案。因此，电气控制方式应根据数控机床总体技术要求来拟定。

（5）明确有关操纵方面的要求，在设计中实施，如操纵台的设计、测量显示、故障自诊断、保护等措施的要求。

（6）设计应考虑用户供电电网情况，如电网容量、电流种类、电压及频率。电气设计技术条件是数控机床设计的有关人员和电气设计人员共同拟定的。根据设计任务书中拟定的电气设计技术条件，就可以进行设计。实际上，电气设计就是把上述技术条件明确下来付诸实施的。

综上所述，机床电气设计应包括以下内容。

☺ 拟定电气设计任务书（技术条件）。

☺ 确定电气传动控制方案，选择电动机。

☺ 设计电气控制原理图。

☺ 选择电气元件，并制定电气元件明细表。

☺ 设计操作台、电气柜及非标准电气元件。

☺ 设计机床电气设备布置总图、电气安装图，以及电气接线图。

☺ 编写电气说明书和使用操作说明书。

以上各项电气设计内容，必须以相关国家标准为纲领。根据机床的总体技术要求和控制线路的复杂程度不同，以上内容可增可减，某些图样和技术文件可适当合并或增删。

6.4　TK1640 数控车床电气控制电路

6.4.1　电气原理图分析方法和步骤

电气原理图分析的基本原则是化整为零、顺藤摸瓜、先主后辅、集零为整、安全保护、全面检查。采用化整为零的原则，以某一电动机或电气元件（如接触器或继电器线圈）为对象，从电源开始，自上而下，自左而右，逐一分析其接通、断开关系。

电气控制电路一般由主回路、控制电路和辅助电路等部分组成。了解了电气控制系统的总体结构、电动机和电气元件的分布状况及控制要求等内容，便可阅读、分析电气原理图。

1）分析主回路　从主回路入手，根据伺服电动机、辅助机构电动机和电磁阀等执行电器的控制要求，分析它们的控制内容，包括起动、方向控制、调速和制动。

2）分析控制电路　分析控制电路的最基本方法是查线读图。根据主回路中各伺服电动机、辅助机构电动机和电磁阀等执行电器的控制要求，逐一找出控制电路中的控制环节，按功能的不同，将控制电路划分成若干局部来进行分析。

3）分析辅助电路　辅助电路包括电源显示、工作状态显示、照明和故障报警等部分，它们大多由控制电路中的元件来控制，因此在分析时，应对照控制电路进行分析。

4）分析联锁与保护环节　机床对于安全性和可靠性有很高的要求。为了满足这些要求，除了合理选择元器件和控制方案外，在控制电路中还设置了一系列电气保护和必要的电气联锁。

5）总体检查　经过"化整为零"，逐步分析每个局部电路的工作原理以及各部分之间的控制关系后，还应"集零为整"，检查整个控制电路，看是否有遗漏。特别要从整体角度进一步检查和理解各控制环节之间的联系，理解电路中每个元件所起的作用。

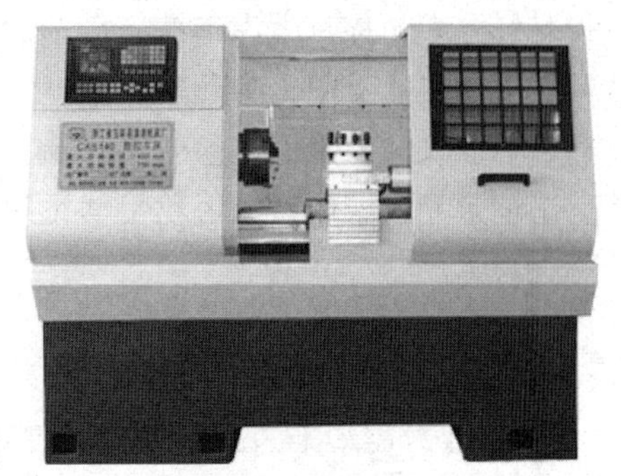

图 6-12　TK1640 数控车床

6.4.2　TK1640 数控车床组成和技术参数

TK1640 数控车床如图 6-12 所示。它是我国宝鸡机床厂研发的产品，采用主轴变频调速、三挡无级变速和HNC-21T车床数控系统，可实现机床的两轴联动。机床配有四工位刀架，可满足不同的加工需要；具有可开闭的半防护门，可确保操作人员的安全。该车床适用于多品种、中小批量产品的加工，在复杂、高精度零件的加工方面其优越性更明显。

1. 组成

TK1640数控车床传动简图如图6-13所示。TK1640数控车库由底座、床身、主轴箱、大拖板（纵向拖板）、中拖板（横向拖板）、电动刀架、尾座、防护罩、电气部分、CNC系统、冷却润滑等部分组成。

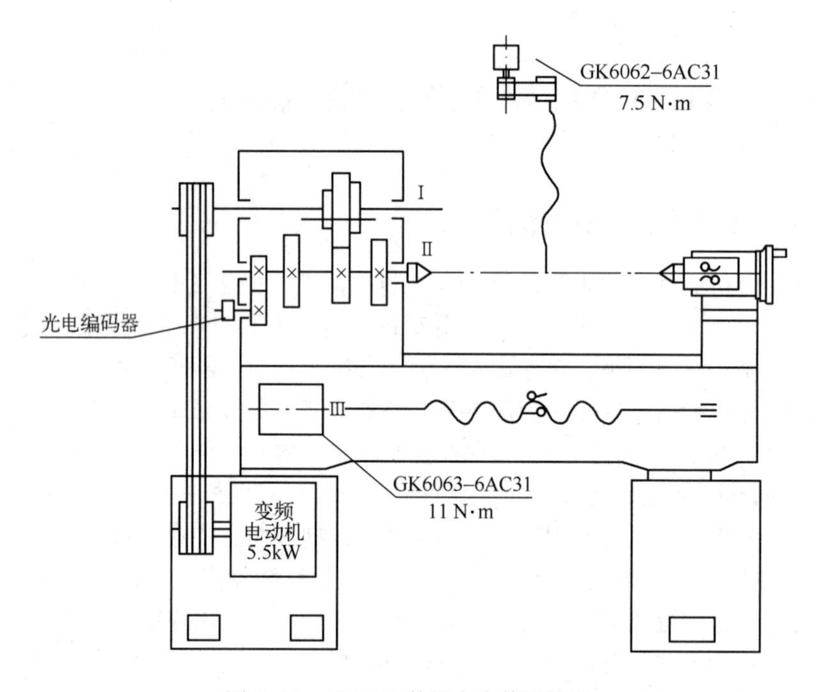

图6-13　TK1640数控车床传动简图

机床主轴的旋转运动由5.5kW变频主轴电动机经皮带传动至Ⅰ轴，经三联齿轮变速将运动传至主轴Ⅱ，并得到低、中、高速三段范围内的无级变速。

大拖板左右运动方向是*Z*坐标方向，其运动由GK6063-6AC31交流永磁伺服电动机与滚珠丝杠直联实现；中拖板前后运动方向是*X*坐标方向，其运动由GK6062-6AC31交流永磁伺服电动机通过同步带及带轮带动滚珠丝杠和螺母实现。

加工螺纹时，为保证主轴转一圈，刀架移动一个导程，在主轴箱左侧安装有光电编码器。主轴至光电编码器的齿轮传动比为1:1。光电编码器配合纵向进给交流伺服电动机，实现加工要求。

2. 技术参数

TK1640数控车床的部分技术参数见表6-1。

表 6-1　TK1640 数控车床的部分技术参数

项　　目			技术参数
加工范围	床身最大回转直径/mm		ϕ410
	床鞍最大回转直径/mm		ϕ180
	最大车削直径/mm		ϕ240
	最大工件长度/mm		1000
	最大车削长度/mm		800
主轴	主轴通孔直径/mm		ϕ52
	主轴头形式		ISO 702/Ⅱ No. 6
	主轴转速/(r/min)		36~2000
	高速/(r/min)		170~2000
	中速/(r/min)		95~1200
	低速/(r/min)		36~420
	主轴电动机功率/kW		5.5（变频）
尾座	套筒直径/mm		ϕ55
	套筒行程（手动）/mm		120
	尾座套筒锥孔		MT No. 4
刀架	快速移动速度（X/Z 向）/(m/min)		3/6
	刀位数		4
	刀方尺寸（mm×mm）		20×20
	X 向行程/mm		200
	Z 向行程/mm		800
要求精度	机床定位精度/mm	X	0.030
		Z	0.040
	机床重复定位精度/mm	X	0.012
		Z	0.016
其他	机床尺寸（长×宽×高）		2140mm×1200mm×1600mm
	机床毛重/kg		2000
	机床净重/kg		1800

6.4.3　TK1640 数控车床的电气控制电路

TK1640 数控车床电气控制设备主要元件见表 6-2。

表 6-2　TK1640 数控车床电气控制设备主要元件

序号	名　　称	规　　格	主要用途	备注
1	数控装置	HNC-21TD	控制系统	HCNC
2	软驱单元	HFD-2001	数据交换	HCNC

续表

序号	名　　称	规　　格	主 要 用 途	备注
3	控制变压器	380/220V AC、300W 或 110V AC、250W 或 24V DC、100W	伺服控制电源、开关电源供电	HCNC
			交流接触器电源	
			照明灯电源	
4	伺服变压器	3P 380/220V AC、2.5kW	伺服电源	HCNC
5	开关电源	220V AC/24V DC、145W	HNC-21TD、PLC 及中间继电器电源	明玮
6	伺服驱动器	HSV-16D030	*X*、*Z* 轴电动机伺服驱动器	HCNC
7	伺服电动机	GK6062-6AC31-FE（7.5 N·m）	*X* 轴进给电动机	HCNC
8	伺服电动机	GK6063-6AC31-FE（11 N·m）	*Z* 轴进给电动机	HCNC

1. 机床的运动及控制要求

如前所述，TK1640 数控车床主轴的旋转运动由 5.5kW 变频主轴电动机实现，与机械变速配合得到低速、中速和高速三段范围的无级变速。

Z 轴、*X* 轴的运动由交流伺服电动机带动滚珠丝杠实现，两轴的联动由数控系统控制。加工螺纹由光电编码器与交流伺服电动机配合实现。除了上述运动，还有电动刀架的转位，冷却液泵电动机的起/停等。

2. 主回路分析

图 6-14 所示的是 TK1640 数控车床强电回路。

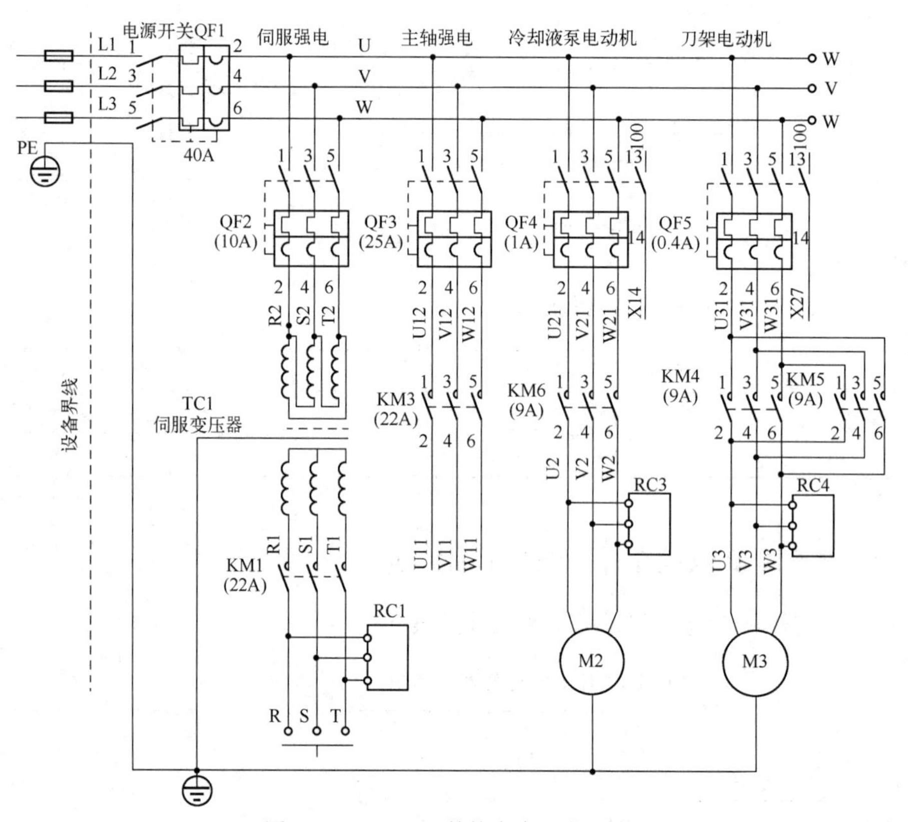

图 6-14　TK1640 数控车床强电回路

图 6-14 中 QF1 为电源总开关。QF2～QF5 分别为伺服强电、主轴强电、冷却液泵电动机、刀架电动机的空气开关，它们的作用是接通电源，以及短路、过电流时起保护作用；其中 QF4、QF5 带辅助触点，该触点输入到 PLC，作为 QF4、QF5 的状态信号，并且这两个空气开关的保护电流是可调的，可根据电动机的额定电流来调节空气开关的设定值，起过电流保护作用。KM1、KM3、KM6 分别为伺服电动机、主轴电动机、冷却液泵电动机的交流接触器，由它们的主触点控制相应的电动机；KM4、KM5 为刀架正/反转交流接触器，用于控制刀架的正/反转。TC1 为三相伺服变压器，将 380V AC 变为 200V AC，供给伺服电源模块。RC1、RC3、RC4 为阻容吸收电路，当相应电路断开后，吸收伺服电源模块、冷却液泵电动机、刀架电动机中的能量，避免产生过电压而损坏元件。

3. 电源电路分析

图 6-15 所示为 TK1640 数控车床电气控制电路中的电源回路。

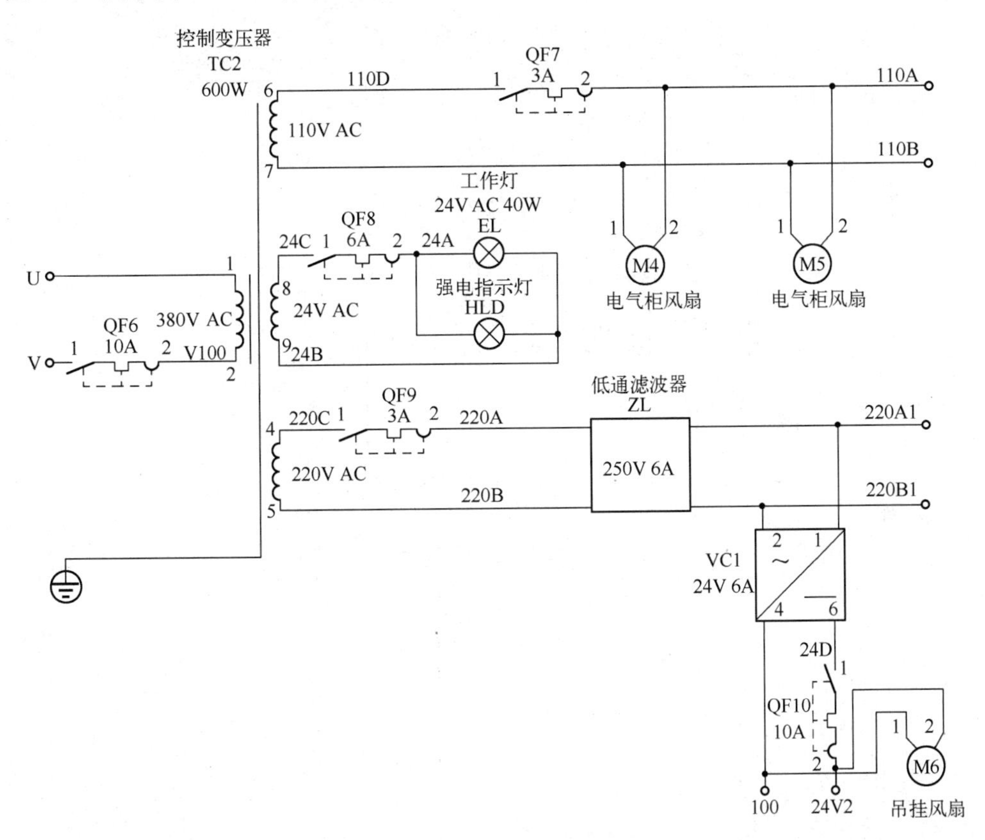

图 6-15　TK1640 数控车床电气控制电路中的电源回路

图 6-15 中 TC2 为控制变压器，一次电压为 380V，二次电压为 110V、220V、24V，其中 110V AC 给交流接触器线圈和电气柜风扇提供电源；24V AC 给电气柜门指示灯、工作灯提供电源；220V AC 通过低通滤波器滤波，给伺服模块、电源模块、24V DC 电源提供电源；VC1 为 24V 电源，将 220V AC 转换为 24V DC，给数控系统、PLC 输入/输出、24V 继电器线圈、伺服模块、电源模块、吊挂风扇提供电源；QF6～QF10 空气开关为电路提供短路保护。

4. 控制电路分析

1）主轴电动机的控制 图 6-16 和图 6-17 所示分别为 TK1640 的交流控制回路图和直流控制回路图。合上 QF2、QF3 空气开关后，当机床未压限位开关、伺服未报警、急停未压下、主轴未报警时，KA2、KA3 继电器线圈通电，继电器触点吸合，并且 PLC 输出点 Y00 发出伺服允许信号，KA1 继电器线圈通电，继电器触点吸合。当 KM1 交流接触器线圈通电时，交流接触器触点吸合，KM3 主轴交流接触器线圈通电，强电回路中交流接触器主触点吸合，主轴变频器加上 380V AC 电压；若有主轴正转或主轴反转及主轴转速指令（手动或自动），PLC 输出主轴正转 Y10 或主轴反转 Y11 有效，主轴转速指令输出对应于主轴转速的直流电压值（0~10V），主轴按指令值的转速正转或反转；当主轴速度达到指令值时，主轴变频器输出主轴速度到达信号给 PLC，主轴转动指令完成。

主轴的起动时间、制动时间由主轴变频器内部参数设定。

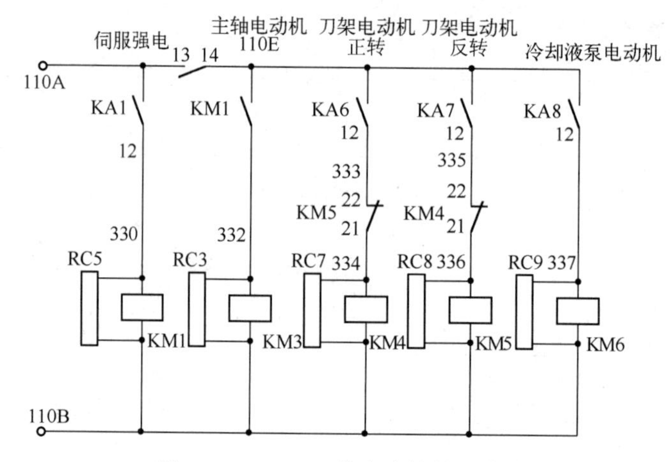

图 6-16 TK1640 的交流控制回路图

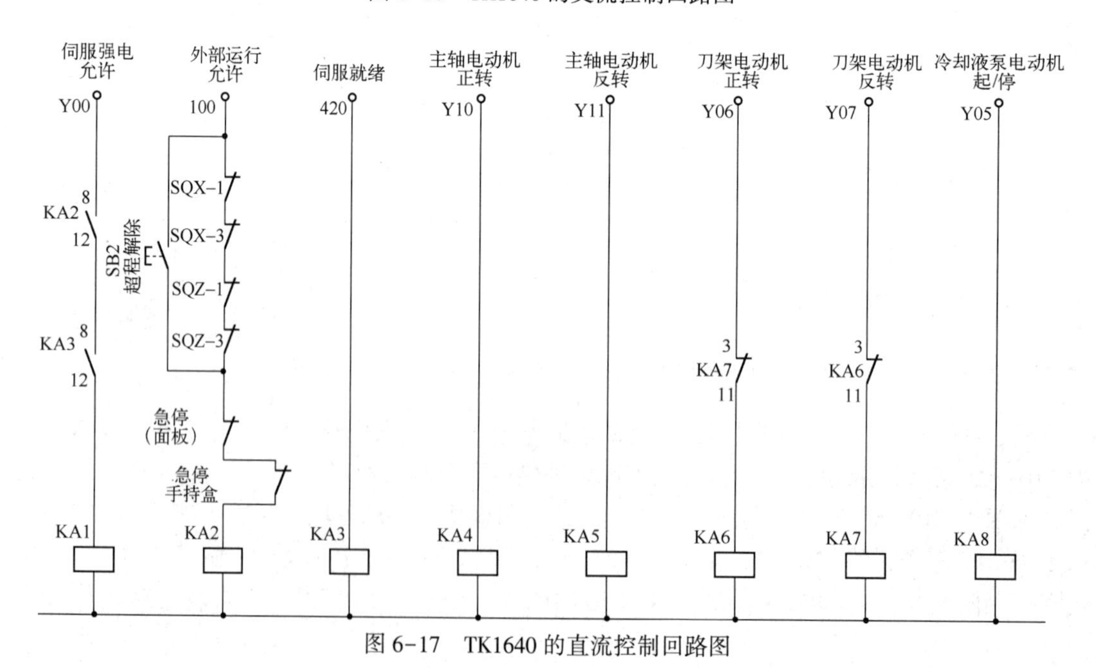

图 6-17 TK1640 的直流控制回路图

2）刀架电动机的控制　当有手动换刀或自动换刀指令时，指令经过系统处理后转变为刀位信号，这时 PLC 输出 Y06 有效，KA6 继电器线圈通电，继电器触点闭合，KM4 交流接触器线圈通电，交流接触器主触点吸合，刀架电动机正转；当 PLC 输入点检测到指令刀具所对应的刀位信号时，PLC 输出 Y06 有效撤销，刀架电动机停止正转；接着 PLC 输出 Y07 有效，KA7 继电器线圈通电，继电器触点闭合，KM5 交流接触器线圈通电，交流接触器主触点吸合，刀架电动机反转，延时一定时间后（该时间由参数设定，并根据现场情况进行调整），PLC 输出 Y07 有效撤销，KM5 交流接触器主触点断开，刀架电动机停止反转，换刀过程完成。为防止电源短路和电气互锁，在刀架电动机正转继电器线圈、接触器线圈回路中串入反转继电器、接触器常闭触点，在反转继电器、接触器线圈回路中串入正转继电器、接触器常闭触点。注意：刀架转位选刀只能单方向转动，取刀架电动机正转；刀架电动机反转时，刀架锁紧定位。

3）冷却液泵电动机控制　当有手动或自动冷却指令时，PLC 输出 Y05 有效，KA8 继电器线圈通电，继电器触点闭合，KM6 交流接触器线圈通电，交流接触器主触点吸合，冷却液泵电动机旋转，带动冷却液泵工作。

6.5　XK714A 数控铣床电气控制电路

6.5.1　XK714A 数控铣床组成和技术参数

XK714A 数控铣床采用变频主轴，*X*、*Y*、*Z* 三向进给均由伺服电动机驱动滚珠丝杠实现。机床采用 HNC-21M 数控系统，实现三坐标联动；根据用户要求，可提供数控转台，实现四坐标联动；系统具有汉字显示、3D 图形动态仿真、双向式螺距补偿、小线段高速插补功能和软硬盘、RS-232、网络等多种程序输入功能；具有独有的大容量程序加工功能，在不需要 DNC 的情况下，可直接加工大型复杂型面零件。该机床适合工具、模具、电子、汽车和机械制造等行业中对复杂形状的表面和型腔零件进行大、中、小批量加工。图 6-18 所示的是 XK714A 数控铣床。

1. 组成

XK714A 数控铣床传动简图如图 6-19 所示。它主要由底座、立柱、工作台、主轴箱、电气控制柜、CNC 系统、冷却、润滑等部分组成。立柱、工作台部分安装在底座上，主轴箱通过连接座在立柱上移动。其他各部件自成一体，与底座组成整机。

该机床的工作台左、右运动方向为 *X* 坐标，工作台前、后运动方向为 *Y* 坐标，其运动均由 GK6062-6AF31 交流永磁伺服电动机通过同步齿形带及带轮、滚珠丝杠和螺母实现；主轴箱上、下运动方向为 *Z* 坐标，其运动由 GK6063-6AF31 带抱闸的交流永磁伺服电动机通过同步齿形带及带轮、滚珠丝杠和螺母实现。

如图 6-19 所示，机床的主轴旋转运动由 YPNC-50-5.5-A 主轴电动机经同步带及带轮传至主轴。主轴电动机为变频调速三相异步电动机，由数控系统控制变频器的输出频率，实现主轴无级调速。

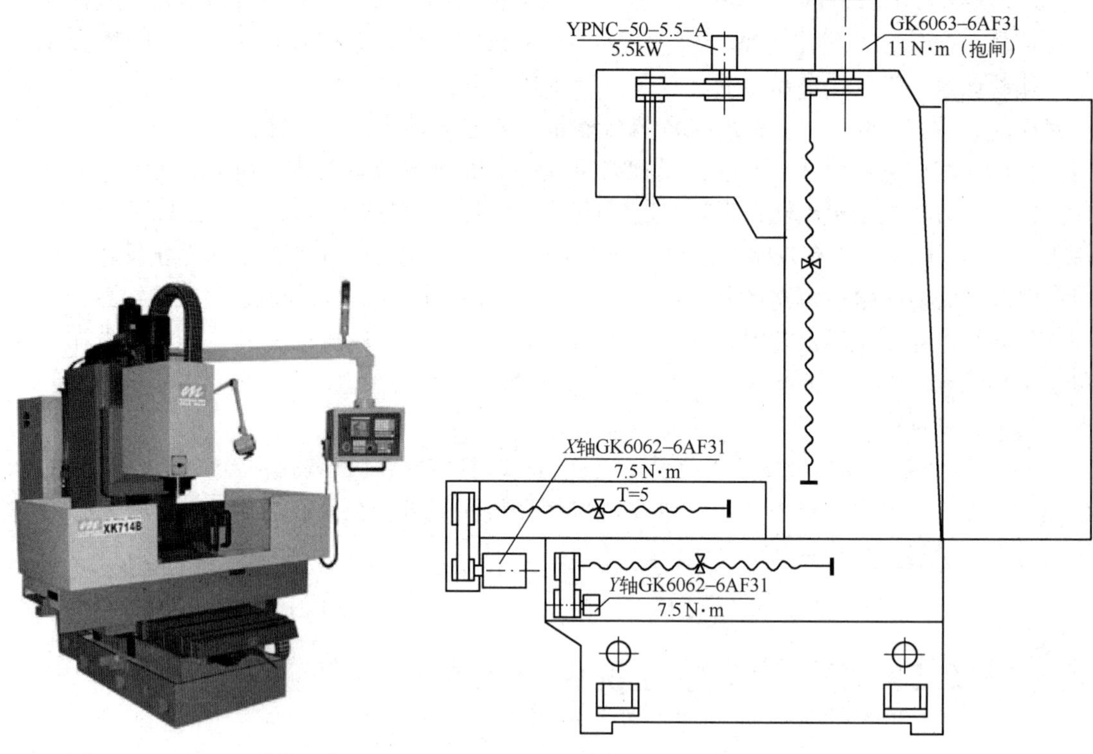

图 6-18　XK714A 数控铣床

图 6-19　XK714A 数控铣床传动简图

机床有刀具松/紧电磁阀，以实现自动换刀；为了在换刀时将主轴锥孔内的灰尘清除，机床配备了主轴吹气电磁阀。

2. 技术参数

XK714A 数控铣床的主要技术参数见表 6-3。

表 6-3　XK714A 数控铣床的主要技术参数

项　目		技术参数
工作台（宽×长）		400mm×1270mm
工作台负载/kg		380
工作台最大行程/mm	*X*	800
	Y	400
	Z	500
工作台“T”形槽（宽度×个数）		16mm×3
工作台高度/mm		900
X/*Y*/*Z* 轴快移速度/(mm/min)		5000（特殊 10000）
X/*Y*/*Z* 轴进给速度/(mm/min)		3000
定位精度（mm/mm）		0.01/300
重复定位精度/mm		±0.005
X 轴电动机转矩/(N·m)		7.5
Y 轴电动机转矩/(N·m)		7.5
Z 轴电动机转矩/(N·m)		11
主轴锥度		BT40

续表

项　　目	技术参数
主轴电动机功率/kW	3.7/5.5
主轴转速/(r/min)	60~6000
最大刀具质量/kg	7
最大刀具直径/mm	180
主轴鼻端至工作台面距离/mm	85~585
主轴中心至立柱面距离/mm	423
工作台内侧至立柱面距离/mm	85~535
机床净重/kg	2500
机床外形尺寸（长×宽×高）	1780mm×1980mm×2235mm

6.5.2　XK714A 数控铣床的电气控制电路

1. 主回路分析

图 6-20 所示为 XK714A 数控铣床的强电回路。QF1 为电源总开关，QF2~QF4 分别为伺服强电、主轴强电、冷却液泵电动机的空气开关；其中 QF4 带辅助触点，该触点接入到 PLC 作为冷却液泵电动机的报警信号，该空气开关电流可调，可根据电动机的额定电流来调节空气开关的设定值，起到过电流保护作用；KM1~KM3 分别为伺服电动机、控制主轴电动机、冷却液泵电动机的交流接触器，由它们的主触点控制相应电动机；TC1 为主变压器，将

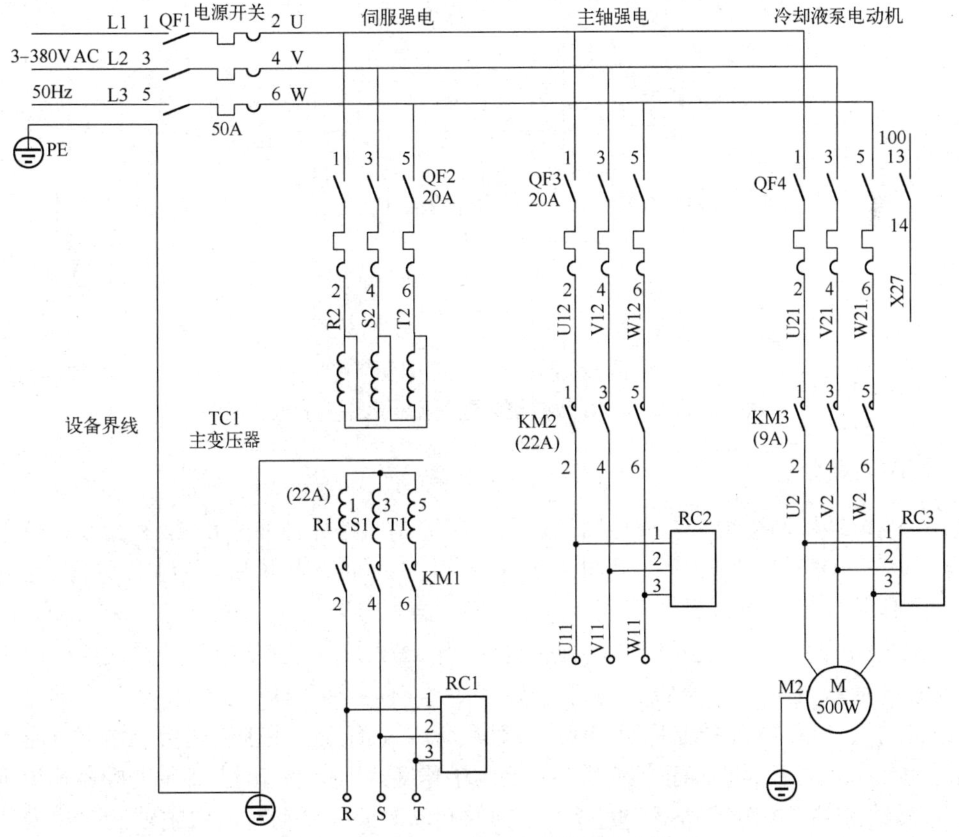

图 6-20　XK714A 数控铣床的强电回路

380V AC 电压变为 220V AC 电压，供给伺服电源模块；RC1～RC3 为阻容吸收电路，当相应的电路断开后，吸收伺服电源模块、主轴变频器、冷却液泵电动机的能量，避免上述元件上产生过电压。

2. 电源电路分析

图 6-21 所示为 XK714A 数控铣床电气控制电路中的电源回路。TC2 为控制变压器，一次电压为 380V，二次电压为 110V、220V、24V，其中，110V AC 给交流控制回路和电气柜热交换器提供电源；24V AC 给工作灯提供电源；220V AC 给主轴风扇电动机、润滑电动机和 24V 电源供电，并通过低通滤波器滤波给伺服模块、电源模块、24V DC 电源提供电源控制；VC1、VC2 为 24V 电源，将 220V AC 转换为 24V DC，其中 VC1 给数控系统、PLC 输入/输出、24V 继电器线圈、伺服模块、电源模块、吊挂风扇提供电源，VC2 给 *Z* 轴电动机提供 24V DC，用于 *Z* 轴抱闸；QF7、QF10、QF11 空气开关为电路的短路保护。

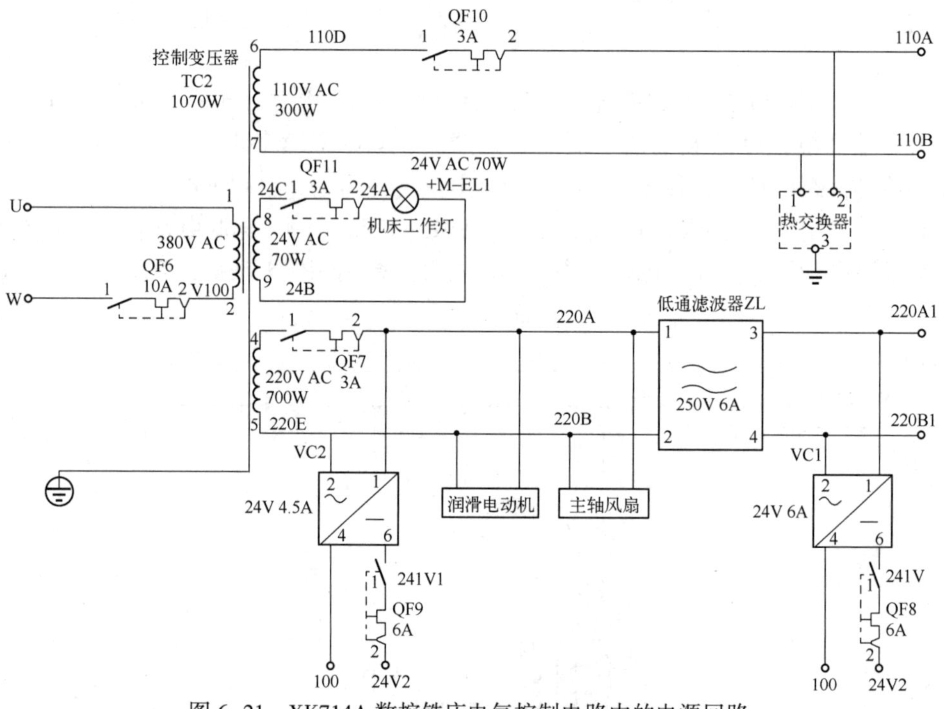

图 6-21　XK714A 数控铣床电气控制电路中的电源回路

3. 控制电路分析

1）主轴电动机的控制　交流控制回路和直流控制回路分别如图 6-22 和图 6-23 所示。

合上 QF2、QF3 空气开关后，当机床未压限位开关、伺服未报警、急停未压下、主轴未报警时，外部运行 KA2、KA3 继电器线圈通电，继电器触点吸合，PLC 输出点 Y00 发出伺服允许信号，KA1 继电器线圈通电，继电器触点吸合；当 KM1、KM2 交流接触器线圈通电时，交流接触器触点吸合，主轴变频器加上 380V AC 电压；若有主轴正转或主轴反转及主轴转速指令(手动或自动)，PLC 输出主轴正转 Y10 或主轴反转 Y11 有效，主轴转速指令输出对应于主轴转速值，主轴按指令值的转速正转或反转；当主轴速度达到指令值时，主轴变频器输出主轴速度到达信号给 PLC，主轴转动指令完成。主轴的起动时间、制动时间由主轴变频器内部参数设定。

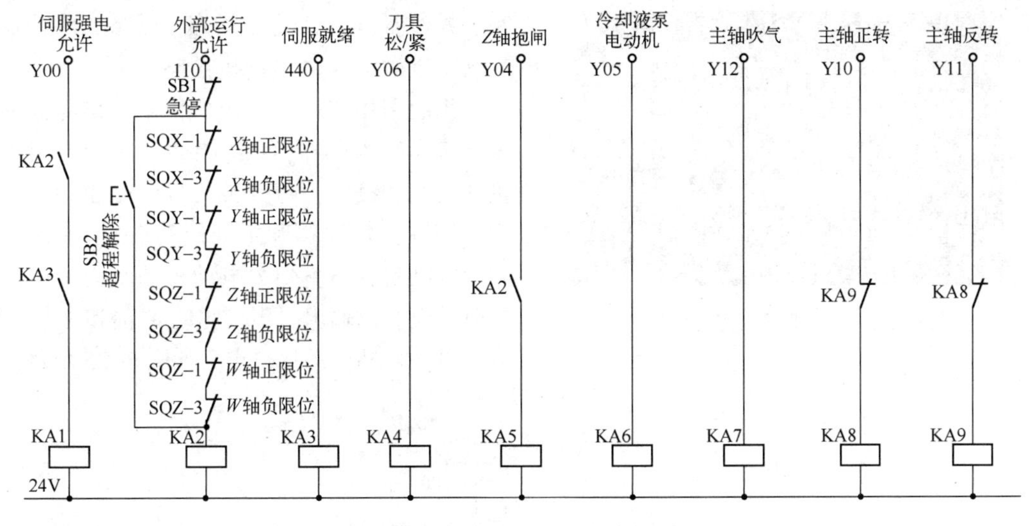

图 6-22　XK714A 交流控制回路

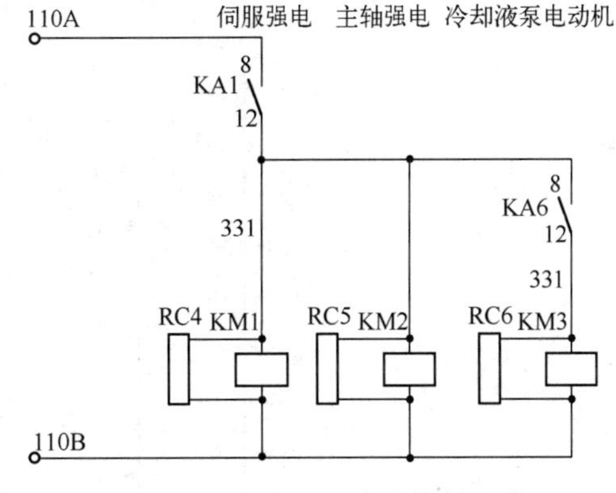

图 6-23　XK714A 直流控制回路

2）冷却液泵电动机的控制　当有手动或自动冷却指令时，PLC 输出 Y05 有效，KA6 继电器线圈通电，继电器触点闭合，KM3 交流接触器线圈通电，交流接触器主触点吸合，冷却液泵电动机旋转，带动冷却液泵工作。

3）换刀控制　当有手动或自动刀具松开指令时，PLC 输出 Y06 有效，KA4 继电器线圈通电，继电器触点闭合，刀具松/紧电磁阀通电，刀具松开，手动将刀具拔下，延时一定时间后，PLC 输出 Y12 有效，KA7 继电器线圈通电，继电器触点闭合，主轴吹气电磁阀通电，清除主轴锥孔内的灰尘，延时一定时间后（该时间由参数设定，并根据现场情况进行调整），PLC 输出 Y12 有效撤销，主轴吹气电磁阀断电；将加工所需刀具放入主轴锥孔后，机床 CNC 装置控制 PLC 输出 Y06 撤销，刀具松/紧电磁阀断电，刀具夹紧，换刀结束。

6.6　100-T 型数控系统及其在 CJK0630A 数控车床上的应用

6.6.1　100-T 型数控系统

100-T 型数控系统是一种经济（简易）型数控系统，主要用于经济型或教学型数控车床的控制，也可以用作普通车床的数控改造，其外观如图 6-24 所示。

该数控系统采用一体化结构，操作面板、电源、CNC 控制电路以及步进电动机的驱动电路全部安装在一个控制箱中。在操作面板上装有 4 排 LED 数码管显示器；在显示器前面板上有 25 个编辑键、7 个状态键、7 个控制键。在控制箱后面板上，装有 220V AC 电源插

图 6-24　100-T 型数控系统外观

座、螺纹插座、T 功能插座、S. M 功能插座、*X* 电动机插座和 *Z* 电动机插座。

系统采用 220V AC 电源供电，螺纹插座用来连接主轴编码器，T 功能插座用于刀架电动机的控制和接收刀位开关信号，S. M 功能插座用来控制主轴换挡和主轴起动/停止等辅助控制，X 电动机插座和 Z 电动机插座为步进电动机驱动电源的输出，用来驱动 *X* 轴和 *Z* 轴步进电动机。各插座的接口定义如图 6-25 所示。

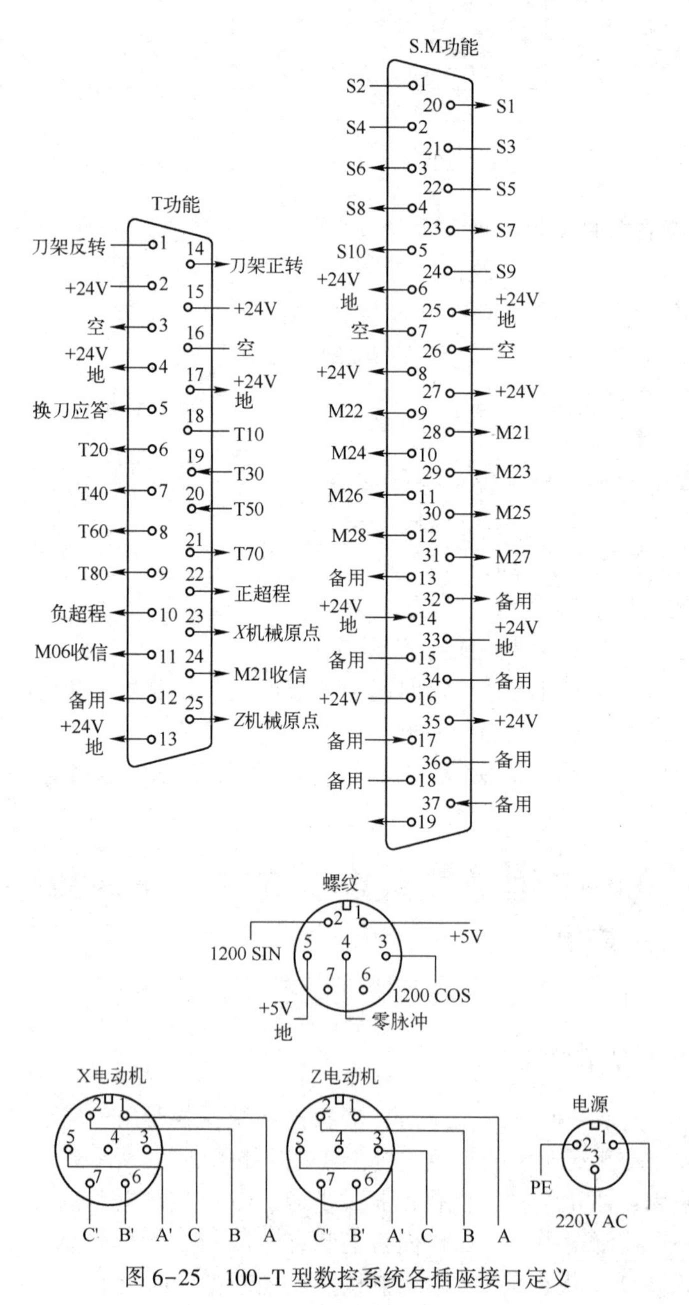

图 6-25　100-T 型数控系统各插座接口定义

6.6.2　CJK0630A 数控车床传动结构和控制原理

CJK0630A 数控车床是具有两轴联动功能的教学型数控车床，其结构比较简单，传动系统如图 6-26 所示。该数控车床的主轴由 3kW 交流异步电动机 M1 驱动，手动分挡变速；在主轴的尾端装有主轴编码器 G1，用于实现螺纹加工。进给运动采用步进电动机 M4、M5 驱动，SQ1～SQ4 分别为 *X* 轴和 *Z* 轴的正/负向限位开关。该机床采用四工位刀架，M3 为刀架电动机，T1～T4 为四个刀位检测开关。M2 为冷却液泵电动机。

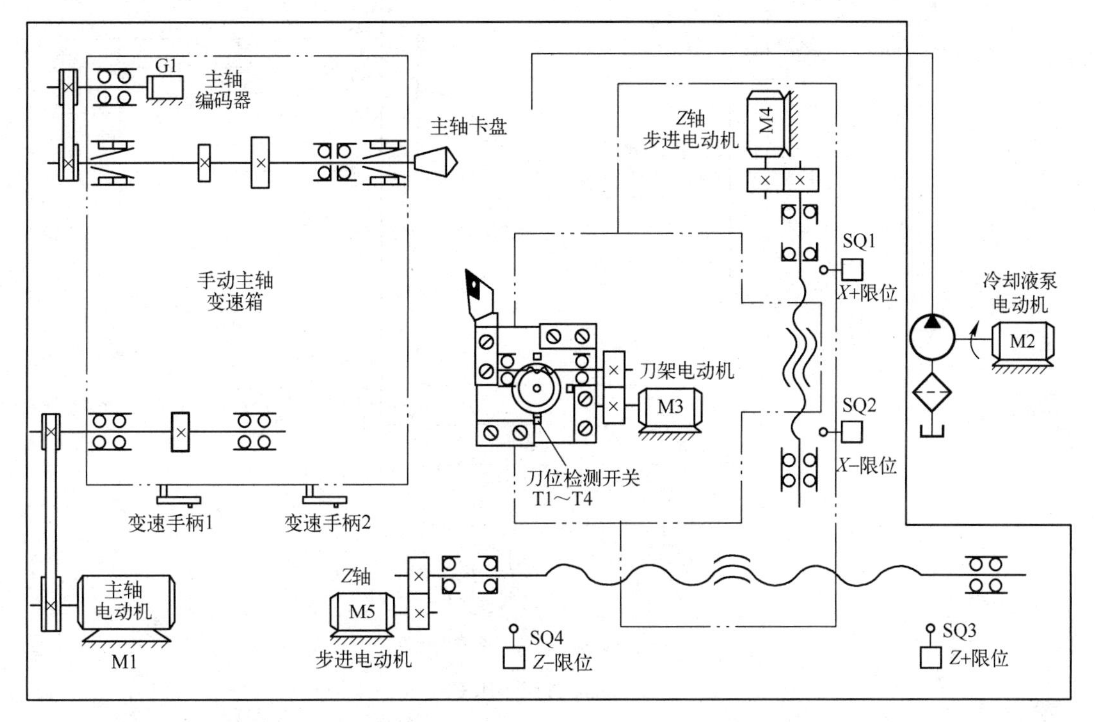

图 6-26　CJK0630A 数控车床传动系统

CJK0630A 数控车床主轴的正转、反转、停止分别由 100-T 型数控系统的 M03、M04、M05 指令控制，主轴转速采用手动机械换挡控制。通过主轴编码器反馈，同步进给，实现螺纹加工。

冷却液泵的开关由旋钮 SA1 控制，当 SA1 闭合时，主轴起动则冷却液泵开启，主轴停止则冷却液泵关闭；当 SA1 断开时，关闭冷却液泵。

刀架的位置由程序中的 T1～T4 指令指定。进给运动可点动进给，也可连续自动进给，由 100-T 型数控系统控制。如果超过正/负向限位，则产生报警。

6.6.3　控制电路工作原理

该机床的控制电路如图 6-27 和图 6-28 所示。由图可知，共有三台交流异步电动机、两台步进电动机。由于该机床的辅助动作比较简单，其辅助动作的控制采用继电器逻辑实现。

在图 6-27 中，T1～T4 是四个刀具位置检测开关（或霍尔传感器），分别接 CNC 装置 T 功能插座的刀位信号输入端 T10、T20、T30、T40。两个坐标的正向限位开关 SQ1 和 SQ3 串

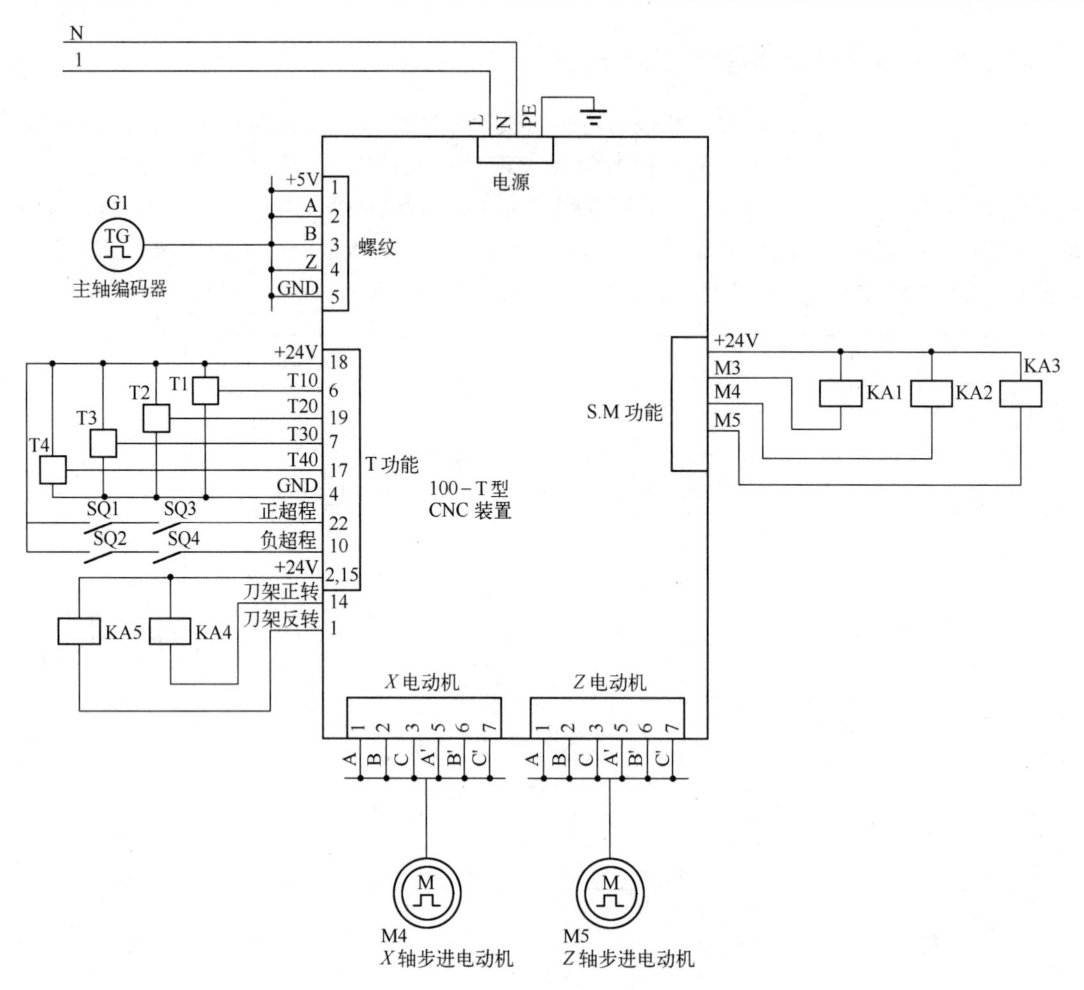

图6-27　CJK0630A数控车床CNC接口电路

联后接CNC装置的正限位输入端；两个坐标的负向限位开关SQ2和SQ4串联后接CNC装置的负限位输入端。主轴编码器的5根信号线与CNC装置的螺纹输入相连接，CNC装置的步进驱动输出与*X*轴、*Z*轴步进电动机相连接。CNC装置的M功能（M3～M5）和T功能刀架正转、刀架反转分别经过小型继电器KA1～KA5转接后，去控制交流接触器线圈，从而实现了CNC 24V DC弱信号到220V AC强信号的转接接口。

通过上述分析可以看出，对于辅助动作比较简单的数控机床，只需要用少量的接触器、继电器元件，配合数控系统接口逻辑，即可实现辅助动作的控制。在CJK0630A数控车床中，辅助M功能M3～M5通过接触器逻辑实现，没有使用S功能，而T功能由数控系统完成。当执行换刀指令时，在100-T型数控系统内部进行逻辑处理，控制刀架电动机完成换刀动作。

在图6-28中，主回路三相交流电源通过自动空气开关QF1引入，经过自动空气开关QF2～QF4分配给M1～M3交流异步电动机回路。自动空气开关具有短路保护功能，并能够起到一定的过载保护功能。KM1、KM2为主轴电动机M1的正转和反转接触器，KM3为冷却液泵电动机M2的起动和停止接触器，KM4、KM5为刀架电动机M3的正转和反转接触器。FR1、FR2为M1和M2电动机的过载保护热继电器，由于刀架电动机工作时间很短，所以

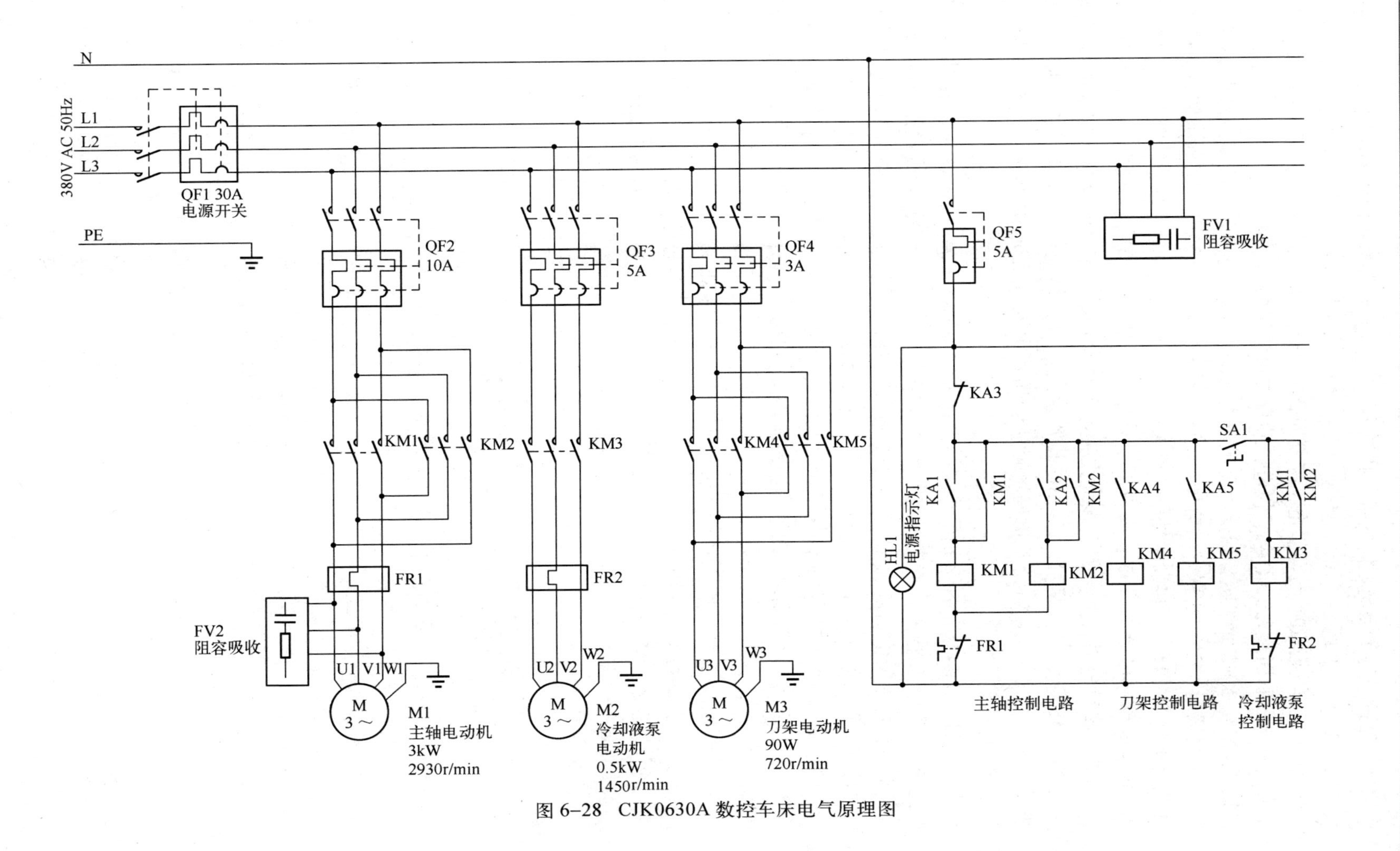

图 6-28　CJK0630A 数控车床电气原理图

不需要加过载保护。为了提高系统的抗干扰能力，在总电源回路和主轴电动机回路中设置了阻容吸收电路FV1、FV2。

控制回路采用交流220V电源供电，控制回路电源通过单相自动空气开关QF5引入，分别向交流接触器控制回路和CNC装置供电，并具有短路保护和过载保护作用。

接触器KM1、KM2的线圈分别受小型继电器KA1、KA2的常开点控制，当执行到含有M3指令的程序段时，CNC装置发出信号，使继电器KA1吸合，KA1常开触点闭合使接触器KM1线圈得电吸合并自锁，接通主轴电动机M1的三相交流电源，主轴正转起动；当执行到含有M4指令的程序段时，CNC装置发出信号使继电器KA2吸合，KA2常开触点闭合使接触器KM2线圈得电吸合并自锁，接通主轴电动机M1的三相交流电源，主轴反转起动。当执行到含有M5指令的程序段时，CNC装置发出信号，使继电器KA3吸合，KA3常闭触点断开使接触器KM1或KM2线圈断电释放，切断主轴电动机M1的三相交流电源，主轴停止运转。

接触器KM3、KM4的线圈分别受小型继电器KA4、KA5的常开触点控制，当需要更换刀具时，CNC装置发出信号，首先使继电器KA4吸合，KA4常开触点闭合使接触器KM3线圈得电吸合，接通刀架电动机M3的三相交流电源，刀架电动机正转，使刀架抬起、旋转；当刀架旋转到预定的刀具位置时，CNC装置发出信号使继电器KA4释放、KA5吸合，接触器KM3线圈断电释放、接触器KM4线圈得电吸合，刀架电动机开始反转，使刀架落下并锁紧；延时1~2s后，继电器KA5释放，接触器KM4线圈断电释放，刀架电动机停止转动，换刀结束。

SA1为冷却液泵手动开关。SA1闭合后，主轴起动（KM1或KM2吸合）时，接触器KM5得电吸合，接通冷却液泵电动机电源，冷却液泵开始工作；当主轴停止（KM1和KM2均断开）时，接触器KM5断电，冷却液泵停止工作。当SA1断开时，接触器KM5线圈回路切断，冷却液泵电动机不工作，冷却液泵停止运转。

思考与练习

（1）机床电气控制电路的设计方法有哪几种？区别是什么？

（2）简述数控机床电气控制电路设计的原则。

（3）有一台进给伺服电动机用于控制系统，属于短期工作制（即频繁起动、停止），电动机容量（功率）应如何选择？

（4）以TK1640数控车床为例，说明车削螺纹的工作原理。

（5）电动机的正转和反转控制电路是绝对不允许同时接通的，试以TK1640数控车床为例，找出其电气联锁保护环节。

（6）试述在铣削加工中心机床上，刚性加工螺纹和柔性加工螺纹的工作原理及其对机床结构上的要求。

（7）结合图6-28分析CJK0630A数控车床的电气控制原理。

第 7 章　机床电气控制线路

7.1　机床电气控制线路应用示例

本节将分析几种常用的车床、铣床、钻床、镗床和磨床的电气控制线路，从而让读者进一步掌握控制线路的组成、典型环节的应用及分析控制线路的方法，从中找出规律，逐步提高阅读电气原理图的能力，为独立设计打下基础。

7.1.1　C650 卧式车床的电气控制线路

卧式车床可以用于切削各种工件的外圆、内孔、端面及螺纹。在用车床加工工件时，随着工件材料和材质的不同，应选择合适的主轴转速及进给速度。

C650 卧式车床属于中型机床，图 7-1 所示为其控制线路，其特点如下所述。

☺ 主轴的正/反转用正/反向接触器进行控制。

☺ 主轴电动机的功率为 30kW，但因不经常起动，所以采用直接起动。

☺ 为了对刀和调整工件，主轴电动机的控制线路设有点动环节。

☺ 为提高工作效率，主轴电动机采用反接制动，此时为了减小制动电流，定子回路串接限流电阻。在点动时，限流电阻也串接定子回路，防止因频繁点动使主轴电动机过热。

☺ 为监测主轴电动机定子大电流，通过电流互感器接入电流表。为防止主轴电动机的起动电流及反接制动电流对电流表造成冲击，在主轴电动机起动和反接制动时，在电流表上并联一个时间继电器的通电延时打开的常闭触点。

☺ 加工螺纹时，为了保证工件的旋转速度与刀具的进给速度之间的严格比例关系，刀架的进给运动也由主轴电动机拖动。

☺ 为减轻操作人员的劳动强度和节省辅助工时，专设一台 2.2kW 的电动机，用于拖动溜板箱快速运动。

☺ 加工时，为防止刀具和工件的温度过高，用一台电动机带动冷却液泵供给冷却液。冷却液泵电动机在主轴电动机开动后方可起动。

☺ 主轴电动机和冷却液泵电动机有短路和过载保护。

☺ 有安全照明电路。

在图 7-1 中，M1 为主轴电动机，M2 为冷却液泵电动机，M3 为快速移动电动机，其控制过程如下所述。

1. 主电路

组合开关 Q1 将三相电源引入，FU1 为主轴电动机 M1 的短路保护用熔断器，FR1 为 M1 过载保护用热继电器，R 为限流电阻，防止在点动时频繁起动造成电动机过热。通过互感器 TA 接入电流表 A 以监视主轴电动机的绕组电流。熔断器 FU2 为 M2、M3 电动机的短路保

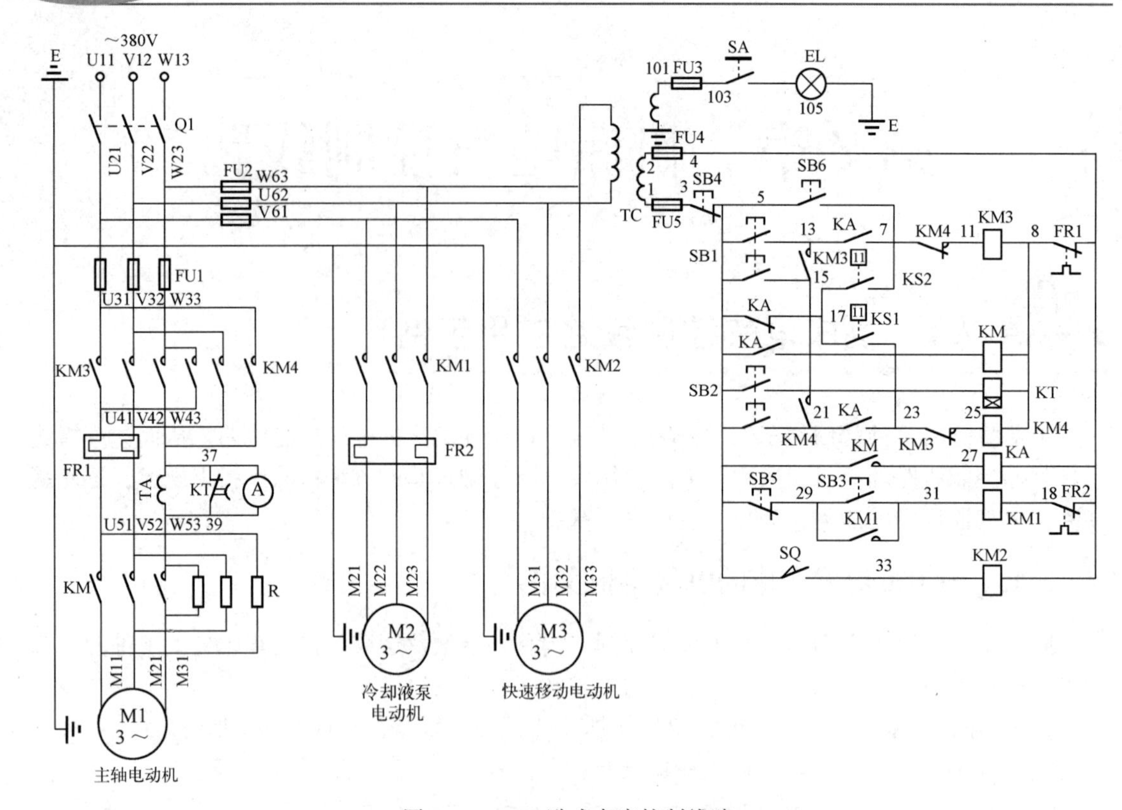

图 7-1　C650 卧式车床控制线路

护，接触器 KM1、KM2 为电动机 M2、M3 起动用接触器，FR2 为 M2 的过载保护；快速移动电动机 M3 属于短时工作制，所以不设过载保护。

监视主回路负载的电流表是通过电流互感器接入的。为防止电动机起动电流对电流表造成冲击，线路中采用一个时间继电器 KT。起动时，KT 线圈通电，而 KT 的延时断开的动断触点尚未动作，电流互感器二次电流只流经该触点构成闭合回路，电流表没有电流流过。起动后，KT 延时断开的动断触点打开，此时电流流经电流表，反映出负载电流的大小。

2. 主轴电动机的点动调整

图 7-2 所示为 C650 卧式车床点动控制线路图。线路中 KM3 为 M1 的正转用接触器，KM4 为 M1 的反转用接触器，KA 为中间继电器。按下点动按钮 SB6 时，接触器 KM3 得电，其主触点闭合，电动机的定子绕组经限流电阻 R 和电源接通，电动机在较低速度下起动。松开按钮 SB6，KM3 断电，M1 停止转动。在点动过程中，中间继电器 KA 线圈不通电，KM3 线圈不会自锁。

3. 主轴电动机的正/反转控制电路

图 7-3 所示为 C650 卧式车床正/反转控制线路图，主轴电动机 M1 的正/反转控制包括 M1 的正向长动控制和 M1 的反向长动控制。

1）M1 的正向长动　按下正向起动按钮 SB1，接触器 KM 首先得电动作，其主触点闭合将限流电阻短接，其辅助触点闭合使中间继电器 KA 得电，其辅助触点（13-7）闭合使接触器 KM3 得电，KM3 的主触点闭合使 M1 直接正向起动，KM3 的动合触点（15-13）和 KA 的动合触点（5-15）的闭合将 KM3 的线圈自锁。

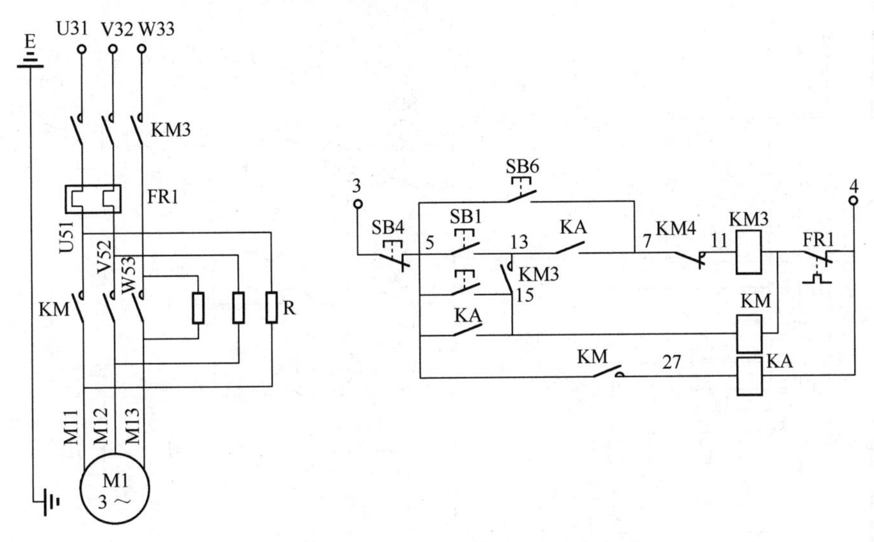

图 7-2　C650 卧式车床点动控制线路图

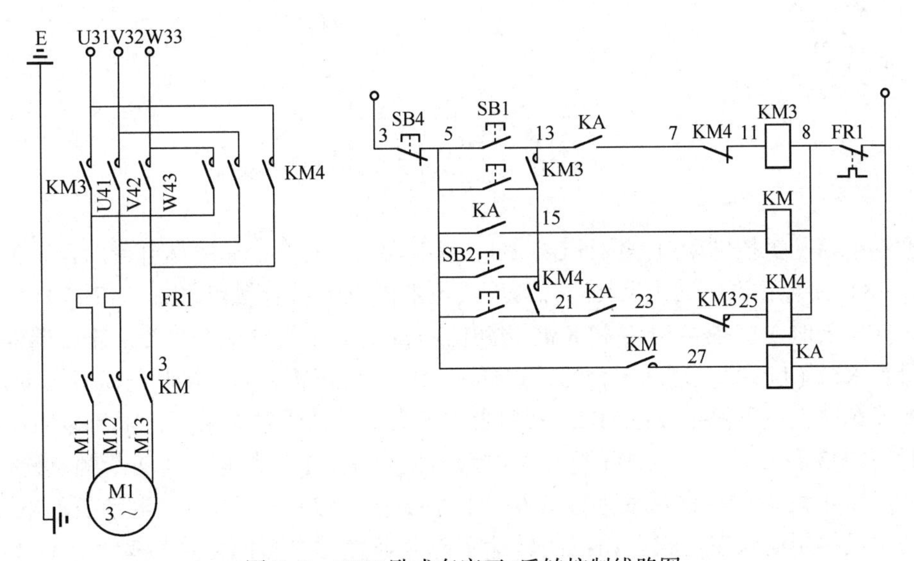

图 7-3　C650 卧式车床正/反转控制线路图

2）M1 的反向长动　按下反向起动按钮 SB2，接触器 KM 首先得电动作，其主触点闭合将限流电阻短接，其辅助触点闭合使中间继电器 KA 得电，其辅助触点（21-23）闭合使接触器 KM4 得电，KM4 的主触点将三相电源反接，电动机在全压下反向起动。KM4 的动合触点（15-21）和 KA 的动合触点（5-15）的闭合将 KM4 的线圈自锁。KM4 的动断触点（7-11）和 KM3 的动断触点（23-25）分别串联在对方接触器线圈的回路中，起到了电动机正转与反转的电气互锁作用。

4. 主轴电动机的反接制动控制

C650 卧式车床采用反接制动方式。当 M1 的转速接近于零时，用速度继电器的触点给出信号切断 M1 的电源。图 7-4 所示的是 C650 卧式车床正/反转与反接制动的控制线路图。

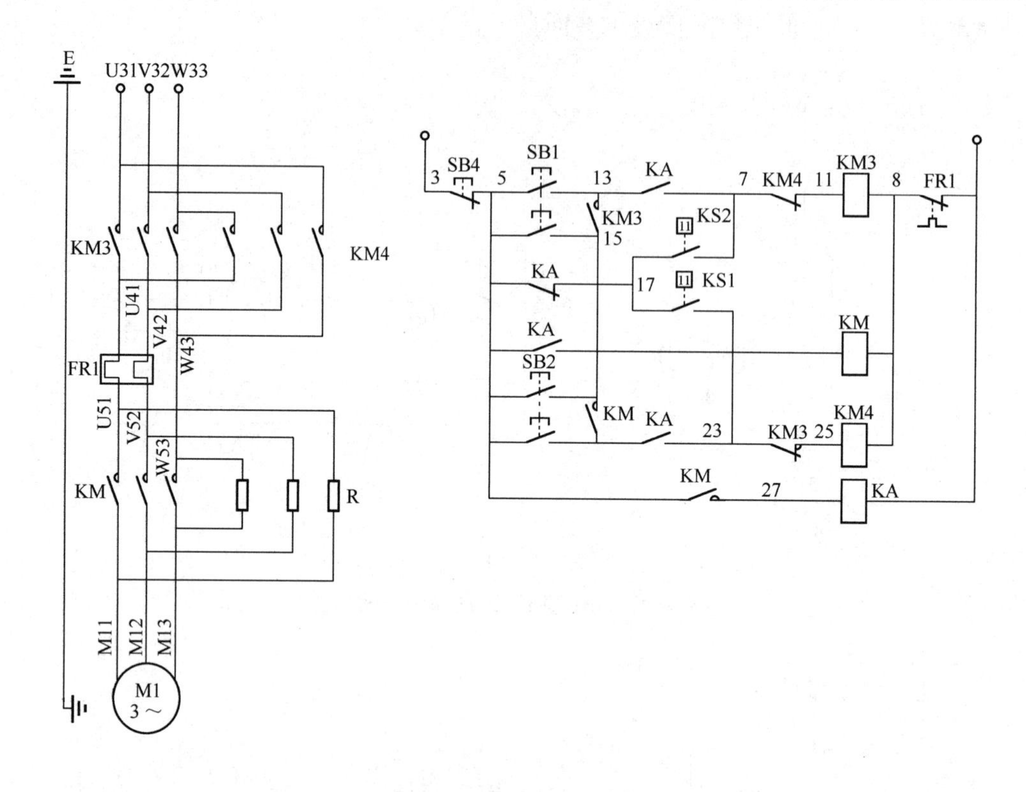

图 7-4　C650 车床正/反转与反接制动控制线路图

速度继电器与被控电动机是同轴连接的。当电动机正转时，速度继电器的正转常开触点 KS1（17-23）闭合；当电动机反转时，速度继电器的反转动合触点 KS2（17-7）闭合。当电动机正向旋转时，接触器 KM3 和 KM、继电器 KA 都处于得电动作状态，速度继电器的正转动合触点 KS1（17-23）也是闭合的，这样就为电动机正转时的反接制动做好了准备。

需要停车时，按下停止按钮 SB4，接触器 KM 失电，其主触点断开，限流电阻串入主回路。同时，KM3 和 KA 失电，KM3 断开了电动机的电源，KA 失电后其动断触点复位闭合。这样就使反转接触器 KM4 的线圈通过线路"1-7-5-17-27-25"得电，电动机的电源反接，电动机处于反接制动状态。当电动机的转速下降到速度继电器的复位转速时，速度继电器 KS 的正转动合触点 KS1（17-23）断开，切断了接触器 KM4 的通电回路，电动机脱离电源停止转动。电动机反转时的制动与正转时相似，不再赘述。

5. 刀架的快速移动和冷却液泵控制

刀架的快速移动是由转动刀架手柄压动行程开关 SQ 来实现的。当手柄压下 SQ 后，接触器 KM2 得电吸合，电动机 M3 转动带动刀架快速移动。M2 为冷却液泵电动机，其起动与停止是通过按钮 SB3 和 SB5 控制的。

7.1.2　X62W 万能升降台铣床的电气控制线路

铣床主要用于加工零件的平面、斜面、沟槽，如果装上分度头，还可以加工齿轮和螺旋面；如果装上回转工作台，还可以加工凸轮和弧形槽。

一般中小型铣床都采用三相异步电动机拖动。由于没有速度比例协调要求，多数铣床主轴的旋转运动（主运动）和进给运动分别由单独的电动机拖动。铣床的主轴要求能正向和反向旋转，以实现顺铣和逆铣；为了加工前对刀和提高生产率，要求主轴停止迅速，所以电气线路要具有制动措施；铣床的工作台有前后、左右和上下三个方向的运动，每个方向又有正向、反向两个运动，三个方向上还要实现空行程的快速移动。X62W 万能升降台铣床的电气原理图如图 7-5 所示。

1. 电气线路

该铣床由三台异步电动机拖动，M1 为主轴电动机，实现主轴正/反转。M2 为进给电动机，通过操纵手柄和机械离合器相配合，实现前后、左右、上下三个方向的进给运动和进给方向的快速移动。为了扩大其加工能力，在工作台上可加圆形工作台，圆形工作台的回转运动是由进给电动机经传动机构驱动的。M3 为冷却液泵电动机。三台电动机都具有可靠的短路保护和过载保护。

根据加工工艺要求，该机床采取了如下措施。

☺ 为实现顺铣和逆铣，要求 M1 能正/反转。

☺ 为准确停车，M1 采用电磁离合器制动。

☺ 为防止刀具和机床的损坏，只有主轴旋转后才允许有进给运动和进给方向的快速移动。

☺ 为降低加工件表面粗糙度，主轴必须在进给停止的同时或之后停止，该机床在电气上采用了主轴和进给同时停止的方式。但是由于主轴运动的惯性很大，实际上就保证了进给运动先停止、主轴运动后停止的要求。

☺ 为实现前后、左右、上下三个方向的正/反向运动，要求进给电动机 M2 能正/反转。

☺ 为保证安全，六个方向的进给运动在同一时刻只允许工作台向一个方向移动，该机床采用了机械操纵手柄和行程开关相配合的办法来实现六个方向进给运动的互锁。

☺ 为了缩短调整运动的时间，提高生产率，工作台应有快速移动控制。该机床进给的快速移动是通过牵引电磁铁和机械挂挡来完成的。

☺ 主轴运动和进给运动采用变速孔盘来进行速度选择，为保证变速时齿轮易于啮合，减小对齿轮端面的冲击，两种运动都要求变速后做瞬时点动。

☺ 当主轴电动机或冷却液泵电动机过载时，进给运动必须立即停止，以免损坏刀具和机床。

☺ 为操作方便，在两处控制各部件的起动/停止。

使用圆形工作台时，要求圆形工作台的旋转运动与工作台的上下、左右、前后三个方向的运动之间有联锁控制，即圆形工作台旋转时，工作台不能向任何方向移动。

1）主轴电动机的起动　起动前应首先选择好主轴的转速，然后将组合开关 Q1 拨到接通位置，主轴换向的转换开关 SA5 拨到所需要的转向。这时按下装在机床正面床鞍处的起动按钮 SB1 或装在机床侧面的起动按钮 SB2，接触器 KM1 得电吸合，其主触点闭合接通主轴电动机 M1 的定子绕组，M1 起动。KM1 的辅助动合触点（7-9）的闭合将线圈自锁，辅助动合触点（17-7）的闭合为工作台进给线路提供了电源。

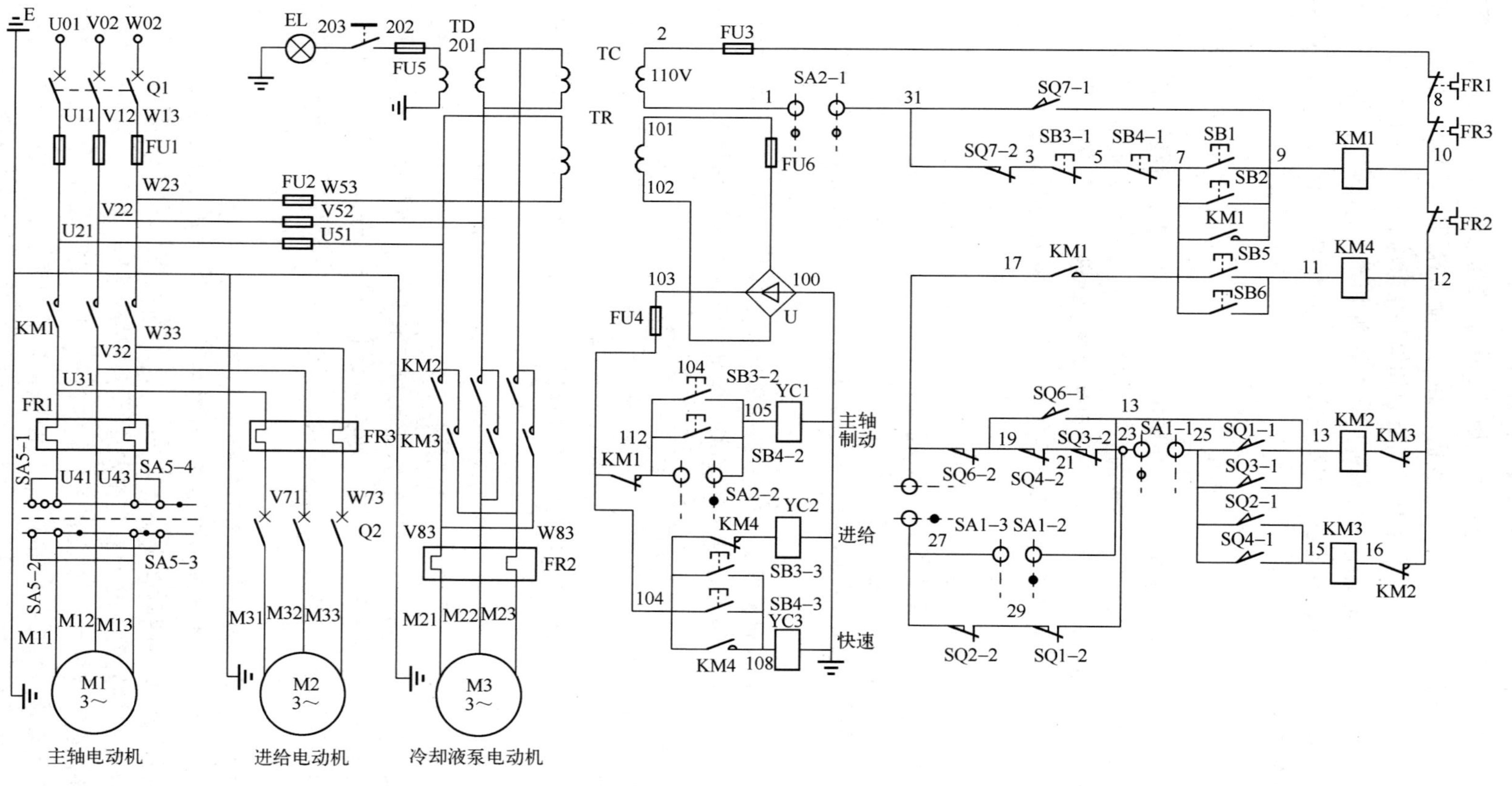

图7-5 X62W万能升降台铣床的电气原理图

2）主轴电动机的制动　为了使主轴能准确地停车和减少电能的损耗，主轴制动采用了电磁离合器的制动方式。电磁离合器的直流由整流变压器 TR 的二次侧经桥式整流获得。当主轴制动停车时，按下装在机床正面床鞍处的停车按钮 SB3 或装在机床侧面的 SB4，这时接触器 KM1 释放，M1 的定子绕组脱离电源，离合器 YC1 线圈通电，主轴制动停车。

3）主轴变速时的瞬时点动（冲动）　在主轴转或不转时均可进行主轴变速，无须先按停止按钮。变速时，先将变速手柄拉出，然后转动蘑菇形变速手轮，选好合适的转速后，再将变速手柄复位。在手柄复位的过程中，压动行程开关 SQ7，接触器 KM1 线圈通过线路 1-31-9 瞬时接通，主轴电动机做瞬时点动，使齿轮良好啮合。手柄复位后，SQ7 恢复到常态，断开了主轴瞬时点动线路。在手柄复位时要迅速、连续，以免电动机的转速升得很高，在齿轮没有啮合好时可能使齿轮打牙。如果瞬时点动一次没有实现良好啮合，可以重复进行瞬时点动动作。

4）主轴换刀制动　在主轴上刀或换刀时，主轴的意外转动会将造成人身事故。因此在上刀和换刀时，应使主轴处于制动状态。在控制线路中的停止按钮动合触点 112-105 两端并联一个转换开关 SA2-2 触点，在换刀时使它处于接通状态，电磁离合器 YC1 线圈通电，主轴处于制动状态。换刀结束后，将 SA2 拨到断开位置，这时 SA2-2 触点断开，线路 1-31 的 SA2-1 触点闭合，为主轴起动做好准备。

2. 进给运动的控制

进给运动在主轴起动后方可进行，工作台的前后、左右、上下运动是通过操纵手柄和机械联动机构控制相应的行程开关使进给电动机 M2 正转或反转来实现的。行程开关 SQ1 和 SQ2 控制工作台向右或向左运动，SQ3 和 SQ4 控制工作台向前、向下和向后、向上运动。

1）工作台的左右（纵向）运动　工作台的左右运动由纵向手柄操纵，当手柄扳向右侧时，手柄通过联动机构接通了纵向进给离合器，同时压下了行程开关 SQ1，SQ1 的动合触点（13-25）闭合，使进给电动机 M2 的正转接触器 KM2 线圈通过 17-19-21-27-25-13 得电，M2 正转，带动工作台向右运动。当纵向进给手柄扳向左侧时，行程开关 SQ2 被压下，行程开关 SQ1 复位，进给电动机反转接触器 KM3 线圈通过 17-19-21-27-25-15 得电，M2 反转，带动工作台向左运动。SA1 为圆形工作台转换开关，这时的 SA1 要处于断开位置，它的 SA1-1、SA1-3 接通，SA1-2 断开。

2）工作台的上下（垂直）运动和前后（横向）运动　工作台的上下和前后运动由垂直和横向进给手柄操纵。该手柄向上或向下时，机械上接通了垂直进给离合器；当手柄向前或向后时，机械上接通了横向进给离合器；手柄在中间位置时，横向和垂直进给离合器均不接通。

当手柄扳到向下或向前位置时，手柄通过机械联动机构使 SQ3 被压下，SQ3 的动合触点（17-25）接通，动断触点（21-23）断开。这时进给电动机 M2 正转接触器线圈通过17-27-2-27-25-13得电，M2 正转带动工作台向下或向前运动。

当手柄扳到向上或向后位置时，SQ4 被压下，SQ3 复位。SQ4 的常开触点（15-25）接通，进给电动机反转接触器线圈 KM3 通过 17-27-29-27-25-15 得电，M2 反转带动工作台向上或向后运动。

手柄扳到向下或向前压动行程开关 SQ3 与扳到向上或向后压动行程开关 SQ4，均是通过机械联动机构实现的。

3）进给变速时的瞬时点动（冲动）　进给变速必须在进给操纵手柄放在零位时进行。

和主轴变速一样，进给变速时，为使齿轮进入良好的啮合状态，也要做变速后的瞬时点动。在进给变速时，首先将进给变速的蘑菇形手柄拉出，选好合适的进给速度后，再将手柄继续拉出，在拉出时行程开关 SQ6 被压动，SQ6 的常开触点（13-19）接通，常闭触点（17-19）断开，这时进给电动机正转接触器 KM2 线圈通过 17-27-29-27-21-19-13 得电，M2 瞬时正转。在手柄推回原位时 SQ6 复位，M2 停止。如果一次瞬时点动齿轮仍未进入啮合状态，可以再重复进行一次，直到进入良好的啮合状态为止。

4）进给方向的快速移动 六个方向的进给快速移动是通过相应的手柄和快速按钮实现的。当在某一方向有进给运动后，按下快速移动按钮 SB5 或 SB6，快速移动接触器 KM4 动作，其动合触点（104-108）闭合，接通快速离合器 YC3，工作台在原方向上快速移动，松开按钮则快速移动停止。

5）进给运动方向上的极限位置保护 工作台在进给方向上的运动必须具有可靠的极限位置保护，否则有可能造成设备或人身事故。X62W 卧式万能升降台铣床的极限位置保护采用的是机械和电气相配合的方式：由挡块确定各进给方向上的极限位置，当达到极限位置时，挡块使操纵手柄自动回到零位；电气上就是使在相应进给方向上的行程开关复位，切断进给电动机的控制电路，进给运动停止，保证了工作台在规定的范围内运动。

3. 圆形工作台的控制

为了扩大机床的加工能力，可在机床工作台上安装圆形工作台，这样就可以进行圆弧或凸轮的铣削加工。圆形工作台可以手动操控也可以自动操控，当需要用电气方法自动控制时，应首先将圆形工作台开关 SA1 扳到接通位置，这时 SA1-1 的（27-25）触点和 SA1-3 的（17-27）触点均断开，SA1-2 的（27-27）触点接通。这时按下起动按钮 SB1 或 SB2，主轴电动机 M1 起动。接着进给电动机 M2 的正转接触器 KM2 线圈经 17-19-21-27-29-27-13 得电，M2 起动，带动圆形工作台做旋转运动。

圆形工作台的运动必须和六个方向的进给运动有可靠的互锁，否则有可能造成刀具或机床的损坏。为避免这种事故发生，从电气上保证了只有纵向、横向及垂直手柄放在零位时才可以进行圆形工作台的旋转运动。如果某一手柄不在零位，行程开关 SQ1～SQ4 就有一个被压下，它所对应的动断触点就要断开，切断了 KM2 线圈的通电回路。所以在圆形工作台工作时，如果扳动了任何一个进给手柄，KM2 线圈将断电，M2 电动机自动停止。

7.2 Z3040 摇臂钻床的电气控制线路

钻床可以进行钻孔、扩孔、铰孔、镗孔及攻丝，因此要求钻床的主运动和进给运动有较宽的调速范围。钻床的调速一般是通过三相异步电动机和变速箱来实现的，也有的用多速异步电动机拖动以简化变速机构。

Z3040 摇臂钻床适合在大、中型零件上进行孔加工，其运动形式有：主轴的旋转运动/进给运动、摇臂的升降运动、立柱的夹紧和放松、摇臂的回转和主轴箱的左右移动。主轴的旋转运动和进给运动由一台异步电动机拖动，摇臂的升降由一台异步电动机拖动，摇臂、立柱和主轴箱的松开/夹紧由一台液压泵电动机拖动，摇臂的回转和主轴箱的左右移动通常采用手动控制。此外，还有一台冷却液泵对刀具和工件进行冷却。

加工螺纹时，主轴需要正/反转，该机床采用机械变换方法来实现，故主电动机只有一个旋转方向。此外，为保证安全生产，其主轴旋转和摇臂升降不允许同时进行。

Z3040 摇臂钻床的电气控制线路如图 7-6 所示。

1. 主电路

Z3040 摇臂钻床的主电路、控制电路和信号电路的电源均由自动开关引入，自动开关中的电磁脱扣作为短路保护（取代了熔断器）。主电动机 M1 的接通和断开由接触器 KM1 控制，升降电动机 M2 的正/反转由接触器 KM2、KM3 控制，液压泵电动机 M3 的正/反转由接触器 KM4、KM5 控制。M1 和 M3 分别用热继电器 FR1 和 FR2 做过载保护，升降电动机 M2 和冷却液泵电动机 M4 均为短时工作，未设过载保护。

2. 控制电路

控制电路的电源由控制变压器 TC 二次侧输出 110 V（供电），中间抽头 603 对地为信号灯电源（6.3V），241 号线对地为照明变压器 TD 二次侧输出（36V）。

1）主电动机的旋转控制　在主电动机起动前，首先将自动开关 Q2~Q4 扳到接通状态，同时将配电盘的门关好并锁上。然后将自动开关 Q1 扳到接通位置，电源指示灯亮。这时按下总起动按钮 SB1，中间继电器 KA1 通电并自锁，为主电动机与其他电动机的起动做好了准备。当按下主电动机起动按钮 SB2 时，接触器 KM1 线圈通电并自锁，使主电动机 M1 旋转，同时主电动机旋转的指示灯 HL4 亮。SB8 为主电动机 M1 的停止按钮。主轴的正转与反转用手柄通过机械变换的方法来实现。

2）摇臂的升降控制　按下摇臂上升起动按钮 SB3，时间继电器 KT1 通电吸合，其瞬动动合触点（37-35）闭合使 KM4 线圈通电，液压泵电动机 M3 起动供给压力油，经分配阀进入摇臂的松开油腔，推动活塞使摇臂松开。同时，活塞杆通过弹簧片使行程开关 SQ2 的动断触点断开，KM4 线圈断电，而 SQ2 的动合触点（17-21）闭合，KM2 线圈通电，KM2 的主触点闭合，升降电动机 M2 旋转使摇臂上升。如果摇臂没有松开，SQ2 的动合触点不能闭合，M2 不能转动，这样就保证了只有摇臂可靠松开后方可使摇臂上升或下降。

当摇臂上升到所需位置时，松开按钮 SB3，KM2 和 KT1 断电，M2 断电停止转动，摇臂停止上升。持续 1~3s 后，KT1 的断电延时闭合的动断触点（47-49）闭合，经线路 7-47-49-51 使 KM5 线圈通电，液压泵电动机 M3 反转，使压力油经分配阀进入摇臂的夹紧液压腔，摇臂夹紧。同时，活塞杆通过弹簧片使 SQ3 的动断触点（7-47）断开，KM5 线圈断电，M3 停止转动，完成了摇臂的松开→上升→夹紧动作。

摇臂的下降由摇臂下降起动按钮 SB4 控制，其工作过程与上升时相似，不再赘述。

在摇臂上升和下降的线路中加入了触点 KM2 和 KM3 互锁及按钮 SB3 和 SB4 互锁，这是为了防止 M2 的正转与反转同时接通而造成电源两相间的短路。因为摇臂的上升或下降是短时的调整工作，所以采用点动方式。

行程开关 SQ1 是为摇臂的上升或下降的极限位置保护而设立的。

SQ1 有两对常闭触点：动断触点（15-17）是摇臂上升时的极限位置保护，动断触点（27-17）是摇臂下降时的极限位置保护。行程开关 SQ3 的动断触点（7-47）在摇臂可靠夹紧后断开。若因液压夹紧机构出现故障或 SQ3 调整不当，将造成液压泵电动机 M3 过载，它的过载保护热继电器 FR2 动作使 KM5 线圈失电，M2 断电停止转动。

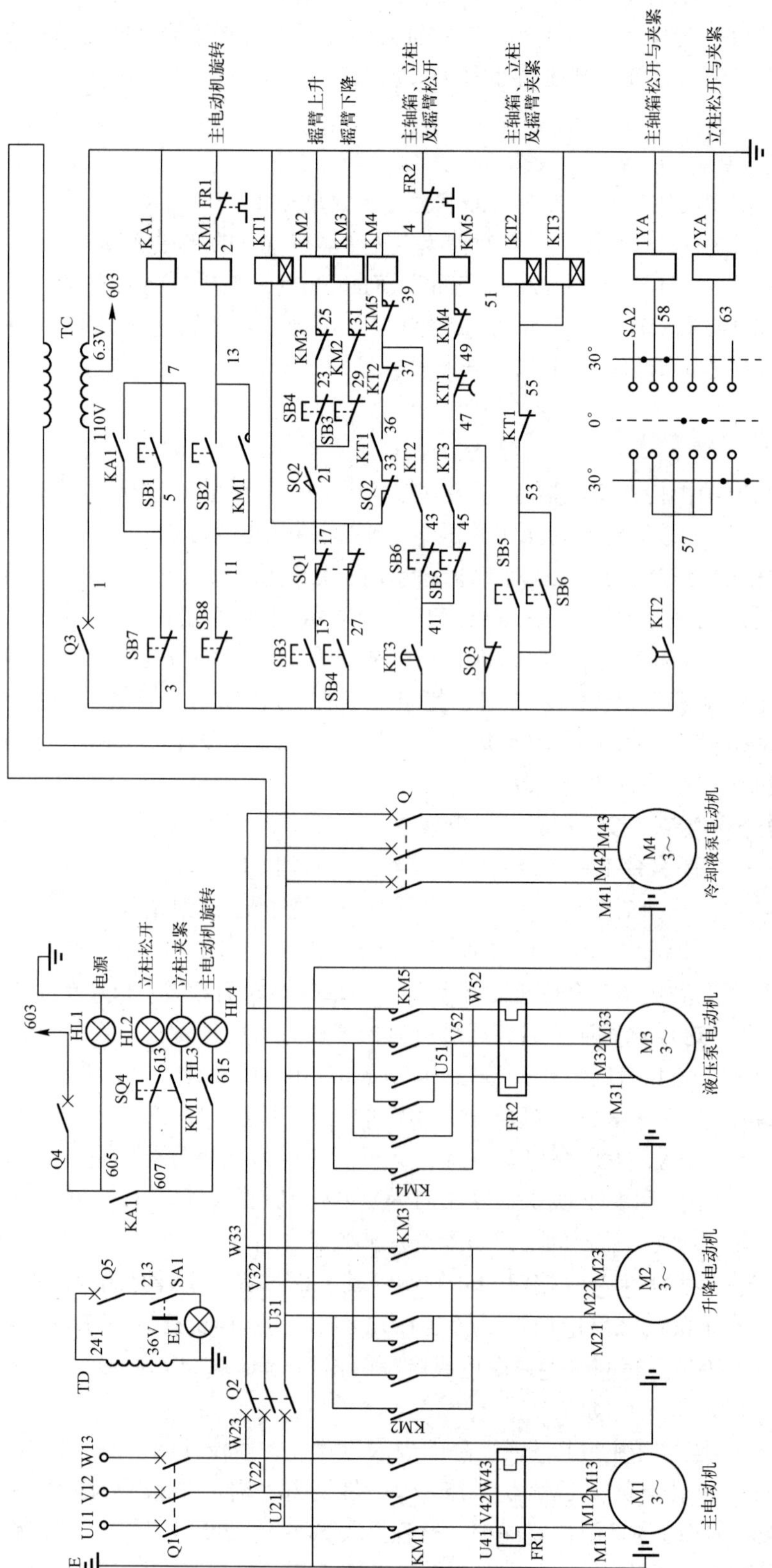

图7-6 Z3040摇臂钻床电气控制线路

3. 立柱和主轴箱的松开与夹紧控制

主轴箱与立柱的松开及夹紧控制可以单独进行，也可以同时进行，它由组合开关 SA2 和按钮 SB5 或 SB6 进行控制。SA2 有三个位置：在中位时为主轴箱与立柱的夹紧或放松同时进行，扳到左位时为立柱的夹紧或放松，扳到右位时为主轴箱的夹紧或放松。SB5 是主轴箱和立柱的松开按钮，SB6 为主轴箱和立柱的夹紧按钮。

下面以主轴箱的松开和夹紧为例，说明它的动作过程：首先将组合开关 SA2 扳到右位，触点（57-59）接通，触点（57-63）断开。当要主轴箱松开时，按下按钮 SB5，时间继电器 KT2 和 KT3 线圈同时通电，但 KT2 为断电延时型时间继电器，所以 KT2 的通电瞬时闭合、断电延时断开的动断触点（7-57）闭合使电磁铁 1YA 通电，经 1～3s 后，KT3 的延时闭合的动合触点（7-41）闭合，通过 3-5-7-41-47-37-39 使 KM4 通电，液压泵电动机 M3 正转使压力油经分配阀进入主轴箱液压缸，推动活塞使主轴箱放松，活塞杆使 SQ4 复位，主轴箱和立柱松开，指示灯 HL2 亮。当要主轴夹紧时，按下按钮 SB6，仍首先为 1YA 通电，经 1～3s 后，KM5 线圈通电，M3 反转，压力油经分配阀进入主轴箱液压缸，推动活塞使主轴箱夹紧，同时活塞杆压下 SQ4，其动合触点（607-615）闭合，指示灯 HL3 亮，触点（607-613）断开，指示灯 HL2 灭，指示主轴箱与立柱夹紧。

当将 SA2 扳到左位时，触点（57-63）接通，（57-59）触点断开。按下按钮 SB5 或 SB6 时使电磁铁 2YA 通电，此时立柱松开或夹紧。SA2 在中位时，触点（57-59，57-63）均接通，按下 SB5 或 SB6 时，1YA、2YA 均通电，主轴箱和主柱同时进行夹紧或放松。其他动作过程与主轴箱松开和夹紧完全相同，不再赘述。

7.3　T68 卧式镗床的电气控制线路

T68 卧式镗床主要用于镗孔、钻孔、铰孔及加工端平面等，使用一些附件后，还可用于车削螺纹。它主要由床身、前立柱、镗头架、工作台、后立柱和尾座等部分组成。床身是一个整体铸件，在其一端固定有前立柱，前立柱的垂直导轨上装有镗头架，镗头架可沿着导轨垂直移动。镗头架里集中装有主轴部分、变速箱、进给箱与操纵机构等部件。切削刀具固定在镗轴前端的锥形孔里，或装在花盘的刀具溜板上，在工作过程中，镗轴一面旋转，一面沿轴向做进给运动。花盘只能旋转，装在上面的刀具溜板可做垂直于主轴轴线方向的径向进给运动。镗轴和花盘主轴通过单独的传动链传动，因此可以独立转动。在大部分工作情况下使用镗轴加工，只有在用车刀切削端面时才使用花盘。

后立柱的尾座用来支承装夹在镗轴上的镗杆末端，它与镗头架同时升降，两者的轴线始终在一条直线上。后立柱可沿床身导轨在镗轴的轴线方向调整位置。

安装工件的工作台安放在床身中部的导轨上，它由上溜板、下溜板与工作台组成，其下溜板可沿床身导轨做纵向移动，上溜板可沿下溜板上的导轨做横向移动，工作台相对于上溜板可回转。这样配合镗头架的垂直移动，工作台的横向、纵向移动和回转，就可加工工件上一系列与轴心线相互平行或垂直的孔。

由以上分析可知，T68 卧式镗床的运动形式有如下 3 种。

【主运动】 包括镗轴的旋转运动和花盘的旋转运动。

【进给运动】包括镗轴的轴向进给、花盘上刀具的径向进给、镗头架的垂直进给、工作台的横向进给和纵向进给。

【辅助运动】包括工作台的回转、后立柱的轴向移动、尾架的垂直移动及各部分的快速移动。

1. 电气控制线路的特点

图 7-7 所示的是 T68 卧式镗床的电气控制线路。T68 卧式镗床的主要特点如下所述。

☺ 主轴有较大的调速范围，采用△/YY双速笼型异步电动机作为主拖动电动机，并采用机电联合调速。低速时将定子绕组接成三角形，高速时接成双星形。主电动机在低速时可直接起动，高速时先接通低速再经延时接通高速。

☺ 机械变速时，为使滑移齿轮顺利进入正常啮合位置，设有低速或断续变速冲动。

☺ 主电动机可实现正转、反转及正/反转时的点动控制。为限制起动/制动电流，在点动或制动时，定子绕组串入限流电阻。

☺ 为使主轴迅速、准确停车，主电动机采用反接制动。

☺ 为缩短辅助时间，还应由一台快速移动电动机来实现快速移动。

☺ 各方向的进给（主轴轴向、花盘径向、主轴垂直方向、工作台横向、工作台纵向）都有联锁。

2. 主电路

在图 7-7 中，M1 为主轴与进给电动机（即主电动机），它是一台 4/2 极的双速电动机，绕组接法为△/YY。M2 为快速移动电动机。

主电动机 M1 由 6 个接触器控制，其中 KM1、KM2 为正转、反转接触器，KM3 为制动电阻短接接触器，KM4 为低速运转接触器，KM5、KM6 为高速运转接触器。主电动机正/反转停车时，均由速度继电器 KV 控制实现反接制动。另外还设有短路保护和一般长期过载保护。M1 可以正/反向低速点动、正/反向低速或高速长动，长动停车时采用反接制动。为限制点动和制动电流，在低速点动和长动停车反接制动时，M1 的定子绕组串入限流电阻，M1 低速全压起动；需要 M1 高速运转时，为限制起动电流，先经低速全压起动，经延时后由全压低速转为全压高速。为保证主轴、进给机械变速时齿轮进入良好啮合，在 M1 运转变速时，先反接制动，然后变速，变速后对 M1 进行间歇起动、反接制动，使其缓慢转动。

电动机 M2 由接触器 KM7、KM8 实现正/反转控制，设有短路保护。因快速移动为点动控制，所以 M2 为短时运行，无须进行长期过载保护。

3. 控制电路

1）M1 的起动控制

【M1 正向点动】按下 SB4 后，KM1 的线圈通过 1-2-7-4-5-15-16-0 得电，其常闭触点先打开，起电联锁作用，其常开辅助触点后闭合，KM4 通过 2-7-4-14-24-25-26-0 得电，KM4 的常闭辅助触点先打开，起电联锁作用；KM1、KM4 的常开主触点闭合，M1 的定子绕组△连接串联接入限流电阻正向低速起动。松开 SB4 后，KM1、KM4 的线圈相继断电，M1 停转。

【M1 反向点动】按下 SB5 后，KM2、KM4 得电，M1 定子绕组△连接串联接入限流电阻反向低速起动。松开 SB5 后，KM2、KM4 相继断电，M1 停转。

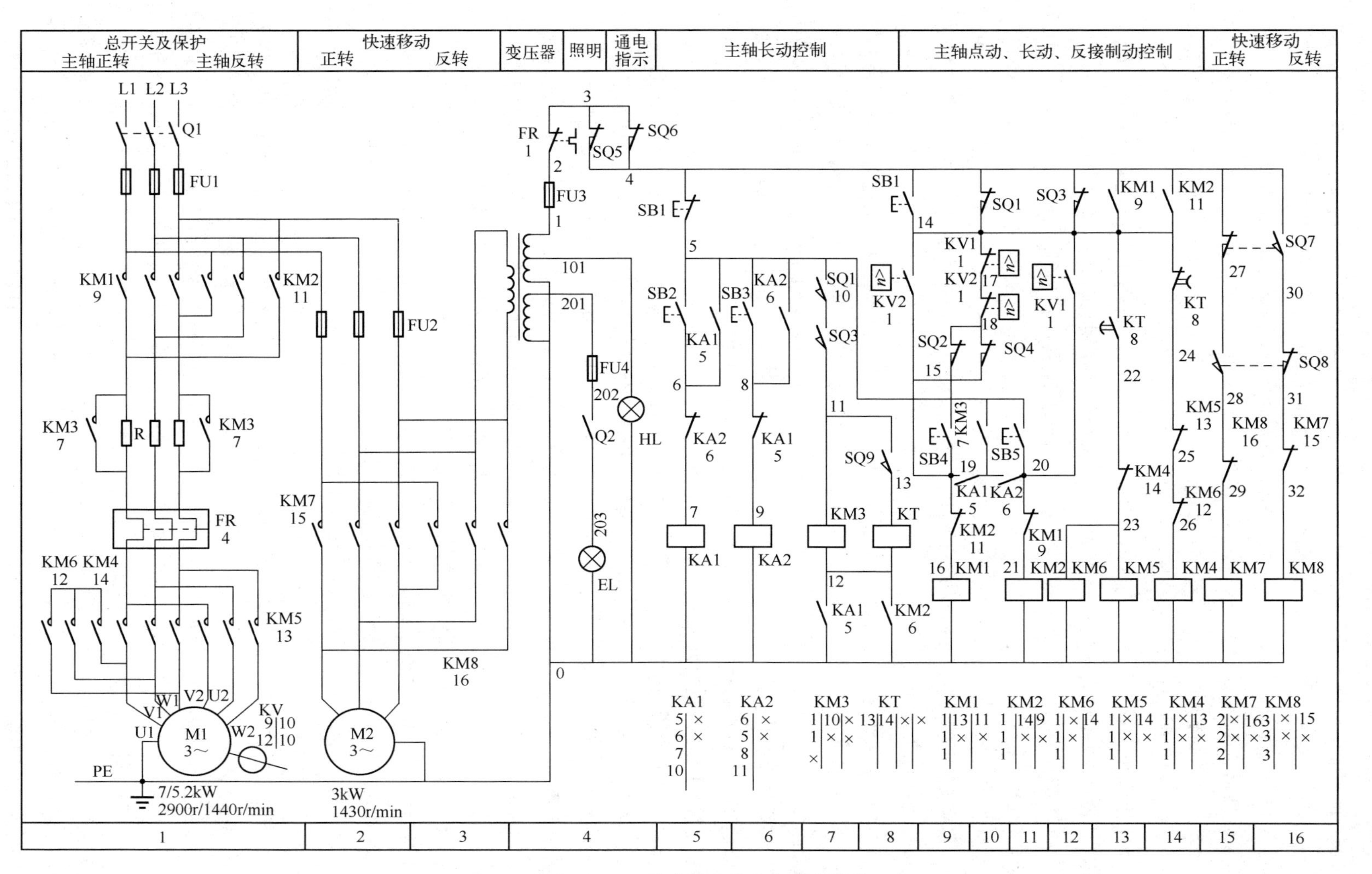

图7-7　T68卧式镗床的电气控制线路

2）M1的正/反向低速长动控制

【M1正向低速长动】 按下SB2后，KA1通过2-7-4-5-6-7-0得电，其常闭触点先打开，起电联锁作用；其常开触点后闭合，其中触点（5-6）使KA1自锁，触点（12-0）使KM3通过2-7-4-5-10-11-12-0得电，KM3的常开主触点将限流电阻短接；触点（15-19）与KM3的辅助常开触点（5-19）使KM1通过2-7-4-5-19-15-16-0得电，其常闭辅助触点先打开，起电联锁作用，其常开辅助触点（4-14）闭合，使KM4得电，KM4的常开主触点闭合，M1的定子绕组△连接，全压正向低速起动运转。

【M1反向低速长动】 按下SB3后，KA2得电自保，KM3得电将限流电阻短接，KM2得电，KM4得电，M1的定子绕组△连接，全压反向低速起动运转。

3）M1的正/反向高速长动控制 如果要M1高速转动，可压下SQ9使其闭合（在M1低速时，SQ9不压下）。

如果要M1正向高速长动，可按下SB2，KA1得电自保，KT、KM3同时得电。KM3得电后，将限流电阻短接，同时使KM1得电，KM4得电，M1定子绕组△连接，全压低速正向起动。

当M1的正向转速接近低同步转速时，到达KT的整定时间，KT的通电延时打开的常闭触点打开，KM4失电，KM4的常开主触点先复位，M1脱离电源；KT的通电延时闭合的常开触点闭合，在KM4的常闭辅助触点复位时，KM5、KM6通过2-7-4-14-22-27-0得电，它们的常闭辅助触点先打开，起电联锁作用；常开主触点后闭合，M1的定子绕组YY连接，由正向低速转为高速旋转。M1的反向高速长动过程与此类似。

4）M1的反接制动控制

【M1低速正转停车过程】 M1低速正转时，KA1、KM3、KM1、KM4得电，KV1切换。M1停车时，按下SB1，其常闭触点先打开，KA1、KM3、KM1失电。KM3失电，限流电阻串入M1的定子电源电路；KM1失电，M1切断正序电源，KM4失电使M1的定子绕组不再△连接。当SB1的常开触点闭合时，KM2通过2-7-4-14-20-21-0得电自锁，KM4又得电，M1的定子绕组△连接，串联接入限流电阻进行反接制动。当M1的正向转速降低到速度继电器的复位转速时，KV1复位，KM2、KM4相继失电，M1正向反接制动结束。M1低速反转停车过程与正转时类似。

【M1高速正转停车过程】 M1高速正转时，KA1、KM3、KT、KM1、KM5、KM6得电，KV1切换。M1停车时，按下SB1，KA1、KM3、KM1、KT失电。KM3失电后，限流电阻串入M1的定子电源电路；KM1失电，使KM5、KM6失电，且使KM2得电，KM4得电，M1的定子绕组△连接，串联接入限流电阻进行反接制动，当M1的正向转速降低到速度继电器的复位转速时，KV1复位，KM2、KM4相继失电，M1正向反接制动结束。M1高速反转停车过程与正转时类似。

5）主轴或进给机械变速时的冲动（瞬时点动）控制 因为KV1、KV2、SQ2、SQ4的常闭触点只接在KM1的线圈电路中，所以只能在M1正转时进行主轴或进给机械变速的冲动控制。

【主轴运行中的机械变速时的冲动控制】 主轴机械变速时，将主轴变速孔盘上的手柄拉出，此时与手柄有联动关系的SQ1、SQ2复位。M1低速或高速正转时，KV1切换。SQ1的常开触点复位，在M1高速时使KT失电，在M1高/低速时使KM3失电。限流电阻串入M1的定子电源电路，又使KM1失电，KM1的常开触点先复位，如果M1原本低速运行，则KM4失电；如果M1原本高速运行，则KM5、KM6失电。SQ1、KM1的常闭触点复位时，KM2通过2-7-4-14-20-21-0得电，KM4得电，M1定子绕组△连接，串联接入限流电阻进行反接制动，M1的正向转速下降。

当M1基本停转时，转动主轴变速孔盘，转至所需转速位置时，将变速手柄推向原位，此时若齿轮啮合不上，则变速手柄推不上，因为此时 KV1 的常开触点已复位，KM2 失电，M1 切断负序电源。在 KV1、KM2 常闭触点复位的前提下，KM1 通过 2-7-4-14-17-18-15-16-0 得电，KM4 得电，M1 定子△连接，串联接入限流电阻低速正向起动。当 M1 的正向转速达到速度继电器的动作转速时，KV1 的常闭触点先打开，KM1 失电，KM4 失电。当 KV1 常开触点闭合时，由于 KM1 常闭辅助触点复位，KM2、KM4 相继得电，重复以前的过程。

M1 这样间歇起动与制动，使 M1 缓慢地旋转，利于齿轮啮合。一旦齿轮啮合好，主轴变速手柄推回原位，SQ1、SQ2 的常闭触点先打开，主轴变速冲动结束；SQ1 的常开触点后闭合，KM3、KM1 相继得电，M1 原本低速时，KM4 得电，M1 又低速正转；M1 原本高速时，KT 得电，由于 KM3、KM1 得电，所以 KM5、KM6 得电，M1 又高速正转。

【进给运行中的机械变速冲动控制】 要进给变速时，将进给变速孔盘上的手柄拉出，SQ3、SQ4 复位。以后的工作过程与主轴运行中的机械变速冲动类似。

6）主轴箱、工作台或主轴的快速移动 快速手柄扳到正向快速位置时，SQ8 切换，KM7 得电，M2 正转；快速手柄扳到反向快速位置时，SQ7 切换，KM8 得电，M2 反转。

7）主轴进刀与工作台互锁 当工作台或镗头架自动进给时（与其手柄联动的行程开关为常闭的 SQ5），如果主轴或花盘刀架自动进给也进行（与其手柄联动的行程开关为常闭的 SQ6），SQ5、SQ6 均打开，切断控制电路，M1 停止运转，M2 也不能起动。

7.4　M7120 平面磨床的电气控制线路

磨床是用砂轮的周边或端面进行加工的精密机床。磨床的种类很多，按其工作性质可分为外圆磨床、内圆磨床、平面磨床、工具磨床及一些专用磨床等。其中以平面磨床应用最为普遍，本节以 M7120 卧轴矩台平面磨床为例进行分析。

7.4.1　平面磨床结构及控制特点

1. 平面磨床结构

图 7-8 所示为卧轴矩台平面磨床结构示意图。平面磨床主要由床身、工作台、电磁吸盘、砂轮箱（又称磨头）、滑座、立柱等部分组成。

平面磨床的主运动是砂轮的旋转运动，进给运动为工作台和砂轮的往复运动，辅助运动为砂轮架的快速移动和工作台的移动。工作台在床身的水平导轨上做往复（纵向）直线运动，采用液压传动，换向则靠工作台上的撞块碰撞床身上的液压换向开关来实现。立柱可在床身的横向导轨上做横向进给运动，可由液压传动，也可用手轮操作。砂轮箱可在立柱导轨上做垂直运动，以实现砂轮的垂直进给运动。

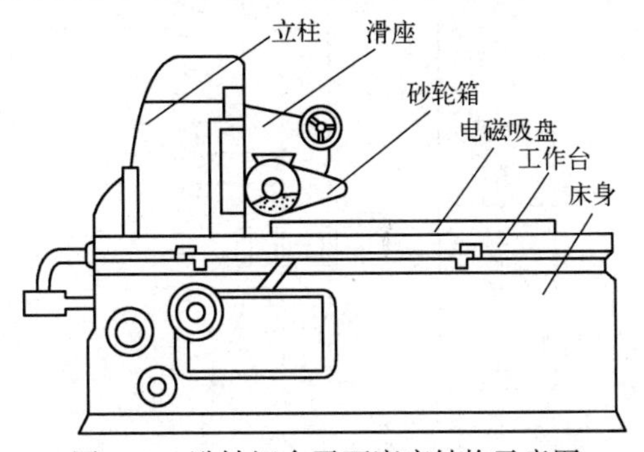

图 7-8　卧轴矩台平面磨床结构示意图

2. 控制特点

M7120 平面磨床的电气控制线路如图 7-9 所示。其控制特点如下所述。

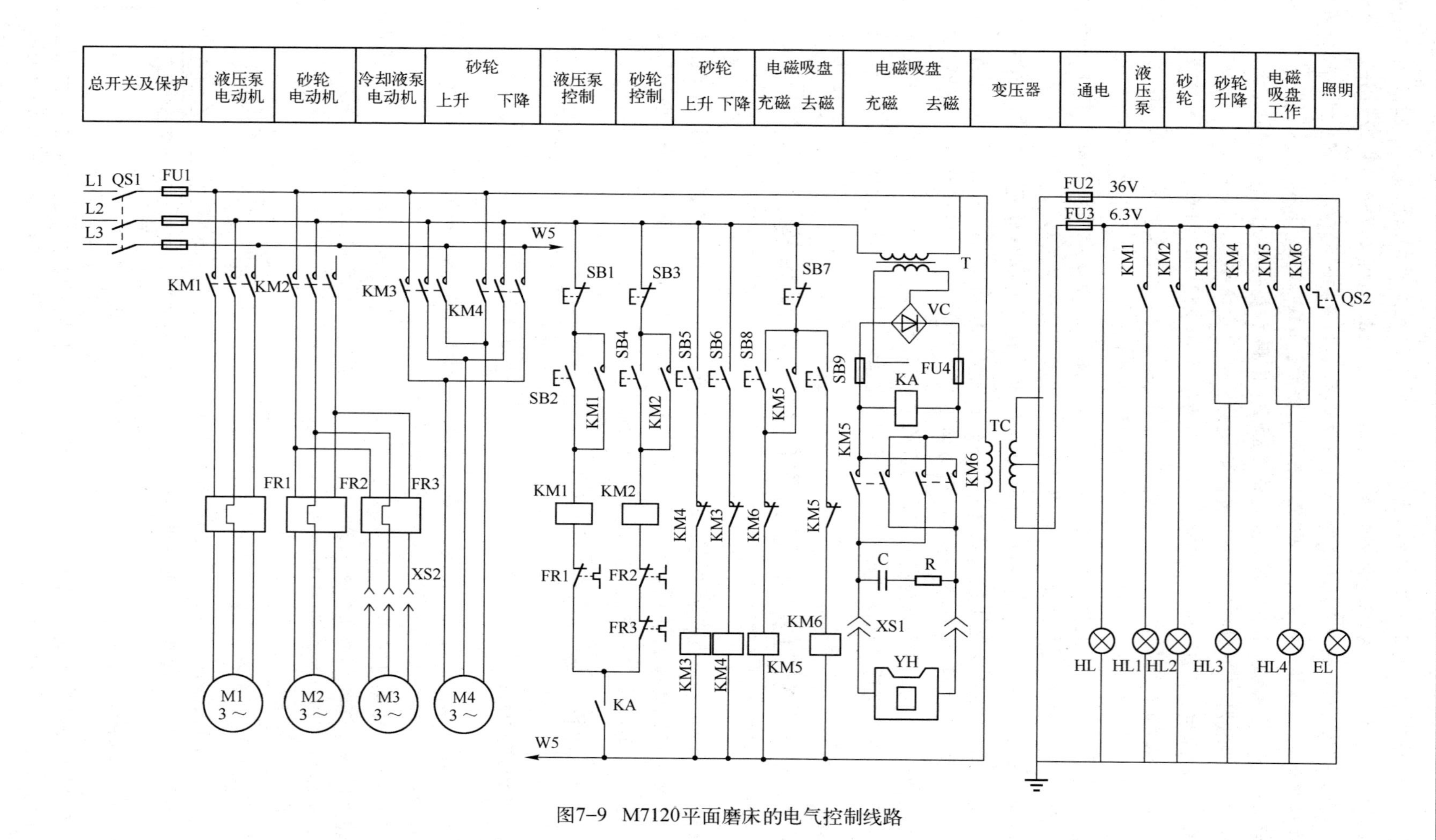

图7-9 M7120平面磨床的电气控制线路

（1）主电路用了 4 台电动机。其中 M1 是液压泵电动机，M2 是砂轮电动机，M3 是冷却液泵电动机，M4 是砂轮升降电动机。

（2）电源由总开关 QS1 引入，熔断器 FU1 起整个电气线路的短路保护作用。热继电器 FR1～FR3 分别起电动机 M1～M3 的过载保护作用。冷却液泵电动机通过插头插座 XS2 接通电源。

（3）M1～M3 都只要求单向旋转，分别由接触器 KM1、KM2 控制。砂轮升降电动机 M4 由接触器 KM3、KM4 控制其正/反转，因其为短时间工作，不设过载保护。

（4）采用电磁吸盘固定加工工件。为防止电磁吸盘吸力不足或吸力消失时，工件被砂轮打飞而发生人身和设备事故，使用欠电压继电器 KA 做电磁吸盘欠电压保护。

7.4.2　控制电路工作原理

控制电路采用 380V AC 供电，在欠电压继电器 KA 通电后，其常开触点闭合，为 M1～M3 的起动做好准备。

1. 液压泵电动机 M1 的控制

M1 由接触器 KM1 控制，SB2 是起动按钮，SB1 是停止按钮，热继电器 FR1 做过载保护。

按下 SB2→KM1 线圈得电并自锁→主触点闭合→M1 起动运行。

按下 SB1→KM1 断电释放→M1 断电停止。

2. 砂轮电动机 M2 及冷却液泵电动机 M3 的控制

M2 和 M3 由接触器 KM2 控制，SB4 为起动按钮，SB3 为停止按钮，热继电器 FR2、FR3 分别做 M2、M3 的过载保护。

按下 SB4→KM2 得电并自锁→主触点闭合→M2、M3 同时起动运行。

按下 SB3→KM2 断电释放→M2、M3 断电停止。

3. 砂轮升降电动机 M4 的控制

M4 分别由接触器 KM3、KM4 控制其正转、反转。SB5 为上升（正转）按钮，SB6 为下降（反转）按钮。

按下 SB5→KM3 得电→主触点闭合→M4 正转，砂轮上升。

松开 SB5→KM3 断电→M4 断电，砂轮停止上升。

按下 SB6→KM4 得电→主触点闭合→M4 反转，砂轮下降。

松开 SB6→KM4 断电→M4 断电，砂轮停止下降。

可见，砂轮升降属于点动控制。KM3、KM4 同时通电造成电源相间短路，为防止操作失误，在 KM3 控制电路中串联 KM4 的辅助常闭触点，在 KM4 控制电路中串联 KM3 的辅助常闭触点，以实现互锁。

4. 电磁吸盘的控制

电磁吸盘是利用线圈通电时产生磁场的特性吸牢铁磁材料工件的一种工具。相对机械夹紧装置，它具有夹紧迅速，工作效率高，在磨削中工件发热时能自由伸缩等优点。

电磁吸盘控制电路由整流装置、控制装置、保护装置等部分组成。

1）整流装置 由整流变压器 T、桥式整流器 VC 组成整流电路，输出 110V DC 电压供给吸盘线圈，避免交流供电时工件振动及铁心发热的缺点。

2）控制装置 电磁吸盘的充磁由接触器 KM5 控制，SB8 为充磁按钮，SB7 为充磁停止按钮。

按下 SB8→KM5得电并自锁→KM5主触点闭合→110V直流对吸盘线圈YH充磁→将工件吸牢
　　　　　　　　　　　　→KM5辅助常闭触点打开，实现与KM6的互锁

按下 SB7→KM5线圈断电释放→停止充磁

由于吸盘和工件在停止充磁后仍有剩磁，故还应对吸盘和工件进行去磁（退磁）。去磁操作由 KM6 控制，给吸盘线圈通以一个反方向电流，SB9 为去磁按钮。为防止反向磁化，采用点动控制。

按下SB9→KM6线圈得电→主触点闭合→110V直流给YH提供一个反向去磁电流
　　　　　　　　　　　→辅助常闭触点打开→实现与KM5的互锁

松开SB9→KM6断电释放→去磁结束

3）保护装置 将欠电压继电器 KA 与吸盘线圈并联，防止电源电压过低时，吸盘吸力不足，导致加工过程中工件飞离吸盘的事故。当电源电压过低时，KA 串联在 KM1、KM2 线圈控制电路中的动合触点断开，使 KM1、KM2 线圈断电，液压泵电动机 M1、砂轮电动机 M2 停止工作，避免事故发生。

此外，在吸盘线圈两端并联的电阻 R 和电容 C，形成过电压吸收回路，可以消除线圈两端产生的感应电压的影响。

5. 照明、指示电路

从变压器 TC 二次侧获得 36V、63V 两组输出电压：其中 36V 供给安全照明灯 EL；63V 供给电源指示灯 HL、液压泵运行指示灯 HL1、砂轮电动机运行指示灯 HL2、砂轮升降电动机运行指示灯 HL3、电磁吸盘工作指示灯 HL4。

7.4.3 电磁吸盘充/退磁电路的改进

图 7-9 中的电磁吸盘采用手动操作退磁，不但操作不便，退磁效果也不够理想。因此，有些工件在加工完毕后还需在退磁器上退磁，才能完全消除剩磁，这就增加了工序，降低了生产效率。下面介绍一个能够克服上述缺点的电磁吸盘自动充/退磁电路。

1. 自动退磁原理

充磁时，电磁吸盘由初始零状态（$I=0$，$B=0$）开始充磁，随着激磁电流的增大，吸盘磁感应强度沿起始磁化曲线不断增大，激磁电流增至 I_m 时，磁感应强度增至 B_m。退磁时，激磁电流减小至 0，磁感应强度并不会减为 0，而是有剩余磁感应强度 B_r，须通以反向激磁电流，磁感应强度才减小至 0。如反向激磁电流继续增大，吸盘则被反向磁化，激磁电流达到 $-I_m$，磁感应强度达到 $-B_m$。如激磁电流在 $-I_m \sim I_m$ 之间反复变化，则形成一个磁滞回线，如图 7-10 所示。由图可见，随着激磁电流正负交替变化，且最大值不断衰减，磁滞回线的

面积逐渐缩小。当激磁电流最大值衰减到 0 时，磁滞回线面积也缩小到 0，剩磁感应强度也减小至 0，也就达到了消磁的目的。

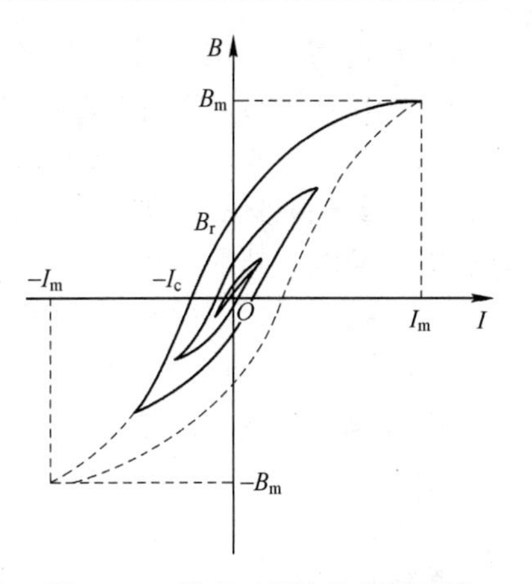

图 7-10　退磁过程中的磁滞回线

2. 电路分析

晶闸管无触点自动充/退磁电路如图 7-11 所示。它由主电路、控制电路、多谐振荡器等部分组成。SB2 是充磁起动按钮，SB1 是停止充磁、起动退磁按钮。

1）主电路　由反向并联的晶闸管 VT1、VT2 组成两相零式整流电路。充磁时，按下 SB2，KA1 得电并自锁，接通充磁控制电路。此时，晶闸管 VT1 导通，可以通过调节电位器 RP3 改变给定电压，从而改变 VT1 的导通角，使电磁吸盘获得 0~110V 连续可调的直流电压。退磁时，按下 SB1，KA1 断电释放，KA2 得电动作，接通退磁工作电路。此时，VT1、VT2 交替导通，并不断改变 VT1、VT2 的导通角，使电磁吸盘获得正负交替变化的衰减电流，从而达到自动消磁的目的。

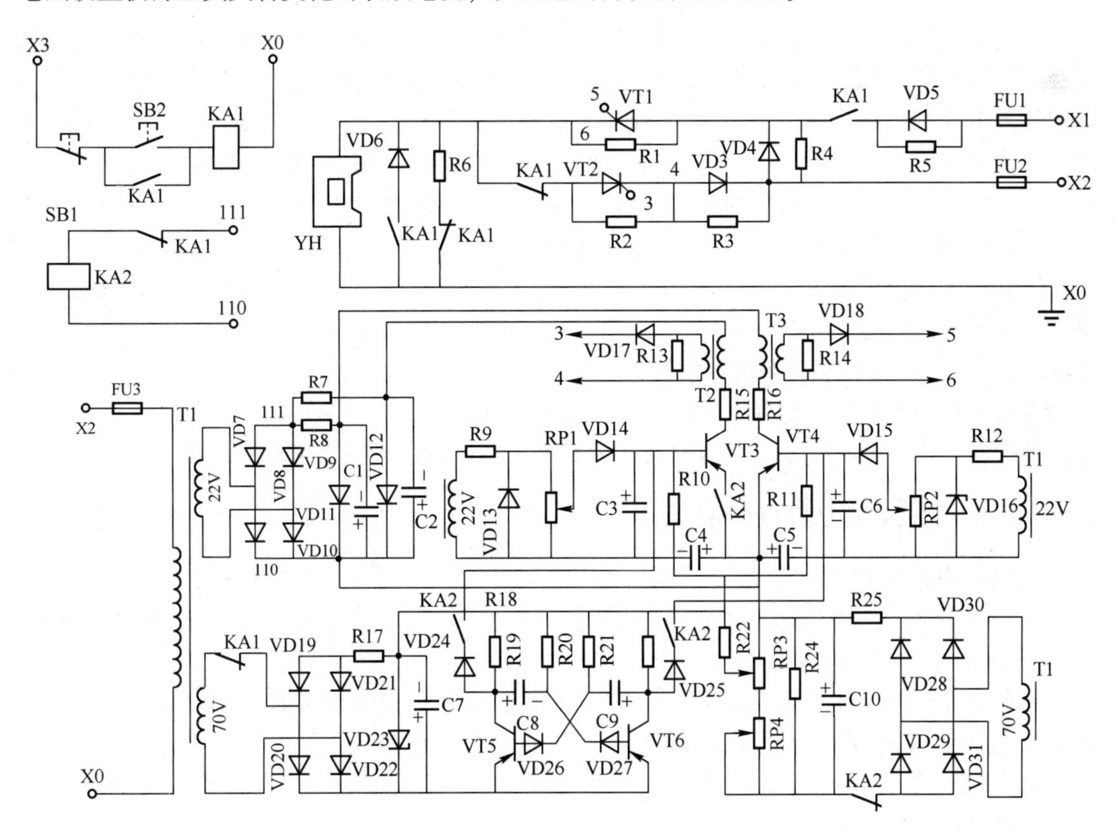

图 7-11　晶闸管无触点自动充/退磁电路

2）触发电路　由晶体管 VT3、VT4 构成两个锯齿波发生器，作为 VT1、VT2 的触发电路。充磁时，VT3 发射极开路，只有 VT4 工作，使晶闸管 VT1 导通，保证电磁吸盘获得稳定的直流电压。退磁时，VT3、VT4 在控制电路及多谐振荡器的共同控制下交替工作，从而使 VT1、VT2 轮流导通。

3）控制电路 由VD28～VD31四个二极管组成的桥式整流电路将70V交流电压整流，经R25及C10滤波，再由电位器RP3分压，取出给定电压叠加到VT3、VT4两个晶体管的基极。改变给定电压即可改变三极管由截止转为导通的时间，从而改变晶闸管的导通角。充磁时，调整电位器RP3即可改变给定电压，从而改变电磁吸盘上的直流电压。退磁时，继电器KA2通电，其常闭触点断开，电容器C10通过R4放电，由RP3取出的给定电压不断减小，使VT3、VT4的导通时间后移，VT1、VT2的导通角逐渐减小，从而使激磁电流逐渐衰减到0，达到自动消磁的目的。

4）多谐振荡器 由晶体管VT5、VT6组成的多谐振荡器在退磁时开始工作。从两个晶体管集电极引出的相位相反的方波，叠加到VT3、VT4的基极，使两个锯齿波发生器交替工作，控制晶闸管VT1、VT2轮流导通。这样，电磁吸盘得到交替变化且自动衰减的激磁电流，电流变化的频率与多谐振荡器的振荡频率相等。

7.5 组合机床电气控制系统

前面所述的金属切削机床均为通用机床，在通用机床上只能一道工序一道工序地进行加工，生产效率低，加工质量不稳定，操作频繁，工人劳动强度大。组合机床是由通用部件和专用部件组成的工序集中的高效率专用机床，能实现多刀、多面、多工序、多工位同时加工。其控制系统大都采用机械、液压或气动、电气相结合的控制方式，其中电气控制又起着中枢连接作用。电气控制系统的基本电路由通用部件的典型控制电路和一些基本控制环节组成，再根据加工、操作要求和自动循环过程综合而成。

组合机床的通用部件包括：动力部件（如动力头和动力滑台）、支承部件（如滑座、床身、立柱及中间底座）、输送部件（如回转分度工作台、回转鼓轮、自动线工作回转台及零件输送装置）、控制装置（如液压元件、控制板、按钮台及电气挡铁）等。

动力头和动力滑台是组合机床最主要的通用部件，是完成刀具切削运动和进给运动的部件。其中动力头能同时完成切削运动及进给运动，动力滑台只能完成进给运动。

7.5.1 机械动力滑台控制线路

机械动力滑台由滑台、滑座及双电动机传动装置三部分组成，滑台的自动工作循环由机械传动及电气控制完成。图7-12所示的是具有正/反向工作进给的机械滑台控制电路。

在图7-12中，M1为进给电动机，M2为快速电动机，接触器KM1、KM2控制两台电动机的正/反转，KM3控制M2电源的通断。SQ1为原位行程开关，SQ2为快进转工进或工退转快退行程开关，SQ3为工作进给终点行程开关，KM为主轴电动机接触器常开触点，YB为制动电磁铁。

线路工作过程如下：在主轴电动机起动的情况下，按下滑台向前起动按钮SB1，KM1线圈得电并自锁；同时，KM3得电吸合，YB通电，M1、M2正向起动旋转，滑台以快进速度加上工进速度向前移动。当快进到位，挡铁压下SQ2时，KM3断电释放，YB断电，快速电动机M2停转并制动，滑台仅以工进速度继续向前。此时，SQ2由长挡铁压下，直至加工结束，SQ3压下，KM1断电释放，KM2通电吸合，工进电动机M1反转，滑台以工进速度后

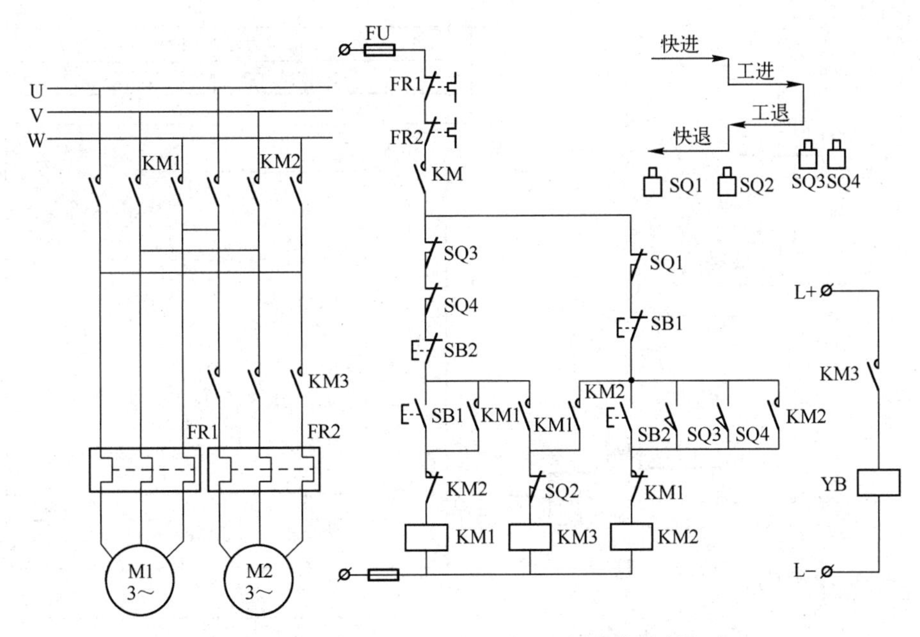

图 7-12　具有正/反向工作进给的机械滑台控制电路

退，后退至长挡铁松开 SQ2，KM3 再次通电吸合，YB 通电，快速电动机 M2 反向起动，滑台以快退速度加上工退速度快速退回原位，压下 SQ1，KM2、KM3 断电释放，M1、M2 同时停转，YB 对 M2 进行制动，滑台停在原位。

SB2 是停止向前并反向后退的按钮。SQ4 为超行程限位开关，若正向工进超过预定行程，则 SQ4 被压下，KM2、KM3、YB 相继通电，滑台先反向工退，然后快退至原位，起到超行程保护作用。

7.5.2　液压动力滑台控制线路

液压动力滑台的进给运动是借助压力油通入液压缸的前腔和后腔来实现的。液压动力滑台由滑台、滑座、液压缸三部分组成。液压缸驱动滑台在滑座上移动，由于它自身不带液压泵、油箱等装置，须单独设置专门的液压站与其配套，它是由电动机拖动液压泵送出压力油，经电气、液压元件的控制，推动液压缸中的活塞来驱动滑台工作的。滑台的工作速度通过调节节流阀进行无级调速。

1. 一次工作进给的液压动力滑台电气控制线路

液压动力滑台一次工进液压系统及控制线路如图 7-13 所示。其工作循环是：滑台快进→工作进给→快速退回至原位。该系统适用于要求工作进给速度不变的情况。

1）原位停止　电磁铁 YA1～YA3 均为断电状态，滑台停在原位，挡铁压下行程开关 SQ1，其常开触点接通，常闭触点断开。

2）快进　将转换开关 SA 扳至“1”位，按下 SB1 按钮，中间继电器 KA1 得电并自锁，电磁铁 YA1、YA3 通电，电磁换向阀 YV1 阀心推向右端，此时进油路为：滤油网 1U→油泵 YB→换向阀 YV1→油缸 YG 左腔。电磁换向阀 YV2 推向右端，此时回油路为：油缸 YG 右腔→换向阀 YV1→换向阀 YV2→油缸 YG 左腔。这时油路为差动连接，滑台快速前进。

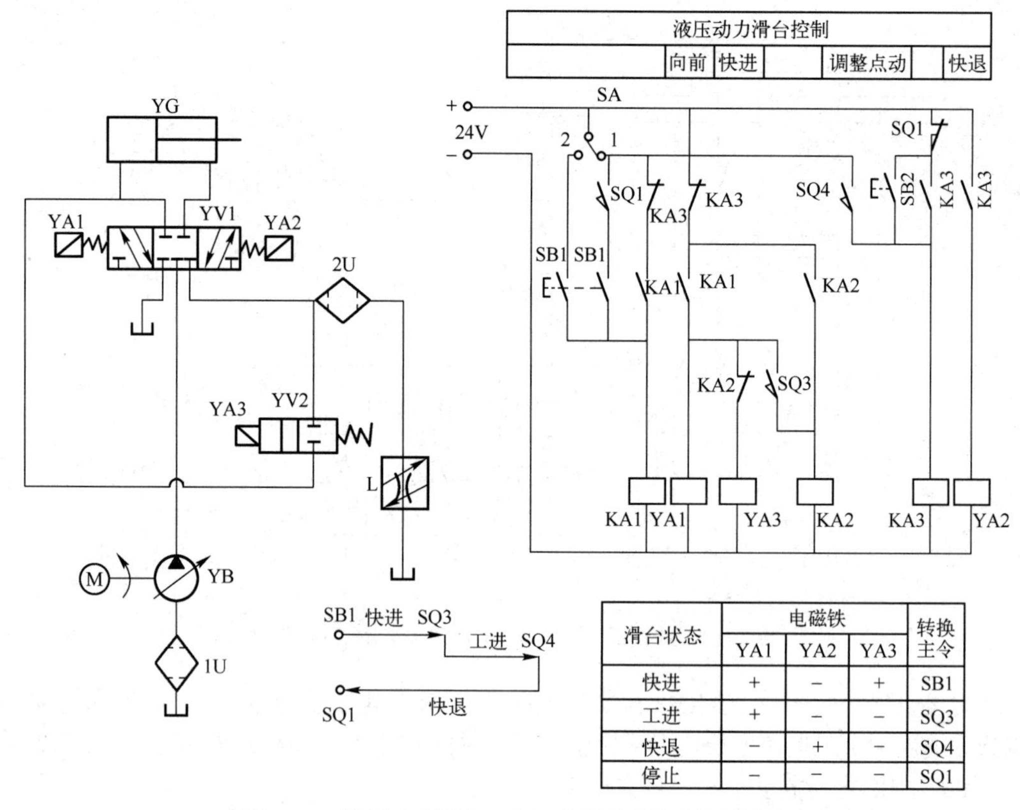

滑台状态	电磁铁			转换主令
	YA1	YA2	YA3	
快进	+	−	+	SB1
工进	+	−	−	SQ3
快退	−	+	−	SQ4
停止	−	−	−	SQ1

图 7-13　液压动力滑台一次工进液压系统及控制线路

3）工进　滑台快进到位时，挡铁压动行程开关 SQ3，其常开触点闭合，中间继电器 KA2 得电并自锁，KA2 常闭触点断开，电磁铁 YA3 断电，YV2 复位，回油不再进入油缸左腔，滑台变为工进。

4）快退　滑台工进到终点，挡铁压动行程开关 SQ4，中间继电器 KA3 得电并自锁，KA3 常闭触点断开，电磁铁 YA1 断电，YA2 通电，换向阀 YV1 阀心左移，滑台停止工进，并快速退回。

进油路为：滤油网 1U→油泵 YB→换向阀 YV1→油缸右腔。

回油路为：油缸左腔→换向阀 YV1→油箱。

当滑台退回原位时，压下行程开关 SQ1，其常闭触点断开，中间继电器 KA3 断电，电磁铁 YA2 断电，换向阀 YV1 回到中间位置，滑台原位停止。

5）点动调整　将转换开关 SA 扳至“2”位，按下 SB1，继电器 KA1 得电，电磁铁 YA1、YA3 通电，换向阀 YV1、YV2 都推向右端，油路与滑台快进时相同，滑台向前快进。松开 SB1，滑台停止。

当滑台不在原位需快退时，按下 SB2，继电器 KA3 通电，电磁铁 YA2 通电，滑台快退。当滑台退至原位时，压下 SQ1，KA3 断电，滑台原位停止。

2. 二次工进的液压动力滑台电气控制线路

液压动力滑台二次工进液压系统及控制线路如图 7-14 所示，其工作循环为：快进→一工进→二工进→快退。

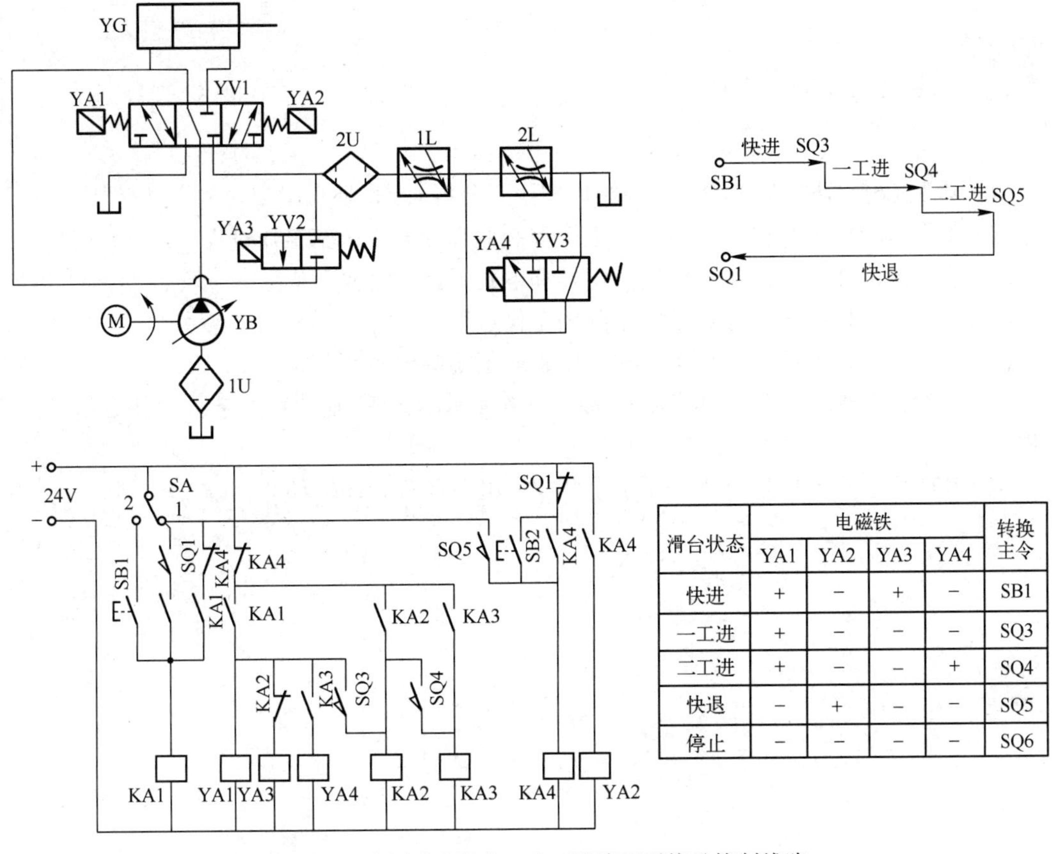

滑台状态	电磁铁				转换主令
	YA1	YA2	YA3	YA4	
快进	+	−	+	−	SB1
一工进	+	−	−	−	SQ3
二工进	+	−	−	+	SQ4
快退	−	+	−	−	SQ5
停止	−	−	−	−	SQ6

图 7-14　液压动力滑台二次工进液压系统及控制线路

1）原位停止　电磁铁 YA1～YA4 均断电，电磁换向阀 YV1～YV3 在图 7-14 中所示位置，油泵 YB 打出的压力油经 YV1 流回油箱，油缸 YG 不动，滑台停在原位，SQ1 被压下。

2）快进　将转换开关 SA 扳至“1”位，按下 SB1，中间继电器 KA1 得电，电磁铁 YA1、YA3 随之通电，压力油经 YV1 进入油缸左腔，油缸回油经 YV2 又回到油缸左腔，油缸以差动方式工作，滑台快速向前。

3）一工进　快进到位，挡铁压动 SQ3，KA2 得电并自锁，YA3 断电，油缸右腔的回油只能经节流阀 1L 及换向阀 YV3 流回油箱，滑台由快进变为一工进，进给速度由节流阀 1L 调节。

4）二工进　一工进到位，挡铁压下行程开关 SQ4 时，KA3 得电并自锁，YA4 通电，油缸回油经节流阀 1L 和 2L 流回油箱，滑台由一工进转为二工进，其速度比一工进慢，可通过节流阀 1L、2L 进行调节。

5）快退　二工进到位，压动行程开关 SQ5，继电器 KA4 得电并自锁，进给线路被切断。同时，KA4 的常开触点接通 YA2 电路，压力油经换向阀 YV1 进入油缸右腔，回油经 YV1 进入油箱，滑台快速后退。当滑台退至原位时，压动行程开关 SQ1，KA4 断电，YA2 断电，YV1 复位，滑台原位停止。

若转换开关扳至“2”位，可用 SB1 点动调整，按 SB2 可使滑台退回原位。

思考与练习

（1）对照C650卧式车床的电气控制原理图，分析C650卧式车床的工作过程。

（2）对照X62W万能升降台铣床的电气控制原理图，分析其工作过程。

（3）在Z3040摇臂钻床中，时间继电器和电磁阀什么时候动作？

（4）试分析Z3040摇臂钻床摇臂下降的工作过程。

（5）试叙述Z3040摇臂钻床电气控制中采取了哪些控制环节。

（6）试绘制T68卧式镗床电气控制原理图中起动运行和制动线路部分，并分析其工作过程。

（7）M7120平面磨床控制中采用了哪些控制电路环节和保护环节？

第 8 章　数控机床控制系统设计方法

8.1　数控机床 PLC 系统设计及调试

数控机床 PLC 系统的设计与数控系统的设计密不可分。目前，机床数控系统一般都自带或提供 PLC 功能，这其中有内装型的，也有独立型的。因此，在设计数控机床 PLC 时，通常都选择与数控系统相同品牌的 PLC。

由数控系统供应商提供的 PLC，在硬件上无论是接口类型还是 I/O 点的规模，都为了适应数控机床的要求，进行了专门设计或给出了典型推荐配置；软件上则一般根据数控机床的控制要求，固化了 PLC 程序或提供标准 PLC 程序供用户参考选用。用户在使用中，只须根据具体机床的特点设置少量的参数，或对标准程序进行部分修改即可满足一般的要求。对于复杂的控制要求，也可以通过对参考程序进行一些修改来满足。PLC 系统的设计流程如图 8-1 所示。

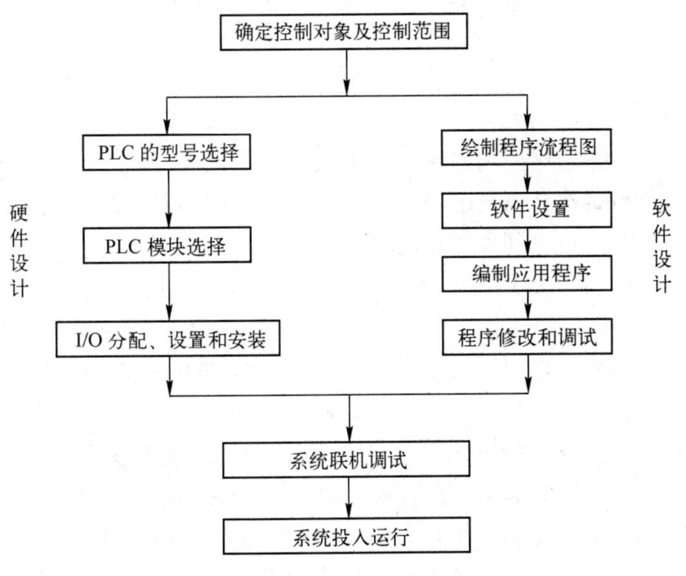

图 8-1　PLC 系统的设计流程

8.1.1　PLC 系统设计原则与步骤

数控机床 PLC 控制系统须实现被控对象的工艺要求，以提高生产效率和产品质量。因此，在设计 PLC 控制系统时，应遵循以下基本原则。

1. 最大限度地满足被控对象的控制要求

充分发挥PLC的功能，最大限度地满足被控对象的控制要求，是设计PLC控制系统的首要前提，这也是设计中最重要的一条原则。因此，要求设计人员在设计前深入现场进行调查研究，收集控制现场资料，以及先进的国内外相关资料。同时，设计人员要注意和现场的工程管理人员、工程技术人员、现场操作人员紧密配合，拟定控制方案，共同解决设计中的重点问题和疑难问题。

2. 保证PLC控制系统安全、可靠

保证PLC控制系统长期安全、可靠、稳定运行是设计控制系统的重要原则，这就要求设计者在系统设计、元器件选择、软件编程上全面考虑。例如，应该保证PLC程序不仅能在正常条件下运行，而且在非正常情况下（如突然掉电再上电、按错按钮等）也能正常工作。

3. 力求简单、经济，使用及维修方便

一个新的控制工程固然能提高产品的质量和数量，带来巨大的经济效益和社会效益，但新工程的投入、技术培训、设备维护也将导致运行资金的增加。因此，在满足控制要求的前提下，一方面要注意不断扩大工程的效益，另一方面也要注意不断降低工程的成本。这就要求设计者不仅应使控制系统简单、经济，而且要使控制系统的使用和维护方便、成本低，不宜盲目追求自动化和高指标。

4. 适应发展需要

由于技术的不断发展，对控制系统的要求也将不断提高，设计时要适当考虑今后控制系统发展和完善的需要。这就要求在选择PLC、I/O模块、I/O点数和内存容量时，要适当留有裕量，以满足今后生产的发展和工艺的改进。

数控机床PLC系统设计步骤如下所述。

（1）工艺分析。对数控机床设备的工艺过程、工作特点，以及控制系统的控制过程、功能和特性进行分析，估算I/O开关量的点数、I/O模拟量的接口数量和精度要求，从而对PLC系统提出整体要求。

（2）系统调研。根据设备的要求，对初步选定的数控系统进行调研，了解其所提供的PLC系统的功能和特点，包括PLC的类型、接口种类和数量、接口性能、扩展性、PLC程序的编制方法、售后服务等内容，如有必要可以和供应商直接联系。

（3）电气设计。PLC控制系统的电气设计的主要内容包括：电气设计原理图、元件清单、电柜布置图、接线图和互连图，如果是定型设备，则还有工艺图。进行电气设计时，应特别注意以下6点。

① PLC输出接口的类型：确定是继电器输出还是光隔离输出等。

② PLC输出接口的驱动能力：一般继电器输出为2A，光隔离输出为500mA。模拟量接口的类型和极性要求，一般有电流型输出（-20～+20mA）和电压型输出（-10～+10V）两种可选。

③ 采用多直流电源时的共地要求。

④ 输出端接不同负载类型时的保护电路。若执行电器为感性负载，须接保护电路。

⑤ 若电网电压波动较大或附近有大的电磁干扰源，应在电源与 PLC 间加设隔离变压器、稳压电源或电源滤波器。

⑥ PLC 的散热条件：当 PLC 的环境温度大于 55℃时，应采取强制冷却措施。

（4）确定方案。综合考虑数控系统和 PLC 系统的功能、性能、特点，用户的需要和使用习惯，以及整机性价比来确定 PLC 系统的方案。实际上，主要是从 PLC 的角度对数控系统提出要求，从而确定数控系统的方案。

一般只有少数情况下才会选用独立型 PLC。例如，设备需要较多的模拟量接口和大量的开关量接口，而简易型数控系统提供的 PLC 不能满足要求，则应选用独立型 PLC。

在选择独立型 PLC 时，主要考虑以下 5 个因素。

（1）功能范围。PLC 功能有强有弱，其价格差别很大，应根据系统的实际需要来选用。主要考虑 PLC 有无扩展能力，有无模拟量 I/O，指令系统是否完善，有无中断能力，有无联网能力等。

（2）I/O 点数统计。统计系统所需 I/O 的种类及数量，选用合适的 I/O。

（3）模块的种类和数量。一般都有一定数量的扩展单元供用户配置。在满足需要的前提下，选择模块应注意经济性。

（4）存储器容量。根据系统大小不同，选择用户存储器容量不同的 PLC。一般厂商提供 1KB、2KB、4KB、8KB、16KB 容量不等的存储器，主要凭经验估算来选择。

（5）处理时间。PLC 从处理一个输入信号到产生一个输出信号所需的时间称为处理时间。处理时间的长短不仅取决于 CPU 的循环扫描周期，还与输出继电器的机械滞后、输入信号的到来时刻，以及程序语句的安排有密切的关系。当某些设备要求 I/O 做出快速响应时，可采用快速响应模块、高速计数模块及中断处理等措施来缩短处理时间。

8.1.2　PLC 程序设计

目前，数控机床，特别是通用数控机床的各项功能，如主轴控制、车床刀架转位、加工中心刀库的换刀、润滑、冷却的起/停等均已标准化，各种数控系统一般都内置或提供满足这些功能的 PLC 程序。采用独立型 PLC 时，一般厂家也会提供满足通用数控机床要求的标准 PLC 程序。因此，设计 PLC 程序最重要的方法就是详细了解并参考系统提供的标准 PLC 程序。

1. PLC 程序设计的基本思路

PLC 程序设计的基本思路是按照设备的要求设计输入与输出信号的逻辑关系，在输入某些信号时得到预期的输出信号，从而实现预期的工作过程。因此，简单而常用的方法是以过程为目标，分析每个过程的启动条件和限制条件，根据这些条件编写该过程的 PLC 程序，完成了所有过程的 PLC 程序设计，也就完成了整个 PLC 程序设计。其中的某个过程可以涉及一个输出接口，如冷却液泵电动机的起/停；也可以涉及多个输出接口，如加工中心换刀的过程。这种方法比较容易实现 PLC 程序的模块化，易于各过程的独立调试，缺点是往往不能保证最小的存储器占用量。随着计算机和微电子技术的发展，对 PLC 存储器容量方面的限制已经越来越小。

2. PLC 程序设计的常用方法

PLC 程序设计的常用方法主要有经验设计法和逻辑设计法。

1）经验设计法 经验设计法实际上是在一些典型单元电路（梯形图）的基础上，根据被控对象控制系统的具体要求，不断修改和完善梯形图。有时，需要多次反复修改和调试梯形图后才能得到一个较为满意的结果。对于比较简单的控制过程，使用该方法设计简便、快速。但是，由于主要依赖经验进行设计，所以要求设计者具有较丰富的经验，掌握、熟悉大量的控制系统实例和各种典型环节。这种设计方法较灵活，其结果一般不是唯一的。

用经验设计法完成 PLC 程序设计可以按以下步骤进行：分析控制要求、选择控制原则；设置主令元件和检测元件；确定 I/O 信号；设计执行元件的控制程序；检查、修改和完善程序。

2）逻辑设计法 逻辑设计法的基本含义是以逻辑组合的方法和形式设计电气控制系统。这种设计方法既有严密可循的规律性和明确可行的设计步骤，又具有简便、直观和十分规范的特点。

逻辑设计方法的理论基础是逻辑代数，而继电器控制系统的本质是逻辑线路，它符合逻辑运算的各种基本规律。在某种意义上，我们可以认为 PLC 是“与”“或”“非”三种逻辑线路的组合体。而 PLC 梯形图程序的基本形式也是与或非的逻辑组合，它们的工作方式及其规律也完全符合逻辑运算的基本规律。因此，用只有“0”“1”两种取值的逻辑代数作为 PLC 程序设计的工具就较为实用可靠。

3. PLC 程序设计的一般步骤

(1) 若所采用的 PLC 自带程序，应该详细了解程序已有的功能及对现有需求的满足程度和可修改性，尽量采用其自带程序。

(2) 将所有与 PLC 相关的输入信号（如按钮、行程开关、传感器等）、输出信号（如接触器、电磁阀、信号灯等）分别列表，并按 PLC 内部接口范围给每个信号确定编号。

(3) 详细了解生产工艺和设备对控制系统的要求，绘制系统各个功能过程的工作循环图或流程图、功能图及有关信号的时序图。

(4) 按照 PLC 程序语言的要求设计梯形图或编写程序清单。梯形图上的文字符号应按现场信号与 PLC 内部接口对照表的规定标注。

4. PLC 程序设计的一般原则

1）保证人身与设备安全 保证人身与设备安全非常重要。PLC 的设计应该在保证人身和设备安全的前提下实现其功能，没有安全保证的设备没有任何实用价值。

2）保证硬件的安全保护 PLC 程序的安全设计，并不代表硬件的安全保护可以省略。程序的安全设计，仅是在软件上提供保护功能，为了避免软件工作异常和调试过程中程序编制错误或操作不当引起事故，还要在硬件上设计保护功能。如电动机正/反转接触器的互锁设计，进给电动机的限位保护开关等，这些均在硬件上实现，无须通过 PLC 控制。

3）了解 PLC 自身的特点 不同厂家的 PLC 都各有特点，在应用中也会不同，只有了解 PLC 自身的特点才能正确使用并发挥 PLC 应有的能力。

4）设计调试点易于调试　PLC 程序的设计并不是一次就可以完成的，常常需要经过反复调试和实验。因此 PLC 程序的设计与一般软件设计类似，须要利用中间寄存器设计跟踪标记和断点，以方便调试。

5）模块化设计　数控机床的 PLC 一般要完成许多功能，模块化设计便于我们对各个功能进行单独调试，当改变某一功能的控制程序时，也不会对 PLC 的其他功能产生影响。

6）尽量减少程序量　减少程序量可以减少程序运行的时间，提高 PLC 的响应速度，这对循环扫描的 PLC 尤为重要。另外，减少 PLC 的程序量对于节省系统资源也是非常必要的。

7）全面注释，便于维护　PLC 所服务的数控机床要求长时间稳定运行，因此 PLC 出现问题时要能立刻排除。对程序进行详细的注释，有利于维修人员维修、日常维护以及系统新功能的扩展。

8.1.3　PLC 调试

1. 输入程序

根据型号的不同，PLC 有多种程序输入方法，如：在 PLC 上本地输入；通过数控系统输入；通过外部专用编程器输入；通过 PLC 提供的基于 PC 的软件在外部输入。

2. 检查电气线路

如果电气线路安装有误，不仅会严重影响 PLC 程序的调试进度，而且极有可能损坏元件。因此在调试前，应该仔细检查整个系统的电气线路，特别是电源部分。若系统是分模块设计调试的，也可以只检查准备调试的模块部分的电气线路。

3. 模拟调试

PLC 处在数控系统和机床电气之间，起着承上启下的作用。如果 PLC 指令有误，即使电气线路无误，也有可能引起事故发生，损坏设备。因此，在 PLC 实际应用调试前，应先进行模拟调试。模拟调试可以采用系统提供的模拟台调试，也可以在关闭系统强电的条件下模拟调试。

4. 运行调试

（1）接通功率元件的动力，如电动机及其驱动器的强电、气压、液压等，按照实际运行需要进行调试，在运行调试中注意电气与机械的配合。

（2）非常规调试，验证安全保护和报警功能，按照与设计功能不同的顺序输入或输出信号。

（3）观察 PLC 设计的保护功能是否有效。运行过程中，接入各单元的报警信号，观察 PLC 程序是否能正确报警并保护相应的单元。如主轴运行中，接入主轴过热信号，观察 PLC 是否报警，并同时停止主轴和刀具进给。这部分工作一般也分为模拟调试和运行中调试，以防保护功能失效而损坏元件和设备。

（4）安全检查并投入试验性试运行。

（5）待一切正常后，可将程序固化到 PLC 存储器中，并备份和建立详细文档，整理说明程序的功能和使用方法等。

8.2 PLC在数控机床中的应用实例

本节对具体的编程方法不做详细的介绍，只针对数控机床PLC控制中一个比较典型的应用实例进行过程和安全互锁分析。应用实例中的PLC均采用24V DC NPN型晶体管接口电路，即低电平有效。下面以主轴系统为例来说明。

1. 过程分析

主轴的控制包括正转、反转、停止、制动和冲动等。要求按下正转按钮时，电动机正转；按下反转按钮时，电动机反转；按下停止按钮时，电动机停止，并控制制动器制动2s；按下冲动按钮时，电动机正转0.5s，然后停止；电动机过载报警后，正/反转按钮和冲动按钮无效。

2. 安全互锁

数控机床主轴的回转运动带动刀具或工件产生切削运动，因此主轴单元的安全互锁包括以下3个方面。

（1）当主轴报警时，必须禁止回转运动，以防损坏刀具或主轴。

（2）当主轴运动时，必须禁止刀具松/紧和自动换刀等，因为这些过程处在需要主轴静止的状态。

（3）若主轴有多个挡位，则主轴换挡未成功时，必须禁止主轴的连续运动和机床的自动加工。

3. 程序设计

主轴控制电气设计如图8-2所示。驱动主轴的是普通三相异步电动机，由交流接触器控制其正/反转；继电器采用24V DC供电，自带续流二极管；交流接触器采用110V AC供电。

主轴控制电气含义表见表8-1。

表8-1 主轴控制电气含义表

序号	名称	含义	序号	名称	含义
1	QF3	主轴带过载保护电源空气开关	8	KA9	刀具松中间继电器
2	KM3	主轴正转交流接触器	9	SB11	主轴正转按钮
3	KM4	主轴反转交流接触器	10	SB12	主轴反转按钮
4	KA1	由急停控制的中间继电器	11	SB13	主轴停止按钮
5	KA4	主轴正转中间继电器	12	SB14	主轴冲动按钮
6	KA5	主轴反转中间继电器	13	RC2	三相灭弧器
7	KA6	主轴制动中间继电器	14	RC7、RC8	单相灭弧器

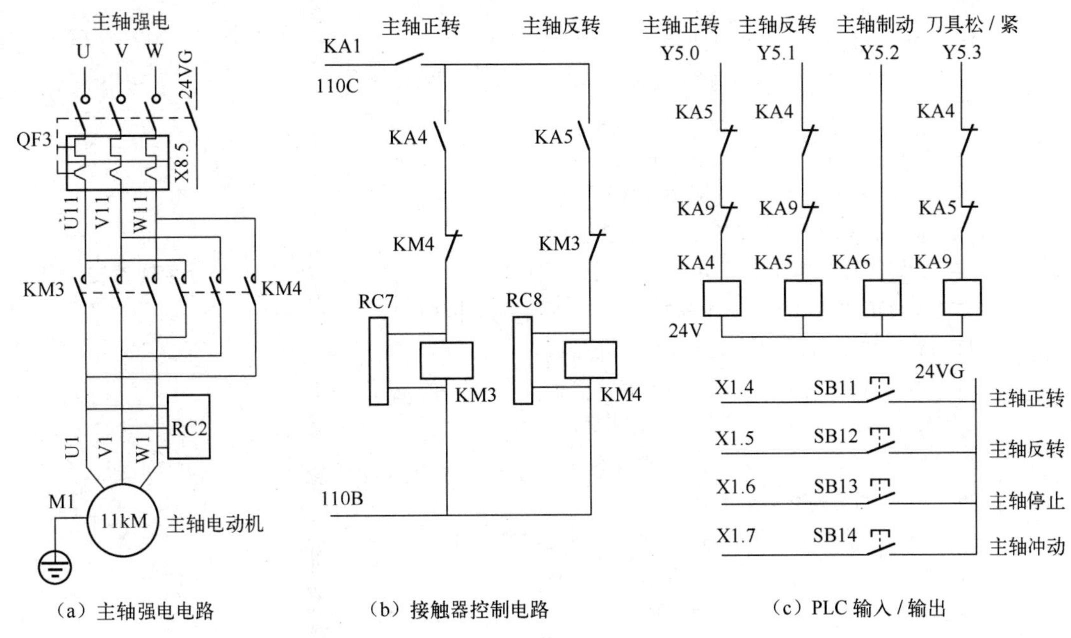

图 8-2　主轴控制电气设计

与主轴控制相关的 I/O 寄存器包括：

☺ 输入寄存器：X1.4——正转；X1.5——反转；X1.6——停止；X1.7——冲动；X8.5——报警。

☺ 输出寄存器：Y5.0——正转；Y5.1——反转；Y5.2——制动；Y5.3——松/紧刀。

在电气安全互锁设计上，主轴正/反转在接触器和继电器分别进行了安全互锁；主轴正/反转对刀具松/紧进行了安全互锁；急停对主轴运转进行了安全互锁。

指令语句表程序如下：

```
1. LD     X1.4      读取主轴正转按钮
2. OR     R0.0      R0.0 自锁
3. AND    X8.5      无报警
4. ANI    Y5.3      刀具未松开
5. AND    X1.6      停止按钮未按下(停止按钮硬件上是常闭连接)
6. ANI    Y5.1      反转无输出
7. ANI    Y5.2      主轴未制动
8. OUT    R0.0      输出中间变量 R0.0,并自锁
——主轴正转条件都满足,则按下正转按钮后,输出 R0.0 并自锁——
9. LD     X1.7      读取主轴冲动按钮
10. OR    R0.1      R0.1 互锁
11. ANI   T1        若 T1 计时未完成
12. OUT   R0.1      输出 R0.1
13. OUT   T1        K5    T1 计时 0.5s
——按下主轴冲动按钮后,R0.1 输出 0.5s 后关闭——
14. LD    R0.0      读取 R0.0
```

```
15. OR    R0.1          或 R0.1
16. AND   X8.5          无报警
17. ANI   Y5.3          刀具未松开
18. AND   X1.6          停止按钮未按下
19. ANI   Y5.1          反转无输出
20. ANI   Y5.2          主轴未制动
21. OUT   Y5.0          输出 Y5.0 控制主轴正转
```

——主轴正转条件满足后，R0.0 和 R0.1 中任意一个有输出，则输出 Y5.0 控制主轴正转，实现了主轴连续正转和每次按下主轴冲动按钮，主轴正向冲动 0.5s 的功能——

```
22. LD    X1.6          读取主轴停止按钮
23. OR    Y5.2          主轴制动自锁
24. ANI   T2            若 T2 计时未完成
25. OUT   Y5.2          输出主轴制动
26. OUT   T2   K20      T2 计时 2s
```

——按下主轴停止按钮后，Y5.2 输出制动主轴 2s 后断开——

```
27. LD    X1.5          读取主轴反转按钮
28. OR    Y5.1          主轴反转自锁
29. AND   X8.5          无报警
30. ANI   Y5.3          刀具未松开
31. AND   X1.6          停止按钮未按下
32. ANI   Y5.0          正转无输出
33. ANI   Y5.2          主轴未制动
34. OUT   Y5.1          输出 Y5.1 控制主轴反转
35. END
```

——主轴反转条件都满足，则按下反转按钮后，输出 Y5.1 并自锁——

8.3 数控机床 PLC 控制应用实例

1. 过程分析

以四工位自动刀架为例，刀架电动机采用三相交流 380V 供电，正转时驱动刀架正向旋转，各刀具按顺序依次经过加工位置，如图 8-3 所示；刀架电动机反转时，刀架自动锁死，保证刀具能够承受切削力。每把刀具各有一个霍尔位置检测开关。

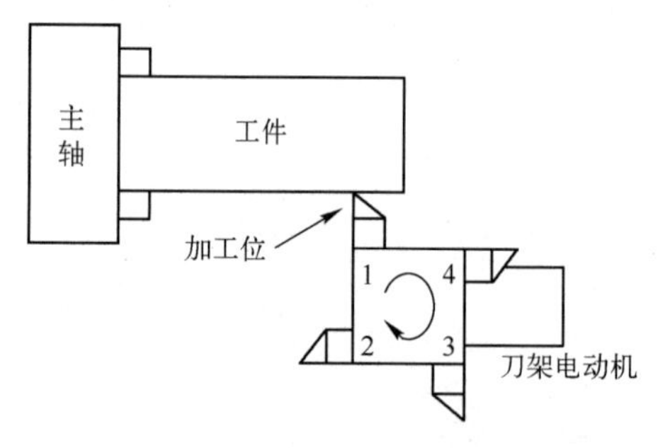

图 8-3 车床刀架示意图

换刀动作由 T 指令或手动换刀按钮启动，换刀过程如下所述。

（1）刀架电动机正转。

（2）检测到所选刀位的有效信号后，停止刀架电动机，并延时（100ms）。

（3）延时结束后，刀架电动机反转锁死刀架，并延时（500ms）。

（4）延时结束后，停止刀架电动机，换刀完成。

车床刀架不存在刀具交换的问题，刀具选好后即可开始加工。因此，车床的换刀由 T 指令（选刀指令）完成，而不需要换刀指令（M06 指令）的参与。

2. 安全互锁

（1）刀架电动机长时间旋转（如 20s）而检测不到刀位信号，则认为刀架出现故障，应立即停止刀架电动机并报警提示，以防止将其损坏。

（2）刀架电动机过热报警时，停止换刀过程，并禁止自动加工。

3. 程序设计

刀架控制的电气设计如图 8-4 所示。

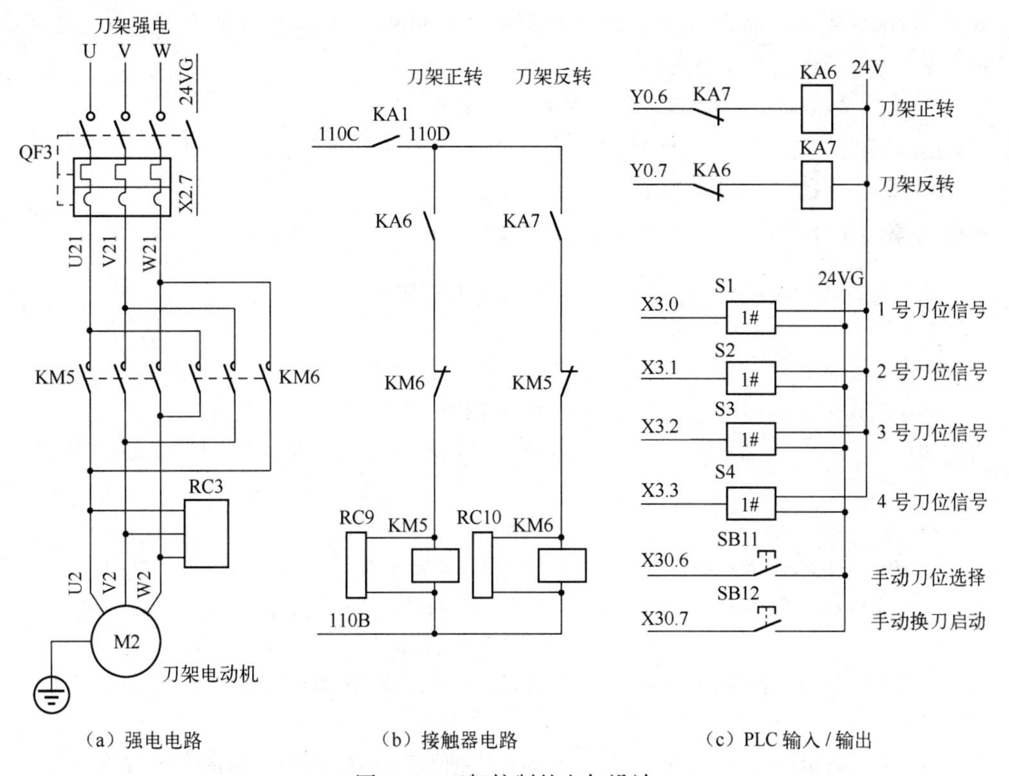

（a）强电电路　　（b）接触器电路　　（c）PLC 输入 / 输出

图 8-4　刀架控制的电气设计

刀架控制电气含义表见表 8-2。

表 8-2　刀架控制电气含义表

序号	名　称	含　义	序号	名　称	含　义
1	M2	刀架电动机	6	S1～S4	刀位检测霍尔开关
2	QF3	刀架电动机带过载保护的电源空气开关	7	SB11	手动刀位选择按钮
3	KM5、KM6	刀架电动机正/反转控制交流接触器	8	SB12	手动换刀启动按钮
4	KA1	由急停控制的中间继电器	9	RC3	三相灭弧器
5	KA6、KA7	刀架电动机检测霍尔开关	10	RC9、RC10	单相灭弧器

自动刀架控制涉及的 I/O 寄存器如下所述。

☺ X2. 7——刀架电动机过热报警输入；

☺ X3. 0~X3. 3——1~4 号刀到位信号输入；

☺ X30. 6——手动刀位选择按钮信号输入；

☺ X30. 7——手动换刀启动按钮信号输入；

☺ Y0. 6——刀架正转继电器控制输出；

☺ Y0. 7——刀架反转继电器控制输出。

PLC 程序按定时循环扫描的方式执行，与换刀相关的程序扫描周期为 16ms，用 plc1_time 表示。程序中利用这一点实现定时（延时）功能。程序中用到的变量说明如下。

*sys_ext_alm()：用于设定外部报警，为 16 位二进制数，每一位代表一个报警，可设定 0~15 共 16 个外部报警。某位为 1 时，相对应的外部报警显示，为 0 时则清除相对应的报警。

mod_T_code(0)：T 指令代码，一般为 3 位十进制数，百位表示刀号，十位、个位表示刀偏值。置“-1”时，T 指令完成。

T_stage：定义换刀顺序标记的局部变量（字符型）。

T_stage_dwell：定义换刀延时时间的局部变量（无符号整型）。

T_NO：定义所选刀号的局部变量（字符型）。

车床刀架用 T 指令换刀的 C 语言 PLC 处理程序如下：

```
if ((X[2]&0x80)==0)                 //若电动机过热(X2.7 为 0)
{
 *sys_ext_alm() |=4;                //则显示 2 号外部报警:刀架电动机过热
Mod_T_code(0)=-1;                   //强制 T 指令完成
Return;                             //从 T 指令处理程序返回到 PLC 主程序(简称“返回”)
}
else                                //否则
   *sys_ext_alm()&=~4;              //清除 2 号外部报警
  T_NO=mod_T_code(0)/100;           //由 T 指令获得所要选的刀号
                                    //例如 T121,指选 1 号刀,刀偏值为 21
  if(T_stage_dwell>plcl_time)       //若设定的换刀延时时间未完成
  {
    T_stage_dwell-=plcl_time;       //则延时时间减去本程序执行周期的扫描时间
    return;                         //并且返回
  }
  else                              //否则
  T_stage_dwell=0;                  //清零为下次延时准备
  //进入 switch 结构,执行换刀顺序的下一步
  switch(T_stage)                   //读取换刀顺序标记
    {
case 0;                             //换刀第 0 步
    Y[0] |=0x40;                    //输出 Y0.6,刀架正转
    Break;                          //退出 switch 结构(简称“退出”)
case 1;                             //换刀第 1 步
```

```
        if((X[3]&0xF)!=(1<<(T_NO-1)))
        {                                   //若本扫描周期读取的刀位信号不是所选刀
          T_stage=0;                        //则回到换刀第 0 步,即保持正转继续找刀
          T_change_time+=plcl_time;         //记录正转时间
          If(T_change_time>8 000)           //若超过 8s 没有找到目标刀位
          {
            * sys_ext_alm() |= 8;           //则显示 3 号外部报警:换刀超时

            Y[0]&=~0x40;                    //停止电动机
            mod_T_code(0)=-1;               //T 指令强制完成
            break;                          //退出
            }
        else
         * sys_ext_alm()&=~8;               //否则清除 3 号外部报警
        break;                              //退出
          }
          Y[0]&=~0x40;                      //否则,表示已到达所选刀位,Y0.6 置零,停止刀架正转
        T_stage_dwell=100;                  //设定停止延时=100ms
        break;                              //退出
      case 2:                               //换刀第 2 步
          Y[0] |=0x80;                      //Y0.7 置 1,刀架电动机反转锁死刀架
          T_stage_dwell=500;                //反转时间为 500ms
          break;                            //退出
        case 3:                             //换刀第 3 步
          Y[0]&=~0x80;                      //Y0.7 置 0,刀架电动机停止旋转
          mod_T_code(0)=-1;                 //置 T 指令完成标记
          break;                            //退出
      }
      T_stage++;                            //换刀顺序标记加 1
      //若顺利,下面的程序在扫描周期中待延时时间完成后自动进入换刀顺序过程的下一步
```

换刀可以用手动按钮实现，其 PLC 处理程序与上面相似，只是换刀号“T_NO”的获取方法不是靠 T 指令，而是靠选刀按钮设定的。读者可以尝试自己编写车床自动刀架手动换刀的 PLC 程序。

8.4　减少 I/O 点数的方法

I/O 点数是衡量 PLC 规模大小的重要指标。不同种类的 PLC，它所适用的规模是不同的，用户应根据实际生产过程中的 I/O 信号点数和信号类型来选择不同种类的 PLC 或相应的 I/O 单元模块。通常，开关量 I/O 单元采用最大的 I/O 点数来表示，模拟量 I/O 单元采用最大的 I/O 通道来表示。

PLC 的每个 I/O 点的平均价格高达近百元，减少所需的 I/O 点数是降低系统硬件费用的主要措施，下面介绍几种减少 PLC I/O 点数的常用方法。

1. 减少输入点的常用方法

（1）分时分组输入：自动程序和手动程序不可能同时被执行，自动和手动这两种工作方式分别使用的输入可以分成两组输入。在设计 PLC 系统时，增加输入自动/手动的控制信号，供自动程序和手动程序切换时使用。

（2）输入点合并：如果某些外部输入信号总是以某种“与”“或”“非”组合的整体形式出现在梯形图中，在设计时可以将它们对应的触点在 PLC 的外部串联或并联后作为一个整体的输入接入端子，只占用 PLC 的一个输入点。例如，对于单人三地操作的设备，可以将三个地点的停止按钮串联，将三个地点的起动按钮并联，然后分别接入 PLC 的两个输入点，与每个起动、停止按钮分别接一个 PLC 的输入端子相比，这样做不仅节省了 4 个输入端子，还简化了 PLC 的梯形图程序。

（3）将输入信号设置在 PLC 之外：系统的某些输入信号可以设置在 PLC 之外。如在手动操作的电动机起/停控制线路中，当热继电器实现过载保护后，若要再次起动电动机，首先需要提供热继电器的手动复位信号，可以把热继电器的动断触点从 PLC 的输入端移出，而与接触器线圈串联后接入 PLC 的输出端子。注意，若某些手动按钮须要串联一些安全联锁触点，而采用外部硬件联锁电路过于复杂时，则应将有关的信号直接送入 PLC，用 PLC 的梯形图程序实现软件的联锁控制。

2. 减少输出点的常用方法

（1）减少开关量输出点的方法：在 PLC 输出功能允许的条件下，若系统某些负载的通断状态完全相同，则可以将多个负载并联，通过 PLC 控制的继电器开关对多个负载进行控制，这样只须把继电器的线圈直接接入 PLC 的一个输出端子上。

对于指示电路，可用一个指示灯指示控制系统的多种控制状态。若须要用指示灯指示 PLC 负载的工作状态，可以将指示灯与负载直接并联，这样可以使每个指示灯不再单独占用一个输出端子。注意，并联时，电压和电流不应超出 PLC 输出触点的允许值。

另外，对于系统中某些相对独立或比较简单的部分，可以不用 PLC 进行控制，直接用继电器控制线路进行控制，这样做可以同时减少 PLC 输入与输出点数。

（2）减少数字显示所用输出点的方法：在某些情况下，系统须要显示数值，若用 PLC 的数字量输出点来直接控制，则所需的输出点很多，这时可以使用集成芯片来驱动显示器。如果需要显示的数据很多，也可以考虑选用文本显示器或其他操作面板。

8.5 提高 PLC 在数控机床控制系统中可靠性的措施

8.5.1 PLC 的安装

1. PLC 的安装环境

每种工业设备对外部环境都有特定的要求，PLC 的安装也不例外。如果不满足安装环境要求，可能不会影响 PLC 的正常功能，但会影响 PLC 的可靠性和使用寿命。

一般来说，要确保 PLC 在数控机床控制系统中的可靠性，须考虑 PLC 安装场合周围的温度、湿度，以及有无冲击振动，有无腐蚀情况等。在下列场合中，不适合安装 PLC。

☺ 周围温度低于 0℃或高于 55℃的场合。

☺ 周围湿度低于 10% RH 或高于 90% RH 的场合。

☺ 遭受过度灰尘、盐蚀或金属粉末填充影响的场合。

☺ PLC 易遭受到直接冲击或激烈振动的场合。

此外，针对不同的现场环境，应对 PLC 采取相应的保护。例如，在易遭受静电、强电磁场或其他干扰的场合，应对 PLC 采取静电防护、磁场屏蔽以及抗干扰措施。

2. PLC 的安装方向

模块化 PLC 是由多个模块组成一个 PLC 系统。必须考虑 PLC 的连接，PLC 的安装方向必须按照要求进行，否则将会出现散热问题。一般要求垂直安装。

8.5.2　合理的安装与布线

1. 注意电源安装

电源是干扰进入 PLC 的主要途径。PLC 系统的电源有两类：外部电源和内部电源。

外部电源是用来驱动 PLC 输出设备（负载）和提供输入信号的，又称用户电源。同一台 PLC 的外部电源可能有多种规格。外部电源的容量与性能由输出设备和 PLC 的输入电路决定。由于 PLC 的 I/O 电路都具有滤波、隔离功能，所以外部电源对 PLC 性能影响不大。因此，系统对外部电源的要求不高。

内部电源是 PLC 的工作电源，即 PLC 内部电路的工作电源，其性能直接影响 PLC 的可靠性。因此，为了保证 PLC 的正常工作，系统对内部电源有较高的要求。一般 PLC 的内部电源都采用开关式稳压电源或一次侧带低通滤波器的稳压电源。

在干扰较强或可靠性要求较高的场合，应该用带屏蔽层的隔离变压器为 PLC 系统供电。还可以在隔离变压器二次侧串联 LC 滤波电路。同时，在安装时还应注意以下问题。

☺ 隔离变压器与 PLC 和 I/O 电源之间最好采用双绞线连接，以控制串模干扰。

☺ 系统的动力线应足够粗，以降低大容量设备起动时引起的线路压降。

☺ PLC 输入电路用外接直流电源时，最好采用稳压电源，以保证输入信号的正确性。

2. 远离高压

不能将 PLC 安装在高压电器和高压电源线附近，更不能与高压电器安装在同一个控制柜内。在柜内，PLC 应远离高压电源线，二者之间的距离应大于 200mm。

3. 合理的布线

☺ I/O 线、动力线及其他控制线应分开布线，尽量不要在同一线槽中布线。

☺ 交流线与直流线、输入线与输出线最好分开布线。

☺ 开关量与模拟量的 I/O 线最好分开，对于传送模拟量信号的 I/O 线最好用屏蔽线，且屏蔽线的屏蔽层应一端接地。

☺ PLC 的基本单元与扩展单元之间电缆传送的信号小、频率高，很容易受干扰，不能与其他的连线敷设在同一线槽内。

☺ PLC 的 I/O 回路配线必须使用压接端子或单股线，不宜用多股绞合线直接与 PLC 的接线端子连接，否则容易出现火花。

☺ 与 PLC 安装在同一控制柜内的，虽不是由 PLC 控制的感性元件，也应并联 RC 或二极管消弧电路。

PLC 的供电电源一般使用市电（220V，50Hz）。电网的冲击、频率的波动直接影响 PLC 系统实时控制的精度和可靠性。通常 PLC 的供电系统中采用隔离变压器，这样可以隔离掉供电电源中的各种干扰信号，从而提高系统的抗干扰性。若供电电源为开关电源，也应采用隔离变送器与电源隔离。另外，可以在供电系统中增加 UPS 不间断电源，保证系统的实时控制不受突然断电影响。

8.5.3 必需的安全保护环节

1）短路保护 当 PLC 输出设备发生短路故障时，为了避免 PLC 内部输出元件损坏，应该在 PLC 外部输出回路中装上熔断器，进行短路保护。最好在每个负载的回路中都装上熔断器。

2）互锁与联锁措施 除了在程序中保证电路的互锁关系，PLC 外部接线中还应该采取硬件的互锁措施，以确保系统安全可靠地运行，如电动机正/反转控制，要利用接触器 KM1、KM2 常闭触点在 PLC 外部进行互锁。在不同电动机或电器之间有联锁要求时，最好也在 PLC 外部进行硬件联锁。采用 PLC 外部的硬件进行互锁与联锁，这是 PLC 控制系统中常用的做法。

3）失压保护与紧急停车措施 PLC 外部负载的供电线路应具有失压保护措施，当临时停电再恢复供电时，若不按下起动按钮，PLC 的外部负载就不能自行起动。这种接线方法的另一个作用是，当特殊情况下需要紧急停机时，按下停止按钮就可以切断负载电源，而与 PLC 毫无关系。

8.5.4 PLC 的接线

为了防止或减小外部配线的干扰，在 PLC 接线时应注意抑制由电源系统和 I/O 电路引入的干扰。PLC 应尽可能取用电压波动小、波形畸变较小的电源，若在可靠性要求很高的场合，对交流电源系统可在 PLC 电源输入端加接隔离变送器和低通滤波器等。对于 I/O 电路，开关量信号可用普通单根导线传输，数字脉冲信号应选用屏蔽电缆传输，而模拟量信号要选用屏蔽电缆或带防护的双绞线传输。

良好的接地是 PLC 安全可靠运行的重要条件。为了抑制干扰，PLC 最好单独接地，与其他设备分别使用各自的接地装置，如图 8-5（a）所示；也可以采用公共接地，如图 8-5（b）所示；但禁止使用图 8-5（c）所示的串联接地方式，因为这种接地方式会产生 PLC 与设备之间的电位差。

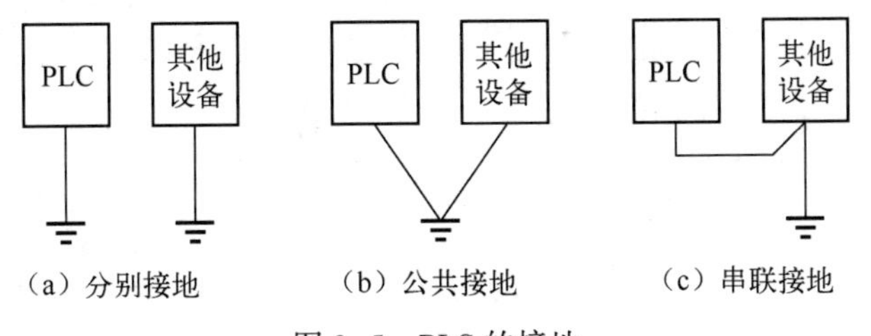

图 8-5　PLC 的接地

PLC 的接地线应尽量短，使接地点尽量靠近 PLC。同时，接地电阻要小于 100Ω，接地线的截面积应大于 $2mm^2$。

另外，PLC 的 CPU 单元必须接地，若使用了 I/O 扩展单元等，则 CPU 单元应与它们具有共同的接地体，而且从任一单元的保护接地端到地的电阻都不能大于 100Ω。

此外，为防止负载短路损坏输出单元，可在 PLC 输出线路上安装熔断器。

8.5.5　必要的软件措施

有时，硬件措施不一定能完全消除干扰的影响，采用一定的软件措施与之配合，对提高 PLC 控制系统的抗干扰能力和可靠性可起到很好的作用。

1. 消除开关量输入信号抖动

在实际应用中，有些开关输入信号接通时，由于外界的干扰而出现时通时断的“抖动”现象。这种现象在继电器系统中由于继电器的电磁惯性一般不会造成什么影响，但在 PLC 系统中，由于 PLC 扫描工作的速度快，扫描周期比继电器的实际动作时间短得多，所以抖动信号就可能被 PLC 检测到，从而造成错误的结果。因此，必须对某些“抖动”信号进行处理，以保证系统正常工作。

如图 8-6（a）所示，输入 X0 抖动会引起输出 Y0 发生抖动，可采用计数器或定时器，经过适当编程，以消除这种干扰。

图 8-6（b）所示为消除输入信号抖动的梯形图程序。当抖动干扰 X0 断开时间 $\Delta t<K\times0.1s$，计数器 C0 不会动作，输出继电器 Y0 保持接通，干扰不会影响正常工作；只有当 X0 抖动断开时间 $\Delta t\geqslant K\times0.1s$ 时，计数器 C0 计满 K 次动作，C0 常闭断开，输出继电器 Y0 才断开。K 为计数常数，实际调试时可根据干扰情况而定。

2. 故障的检测与诊断

PLC 的可靠性很高且本身有很完善的自诊断功能，如果 PLC 出现故障，借助自诊断程序可以方便地找到故障的原因，排除后就可以恢复正常工作。

大量的工程实践表明，PLC 外部 I/O 设备的故障率远远高于 PLC 本身的故障率，而这些设备出现故障后，PLC 一般不能觉察出来，可能使故障扩大，直至强电保护装置动作后才停机，有时甚至会造成设备和人身事故。停机后，查找故障也要花费很多时间。为了及时发现故障，在没有酿成事故之前，使 PLC 自动停机和报警；也为了方便查找故障，提高维修效率，可用 PLC 程序实现故障的自诊断和自处理。

现代的 PLC 拥有大量的软件资源，如 FX_{2N} 系列 PLC 有数千点辅助继电器、数百点定时

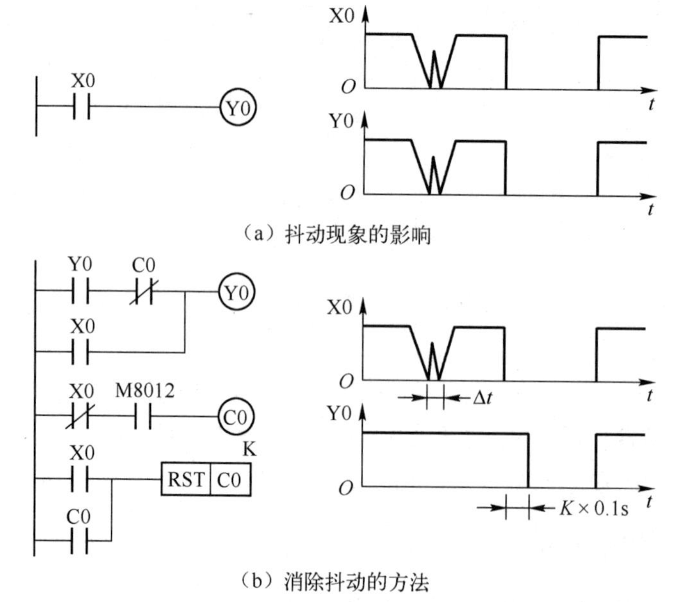

（a）抖动现象的影响

（b）消除抖动的方法

图 8-6 输入信号抖动的影响及消除

器和计数器，有相当大的裕量，可以把这些资源利用起来，用于故障检测。

1）超时检测 机械设备在各工步的动作所需的时间一般是不变的，即使变化也不会太大，因此可以以这些时间为参考，在 PLC 发出输出信号，相应的外部执行机构开始动作时启动一个定时器定时，定时器的设定值比正常情况下该动作的持续时间长约 20%。例如，设某执行机构（如电动机）在正常情况下运行 50s 后，它驱动的部件使限位开关动作，发出动作结束信号。若该执行机构的动作时间超过 60s（即对应定时器的设定时间），PLC 还没有接收到动作结束信号，定时器延时接通的常开触点发出故障信号，该信号停止正常的循环程序，启动报警和故障显示程序，使操作人员和维修人员能迅速判别故障的种类，及时采取排除故障的措施。

2）逻辑错误检测 在系统正常运行时，PLC 的 I/O 信号和内部的信号（如辅助继电器的状态）相互之间存在着确定的关系，如出现异常的逻辑信号，则说明出现了故障。因此，可以编制一些常见故障的异常逻辑关系，一旦异常逻辑关系为 ON 状态，就应按故障处理。例如，某机械运动过程中先后有两个限位开关动作，这两个信号不会同时为 ON 状态，若它们同时为 ON，说明至少有一个限位开关被卡死，应停机进行处理。

3. 消除预知干扰

某些干扰是可以预知的，如 PLC 的输出命令使执行机构（如大功率电动机、电磁铁）动作，常常会伴随产生火花、电弧等干扰信号，它们产生的干扰信号可能使 PLC 接收错误的信息。在容易产生这些干扰的时间内，可用软件封锁 PLC 的某些输入信号，在干扰易发期过去后，再取消封锁。

8.5.6 冗余系统与热备用系统

某些复杂的大型生产系统，如汽车装配线，只要系统中有一个地方出现问题，就会造成整个系统的停产，其经济损失极大。仅仅利用提高控制系统硬件的可靠性是不足够的，且 PLC 本身可靠性的提高是有一定限度的，并且会使成本急剧增长。使用冗余系统或热备用系统可以有效地解决上述问题。

1. 冗余系统

所谓冗余系统是指系统中多余的部分，没有它系统照样工作，但在系统出现故障时，这多余的部分能立即替代故障部分而使系统继续正常运行。冗余系统一般是在控制系统中最重要的部分（如 CPU 模块），它由两套相同的硬件组成，当某一套出现故障时立即由另一套来控制。是否使用两套相同的 I/O 模块，取决于系统对可靠性的要求程度。

如图 8-7（a）所示，两套 CPU 模块使用相同的程序并行工作，其中一套为主 CPU 模块，一套为备用 CPU 模块。在系统正常运行时，备用 CPU 模块的输出被禁止，由主 CPU 模块来控制系统的工作。同时，主 CPU 模块还不断通过冗余处理单元（RPU）同步地对备用 CPU 模块的 I/O 映像寄存器和其他寄存器进行刷新。当主 CPU 模块发出故障信息后，RPU 在 1~3 个扫描周期内将控制功能切换到备用 CPU。I/O 系统的切换也由 RPU 来完成。

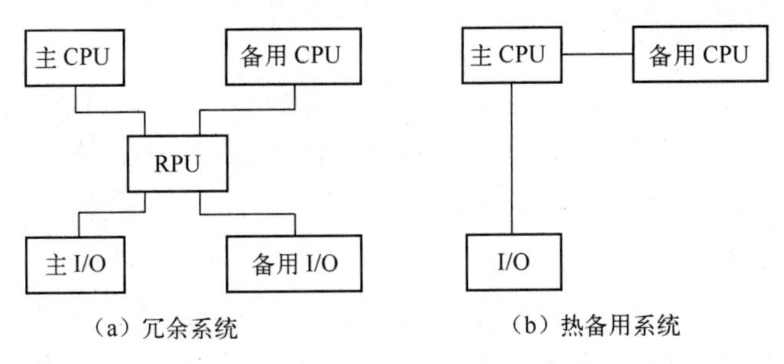

图 8-7　冗余系统与热备用系统

2. 热备用系统

热备用系统的结构较冗余系统简单，虽然也有两个 CPU 模块在同时运行一个程序，但没有冗余处理单元 RPU。系统两个 CPU 模块的切换，是由主 CPU 模块通过通信口与备用 CPU 模块进行通信来完成的。如图 8-7（b）所示，两套 CPU 通过通信接口连在一起。当系统出现故障时，由主 CPU 通知备用 CPU，并实现切换，其切换过程一般较慢。

8.6　PLC 控制系统的维护和故障诊断

1. PLC 控制系统的维护

尽管 PLC 的可靠性很高，但受环境及内部元件老化等因素影响，也会造成 PLC 不能正常工作。等到 PLC 报警或故障发生后再去检查、修理，总归是被动的。如果能定期进行维护、检修，就可以使系统始终工作在最佳状态下。因此，定期检修与做好日常维护是非常重要的。一般情况下，检修时间以每 6 个月至 1 年 1 次为宜，当外部环境条件较差时，可根据具体情况缩短检修间隔时间。

PLC 日常维护检修的项目及内容见表 8-3。

表 8-3　PLC 日常维护检修的项目及内容

序号	检修项目	检修内容
1	供电电源	在电源端子处测电压变化是否在标准范围内
2	外部环境	环境温度（控制柜内）是否在规定范围 环境湿度（控制柜内）是否在规定范围 积尘情况（一般不能积尘）
3	I/O 电压	在 I/O 端子处测电压变化是否在标准范围内
4	安装状态	各单元是否可靠固定、有无松动 连接电缆的连接器是否完全插入并旋紧 外部配件的螺钉是否松动
5	寿命元件	锂电池寿命等

2. PLC 的故障诊断

任何 PLC 都应有自诊断功能。当 PLC 异常时，应充分利用其自诊断功能分析故障原因。当 PLC 发生异常时，首先应检查电源电压是否正常，PLC 及 I/O 端子的螺丝和接插件是否松动，以及有无其他异常。然后再根据 PLC 基本单元上设置的各种 LED 指示灯状况，检查 PLC 自身和外部有无异常。

下面以 FX 系列 PLC 为例，来说明根据 LED 指示灯状况诊断 PLC 故障原因的方法。

1）电源指示（[POWER]LED 指示）　当向 PLC 基本单元供电时，基本单元表面上设置的［POWER］LED 指示灯会亮。如果电源合上但［POWER］LED 指示灯不亮，请确认电源接线。另外，若同一电源接有驱动传感电路时，请确认有无负载短路或过电流。若不是上述原因，则可能是 PLC 内混入导电性异物或其他异常情况，使基本单元内的熔断器熔断，此时可通过更换熔丝来解决。

2）出错指示（[EPROR]LED 闪烁）　当程序语法错误（如忘记设定定时器或计数器的常数等），或有异常噪声、导电性异物混入等原因而引起程序内存的内容变化时，［EPROR］LED 会闪烁，PLC 处于停止状态，同时输出全部变为 OFF。在这种情况下，应检查程序是否有错，检查有无导电性异物混入和高强度噪声源。

发生错误时，8009、8060~8068 其中之一的值被写入特殊数据寄存器 D8004 中，假设这个写入 D8004 中的内容是 8064，则通过查看 D8064 的内容便可知道出错代码。与出错代码相对应的实际出错内容参见 PLC 使用手册的错误代码表。

3）出错指示（[EPROR]LED 灯亮）　由于 PLC 内部混入导电性异物或受外部异常噪声的影响，导致 CPU 失控或运算周期超过 200ms，WDT 出错，［EPROR］LED 灯亮，PLC 处于停止状态，同时输出全部都变为 OFF。此时可进行断电复位，若 PLC 恢复正常，请检查一下有无异常噪声发生源和导电性异物混入的情况。另外，请检查 PLC 的接地是否符合要求。

检查过程中，如果出现［EPROR］LED 灯亮→闪烁的变化，请进行程序检查。如果［EPROR］LED 灯依然一直保持灯亮状态，请确认一下程序运算周期是否过长（监视 D8012

可知最大扫描时间)。

如果全面检查后，[EPROR]LED 的灯亮状态仍未解除，应考虑 PLC 内部发生了某种故障，请与厂商联系。

4) 输入指示　不管输入单元的 LED 灯亮还是灭，请检查输入信号开关是否确实在 ON 或 OFF 状态。如果输入开关的额定电流容量过大或发生油侵入等情况，则容易产生接触不良。当输入开关与 LED 灯用电阻并联时，即使输入开关 OFF 但并联电路仍导通，仍可对 PLC 进行输入。如果使用光传感器等输入设备，由于发光/受光部位有污垢等，引起灵敏度变化，有可能不能完全进入 ON 状态，在比 PLC 运算周期短的时间内，无法接收到正确的输入。如果在输入端子上外加不同的电压，会损坏输入回路。

5) 输出指示　不管输出单元的 LED 灯亮还是灭，如果负载不能进行 ON 或 OFF 变化，主要是由于过载、负载短路或容量性负载的冲击电流等引起继电器输出接点黏合，或者接点接触面不好导致接触不良。

思考与练习

(1) PLC 设计的一般步骤是什么？有哪些常用的设计方法？

(2) 设计 PLC 时，有哪些重要的设计原则？

(3) 简述车床刀架自动换刀的一般过程，有哪些需要注意的安全互锁内容？如何应用 PLC 进行设计？

(4) PLC 控制的特点是什么？

(5) 常见的 PLC 编程语言有哪些？

(6) 数控机床用 PLC 可分为几类？简述各类的特点。

(7) 在什么情况下需要将 PLC 的用户程序固化到 EPROM 中？

(8) 选择 PLC 的主要依据是什么？

(9) PLC 的开关量输入单元一般有哪几种输入方式？它们分别适用于什么场合？

(10) PLC 的开关量输出单元一般有哪几种输出方式？各有什么特点？

(11) PLC 的输入、输出有哪几种接线方式？

(12) 某系统有自动和手动两种工作方式。现场的输入设备有：6 个行程开关（SQ1～SQ6）和 2 个按钮（SB1 和 SB2）仅供自动工作方式时使用；6 个按钮（SB3～SB8）仅供手动工作方式时使用；3 个行程开关（SQ7～SQ9）为自动、手动工作方式共用。是否可以使用一台输入只有 12 点的 PLC？若可以，试绘制 PLC 的输入接线图。

(13) 用一个按钮（X1）来控制三个输出（Y1～Y3）。当 Y1～Y3 都为 OFF 时，按一下 X1，Y1 为 ON；再按一下 X1，Y1、Y2 为 ON；再按一下 X1，Y1～Y3 都为 ON；再按 X1，回到 Y1～Y3 都为 OFF 的状态；再操作 X1，输出又按以上顺序动作。试用两种不同的程序设计方法设计其梯形图程序。

(14) PLC 控制系统安装布线时应注意哪些问题？

(15) 如何提高 PLC 控制系统的可靠性？

第 9 章　数控机床电气及 PLC 控制技术项目训练实例

9.1　三相异步电动机单方向起动、停止及点动控制

9.1.1　起动、停止控制线路

笼型三相异步电动机的起动、停止控制线路是应用最广泛的基本控制线路，如图 9-1 所示。它由刀开关 QS、熔断器 FU1、接触器 KM 的主触点、热继电器 FR 的热元件和电动机 M 构成主电路，由起动按钮 SB2、停止按钮 SB1、接触器 KM 的线圈及其常开辅助触点、热继电器 FR 的常闭触点和熔断器 FU2 构成控制回路。电动机的起动有全压起动和降压起动两种方式。较大容量的（大于 10kW）电动机的起动电流较大（可达额定电流的4~7 倍），一般采用降压起动方式来降低起动电流。

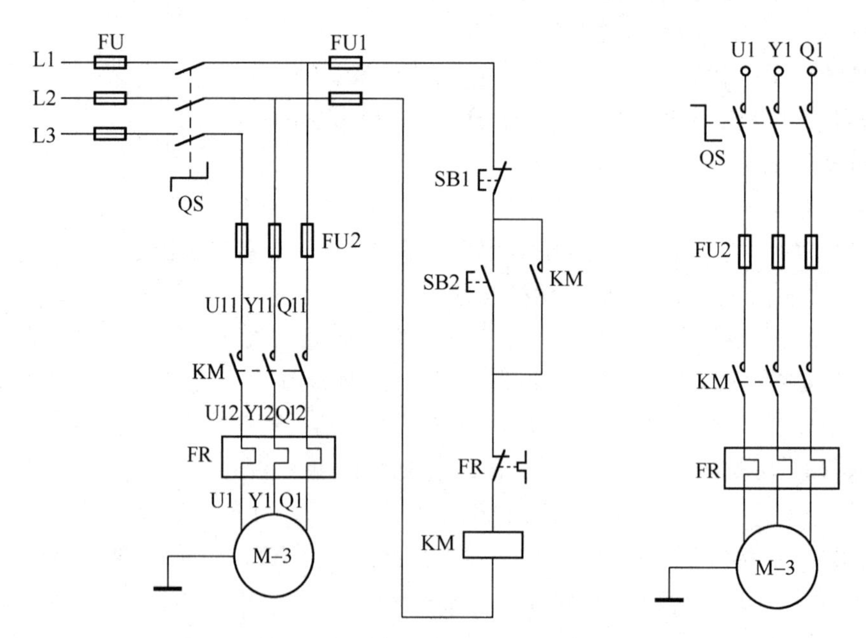

图 9-1　笼型三相异步电动机的起动、停止控制线路

该控制线路的工作原理为：起动时，合上 QS，引入三相电源。按下 SB2，交流接触器 KM 的线圈通电，KM 的主触点闭合，电动机接通电源直接起动运转。同时，与 SB2 并联的接触器 KM 的常开触点闭合，使接触器 KM 线圈经两条路径通电。这样，当松开 SB2 使其自动复位时，接触器 KM 的线圈仍可通过其常开触点的闭合而继续通电，从而保持电动机的连续运行。这种依靠接触器自身辅助触点使其线圈保持通电的现象称为“自锁”。这一对起自锁作用的辅助触点称为自锁触点。

要使电动机 M 停止运转，只要按下停止按钮 SB1，将控制电路断开即可。按下 SB1，KM 线圈断电释放，KM 的三个常开主触点断开，切断三相电源，电动机 M 停止运转。松开按钮，SB1 虽复位成常闭状态，但 KM 的自锁常开触点已断开，KM 线圈不能再依靠自锁而通电了。

9.1.2　点动控制线路

所谓点动，即按下按钮时电动机转动工作，松开按钮时电动机停止工作。点动控制多用于机床刀架、横梁、立柱等快速移动和机床对刀等场合。图 9-2 所示为实现点动控制的 3 种电气控制线路。

图 9-2（a）所示为最基本的点动控制线路。起动按钮 SB 没有并联接触器 KM 的自锁触点，按下 SB，KM 线圈通电，电动机起动；松开 SB 时，接触器 KM 线圈断电，其主触点断开，电动机停止运转。

图 9-2（b）所示为带手动开关 SA 的点动控制线路。当需要点动控制时，只要把开关 SA 断开，由按钮 SB2 来进行点动控制即可。当需要正常运行时，只要把开关 SA 合上，将 KM 的自锁触点接入，即可实现连续控制。

在图 9-2（c）中增加了一个复合按钮 SB3 来实现点动控制。当需要点动控制时，按下点动控制按钮 SB3，其常闭触点先断开自锁电路，常开触点后闭合，接通起动控制电路，KM 线圈通电，接触器衔铁被吸合，主触点闭合，接通三相电源，电动机起动运转。当松开点动按钮 SB3 时，KM 线圈断电，KM 主触点断开，电动机停止运转。

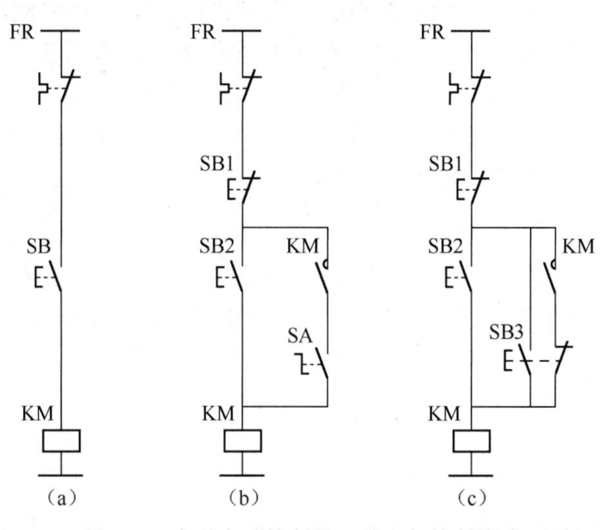

图 9-2　实现点动控制的 3 种电气控制线路

9.1.3 多点控制线路

在大型生产设备上，为使操作人员在不同方位均能进行起/停操作，常常要求组成多点控制线路。多点控制线路只需多用几个起动按钮和停止按钮即可实现，无须增加其他电气元件。起动按钮应并联，停止按钮应串联，分别装在几个地方，如图 9-3 所示。

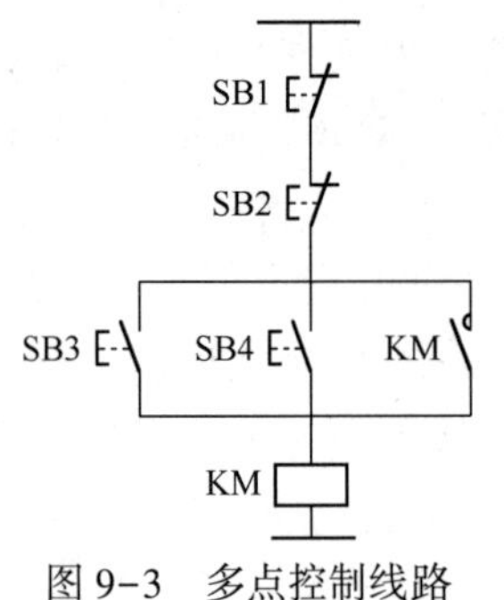

图 9-3 多点控制线路

通过上述分析，可得出普遍性结论：若几个电器都能控制某接触器通电，则几个电器的常开触点应并联接到该接触器的线圈电路中，即构成逻辑“或”的关系；若几个电器都能控制某接触器断电，则几个电器的常闭触点应串联接到该接触器的线圈电路中，即构成逻辑“与”的关系。

9.1.4 可逆运行控制线路

各种生产机械常常要求具有上下、左右、前后等相反方向的运动，这就要求电动机能够实现可逆运行。三相交流电动机可借助正/反向接触器改变定子绕组相序来实现。为避免正向接触器与反向接触器同时通电造成电源相间短路故障，正向接触器与反向接触器之间要有一种制约关系——互锁，以保证它们不能同时工作。图 9-4 给出了两种可逆控制线路。

图 9-4（a）所示的是电动机“正-停-反”可逆控制线路，利用的是两个接触器的常闭触点 KM1 与 KM2 的相互制约，即当一个接触器通电时，利用其串联在对方接触器的线圈电路中的常闭触点的断开来锁住对方线圈电路。这种利用两个接触器的常闭辅助触点互相控制的方法称为互锁，起互锁作用的两对触点称为互锁触点。

图 9-4（a）中这种只有接触器互锁的可逆控制线路在正转运行时，要想反转必先停车，否则不能反转，因此叫作“正-停-反”控制线路。

图 9-4（b）所示的是电动机“正-反-停”控制线路，采用两个复合按钮来实现。在这个线路中，正转起动按钮 SB2 的常开触点用来使正转接触器 KM1 的线圈瞬时通电，其常闭触点则串联在反转接触器 KM2 线圈的电路中，用来锁住 KM2。反转起动按钮 SB3 也按 SB2 的道理同样安排，当按下 SB2 或 SB3 时，首先是常闭触点断开，然后才是常开触点闭合。这样在需要改变电动机运动方向时，就不必按 SB1 停止按钮了，直接操作正/反转按钮即可实现电动机可逆运转。这个线路既有接触器互锁，又有按钮互锁，称为具有双重互锁的可逆控制线路，这是机床电气控制系统中常用的方法。

1. 实验设备

①YS6324 型 180W 三相异步电动机一台；②CJ20-12 型交流接触器一个；③红、绿、黑按钮各一个；④JR20-5 热继电器一个：⑤DZ47 型三相小容量熔断器一个；⑥导线若干。

2. 实验线路

三相异步电动机单方向起动、停止、点动控制、正/反转控制电路如图 9-1～图 9-4 所示；其中“一按（点）就动，一松（放）就停”的电路称为点动控制电路，点动电路主要

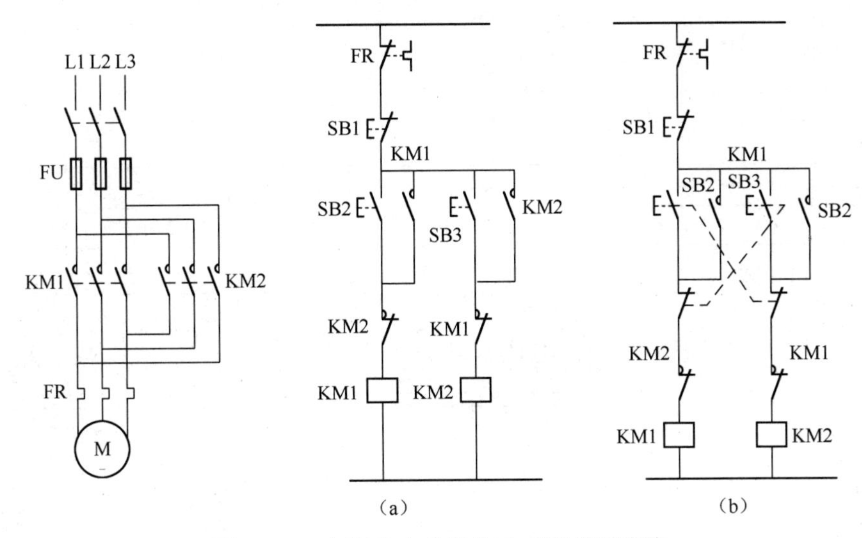

图9-4　三相异步电动机的正/反转控制线路

用于调整机床、对刀操作等，因属短时工作，电路中可以不设热继电器。

3. 合理安放实验电器的位置

接线前应合理安放实验电器的位置，通常以便于操作为原则。各电器之间的距离应适当，以连线整体便于检查为准。主令电器应放在便于操作的位置。导线的截面积和长度应合理选择。

4. 实验线路的连接

要掌握接线的一般规律：先接主电路，后接控制电路；先接串联回路，后接并联回路；先接控制触点，后接保护触点；最后接执行电器的励磁线圈。这样能最大限度地保证线路的正确性和接线的速度。

接线时应注意如下事项。

(1) 不接短路线；

(2) 确保所有实验线路都从电源开关（如低压断路器）出线端引出；

(3) 连接线路时，电器触点的上端点和下端点不要搞错；

(4) 注意控制按钮的颜色，通常停止按钮为红色，起动按钮为绿色或黑色。

接线完成，并全面检查无误后，方可通电试运行。改变接线时，应先切断电源。

9.2　FX_{2N}系列PLC的硬件连接与基本指令练习

9.2.1　PLC与电源连接

图9-5所示的是FX_{2N}系列PLC基本单元、扩展单元、扩展模块与供电电源间的接线图。所需AC电源额定电压为100~240V（电压允许范围为85~264V），额定频率为50/60Hz。

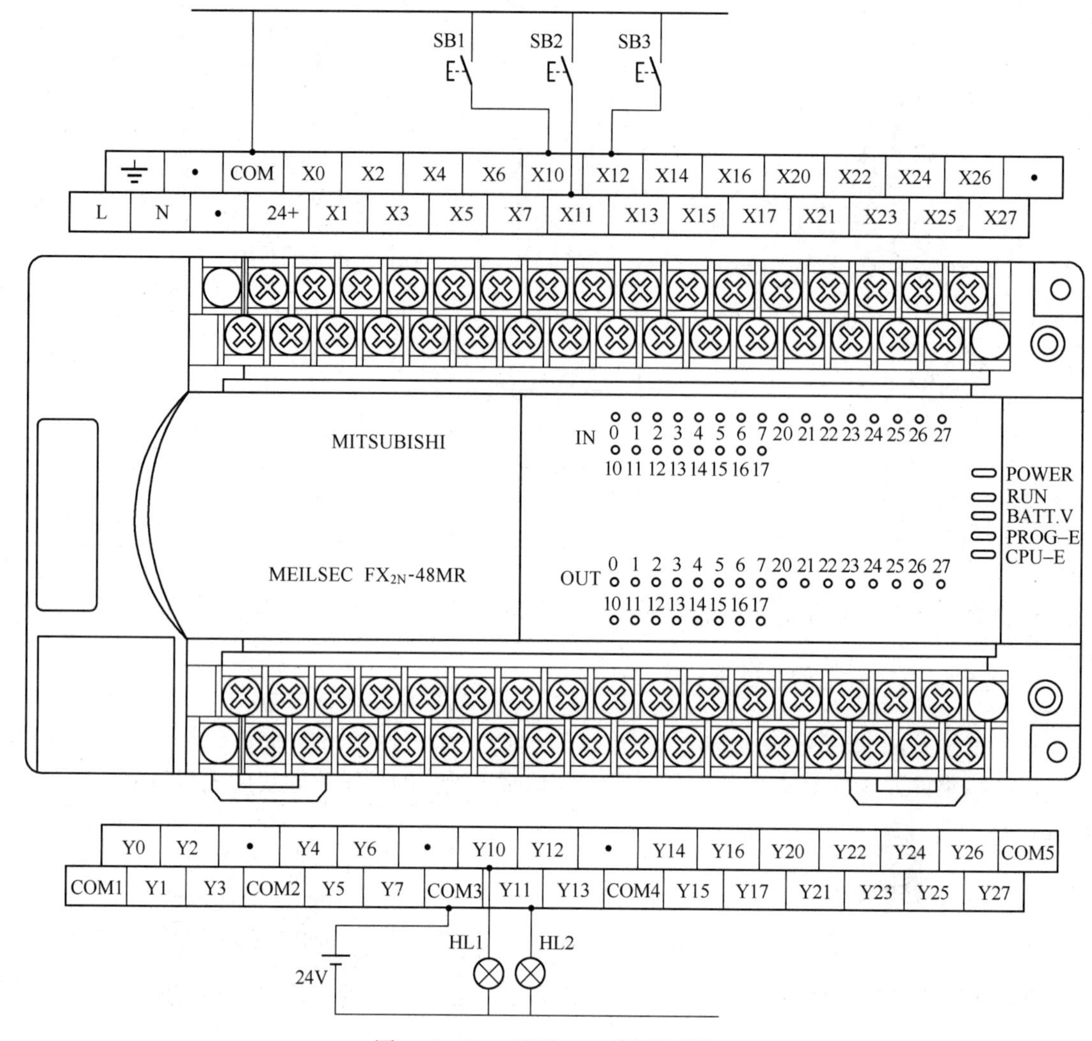

图 9-5 FX_{2N}系列 PLC 外部接线图

当长时间断电或异常电压下降时，PLC 停止工作，输出处在“OFF”状态；当电源恢复供电时，PLC 重新自动运行，此时 RUN 输出就处在“ON”状态。

外部接线时，用 L 端子与 N 端子接 AC 电源，各模块电源配线均需用 $2mm^2$ 以上电线。基本单元的接地端子通过导线接地，再将其余模块接地端子通过导线接至基本单元接地导线上。基本单元的 COM 接线端子与各扩展单元的 COM 端子互连，而基本单元与扩展单元的 24+端子则不能互连。

9.2.2 PLC 输入接口连接

为了防止输入接口外部的振动噪声和输入噪声进入 PLC 内部输入电路，PLC 内部的一次和二次输入电路间用光耦合器隔离，二次电路中设有 RC 滤波器，因此输入信号的 ON/OFF 或 OFF/ON 变化过程会在 PLC 内形成 10ms 的应答滞后。

图 9-6 所示为 FX_{2N}系列 PLC 输入接口外部元件接线示例图。各个外部输入元件一端接 X 输入接口端子，另一端接 PLC 的 COM 端。

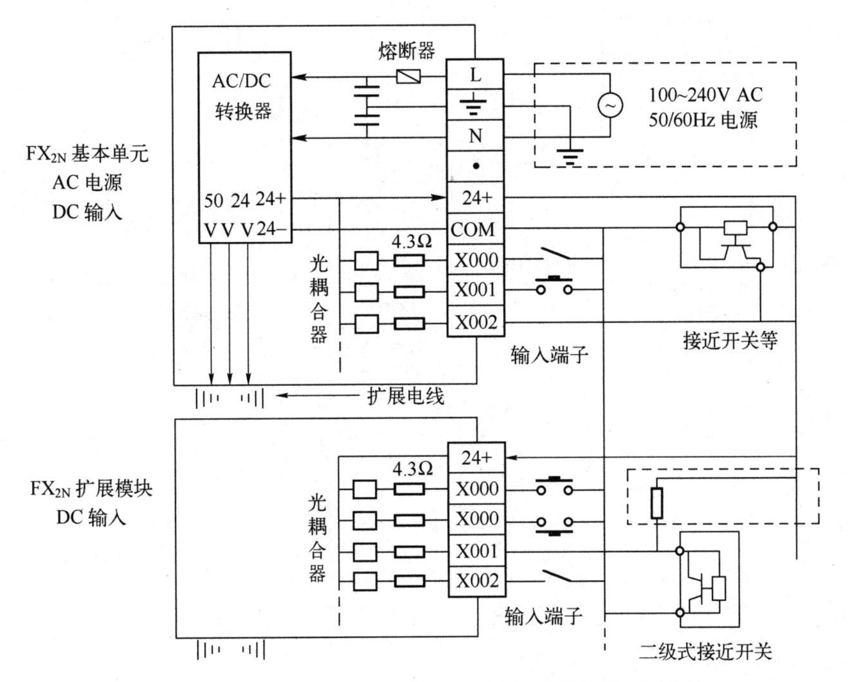

图 9-6　FX_{2N}系列 PLC 输入接口外部元件接线示例图

FX_{2N}系列 PLC 输入电流为 7mA（@ 24V DC，X10 之后是 5mA），即当接入信号为 ON 时，输入接口通入电流应在 4.5mA 以上，输入信号为 OFF 时，通入电流须小于 1.5mA。对于接近开关，除了与 X 输入端子、COM 端子相连，还须接至 24+端子。

9.2.3　PLC 输出接口连接

1. 继电器输出接线

继电器输出型接口端子是 4 点或 8 点公用型输出端子，各公共端子编号分别为 COM1 ~ COM10，各个输出接口端子可以连接并驱动 200V AC、100V AC 和 24V DC 等不同电压负载，PLC 内部输出继电器线圈和接口端子之间、PLC 内部电路与外部负载电路之间均有电隔离。

图 9-7 所示的是 FX_{2N}系列 PLC 继电器输出接线示例图。当继电器线圈通电时，PLC 外壳上对应该继电器线圈的输出动作指示灯 LED 亮，输出接口状态为 ON；断电时 LED 灯熄，进入 OFF 状态。输出继电器线圈 ON 与 OFF 状态之间的转换时间为 10ms。

进行负载接线时，一端接在 Y 输出端子上，另一端则接至驱动电源；驱动电源一端与负载相连，另一端则与 COM 端子相连。由于 PLC 内部输出电路中无保护环节，所以驱动电源与 COM 端子间应设熔断器。对于交流感性负载，应并联浪涌吸收器，见 Y003 接口接线示例；而对于直流感性负载，则须并联续流二极管，连接时应注意正负极性，见 Y005、Y007 接口接线示例。

两个输出接口电路不能同时输出 ON 时，应采用双重互锁确保安全，即除了 PLC 内部程序互锁，输出接口外部也要通过接触器触点互锁，见 Y001、Y002 接口端子上通过接触器控制电动机正/反转的接线示例。

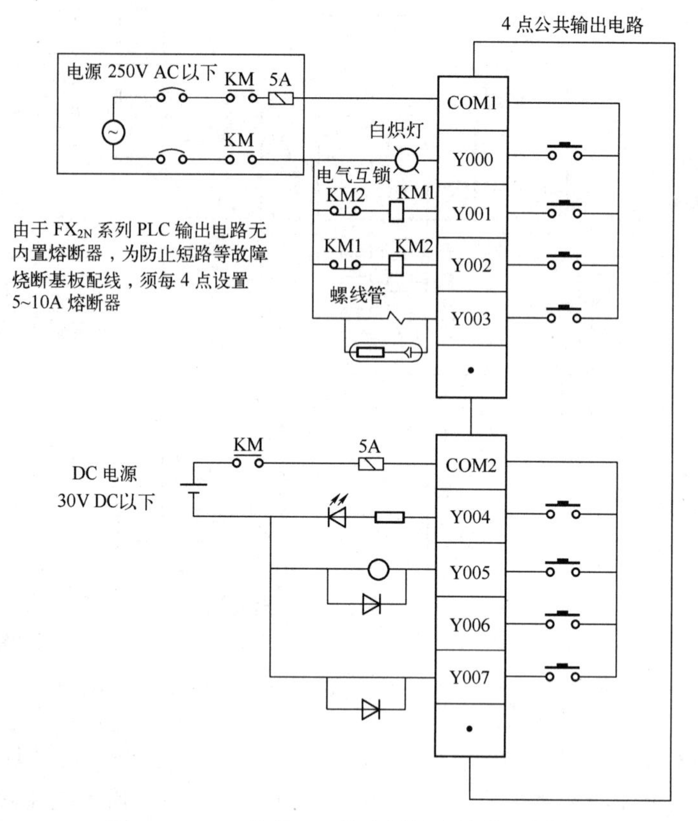

图 9-7　FX_{2N}系列 PLC 继电器输出接线示例图

2. 晶闸管输出接线

晶闸管又称三端双向可控硅开关元件，晶闸管输出接口为 4 点或 8 点公共输出型接口电路，可以连接并驱动 100V AC、200V AC 等不同电压负载，PLC 内部电路与晶闸管之间采用光控晶闸管绝缘。

图 9-8 所示的是 FX_{2N}系列 PLC 晶闸管输出接线示例图。光控晶闸管驱动信号为 ON 时，PLC 外壳上对应该晶闸管的指示灯 LED 亮。光控晶闸管的 OFF 状态转换为 ON 状态的时间不超过 1ms。负载一端与晶闸管 Y 输出接口端子相接，另一端接至驱动电源，驱动电源的另一端接在 COM 输出端子上。由于晶闸管输出端并联了用于断开电路的 RC 滤波器，所以开路时产生 1mA/100V AC、2mA/200V AC 的漏电流，即使晶闸管输出为 OFF，该漏电流仍使额定工作电流值低的小型继电器及微量电流负载工作，因此晶闸管输出接口上负载的工作电流不能低于漏电流值，对于低于漏电流的负载，如氖灯，必须并联脉冲吸收器，见 Y002、Y003、Y007 接线端示例。

对于输出端信号不允许同时为 ON 的正/反转接触器负载的外部接线，除了 PLC 内部程序互锁，还应实现外部接线的电气互锁。

3. 晶体管输出接线

晶体管输出端负载电源选用 5~30V 的直流电源，PLC 内部电路与输出晶体管之间用光耦合器进行电隔离，光耦合器从 OFF 状态转换为 ON 状态所需的响应时间为 0.5ms，在 ON 状态时，PLC 外壳上对应的指示灯 LED 亮。

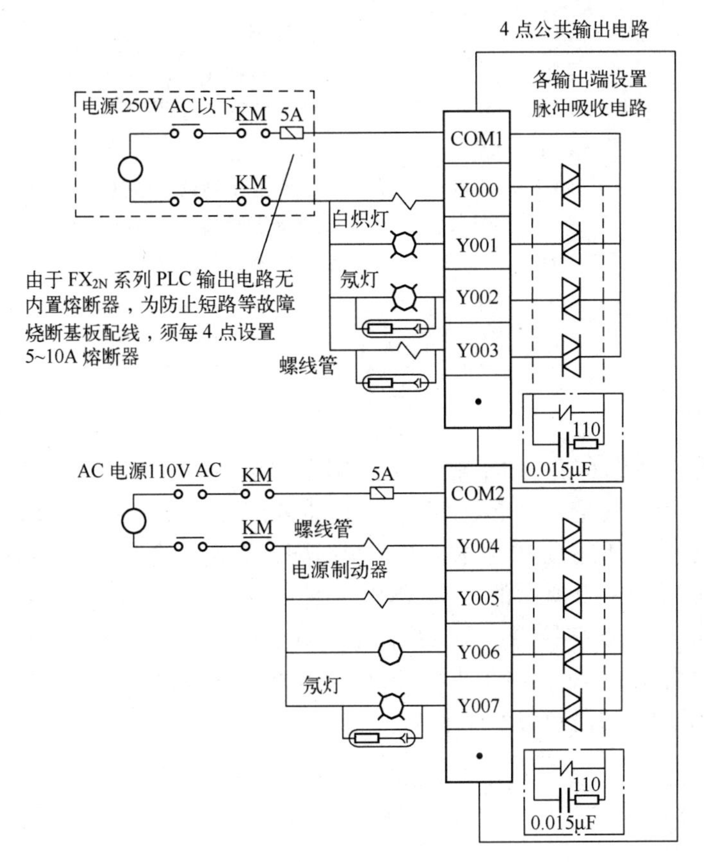

图 9-8　FX_{2N}系列 PLC 晶闸管输出接线示例图

对于不能同时为 ON 的负载，应在外部采用电气互锁接线。

9.2.4　FX_{2N}系列 PLC 基本指令练习

1. 逻辑取及输出指令

1）指令作用　LD（取）为常开触点逻辑运算起始指令，LDI（取反）则为常闭触点逻辑运算起始指令，OUT（输出）用于线圈驱动，其驱动对象有输出继电器（Y）、辅助继电器（M）、状态继电器（S）、定时器（T）、计数器（C）等。OUT 指令不能用于输入继电器，OUT 指令驱动定时器（T）、计数器（C）时，必须设置整数 K 或数据寄存器值。

2）使用示例　图 9-9 所示的是由 LD、LDI、OUT 指令组成的梯形图，其中 OUT M100 和 OUT T0 的线圈可并联使用。

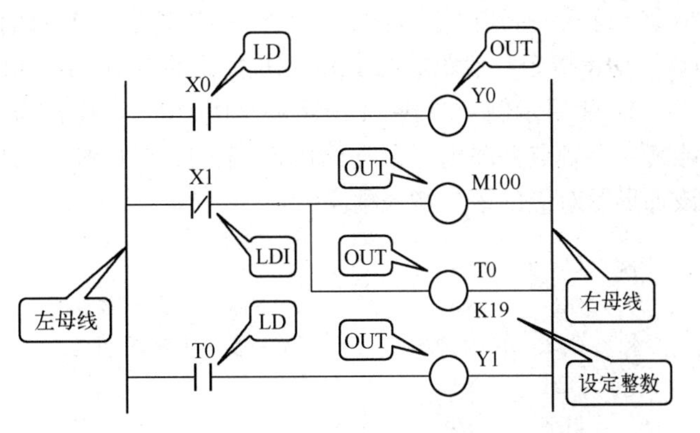

图 9-9　由 LD、LDI、OUT 指令组成的梯形图

该梯形图对应的语句指令程序为：

程序步	语句		注释
1	LD	X0	//与左母线相连
2	OUT	Y0	//驱动线圈
3	LDI	X1	
4	OUT	M100	//驱动通用辅助继电器
5	OUT	T0	//驱动定时器
	K19		//设定整数
6	LD	T0	
7	OUT	Y1	

2. 触点串联指令

1）指令作用　AND（与）用于常开触点串联连接，ANI 则用于常闭触点串联连接。串联触点个数没有限制，理论上该指令可以无限次重复使用，实际上由于图形编程器和打印机功能有限制，一般一行不超过 10 个触点和 1 个线圈，而连续输出总共不超过 24 行。

2）使用示例　图 9-10 所示的是由 AND、ANI 指令组成的梯形图。OUT 指令之后可通过触点对其他线圈使用 OUT 指令，称为纵向输出或连续输出。例如，在 OUT M101 指令后，可通过触点 T1 对线圈 Y4 使用 OUT 指令进行连续输出，如果顺序不错，可多次重复使用连续输出。该梯形图对应的语句指令程序为：

LD	X2	
AND	X0	//串联常开触点
OUT	Y3	
LD	Y3	
ANI	X3	//串联常闭触点
OUT	M101	
AND	T1	//串联触点
OUT	Y4	//连续输出

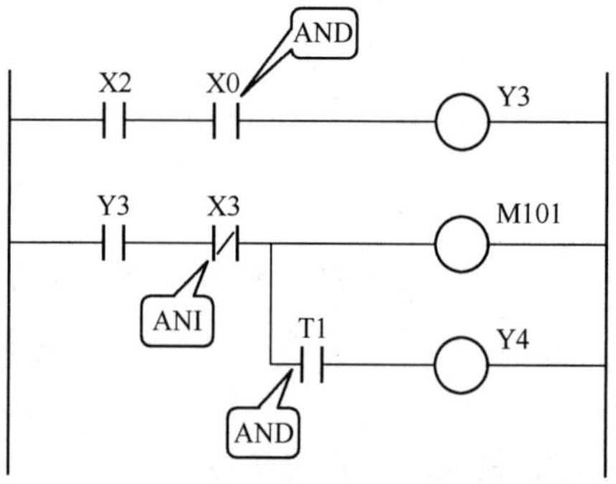

图 9-10　由 AND、ANI 指令组成的梯形图

3. 触点并联指令

1）指令作用　OR（或）是常开触点并联连接指令，ORI（或反）是常闭触点并联连接指令。除第一行并联支路外，其余并联支路上若只有一个触点就可使用 OR、ORI 指令。OR、ORI 指令一般跟随在 LD、LDI 指令后，对 LD、LDI 指令规定的触点再并联一个触点。

2）使用示例　图 9-11 所示的是由 OR、ORI 指令组成的梯形图。由于 OR、ORI 指令只能将一个触点并联到一个支路的两端，即梯形图中 M103 或 M110 所在支路只有一个触点。该梯形图对应的语句指令程序为：

LD	X4	
OR	X6	//并联一个常开触点
ORI	M102	//并联一个常闭触点
OUT	Y5	
LDI	Y5	
AND	X7	
OR	M103	//并联一个常开触点

```
ANI     X10
ORI     M110          //并联一个常闭触点
OUT     M103
```

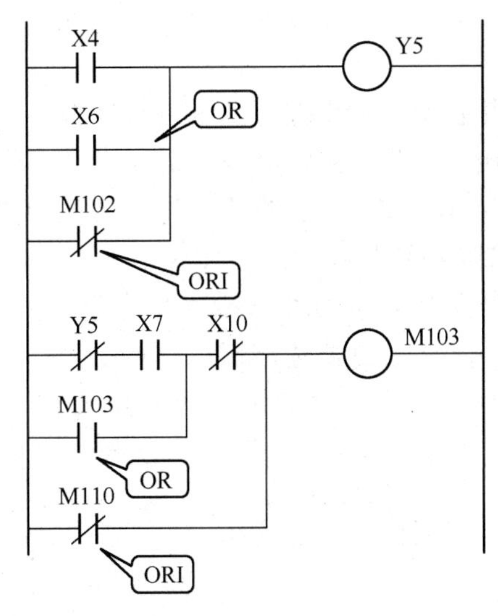

图 9-11　由 OR、ORI 指令组成的梯形图

4. 边沿检测脉冲指令

1）指令作用　LDP（取脉冲上升沿）是上升沿检测运算开始指令，LDF（取脉冲下降沿）是下降沿脉冲运算开始指令，ANDP（与脉冲上升沿）是上升沿检测串联连接指令，ANDF（与脉冲下降沿）是下降沿检测串联连接指令，ORP（或脉冲上升沿）是上升沿检测并联连接指令，ORF（或脉冲下降沿）是下降沿检测并联连接指令。

LDP、ANDP、ORP 等指令用于检测触点状态变化的上升沿，当上升沿到来时，使其操作对象接通一个扫描周期，又称上升沿微分指令。LDF、ANDF、ORF 等指令用于检测触点状态变化的下降沿，当下降沿到来时，使其操作对象接通一个扫描周期，又称下降沿微分指令。这些指令的操作对象有 X、Y、M、S、T、C 等。

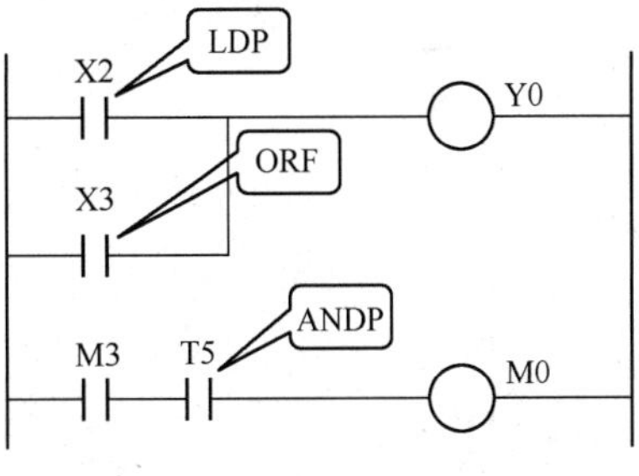

2）使用示例　图 9-12 所示的是由 LDP、ORF、ANDP 指令组成的梯形图。在 X2 的上升沿或 X3 的下降沿时线圈 Y0 接通。对于线圈 M0，应在常开触点 M3 接通且 T5 上升沿时才接通。

图 9-12　由 LDP、ORF、ANDP 指令组成的梯形图

该梯形图对应的语句指令程序为：

```
LDP     X2            //取脉冲上升沿
ORF     X3            //或脉冲下降沿
OUT     Y0
LD      M3
ANDP    T5            //与脉冲上升沿
OUT     M0
```

5. 块或、块与指令

1）指令作用 两个或两个以上的触点串联连接的电路称为串联电路块，块或（ORB）指令的作用是将串联电路块并联连接，连接时，分支开始用 LD、LDI 指令，分支结束则用 ORB 指令。

两个或两个以上的触点并联连接的电路称为并联电路块，块与（ANB）指令的作用是将并联电路块串联连接，连接时，分支开始用 LD、LDI 指令，分支结束则用 ANB 指令。

块或（ORB）和块与（ANB）指令均无操作元件，同时 ORB、ANB 指令均可连续使用，但均将 LD、LDI 指令的使用次数限制在 8 次以下。

2）使用示例 图 9-13 所示的是由 ORB、ANB 指令组成的梯形图。该梯形图先由 X0、X1 组成并联电路块 A，然后将 X2、X3 组成串联电路块 B，X4、X5 组成串联电路块 C，再将这两个串联电路块通过 ORB 指令进行块或操作形成并联电路块 1，之后再进行或操作形成并联电路块 2，在此基础上通过 ANB 指令进行块与操作，最终形成串联电路块 3。

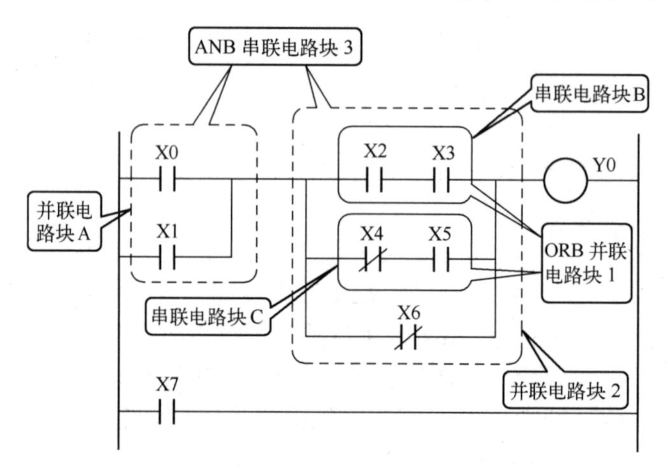

图 9-13 由 ORB、ANB 指令组成的梯形图

该梯形图对应的语句指令程序为：

```
LD     X0
OR     X1          //组成并联电路块 A
LD     X2          //分支起点
AND    X3          //组成串联电路块 B
LDI    X4          //分支起点
AND    X5          //组成串联电路块 C
ORB                //将两个串联块进行块或操作,形成并联电路块 1
ORI    X6          //形成并联电路块 2
ANB                //块与操作,形成串联电路块 3
OR     X7
OUT    Y0
```

6. 多重输出指令

1）指令作用 MPS、MRD、MPP 这组指令是将连接点结果存入堆栈存储器，以方便连

接点后面电路的编程。FX_{2N}系列 PLC 中有 11 个存储运算中间结果的堆栈。

堆栈采用先进后出的数据存储方式，如图 9-14 所示。MPS 为进栈指令，其作用是将中间运算结果存入堆栈的第 1 个堆栈单元，同时使堆栈内各堆栈单元原有存储数据的顺序下移一个堆栈单元。

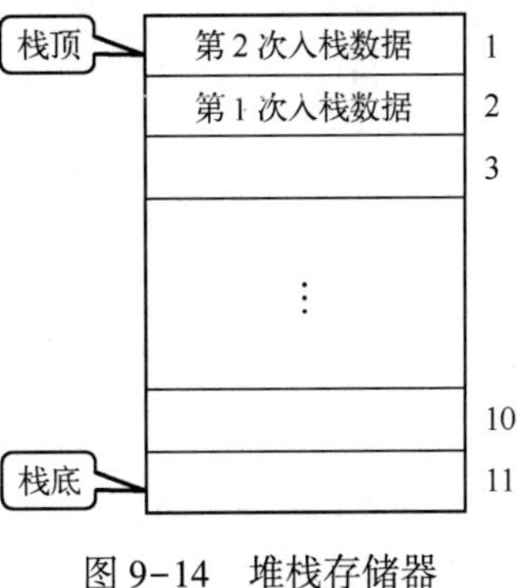

图 9-14　堆栈存储器数据存储方式

MRD 为读栈指令，其作用是仅读出栈顶数据，而堆栈内数据维持原状。MRD 指令可连续重复使用 24 次。

MPP 为出栈指令，其作用是弹出堆栈中第 1 个堆栈单元的数据，此时该数据在堆栈中消失，同时堆栈内第 2 个堆栈单元至栈底的所有数据顺序上移一个单元，原第 2 个堆栈单元的数据进入栈顶。MPS 和 MPP 指令必须成对使用，连续使用次数则应少于 11 次。

2）使用示例　图 9-15 所示为两层堆栈应用示例梯形图。首先用 MPS 将 X0 送进堆栈顶部的存储单元，然后再将 X0 与 X1 的结果用 MPS 送进堆栈顶部的存储单元，这样原先在堆栈顶部存储单元的数据 X0 将顺序进入堆栈顶部下一个存储单元中。

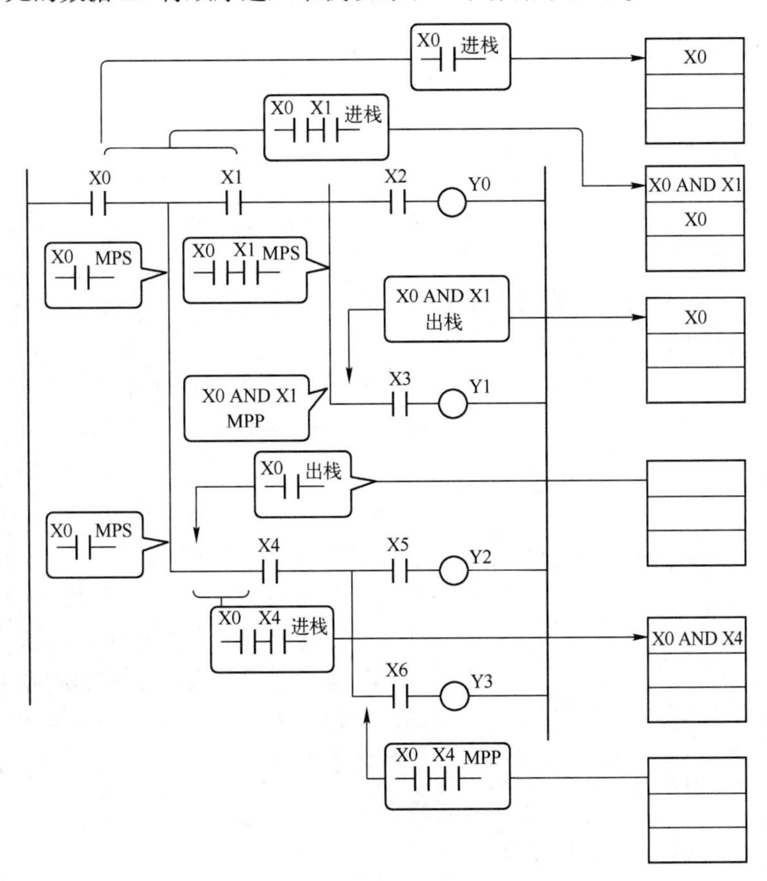

图 9-15　两层堆栈应用示例梯形图

出栈时，先将处于堆栈顶部的数据即 X0 与 X1 相与的结果取出，随着堆栈顶部数据的取出，数据 X0 顺序到达堆栈顶部的存储单元，然后在下一次的出栈操作中，数据 X0 被取出堆栈顶部。

两层堆栈应用示例梯形图对应的语句指令程序为：

```
LD      X0
MPS                     //将 X0 数据送进堆栈
AND     X1
MPS                     //将 X0 AND X1 数据送进堆栈
AND     X2
OUT     Y0
MPP                     //将 X0 AND X1 数据取出堆栈
AND     X3
OUT     Y1
MPP                     //将 X0 数据取出堆栈
AND     X4
MPS                     //将 X0 AND X4 数据送进堆栈
AND     X5
OUT     Y2
MPP                     //将 X0 AND X4 数据取出堆栈
AND     X6
OUT     Y3
```

7. 主控触点指令

1）指令作用 MC 主控指令用于公共串联触点的连接。执行 MC 后，表示主控区开始，该指令操作元件为 Y、M（不包括特殊辅助继电器）。

MCR 主控复位指令用于公共触点串联的清除。执行 MCR 后，表示主控区结束，该指令的操作元件为主控指令的使用次数 N0～N7。

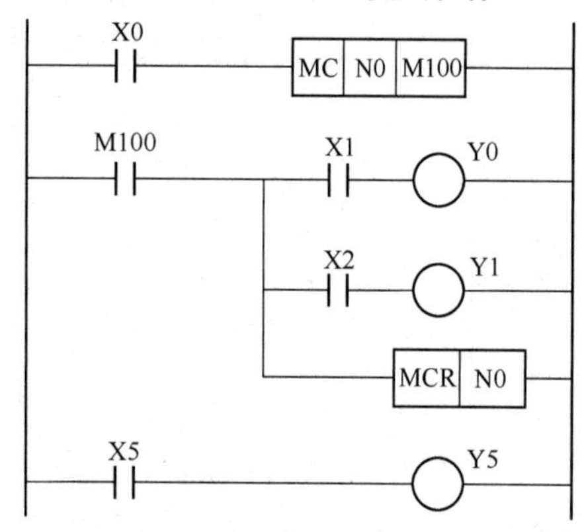

图 9-16 由 MC、MCR 指令组成的梯形图

2）使用示例 图 9-16 所示的是由 MC、MCR 指令组成的梯形图。由于 Y0、Y1 线圈同时受一个触点 X0 控制，如果在每个线圈所在支路中均串联一个同样的触点，将占有较多存储单元。

使用主控指令 MC 后，可利用辅助继电器 M100，将主左母线移到常开触点 M100 后，形成新的左母线，该母线之后的各支路中仍采用 LD 或 LDI 连接，其连接关系与 M100 和主左母线之间的连接关系相同，但节省了单元。当 M100 控制的各支路结束后，再用 MCR 指令撤销新的左母线。

该梯形图对应的语句指令程序为：

```
LD      X0
MC      N0              //主左母线移动到 M100 之后,建立新的左母线
M100
LD      X1
```

```
OUT      Y0
LD       X2
OUT      Y1
MCR      N0        //撤销建立的新左母线
LD       X5
OUT      Y5
```

8. 置位及复位指令

1）指令作用　SET 置位指令功能是驱动线圈并使用线圈接通（即置 1），具有维持接通状态的自锁功能。

RST 复位指令功能是断开线圈并复位，具有维护断开状态的自锁功能。此外，数据寄存器（D）、变址寄存器（V 或 Z）、积算定时器 T249～T255、计数器（C）的当前值清零及输出触点复位等均可使用 RST 指令。

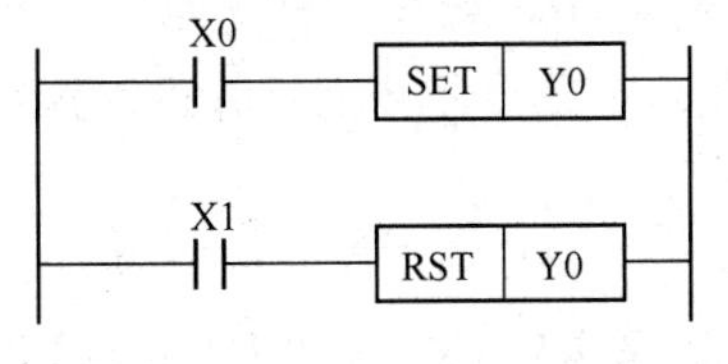

图 9-17　由 SET、RST 指令组成的梯形图

2）使用示例　图 9-17 所示的是由 SET、RST 指令组成的梯形图。当 X0 接通时，Y0 被置成 ON 状态，之后 X0 再断开，Y0 状态仍然保持；而当 X1 接通时，Y0 的状态复位为 OFF，之后 X1 断开，Y0 仍保持 OFF 状态。

该梯形图对应的语句指令程序为：

```
LD       X0
SET      Y0
LD       X1
RST      Y0
```

9. 脉冲输出指令

1）指令作用　上升沿脉冲（PLS）指令在输入信号上升沿产生一个扫描周期的脉冲输出；下降沿脉冲（PLF）指令则在输入信号下降沿产生一个扫描周期的脉冲输出。PLS 和 PLF 指令的驱动元件是 Y 与 M，但不包括特殊辅助继电器。

2）使用示例　图 9-18 所示的是由 PLS、PLF 指令组成的梯形图。当 X0 为 OFF→ON 的上升沿，辅助继电器 M0 接通，线圈 Y0 接通；而在 X1 为 ON→OFF 的下降沿，辅助继电器 M1 接通，线圈 Y0 置位为 OFF。

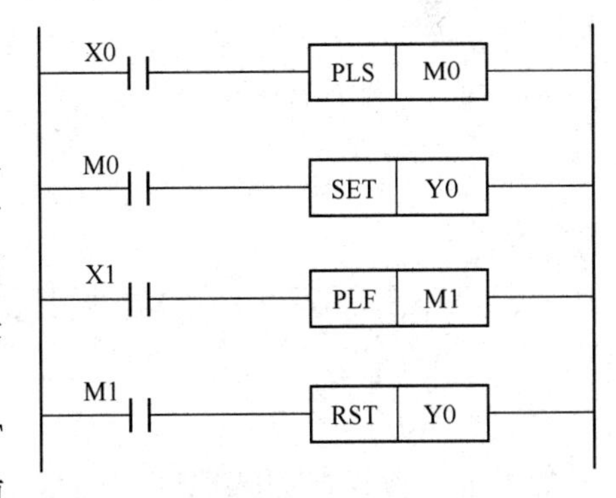

图 9-18　由 PLS、PLF 指令组成的梯形图

该梯形图对应的语句指令程序为：

```
LD       X0
PLS      M0        //在 X0 的上升沿置 M0 为 ON
LD       M0
```

```
SET    Y0      //置 Y0 为 ON
LD     X1
PLF    M1      //在 X1 的下降沿置 M1 为 ON
LD     M1
RST    Y0      //将 Y0 复位为 OFF
```

10. 取反及空操作、结束指令

1）指令作用 取反（INV）指令在梯形图中用一条 45°短斜线表示，其作用是将之前的运算结果取反，该指令无操作元件；空操作（NOP）指令是一条无动作、无操作元件且占一个程序步的指令，程序中加入 NOP 指令主要为了预留编程过程中追加指令的程序步；结束（END）指令用于标记用户程序存储区最后一个存储单元，使 END 指令后的 NOP 指令不再运行并返回程序头，提高了 PLC 程序的执行效率。

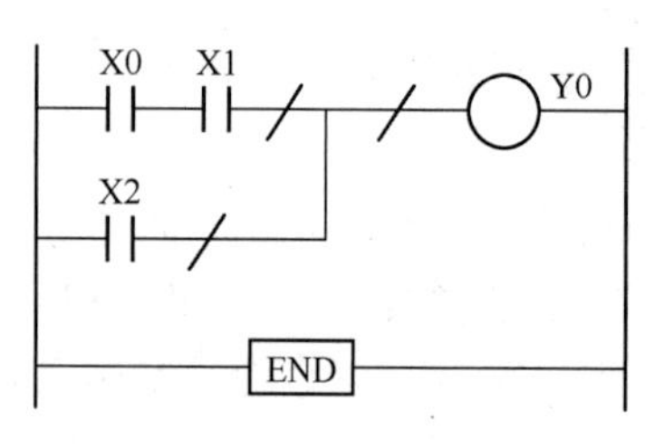

图 9-19 由 INV、END 指令组成的梯形图

2）使用示例 图 9-19 所示的是由 INV、END 指令组成的梯形图。其中 X0 与 X1 的结果由 INV 指令取反，X2 也取反，两者进行或块操作后再取反，最后输出至 Y0。

该梯形图对应的语句指令程序为：

```
LD     X0
AND    X1
INV            //对 X0 AND X1 的操作结果取反
LD     X2
INV            //对 X2 取反
ORB            //或块操作
INV            //对或块操作结果取反
OUT    Y0
```

9.3 异步电动机的起动方式

9.3.1 直接起动和降压起动

笼型三相异步电动机的起动、停止控制电路主要有直接起动和降压起动两种方式。

1. 直接起动控制电路

一些控制要求不高的简单机械，如小型台钻、砂轮机、冷却液泵等，常采用开关直接控制电动机起动和停止。这种方法适用于不频繁起动的小容量电动机，不能实现远距离控制和自动控制。

2. 降压起动控制电路

较大容量的笼型异步电动机一般都采用降压起动的方式起动，具体实现的方案有：定子串电阻或电抗器降压起动、Y-△变换降压起动、定子串接自耦变压器降压起动、延边△降压起动等。

采用三相电抗器（铁心损耗很大）起动时，转子电流频率最大，频敏变阻器等效阻抗最大，转子电流受到抑制，定子电流也较小。

当电动机起动时，在电动机定子绕组上串联电阻，起动电流在电阻上产生电压降；起动结束后再将电阻短路，使电动机在额定电压下运行。定子串电阻起动方式的优点为该起动方式不受电动机接线方式的限制，设备简单，在中小型生产机械中使用广泛；其缺点为起动电阻功率大，通过电流大，电能损耗也大。

自耦变压器原理图如图 9-20 所示，其普通双绕组变压器一、二次绕组之间没有电的联系，只有磁的耦合。而自耦变压器是单绕组变压器，其一次绕组的一部分兼做二次绕组。

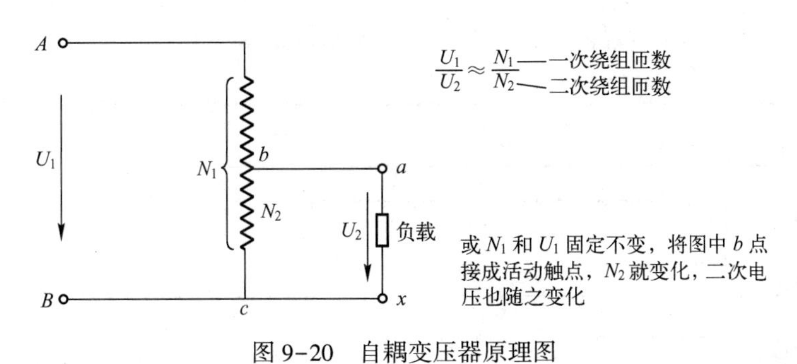

图 9-20　自耦变压器原理图

利用自耦变压器的原理，可以做成调压器、降压起动器。自耦变压器也可以做成三相的，它常用在三相交流电动机的起动装置上，即三相降压自耦变压器。

在自耦变压器降压起动的控制线路中，电动机起动电流的限制是靠自耦变压器的降压作用来实现的。起动时，电动机定子绕组接在自耦变压器的低压侧，起动完毕后，将自耦变压器切除，电动机的定子绕组直接接在电源上，全压运行。该方法适用于容量较大的、正常工作时接成星形的笼型异步电动机，其起动转矩通过抽头位置得到改变。其缺点是自耦变压器价格较贵，且不允许频繁起动。

9.3.2　异步电动机Y-△起动的 PLC 控制

1. 控制要求

Y-△降压起动是笼型三相异步电动机的降压起动方法之一。起动时，定子绕组接成星形（Y），以降低起动电压、限制起动电流；起动后，当转速上升接近额定值时，再把定子绕组改接为三角形（△），使电动机在全电压下运行。自耦变压器全压运行原理图如图 9-21所示。

由于 PLC 内部切换时间很短，必须有防火花的内部锁定。

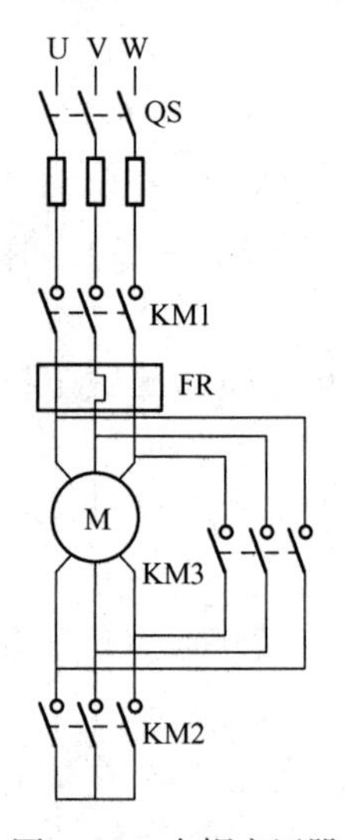

图 9-21 自耦变压器全压运行原理图

2. I/O 通道分配

输入：	SB1	00000	起动按钮
	SB2	00001	停止按钮
	FR	00002	热继电器的动断触点
输出：	HL	01000	电动机运行指示灯
	KM1	01001	定子绕组主接触器
	KM2	01002	定子绕组Y连接
	KM3	01003	定子绕组△连接

3. 实际接线图

Y-△降压起动切换时序图如图 9-22 所示，T_A为内部锁定时间。一般而言，$T_M<T_A$。Y-△降压起动实际接线图如图 9-23 所示。

4. 梯形图程序设计

Y-△降压起动 PLC 控制梯形图如图 9-24 所示。

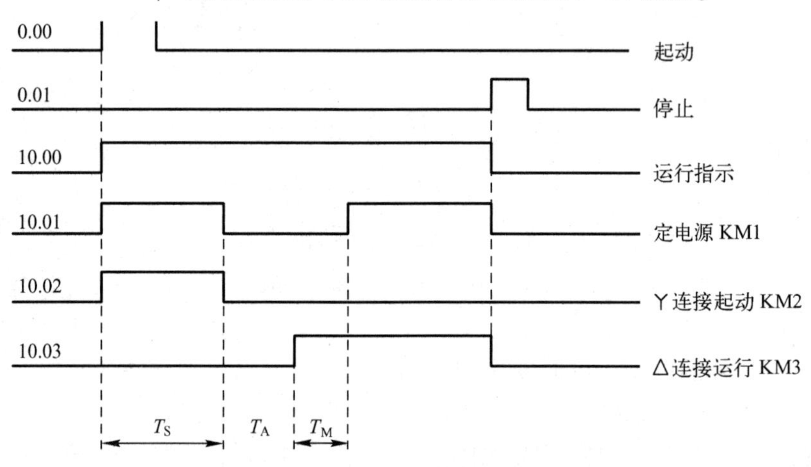

图 9-22 Y-△降压起动切换时序图

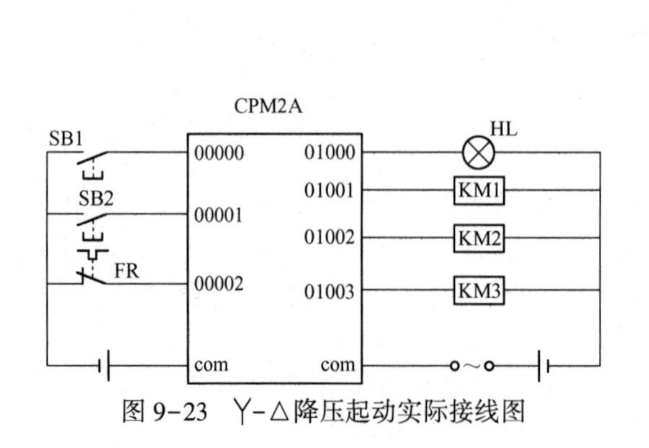

图 9-23 Y-△降压起动实际接线图

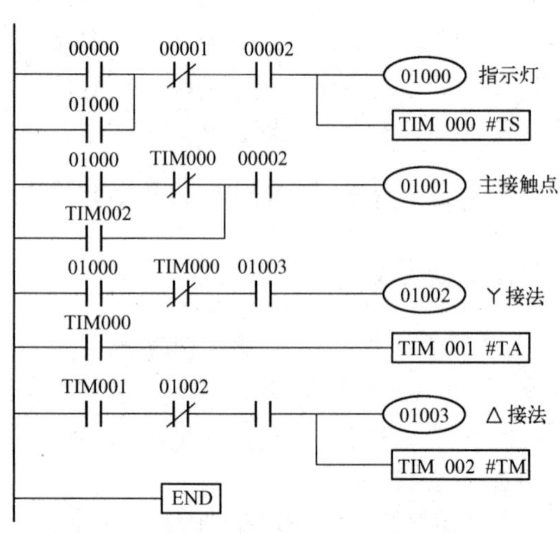

图 9-24 Y-△降压起动 PLC 控制梯形图

9.4　PLC 控制电动机循环正/反转

9.4.1　C650 卧式车床控制元件配置

图 9-25 所示的是 C650 卧式车床电气控制主电路。该电路中配置了三台电动机 M1～M3。主轴电动机 M1 由停止按钮 SB、点动按钮 SB1、正转按钮 SB2、反转按钮 SB3、热继电器常开触点 FR1、速度继电器正转触点 KS1、速度继电器反转触点 KS2、正转接触器主触点 KM1、反转接触器主触点 KM2、制动接触器主触点 KM3 等控制。

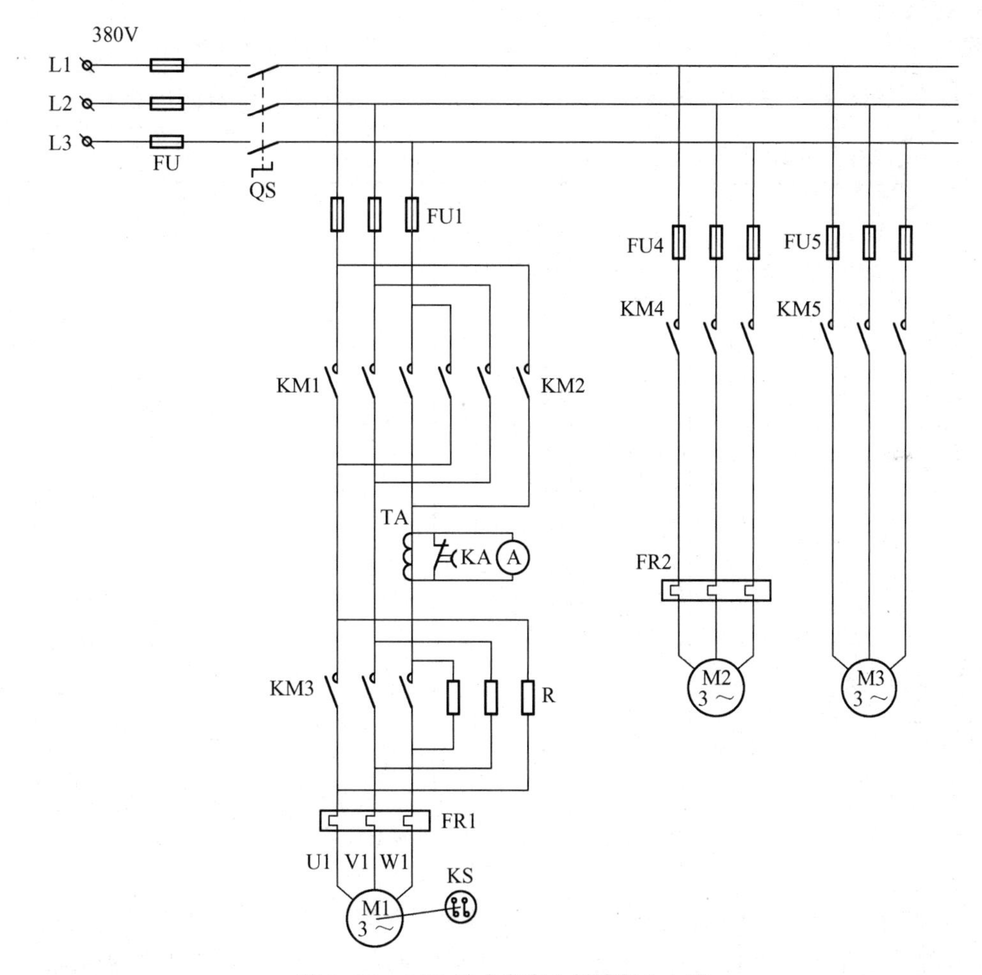

图 9-25　C650 卧式车床电气控制主电路

冷却液泵电动机 M2 由停止按钮 SB4、起动按钮 SB5、热继电器常开触点 FR2、接触器主触点 KM4 等控制；快移电动机 M3 由限位开关 SQ、接触器主触点 KM5 控制；电流表 A 由中间继电器触点KA控制。C650卧式车床电气控制元件与PLC控制元件配置表见表9-1，C650卧式车床PLC控制I/O接线图如图9-26所示。

表9-1 C650卧式车床电气控制元件与PLC控制元件配置表

电气控制元件	功　能	PLC控制元件	电气控制元件	功　能	PLC控制元件
SB	M1停止按钮	X0	KS1	速度继电器正转触点	X11
SB1	M1点动按钮	X1	KS2	速度继电器反转触点	X12
SB2	M1正转按钮	X2	KM1	M1正转接触器主触点	Y0
SB3	M1反转按钮	X3	KM2	M1反转接触器主触点	Y1
SB4	M2停止按钮	X4	KM3	M1制动接触器主触点	Y2
SB5	M2起动按钮	X5	KM4	M2接触器主触点	Y3
SQ	M3限位开关	X6	KM5	M3接触器主触点	Y4
FR1	M1热继电器常开触点	X7	KA	电流表中间继电器触点	Y5
FR2	M2热继电器常开触点	X10			

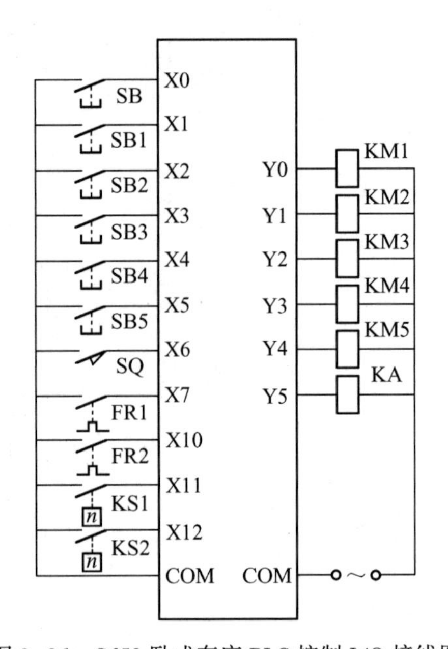

图9-26　C650卧式车床PLC控制I/O接线图

图9-27所示的是C650卧式车床PLC控制梯形图。编程时使用了MC主控指令和MCR主控复位指令。车床上电后，由于停止按钮SB、热继电器FR未动作，所以第4支路的X0、X7闭合，M110通电，导致第5支路M110闭合，程序执行MC主控指令至MCR主控复位指令之间的主控程序。

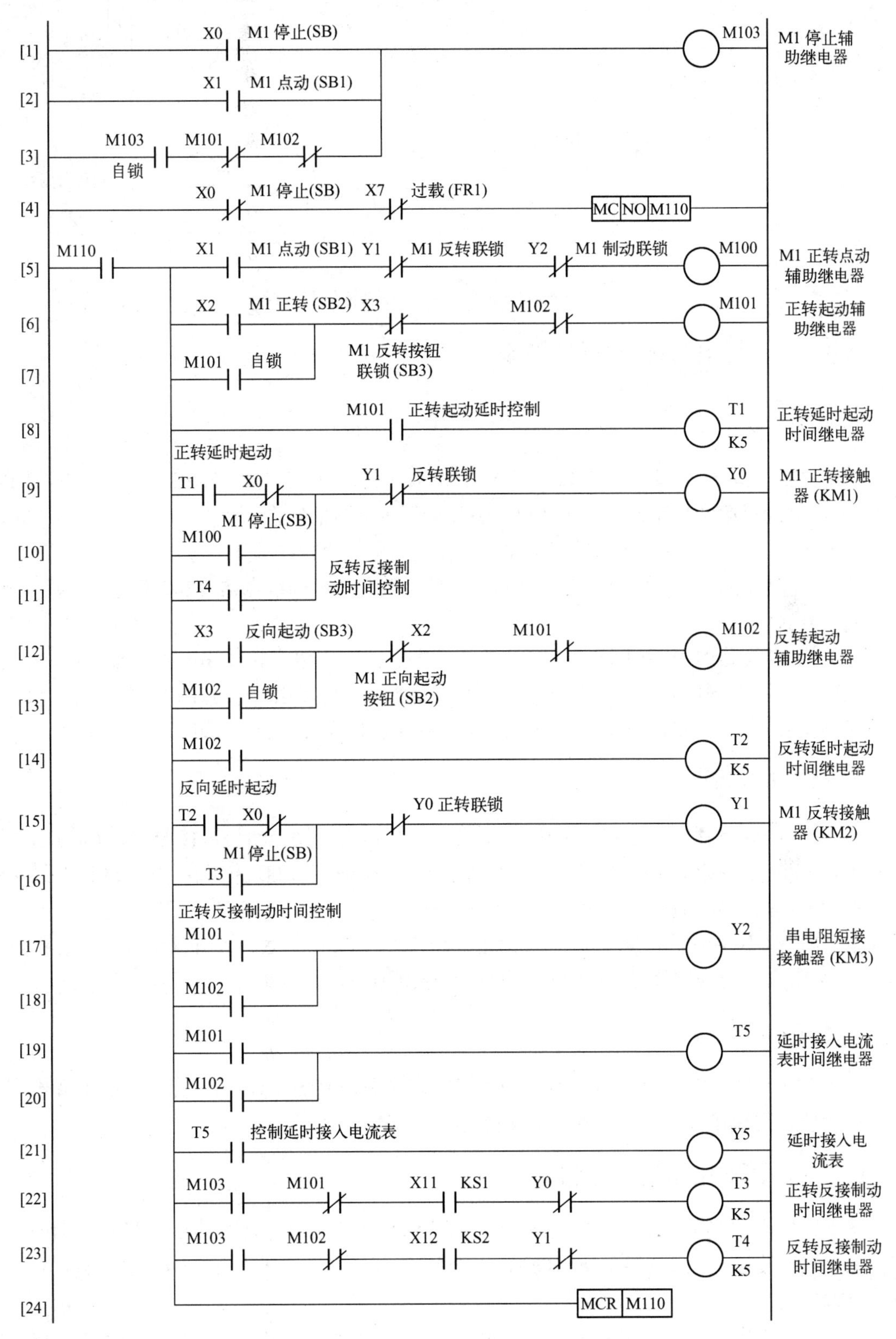

图 9-27　C650 卧式车床 PLC 控制梯形图

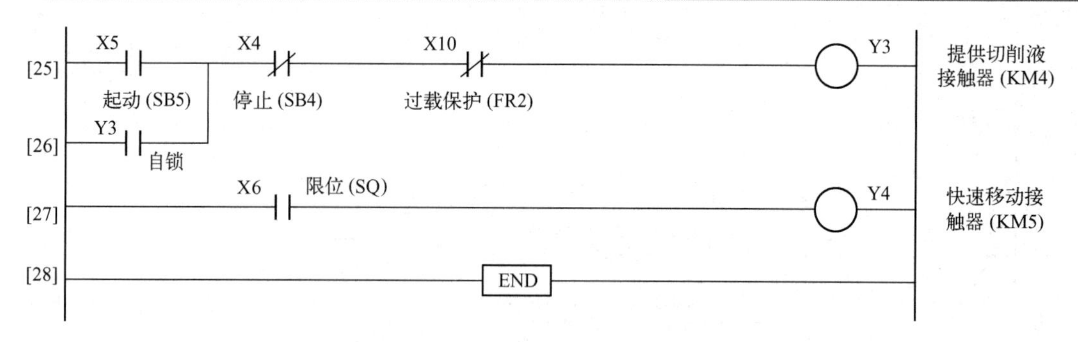

图 9-27　C650 卧式车床 PLC 控制梯形图（续）

9.4.2　主轴电动机正/反转控制

1. 正转控制

按下主轴电动机正转按钮 SB2，第 6 支路 X2 闭合，由于 X3、M102 均未动作，所以 M101 通电并通过第 7 支路的 M101 自锁。引起以下 3 个结果。

（1）第 8 支路 M101 闭合，T1 开始 0.5s 计时。

（2）第 12 支路 M101 辅助常闭触点断开，使反转起动辅助继电器 M102 断电，实现正转与反转的互锁。

（3）第 17 支路的 M101 闭合，Y2 通电，主电路中 KM3 吸合，使串电阻短接。

当第 8 支路 T1 延时 0.5s 到达后，导致第 9 支路 T1 闭合，因第 9 支路的 Y1 处于闭合状态，所以 Y0 通电；第 15 支路的 Y0 断开，主电路中主触点 KM1 闭合。电动机 M1 正向起动运行。

2. T1 的延时作用

T1 延时 0.5s 确保了主电路中 KM3 先吸合，使串电阻短接，然后再接通 M1 正转控制主触点 KM1；否则，接触器 KM1、KM3 接通的指令几乎同时从 PLC 控制软件中发出，可能导致 KM1 先接通、KM3 后接通，串电阻不能先短接。

电动机 M1 起动后，转速上升，当转速升至 100r/min 时，速度继电器的正转触点 KS1 闭合，第 22 支路的 X11 闭合，为正转反接制动做好准备。

3. 反转控制及 T2 延时

按下 SB3，电动机 M1 将反向起动运行，通过 T2 延时 0.5s 的作用确保主电路中 KM3 先吸合，使串电阻短接，然后再接通 M1 反转主触点 KM2。

9.4.3　主轴电动机点动控制

按下正转点动按钮 SB1，第 2 支路和第 5 支路的 X1 均闭合，通过第 2 支路的 X1 使第 1 支路的 M103 通电，并通过第 3 支路的 M103 自锁。同时，第 22 支路的 M103 也闭合，为 T3 通电做好准备。

车床一旦上电，第 5 支路的 M110 立即闭合，此时因本支路中的 X1 闭合，所以 M100 通电，使第 10 支路 M100 闭合，第 9 支路 Y0 通电，第 22 支路的常闭辅助触点 Y0 断开。

车床电气控制主电路中因第 9 支路 Y0 通电，接触器主触点 KM1 吸合，主轴电动机 M1

正转起动升速，转速大于 100r/min 后，速度继电器的正转触点 KS1 保持闭合。同时第 22 支路的 X11 闭合，为反接制动做好准备。

9.4.4　点动停止和反接制动

1. M1 断电降速

松开正转点动按钮 SB1，第 2 支路和第 5 支路的 X1 均断开，第 5 支路的 M100 断电，第 10 支路的 M100 随即断开，第 9 支路 Y0 断电，第 22 支路的 Y0 触点闭合，导致主电路中主触点 KM1 断开，主轴电动机 M1 断电降速运转。

2. M1 反接制动

由于降速初期，速度继电器触点 KS1 处于闭合状态，所以第 22 支路中的 X11 闭合，加之本支路的 Y0 触点闭合，所以 T3 通电，开始延时。

达到 T3 延时时间后，第 16 支路的 T3 触点闭合，导致第 15 支路 Y1 通电，主电路中主触点 KM2 吸合，主轴电动机 M1 反接制动。

3. 反接制动结束

当转速降到低于 100r/min 时，速度继电器的正转触点 KS1 断开，第 22 支路的 X11 断开，使 T3 断电，第 16 支路的 T3 触点断开，第 15 支路的 Y1 随之断电。

主电路中 KM3 主触点断开，反接制动结束，主轴电动机 M1 停转。

4. T3 的延时作用

T3 延时 0. 5s 的作用是确保先断开 KM1，再接通 KM2；否则 KM2 先于 KM1 断开前接通，将导致主轴电动机 M1 绕组烧损。

9.4.5　主轴电动机反接制动

1. 主轴电动机断电

按下停止按钮 SB，第 4 支路 X0 断开，M110 断电，使第 5 支路的常开触点 M110 断开，不再执行 MC 至 MCR 之间的主控电路，第 9 支路的 Y0 因之断电。

主电路中 KM1 断开，主轴电动机 M1 断电降速，但只要主轴电动机 M1 转速大于 100r/min，速度继电器的正转触点 KS1 就仍保持闭合，而第 1 支路的 M103 因自锁而通电。

按下停止按钮 SB 会使第 9 支路的常闭辅助触点 X0 断开，Y0 断电，电气控制主电路中受 Y0 控制的主触点 KM1 将断开。

2. 进入反接制动状态

松开停止按钮 SB，使 SB 由按下状态切换成未按下状态，则第 4 支路 X0 恢复闭合，M110 通电，第 5 支路的 M110 闭合，接通并执行 MC 至 MCR 之间的主控电路。

第 1 支路中的常闭辅助触点 X0 也恢复闭合，所以 M103 通电，此时第 22 支路的 M103 保持闭合。由于主轴电动机 M1 转速大于 100r/min，KS1 处于闭合状态，第 22 支路的 X11 保持闭合，导致 T3 通电，计时开始。

达到 T3 计时时间后，第 16 支路的 T3 闭合，使第 15 支路的 Y1 通电，主电路中 KM2 闭合，电动机 M1 进入反接制动状态，主轴电动机 M1 迅速降速。

3. T3 延时的作用

T3 延时 0.5s 的作用体现在电气控制主电路中 KM1 主触点先断开，0.5s 后 KM2 主触点再闭合，杜绝了 KM1 与 KM2 瞬时同时接通的发生，有助于避免电动机绕组烧损。

4. M1 停转

当主轴电动机 M1 降速至 100r/min 以下时，速度继电器的正转触点 KS1 断开，使 22 支路的 X11 断开，T3 失电，导致第 16 支路的 T3 断开，Y1 断电，主电路中 KM2 断开，反接制动结束，主轴电动机 M1 停转。

5. 反转停止进入反接制动

若起动时按下 SB3，主电路中主触点 KM3、KM2 间隔 0.5s 先后接通，电动机 M1 将反向起动运行。之后松开停止按钮 SB，将进入反转停止反接制动过程。

6. 主电路工作电流监视

主轴电动机正/反转起动过程中，因辅助继电器 M101、M102 中必有一个通电，所以第 19 支路的 T5 通电，10s 计时开始。达到计时时间后，第 21 支路的 T5 闭合，导致 Y5 通电，主电路中的常闭触点 KT 断开，交流电流表 A 进行工作电流监视，从而使 A 避开较大的起动工作电流。

7. 冷却及快速移动控制

冷却液泵电动机 M2、快速移动电动机 M3 均为单向运转，控制较为简单。当按下冷却液泵电动机起动按钮 SB5 时，第 25 支路的 X5 闭合，Y3 通电并自锁，冷却液泵电动机 M2 起动；而按下停止按钮 SB4 时，第 25 支路的 X4 断开，Y3 断电，冷却液泵电动机 M2 断电停转。

按下限位开关 SQ，第 27 支路的 X6 闭合，Y4 通电，快速移动电动机 M3 起动；松开限位开关 SQ，M3 断电停转。

9.5 C650 卧式车床的电气及 PLC 控制系统

在金属切削机床中，车床所占的比例最大，而且应用也最广泛。C650 卧式车床能够车削外圆、内圆、端面、螺纹和螺杆，能够车削定型表面，并可用钻头、铰刀等刀具进行钻孔、镗孔、倒角、割槽及切断等加工工作。传统的 C650 卧式车床采用继电器/接触器电路实现电气控制。其控制采用硬接线逻辑，利用电气元件的触点的串联或并联组合成逻辑控制，其接线多且复杂，体积大，功耗大，一旦系统构成后，想再改变或增加功能都很困难。另外，继电器触点数目有限，因此灵活性和扩展性很差。

而 PLC 是专为工业控制而开发的装置，专为工业环境应用而设计，其显著特点之一就是能够克服上述继电器控制的缺点。所以，将 C650 卧式车床电气控制线路改造为 PLC 控制，可以提高整个电气控制系统的工作性能，从而减少维护、维修的工作量。

9.5.1　C650 卧式车床的主要结构与运动分析

C650 卧式车床主要由床身、主轴变速箱、尾座进给箱、丝杠、光杠、刀架和溜板箱等组成。图 9-28 所示为 C650 卧式车床结构示意图。

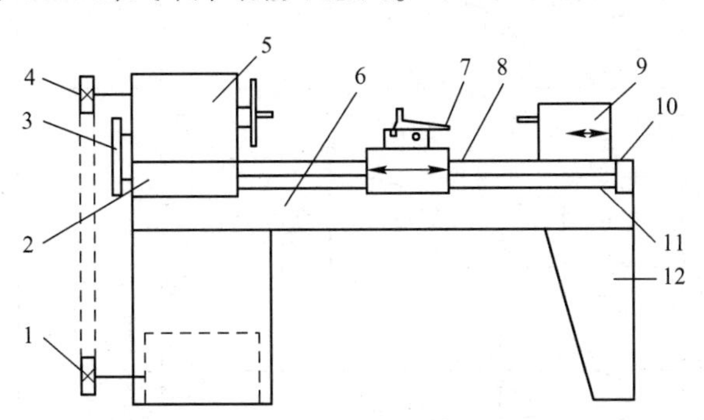

1、4—带轮；2—进给箱；3—挂轮架；5—主轴箱；6—床身；
7—刀架；8—溜板；9—尾架；10—丝杠；11—光杠；12—床腿

图 9-28　C650 卧式车床结构示意图

C650 卧式车床的主运动主要是指卡盘或顶尖带动工件进行的旋转运动，进给运动是指溜板带动刀架进行的纵向或横向直线运动，而辅助运动是指刀架的快速进给与快速退回，车床的调速采用变速箱调速方式。

C650 卧式车床的电力拖动运动形式包括：主轴的旋转运动、刀架的进给运动、刀架的快速移动等。

1. 主轴的旋转运动

C650 卧式车床的主运动是工件的旋转运动，由主轴电动机拖动，其功率为 30kW。主轴电动机由接触器控制实现正/反转，为提高工作效率，主轴电动机采用反接制动。

2. 刀架的进给运动

溜板带着刀架所做的直线运动称为进给运动。刀架的进给运动由主轴电动机带动，并使用走刀箱调节加工时的纵向和横向走刀量。

3. 刀架的快速移动

为了提高工作效率，车床刀架的快速移动由一台单独的快速移动电动机拖动，其功率为 2.2kW，并采用点动控制。

4. 冷却系统

车床内装有一台不调速、单向旋转的三相异步电动机拖动冷却液泵，供给刀具切削时使用的冷却液。

9.5.2　C650 卧式车床的电气控制线路分析

C650 卧式车床的电气控制原理图如图 9-29 所示。

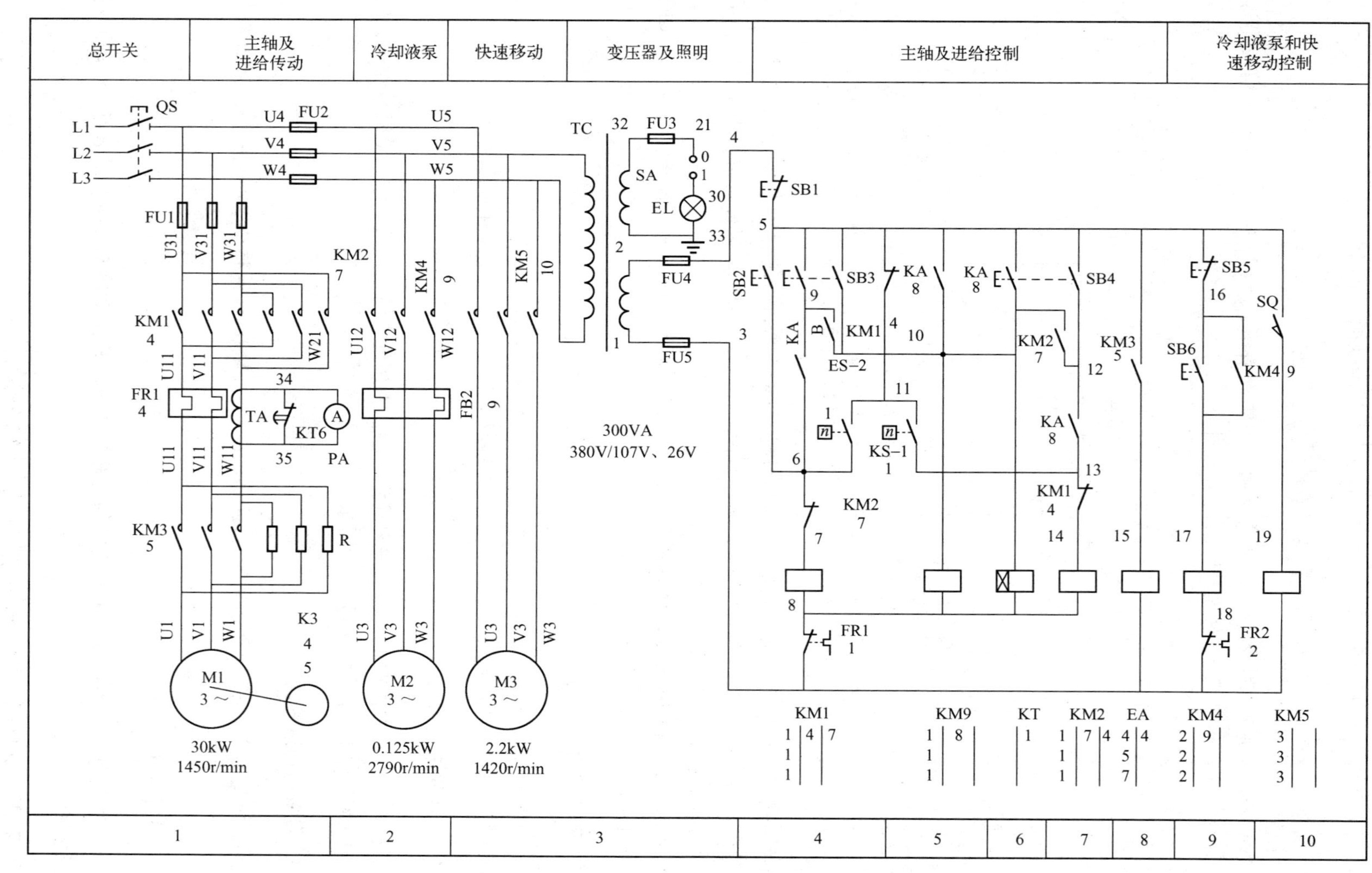

图 9-29　C650卧式车床的电气控制原理图

1. C650 卧式车床的电气控制主电路

主轴电动机 M1：通过 KM1、KM2 两个接触器实现正/反转，FR1 做过载保护，R 为限流电阻，电流表 PA 用来监视主轴电动机的绕组电流，由于主轴电动机功率很大，故 PA 接入电流互感器 TA 回路。当主轴电动机起动时，电流表 PA 被短接，只有当工作正常时，电流表 PA 才指示绕组电流。KM3 用于短接限流电阻 R。

冷却液泵电动机 M2：KM4 接触器控制冷却液泵电动机的起停，FR2 为 M2 的过载保护用热继电器。

快速移动电动机 M3：KM5 接触器控制快速移动电动机 M3 的起停，由于 M3 点动短时运转，故不设置热继电器。

2. C650 卧式车床的控制电路

1）主轴电动机的点动控制　如图 9-30 所示，按下点动按钮 SB2 不松手→接触器 KM1 线圈通电→KM1 主触点闭合→主轴电动机把限流电阻 R 串入电路中进行降压起动和低速运转。

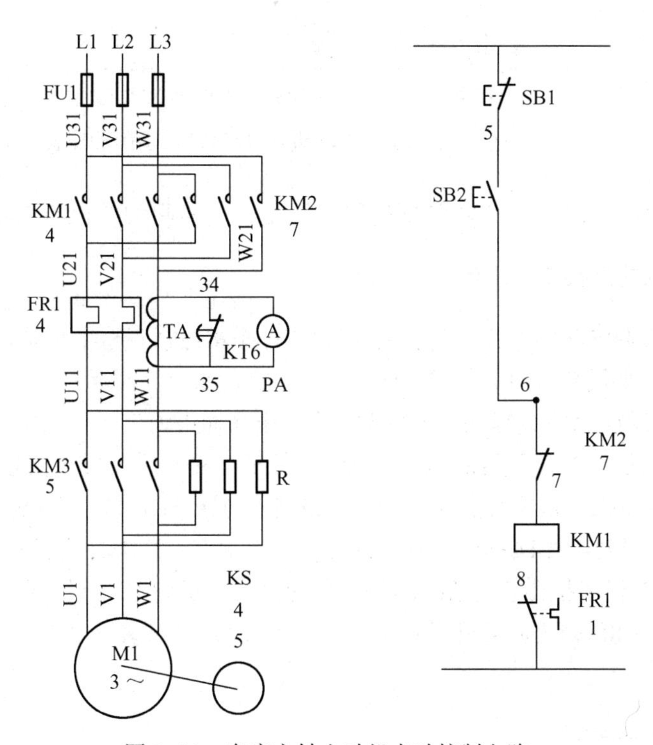

图 9-30　车床主轴电动机点动控制电路

2）主轴电动机的正/反转控制　如图 9-31 所示，按下正向起动按钮 SB3→KM3 线圈通电→KM3 主触点闭合→短接限流电阻 R 的同时另有一个常开辅助触点 KM3（5-15）闭合→KA 线圈通电→KA 常开触点（5-10）闭合→KM3 线圈自锁保持通电→把限流电阻 R 切除的同时 KA 线圈也保持通电。

另一方面，当 SB3 尚未松开时，由于 KA 的另一常开触点（9-6）已闭合→KM1 线圈通电→KM1 主触点闭合→KM1 辅助常开触点（9-10）也闭合（自锁）→主轴电动机 M1 全压

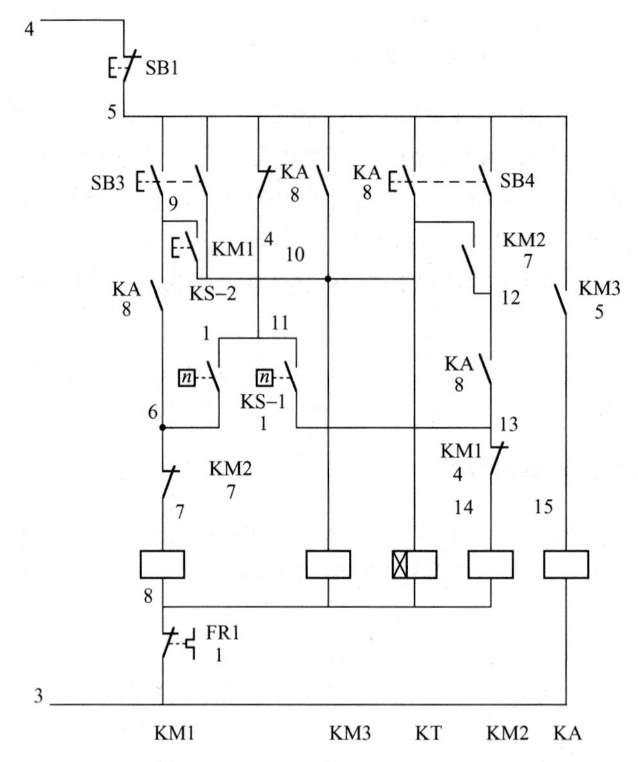

图 9-31　C650 卧式车床主轴电动机正/反转及反接制动控制电路

正向起动运行。在图 9-31 中，SB4 为反向起动按钮，反向起动过程与正向的类似。

3. 主轴电动机的反接制动控制

C650 卧式车床采用反接方式制动，用速度继电器 KS 进行检测和控制。假设原来主轴电动机 M1 正转运行，如图 9-31 所示，则 KS-1（11-13）闭合，而反向常开触点 KS-2（9-11）依然断开。当按下反向总停按钮 SB1（4-5）后，原来通电的 KM1、KM3、KT 和 KA 就随即断电，它们的所有触点均被释放而复位。然而，当 SB1 松开后，反转接触器 KM2 立即通电，电流通路是：线号 4→SB1 常闭触点（4-5）→KA 常闭触点（5-11）→KS 正向常开触点 KS-1（11-13）→KM1 常闭触点（13-14）→KM2 线圈（14-8）→FR1 常闭触点（8-3）→线号 3。这样主轴电动机 M1 就串接限流电阻 R 进行反接制动，正向速度很快降下来，当速度很低（$n \leqslant 120$r/min）时，KS 的正向常开触点 KS-1（11-13）断开复位，切断上述电流通路，正向反接制动结束。

4. 刀架快速移动控制

转动刀架手柄，限位开关 SQ（5-19）被压动而闭合，使得快速移动接触器 KM5 线圈得电，快速移动电动机 M3 就起动运转；而当刀架手柄复位时，M3 随即停转。

5. 冷却液泵控制

按 SB6（19-17）按钮→KM4 接触器线圈得电并自锁→KM4 主触点闭合→冷却液泵电动机 M2 起动运转；按下 SB5（5-16）→KM4 接触器线圈失电→M2 停转。

9.5.3　C650 卧式车床的 PLC 控制系统

1. PLC 的选择

三菱公司 FX_{2N}系列 PLC 吸收了整体式和模块式 PLC 的优点，其基本单元、扩展单元和扩展模块的高度和宽度相等，相互之间的连接无须使用基板，仅通过扁平电缆连接，紧密拼装后组成一个长方形的整体。FX_{2N}系列 PLC 具有强大的功能和很高的运行速度，可用于要求很高的机电一体化控制系统。而其具有的各种扩展单元和扩展模块可以根据现场系统功能的需要组成不同的控制系统。鉴于以上原因，本系统选用三菱公司 FX_{2N}系列 PLC。

2. 确定 C650 卧式车床的 PLC 控制点数及功能分配

根据工作流程及设计要求，本控制系统的基本单元主要用于完成各部分机构的控制和各种检测功能，包括：主轴电动机的正/反转控制、主轴电动机的点动调整控制、主轴电动机的反接制动控制、刀架的快速移动及冷却液泵控制等。

输入点数：$N_i=E_i(P_i-1)$，E_i为按钮数，P_i为状态数（输入器件）

输出点数：$N_o=E_o(P_o-1)$，E_o为按钮数，P_o为状态数（输出器件）

开关总数：$N=N_i+N_o$

每项加 20%的裕量，则本系统的 PLC 控制共需 10 个输入点和 5 个输出点，选用的 PLC 输入点数要大于 10 个，输出点数要大于 5 个。考虑到本机控制规模、特点和用户在使用过程中增加新的功能、进行扩展等要求，本机选择适用于小系统的三菱小型 PLC FX_{2N}-32MR 作为 PLC 控制系统的基本单元。

I/O 点数具体功能和分配见表 9-2。

表 9-2　I/O 点数具体功能和分配

输　入		输　出	
功　能	X 元件号	功　能	Y 元件号
主轴电动机反向点动 SB0	X0	主轴电动机正转	Y1
总停 SB1	X1	KM1	Y2
主轴电动机正向点动 SB2	X2	主轴电动机反转	Y3
主轴电动机正转 SB3	X3	KM2	Y4
主轴电动机反转 SB4	X4	主轴电动机短接限流电阻	Y5
冷却液泵电动机停转 SB5	X5	KM3	
冷却液泵电动机起动 SB6	X6	冷却液泵电动机运行	
主轴电动机正向反接制动 KS-1	X7	KM4	
主轴电动机反向反接制动 KS-2	X10	快速移动电动机点动	
快速移动电动机点动 SQ	X11	KM5	

3. 程序编制

根据 C650 卧式车床的控制要求，应保证原电路的工作逻辑关系，而且具有各种闭锁措施；另外还要使电气改造的投资少，工作量小。基于这种思路，该车床电气控制线路中的电源电路、主电路及照明电路保持不变。具体调整过程如下所述。

1）主轴电动机的点动调整控制 按下点动按钮 SB2 不松手→X2 通电→Y1 通电→KM1 通电→主轴电动机正转；松开点动按钮 SB2→X2 断电→Y1 断电→KM1 断电→主轴电动机停转；同理，按下点动按钮 SB0 不松手→主轴电动机反向点动。

2）主轴电动机正/反向控制 按下 SB3 按钮→X3 得电→线圈 M0 得电并自锁→Y1 得电→KM1 得电→主轴电动机正转，此时速度继电器的触点 KS-1 是闭合的→X7 通电，按下 SB1 总停按钮→所有电器均断电→SB1 总停按钮放开后→X7 通电→Y2 通电→KM2 通电→主轴电动机串电阻正向反接制动。同理，按下 SB4 按钮→主轴电动机反转，按下 SB1 总停按钮→主轴电动机串电阻反向反接制动。

3）刀架的快速移动和冷却液泵的控制 转动刀架手柄，限位开关 SQ 被压动而闭合→X11 得电→Y5 通电→KM5 通电→快速移动电动机 M3 起动运转，而当刀架手柄复位时，M3 随即停转。

冷却液泵电动机 M2 的起停分别用 SB6 和 SB5 控制。该电气控制系统的 I/O 分配图如图 9-32所示；PLC 控制梯形图如图 9-33 所示，该程序反映了原继电接触器控制电路中的逻辑要求。

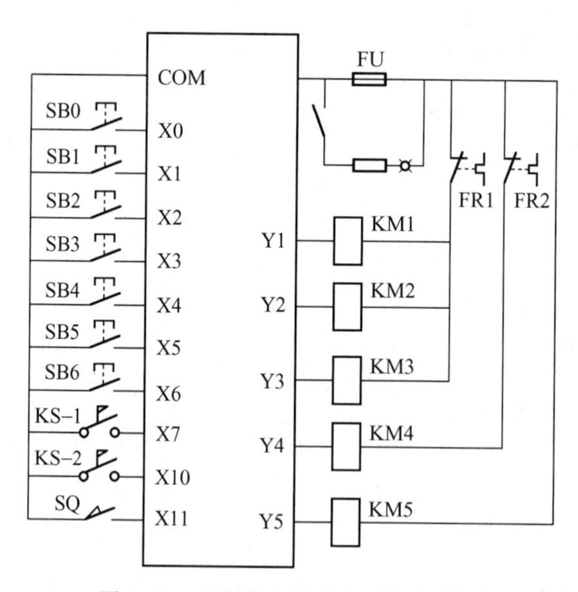

图 9-32 电气控制系统的 I/O 分配图

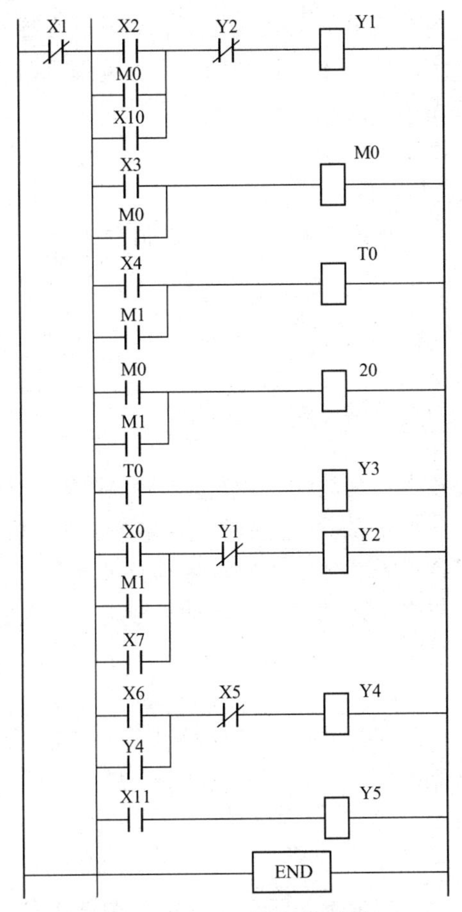

图9-33　PLC控制梯形图

9.6　Z3040摇臂钻床的电气及PLC控制系统

钻床是孔加工机床，用来进行钻孔、扩孔、铰孔、攻丝及修刮端面等多种形式的加工。在各类钻床中，摇臂钻床操作方便、灵活，适用范围广，具有典型性，特别适合单件或批量生产中多孔大型零件的孔加工，是机械加工车间常见的机床之一。

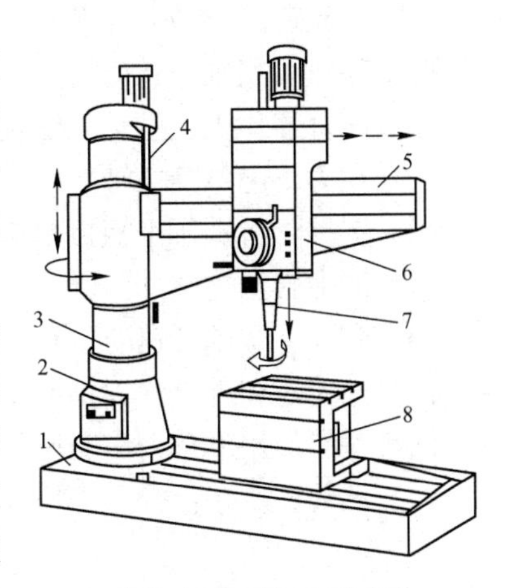

1—底座；2—内立柱；3—外立柱；4—摇臂升降丝杠；5—摇臂；6—主轴箱；7—主轴；8—工作台

图9-34　Z3040摇臂钻床结构示意图

摇臂钻床主要由底座、内立柱、外立柱、摇臂、主轴箱及工作台等部分组成，如图9-34所示。内立柱固定在底座的一端，外面套有外立柱，外立柱可绕内立柱回转360°。摇臂的一端为套筒，套装在外立柱上，并借助丝杠的正/反转沿外立柱做上下移动。由于该丝杠与外立柱连成一体，而升降螺母固定在摇臂上，所以摇臂不能绕外立柱转动，只能与外立柱一起绕内立柱回转。主轴箱安装在摇臂的水平导轨上，可以通过手轮操作使其在水平导轨上沿摇臂移动。进行加工时，由特殊的夹紧装置将主轴箱紧固在摇臂导轨上，外立柱紧固在内立柱上，摇臂紧固在外立柱上，然后进行钻削加工。钻削加工时，钻头一面旋转切削，同时纵向进给。综上所述，摇臂钻床的运动方式有如下 3 种。

【**主运动**】主轴的旋转运动。

【**进给运动**】主轴的纵向运动。

【**辅助运动**】摇臂沿外立柱垂直移动；主轴箱沿摇臂长度方向移动；摇臂与外立柱一起绕内立柱回转运动。

9.6.1 摇臂钻床电气控制系统

1. 摇臂钻床电力拖动特点及控制要求

（1）摇臂钻床运动部件较多，为简化传动装置，采用多电动机拖动。摇臂钻床设有主电动机、摇臂升降电动机、立柱夹紧/松开电动机及冷却液泵电动机。

（2）摇臂钻床为适应多种形式的加工，要求主轴及进给有较大的调速范围。

（3）摇臂钻床的主运动与进给运动由一台电动机拖动，分别经主轴与进给传动机构实现主轴旋转和进给。

（4）主轴要求正/反转。

（5）对内外立柱、主轴箱及摇臂的夹紧/放松和其他环节，采用先进的液压技术。

（6）具有必要的联锁与保护。

2. 液压系统简介

该摇臂钻床具有两套液压控制系统：一个是操纵机构液压系统，一个是夹紧机构液压系统。前者安装在主轴箱内，用以实现主轴正/反转、停车制动、空挡、预选及变速；后者安装在摇臂背后的电器盒下部，用以夹紧与松开主轴箱、摇臂及立柱。

1）操纵机构液压系统 该系统压力油由主电动机拖动齿轮泵供给。主电动机转动后，由操作手柄控制，使压力油做不同的分配，获得不同的动作。操作手柄有 5 个位置，即空挡、变速、正转、反转和停车。

（1）停车：主轴停转时，将操作手柄扳向停车位置，这时主电动机拖动齿轮泵旋转，使制动摩擦离合器作用，主轴无法转动，从而实现停车。所以，主轴停车时，主电动机仍在旋转，只是动力不能传到主轴。

（2）空挡：将操作手柄扳向空挡位置，这时压力油使主轴传动系统中的滑移齿轮脱开，用手可轻便地转动主轴。

（3）变速：主轴变速与进给变速时，将操作手柄扳向变速位置，改变两个变速旋钮进行变速，主轴转速和进给量大小由变速装置实现。变速完成后，松开操作手柄，此时操作手柄在机械装置的作用下自动由变速位置回到主轴停车位置。

（4）正转、反转：操作手柄扳向正转位置或反转位置，主轴在机械装置的作用下，实现主轴的正转或反转。

2）夹紧机构液压系统 夹紧机构液压系统压力油由液压泵电动机拖动液压泵供给，实现主轴箱、立柱和摇臂的松开与夹紧。其中主轴箱和立柱的松开与夹紧由一个油路控制，摇臂的松开与夹紧由另一个油路控制，这两个油路均由电磁阀操控，主轴箱和立柱的夹紧与松开由液压泵电动机点动控制来实现。摇臂的夹紧和松开与摇臂的升降控制有关。

3. 电气控制主电路分析

图 9-35 所示为 Z3040 摇臂钻床电气控制电路。图中，M1 为主电动机，M2 为摇臂升降电动机，M3 为液压泵电动机，M4 为冷却液泵电动机。

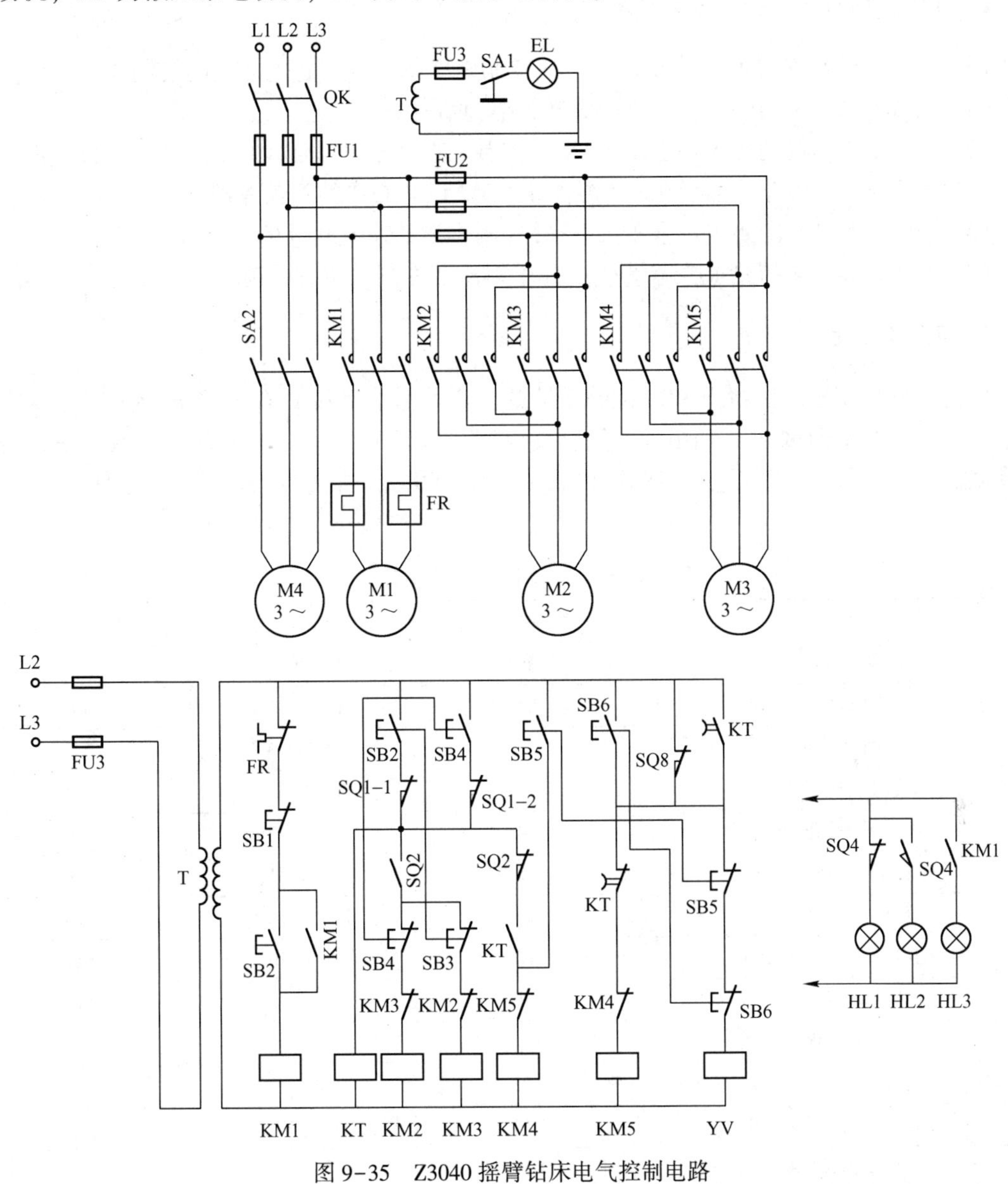

图 9-35　Z3040 摇臂钻床电气控制电路

M1 为单方向旋转，由接触器 KM1 控制，主轴的正/反转则由机床液压系统操纵机构配合正/反转摩擦离合器实现，并由热继电器取 FR 做电动机长期过载保护。

M2 由正转、反转接触器 KM2、KM3 控制实现正/反转。控制电路保证在操纵摇臂升降时，首先使液压泵电动机起动旋转，供出压力油，经液压系统将摇臂松开，然后才使电动机 M2 起动，拖动摇臂上升或下降。当移动到位后，保证 M2 先停下，再自动通过液压系统将摇臂夹紧，最后液压泵电动机才停下。M2 为短时工作，不设长期过载保护。

M3由接触器KM4、KM5实现正/反转控制，并由热继电器FR做长期过载保护。

M4容量较小，由开关SA2控制。

9.6.2 Z3040摇臂钻床的PLC控制系统

1. 分析控制对象、确定控制要求

仔细阅读、分析Z3040摇臂钻床的电气控制电路图，确定各电动机的控制要求。

（1）对M1电动机的要求：单方向旋转，有过载保护。

（2）对M2电动机的要求：全压正/反转控制、点动控制；起动时，先起动M3，再起动M2；停机时，M2先停止，然后M3才能停止。M2设有必要的互锁保护。

（3）对电动机M3的要求：全压正/反转控制，设长期过载保护。

（4）对电动机M4的要求：容量小，由开关SA2控制，单方向运转。

2. 确定I/O点数

根据电气控制电路图找出PLC控制系统的I/O信号，系统共有13个输入信号、9个输出信号。照明灯不通过PLC而由外电路直接控制，可以节约PLC的I/O端子数。考虑将来的发展需求，要留一定裕量，选用FX_{2N}-32MR PLC。将I/O信号进行地址分配，见表9-3。

表9-3 I/O信号地址分配表

输入信号	输入端子号	输出信号	输出端子号
摇臂下降限位行程开关SQ5	X0	电磁阀YV	Y0
电动机M1起动按钮SB1	X1	接触器KM1	Y1
电动机M1停止按钮SB2	X2	接触器KM2	Y2
摇臂上升按钮SB3	X3	接触器KM3	Y3
摇臂下降按钮SB4	X4	接触器KM4	Y4
主轴箱松开按钮SB5	X5	接触器KM5	Y5
主轴箱夹紧按钮SB6	X6	指示灯HL1	Y10
摇臂上升限位行程开关SQ1	X7	指示灯HL2	Y11
摇臂松开行程开关SQ2	X10	指示灯HL3	Y12
摇臂自动夹紧行程开关SQ3	X11		
主轴箱与立柱箱夹紧/松开行程开关SQ4	X12		
电动机M1过载保护FR1	X13		
电动机M2过载保护FR2	X14		

3. 绘制I/O端子接线图

根据I/O信号地址分配结果，绘制I/O端子接线图，如图9-36所示。在I/O端子接线图中，热继电器和保护信号仍采用常闭触点作为输入，主令电器的常闭触点可改用常开触点作为输入，这样可使编程变得简单。接触器和电磁阀线圈用220V AC电源供电，信号灯采用6.3V AC电源供电。

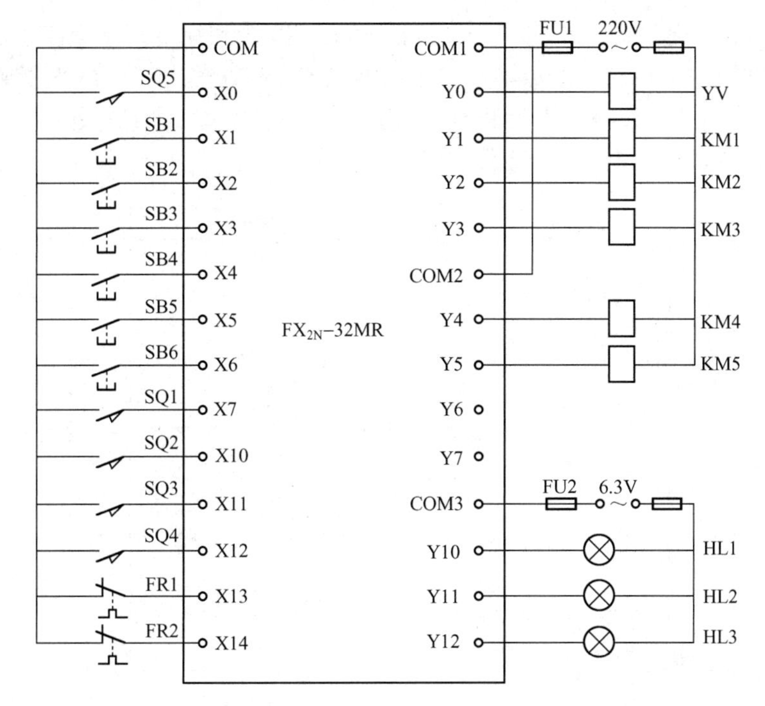

图 9-36　Z3040 摇臂钻床 PLC 控制系统 I/O 端子接线图

4. 梯形图设计

对 Z3040 摇臂钻床梯形图的设计，可参照电气控制电路图。首先，将整个控制电路分成若干个控制环节，分别设计出梯形图；然后，根据控制要求综合各梯形图；最后，进行整理和修改，设计出符合控制要求的完整的梯形图。

1）控制主电动机 M1 的梯形图　电动机 M1 的控制比较简单，其梯形图如图 9-37 所示。

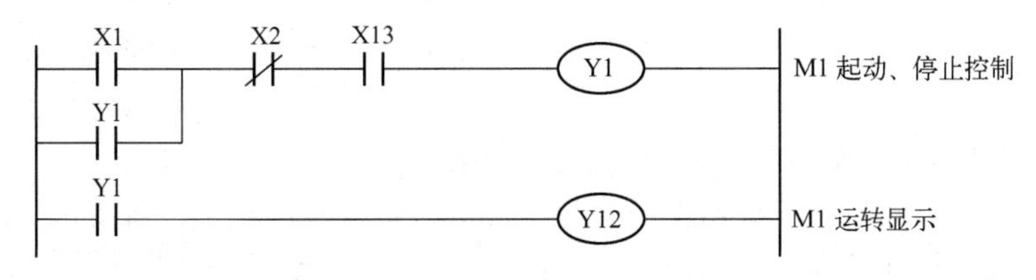

图 9-37　电动机 M1 的控制梯形图

2）控制电动机 M2 与 M3 的梯形图

（1）摇臂升降过程：摇臂的升降、夹紧控制与液压系统紧密配合。摇臂升降控制梯形图如图 9-38 所示。由上升按钮 SB3 和下降按钮 SB4 与正/反转接触器 KM2、KM3 组成电动机 M2 的正/反转点动控制。摇臂升降为点动控制，且摇臂升降前必须先起动液压泵电动机 M3，将摇臂松开，然后方能起动摇臂升降电动机 M2。按摇臂上升按钮 SB3，PLC 内部继电器 M0 线圈通电，电气控制电路图中的时间继电器 KT 在梯形图中由定时器 T0 代替，时间继电器的瞬时动作触点 KT（13-14）由辅助继电器 M0 代替，使得输出继电器 Y4 和 Y0 动作，则 KM4 和电磁阀 YV 线圈同时通电，电动机 M3 正转将摇臂松开。松开到位，压下摇臂松开的行程开关 SQ2（X10 动作），使输出继电器 Y4 断电、Y2 动作，KM4 断电，同时 KM2 通电，摇臂维持松开进行上升。上升到位，松开按钮SB3，M0线圈断电，摇臂停止上升，同时定时器T0线圈通电延时1~3s，触点动作，输出继电器Y5动作，使KM5线圈通电，电动机M3反转，摇臂夹紧。夹紧时压下行程开关SQ3（X11动作），输出继电器Y5和Y0复位，KM5和电磁阀线圈断电，电动机M3停转。

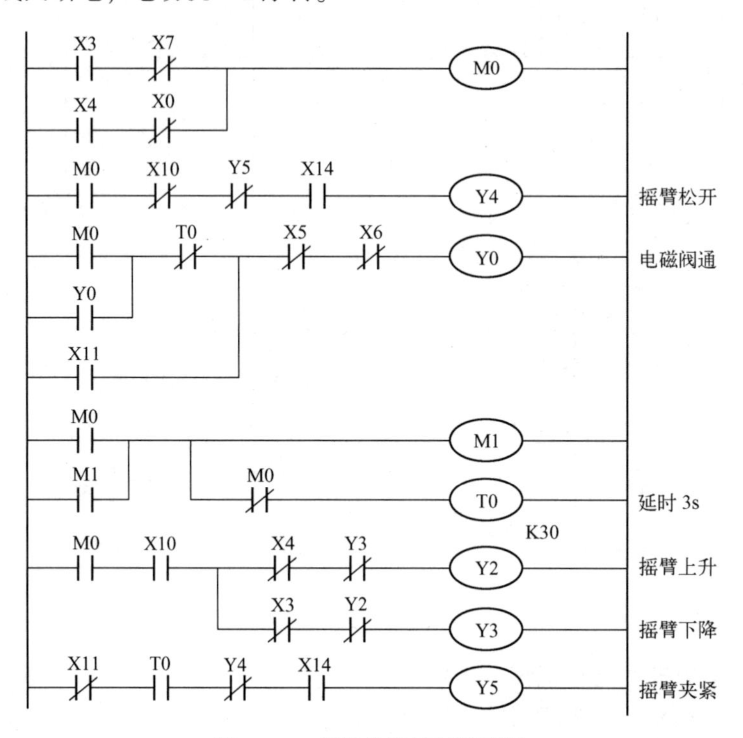

图9-38 摇臂升降控制梯形图

（2）主轴箱和立柱箱的松开与夹紧控制：主轴箱和立柱箱的松开与夹紧控制是同时进行的，立柱夹紧与松开控制梯形图如图9-39所示。电气控制线路由按钮SB5和SB6控制。按下按钮SB5（X5触点动作），输出继电器Y4动作，使KM4线圈通电，电磁阀线圈YV断电，电动机M3正转，主轴箱和立柱箱松开。在二者松开的同时，压下行程开关SQ4（X12动作），输出继电器Y10线圈通电，指示灯HL1亮，表明已经松开。反之，按下按钮SB6（X6触点动作），使Y5通电、Y0断电，KM5线圈得电，电磁阀线圈YV仍断电，电动机M3反转将主轴箱和立柱箱夹紧，同时行程开关SQ4复位，输出继电器Y11动作，夹紧指示灯HL2亮，表明夹紧动作完成。

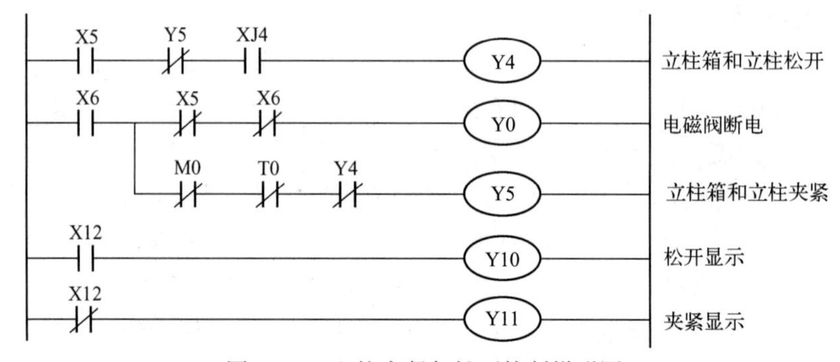

图9-39 立柱夹紧与松开控制梯形图

在上述梯形图的基础上，将各部分梯形图综合在一起，进行整理和修改，把其中的重复项去掉，最后设计出完整的梯形图。Z3040 摇臂钻床的控制梯形图如图 9-40 所示。

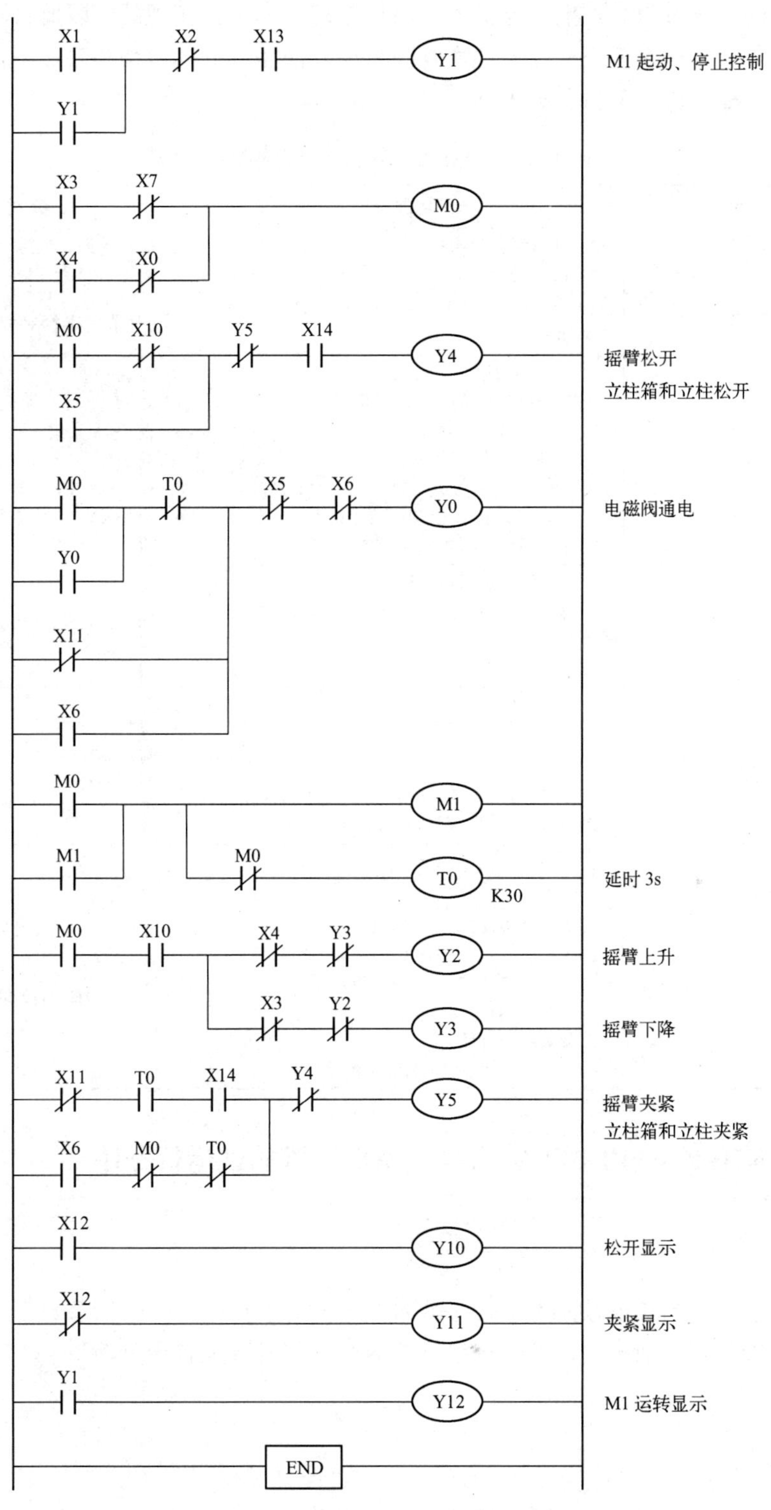

图 9-40　Z3040 摇臂钻床的控制梯形图

9.6.3 KH-Z3040B 摇臂钻床电气线路的常见故障与维修

摇臂钻床的工作过程是由电气与机械、液压系统紧密结合实现的。因此，在维修中不仅要注意电气部分能否正常工作，也要注意它与机械和液压部分的协调关系。下面列举摇臂钻床的部分电气故障并进行分析，见表 9-4。

表 9-4 摇臂钻床电气线路的常见故障与维修

故障现象	故障原因	故障检修
操作时无任何反应	1. 电源没有接通； 2. FU3 烧断或 L11、L21 导线断路或脱落	1. 检查插头、电源引线、电源闸刀； 2. 检查 FU3 及 L11、L21 线
按 SB3，KM 不能吸合，但操作 SA6，KM6 能吸合	39-39-38-KM 线圈-L11 中有断路或接触不良现象	用万用表电阻挡对相关线路进行测量
控制电路不能工作	1. FU5 烧断； 2. FR 因主电动机过载而断开； 3. 5 号线或 6 号线断开； 4. TC1 变压器绕组断路； 5. TC1 一次侧进线 U21、V21 中有断路； 6. KM 接触器中 L1 相或 L2 相主触点烧坏； 7. FU1 中 U11、V11 相熔断	1. 检查 FU5； 2. 对 FR 进行手动复位； 3. 查 5、6 号线； 4. 查 TC1； 5. 查 U21、V21 线； 6. 检查 KM 主触点并修复或更换； 7. 检查 FU1
主电动机不能起动	1. 十字开关接触不良； 2. KM4（9-8）、KM5（8-9）常闭触点接触不良； 3. KM1 线圈损坏	1. 更换十字开关； 2. 调整触点位置或更换触点； 3. 更换线圈
主电动机不能停转	KM1 主触点熔焊	更换触点
摇臂升降后，不能夹紧	1. SQ2 位置不当； 2. SQ2 损坏； 3. 连到 SQ2 的 6、10、14 号线中有脱落或断路现象	1. 调整 SQ2 位置； 2. 更换 SQ2； 3. 检查 6、10、14 号线
摇臂升降方向与十字开关标志的扳动方向相反	摇臂升降电动机 M4 相序接反	更换 M4 相序
立柱能放松，但主轴箱不能放松	1. KM3（9-22）接触不良； 2. KA（9-22）或 KA（9-24）接触不良； 3. KM2（22-23）常闭触点不通； 4. KA 线圈损坏； 5. YV 线圈开路； 6. 22~24 号线中有脱落或断路现象	用万用表电阻挡检查相关部位并修复

9.6.4 KH-Z3040B 摇臂钻床电气模拟装置的试运行操作

1. 准备工作

（1）查看装置背面各电气元件上的接线是否紧固，各熔断器是否安装良好。

（2）独立安装好接地线，设备下方垫好绝缘垫，将各开关置于分断位。

（3）接通三相电源。

2. 操作试运行

（1）使装置中漏电保护部分接触器先吸合，再合上 QS1。

（2）按下 SB3，KM 吸合，电源指示灯亮，说明机床电源已接通，同时主轴箱夹紧指示灯亮，说明 YV 没有通电。

（3）转动 SA6，冷却液泵电动机工作，相应指示灯亮；转动 SA3，照明灯亮。

（4）十字开关手柄向右，主电动机 M2 旋转；手柄回到中间位置，M2 即停转。

（5）十字开关手柄向上，摇臂升降电动机 M4 正转，相应指示灯亮，再把 SQ2 置于“上夹”位置，这是模拟实际中摇臂的松开操作，然后再把十字开关手柄扳回中间位置，M4 应立即反转，对应指示灯亮，最后把 SQ2 置于中间位置，M4 停转，这是模拟摇臂上升到指定高度后的夹紧操作。以上即摇臂上升和夹紧工作的自动循环。实际机床中，SQ2 能自行动作，但在模拟装置中要靠手动模拟。摇臂下降与夹紧的自动循环与前面过程类似（十字开关向下，SQ2 置于“下夹”）。SQ1 起摇臂升降的终端保护作用。

（6）按下 SB1，立柱夹紧装置松开，电动机 M3 正转，立柱夹紧，对应指示灯亮。放开按钮 SB1，M3 即停转。

（7）按下 SB2，M3 反转，立柱放松，相应指示灯亮，同时 KA 吸合并自锁，主轴箱放松，相应指示灯亮，松开按钮，M3 即停转，但 KA 仍吸合，主轴箱放松指示灯始终亮，要使主轴箱夹紧，可再按一下 SB1，以上为立柱和主轴箱的夹紧、松开控制（两者有电气上的联锁）。

（8）按下 SB4，机床电源即被切断。

9.6.5　KH-Z3040B 电气控制线路故障及排除实训指导

1. 实训内容

（1）采用通电试验方法发现故障现象，进行故障分析，并在电气控制电路图中用虚线标出最小故障范围。

（2）按图排除 KH-Z3040B 摇臂钻床主电路或控制电路中人为设置的两个电气故障点。

2. 电气故障的设置原则

（1）人为设置的故障点，必须是模拟机床在使用过程中，由于受到振动、受潮、高温、异物侵入、电动机负载及线路长期过载运行、起动频繁、安装质量低劣、调整不当等造成的“自然”故障。

（2）切忌设置改动线路、换线、更换电气元件等人为原因造成的非“自然”故障点。

（3）故障点的设置应做到隐蔽且设置方便，除简单控制线路外，故障一般不宜设置在单独支路或单一回路中。

（4）对于设置一个以上故障点的线路，其故障现象应尽可能不要相互掩盖。检修时，若检查思路尚清楚，但检修到定额时间的 2/3 还不能查出一个故障点时，可进行适当的提示。

（5）应尽量不设置容易造成人身或设备事故的故障点，如有必要，教师必须在现场密切注意学生的检修动态，随时做好采取应急措施的准备。

（6）设置的故障点必须与学生具有的修复能力相适应。

3. 实训步骤

（1）先熟悉原理，再进行正确的通电试车操作。

（2）熟悉电气元件的安装位置，明确各电气元件的作用。

（3）教师示范故障分析检修过程（故障可人为设置）。

（4）教师设置让学生知道的故障点，指导学生如何从故障现象着手进行分析，逐步引导到采用正确的检查步骤和检修方法。

（5）教师设置人为的自然故障点，由学生检修。

4. 实训要求

（1）学生应根据故障现象，先在电路图中正确标出最小故障范围的线段，然后采用正确的检查和排除故障方法，并在定额时间内排除故障。

（2）排除故障时，必须修复故障点，不得采用更换电气元件、借用触点及改动线路的方法，否则，按不能排除故障点扣分。

（3）检修时，严禁扩大故障范围或产生新的故障，并不得损坏电气元件。

KH-Z3040B 摇臂钻床故障电气原理图如图 9-41 所示，其故障设置表见表 9-5。

表 9-5 KH-Z3040B 摇臂钻床故障设置表

故障开关	故 障 现 象	备 注
K1	机床不能起动	电源能接通，冷却液泵能起动，其他控制失灵
K2	机床不能起动	电源能接通，冷却液泵能起动，其他控制失灵
K3	机床不能起动	电源能接通，冷却液泵能起动，其他控制失灵
K4	主电动机不能起动	
K5	主电动机不能起动	
K6	摇臂不能上升	
K7	摇臂不能上升	
K8	摇臂不能下降	
K9	摇臂不能下降	
K10	摇臂不能下降	
K11	立柱不能夹紧	
K12	立柱不能夹紧	
K13	立柱不能夹紧	
K14	立柱自行松开	通电后，立柱自行松开
K15	立柱不能松开	
K16	立柱不能松开	
K17	主轴箱不能保持松开	按下立柱放松按钮，KM3 吸合，立柱夹紧/松开电动机反转，中间继电器 KA、电磁阀 YV 吸合，主轴箱松开，松开按钮，KA、YV 释放，主轴箱夹紧
K18	主轴箱不能松开	按下立柱放松按钮，KM3 吸合，立柱夹紧/松开电动机反转，中间继电器 KA、电磁阀 YV 不动作，主轴箱不能松开
K19	主轴箱不能松开	按下立柱放松按钮，KM3 吸合，立柱夹紧/松开电动机反转，中间继电器 KA、电磁阀 YV 不动作，主轴箱不能松开
K20	主轴箱不能松开	按下立柱放松按钮，KM3 吸合，立柱夹紧/松开电动机反转，中间继电器 KA 吸合，电磁阀 YV 不动作，主轴箱不能松开
K21	主轴箱不能松开	按下立柱放松按钮，KM3 吸合，立柱夹紧/松开电动机反转，中间继电器 KA 吸合，电磁阀 YV 不动作，主轴箱不能松开
K22	机床不能起动	按下 SB3，电源开关 KM 不动作，电源无法接通
K23	电源开关 KM 不能保持	按下 SB3，KM 吸合，松开 SB3，KM 释放，机床断电
K24	冷却液泵不能起动	
K25	照明灯不亮	

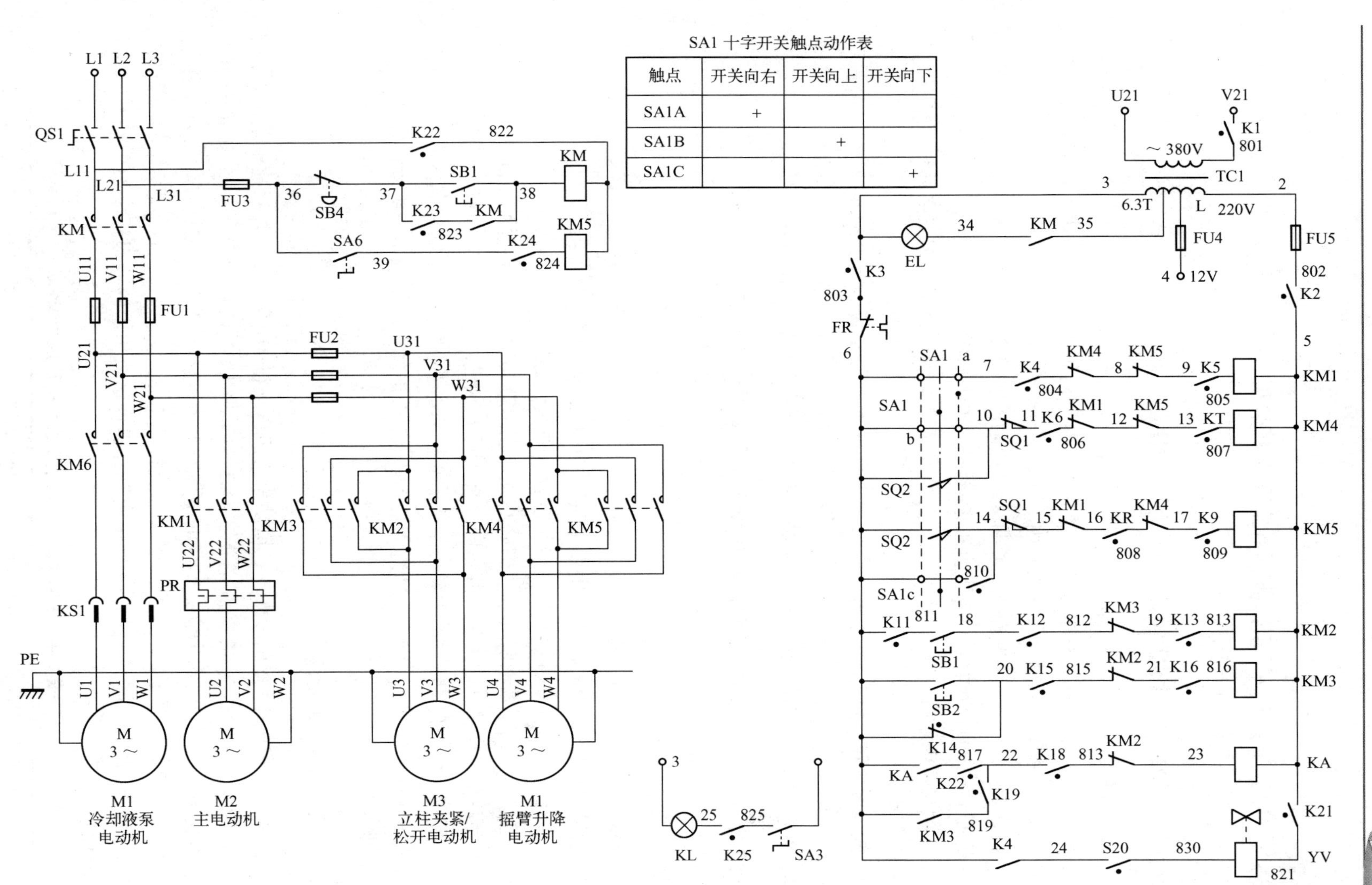

触点	开关向右	开关向上	开关向下
SA1A	+		
SA1B		+	
SA1C			+

图 9-41　KH-Z3040B 摇臂钻床故障电气原理图

9.7 KH-T68 卧式镗床的实训

9.7.1 KH-T68 卧式镗床实训的基本组成

KH-T68 卧式镗床实训项目包括以下 5 个方面。

1）面板 1 面板上安装有机床的所有主令电器及动作指示灯，机床的所有操作都在这块面板上进行，指示灯可以指示机床的相应动作。

2）面板 2 面板上装有断路器、熔断器、接触器、热继电器、变压器等元器件，这些元器件直接安装在面板表面，可以很直观地看到它们的动作情况。

3）三相异步电动机 两个 380V 三相笼型异步电动机，分别用作主电动机（双速）和快速移动电动机。

4）故障开关箱 设有 32 个开关，其中 K1～K25 用于故障设置；K26～K31 保留；K32 用作指示灯开关，可以用来设置机床动作指示与不指示。

5）机床电气控制电路图 KH-T68 卧式镗床电气控制电路图如图 9-42 所示。

9.7.2 KH-T68 卧式镗床电气线路工作原理

1. 结构及运动形式

1）结构 KH-T68 卧式镗床结构示意图如图 9-43 所示。

2）运动形式 在图 9-43 中，用箭头表示机床的运动形式。

（1）主运动：镗杆（主轴）旋转或平旋盘（花盘）旋转。

（2）进给运动：主轴轴向（进、出）移动、主轴箱（镗头架）的垂直（上、下）移动、花盘刀具溜板的径向移动、工作台的纵向（前、后）和横向（左、右）移动。

（3）辅助运动：有工作台的旋转运动、后立柱的水平移动和尾架的垂直移动。

主运动和各种常速进给由主电动机 M1 驱动，但各部分的快速进给运动是由快速移动电动机 M2 驱动的。

2. 电气控制线路的特点

（1）因机床主轴调速范围较大，且恒功率，主电动机 M1 采用△/YY双速电动机。低速时，1U1、1V1、1W1 接三相交流电源，1U2、1V2、1W2 悬空，定子绕组接成三角形（△），每相绕组中两个线圈串联，形成的磁极对数 $P=2$；高速时，1U1、1V1、1W1 短接，1U2、1V2、1W2 端接电源，电动机定子绕组连接成双星形（YY），每相绕组中的两个线圈并联，磁极对数 $P=1$。高、低速的变换由主轴孔盘变速机构内的行程开关 SQ7 控制，其动作说明见表 9-6。

表 9-6 主电动机高、低速变换行程开关动作说明

触　　点	主电动机低速行程开关位置	主电动机高速行程开关位置
SQ7（11-12）	关	开

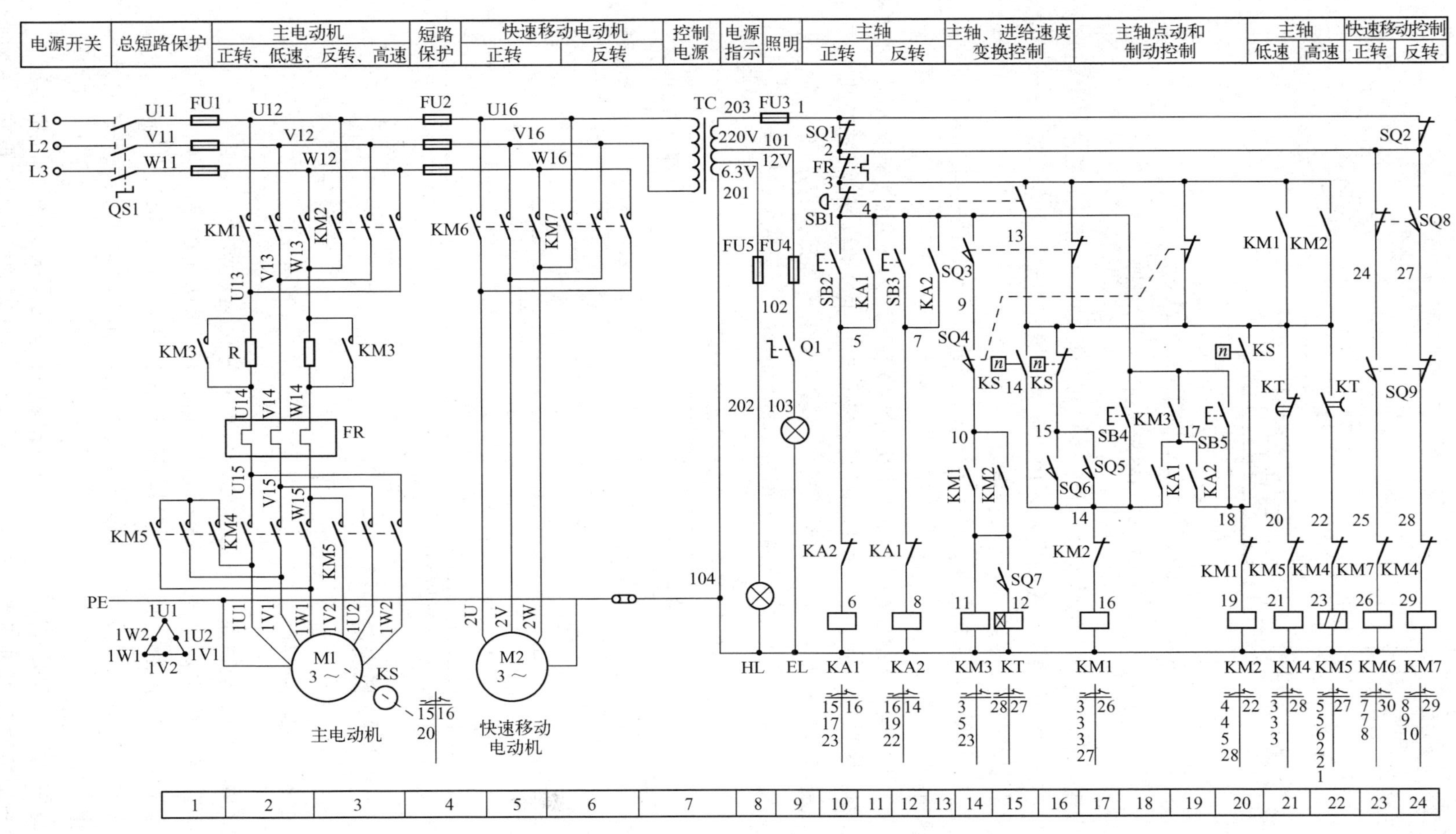

图 9-42　KH-T68 卧式镗床电气控制电路图

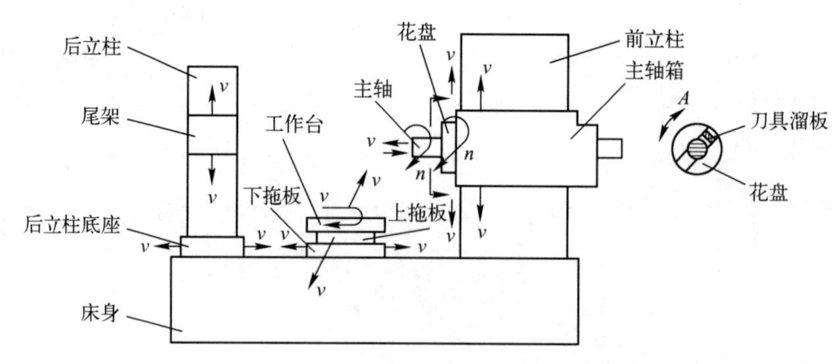

图 9-43 KH-T68 卧式镗床结构示意图

（2）主电动机 M1 可正/反转连续运行，也可点动控制，点动时为低速。主轴要求快速准确制动，故采用反接制动，控制电器采用速度继电器。为限制主电动机的起动和制动电流，在点动和制动时，定子绕组串入限流电阻。

（3）主电动机低速时直接起动。高速运行是由低速起动延时后再自动转成高速运行的，以减小起动电流。

（4）在主轴变速或进给变速时，主电动机需要缓慢转动，以保证变速齿轮进入良好啮合状态。主轴和进给变速均可在运行中进行，变速操作时，主电动机便做低速断续冲动，变速完成后又恢复运行。主轴变速时，电动机的缓慢转动是由行程开关 SQ3 和 SQ5 完成的；进给变速时，是由行程开关 SQ4 和 SQ6 以及速度继电器 KS 共同完成的，见表 9-7。

表 9-7 主轴变速和进给变速时行程开关动作说明

触　点	行程开关动作		触　点	行程开关动作	
	变速孔盘拉出（变速时）	变速后变速孔盘推回		变速孔盘拉出（变速时）	变速后变速孔盘推回
SQ3（4-9）	-	+	SQ4（9-10）	-	+
SQ3（3-13）	+	-	SQ4（3-13）	+	-
SQ5（15-14）	+	-	SQ6（15-14）	+	-

注：表中“+”表示接通；“-”表示断开。

9.7.3 电气控制线路分析

1. 主电动机的起动控制

1）主电动机的点动控制 主电动机的点动分为正向点动和反向点动，分别由按钮 SB4 和 SB5 控制。按 SB4，接触器 KM1 线圈通电吸合，KM1 的辅助常开触点（3-13）闭合，使接触器 KM4 线圈通电吸合，三相电源经 KM1 的主触点、限流电阻和 KM4 的主触点接通主电动机 M1 的定子绕组（△接法），使电动机在低速下正向旋转。松开 SB4，主电动机断电停止。

反向点动与正向点动控制过程相似，由按钮 SB5、接触器 KM2 和 KM4 来实现。

2）主电动机的正/反转控制 当要求主电动机正向低速旋转时，行程开关 SQ7 的触点（11-12）处于断开位置，主轴变速和进给变速用行程开关 SQ3（4-9）、SQ4（9-10）均为闭合状态。按下 SB2，中间继电器 KA1 线圈通电吸合，它有三对常开触点，KA1 常开触点（4–5）闭合自锁；KA1 常开触点（10–11）闭合，接触器 KM3 线圈通电吸合，KM3 主触点闭合，限流电阻短接；KA1 常开触点（19–14）和 KM3 的辅助常开触点（4–17）闭合，使接触器 KM1 线圈通电吸合，并将 KM1 线圈自锁。KM1 的辅助常开触点（3–13）闭合，接通主电动机低速用接触器 KM4 线圈，使其通电吸合。由于接触器 KM1、KM3、KM4 的主触点均闭合，故主电动机在全电压、定子绕组△连接下直接起动，低速运行。

当要求主电动机为高速旋转时，行程开关 SQ7（11–12）、SQ3（4–9）、SQ4（9–10）均处于闭合状态。按 SB2 后，一方面 KA1、KM3、KM1、KM4 的线圈相继通电吸合，使主电动机在低速下直接起动；另一方面由于 SQ7（11–12）的闭合，使时间继电器 KT（通电延时式）线圈通电吸合，经延时后，KT 的通电延时断开的常闭触点（13–20）断开，KM4 线圈断电，主电动机的定子绕组脱离三相电源，而 KT 的通电延时闭合的常开触点（13–22）闭合，使接触器 KM5 线圈通电吸合，KM5 的主触点闭合，将主电动机的定子绕组接成双星形（YY）后，重新接到三相电源，于是主电动机的低速起动转为高速旋转。

主电动机的反向低速或高速的起动旋转过程与正向起动旋转过程相似，但是反向起动旋转所用的电器为按钮 SB3，中间继电器 KA2，接触器 KM2~KM5 及时间继电器 KT。

2. 主电动机的反接制动控制

当主电动机正转时，速度继电器 KS 正转，常开触点 KS（13–18）闭合，而正转的常闭触点 KS（13–15）断开。主电动机反转时，KS 反转，常开触点 KS（13–14）闭合，为主电动机正转或反转停止时的反接制动做准备。按停止按钮 SB1 后，主电动机的电源反接，迅速制动，转速降至速度继电器的复位转速时，其常开触点断开，自动切断三相电源，主电动机停转。具体的反接制动过程如下所述。

1）主电动机正转时的反接制动　设主电动机为低速正转时，电器 KA1、KM1、KM3、KM4 的线圈通电吸合，KS 的常开触点 KS（13–18）闭合。按下 SB1，SB1 的常闭触点（3–4）先断开，使 KA1、KM3 线圈断电，KA1 的常开触点（19–14）断开，KM1 线圈断电，一方面，KM1 的主触点断开，主电动机脱离三相电源，另一方面，使 KM1（3–13）分断，使 KM4 断电；SB1 的常开触点（3–13）随后闭合，使 KM4 重新吸合，此时主电动机由于惯性的存在，转速还很高，KS（13–18）仍闭合，故使 KM2 线圈通电吸合并自锁，KM2 的主触点闭合，三相电源反接后经限流电阻、KM4 的主触点接到主电动机定子绕组，进行反接制动。当转速接近零时，KS 正转常开触点 KS（13–18）断开，KM2 线圈断电，反接制动完毕。

2）主电动机反转时的反接制动　反转时的制动过程与正转制动过程相似，但是所用的电器是 KM1、KM4、KS 的反转常开触点 KS（13–14）。

3）主电动机高速正/反转时的反接制动　对于主电动机工作在高速正转及高速反转时的反接制动过程，读者可依据上文自行分析。注意，高速正转时反接制动所用的电器是 KM2、KM4、KS（13–18）触点；高速反转时反接制动所用的电器是 KM1、KM4、KS（13–14）触点。

3. 主轴或进给变速时主电动机的缓慢转动控制

主轴或进给变速既可以在停车时进行，又可以在镗床运行中进行。为使变速齿轮更好地啮合，可接通主电动机的缓慢转动控制电路。

主轴变速时，将变速孔盘拉出，行程开关 SQ3 常开触点 SQ3（4-9）断开，接触器 KM3 线圈断电，主电路中接入限流电阻，KM3 的辅助常开触点（4-17）断开，使 KM1 线圈断电，主电动机脱离三相电源。所以，该机床可以在运行中变速，主电动机能自动停止。旋转变速孔盘，选好所需的转速后，将孔盘推入。在此过程中，若滑移齿轮的齿与固定齿轮的齿发生顶撞，则孔盘不能推回原位，行程开关 SQ3、SQ5 的常闭触点 SQ3（3-13）、SQ5（15-14）闭合，接触器 KM1、KM4 线圈通电吸合，主电动机经限流电阻在低速下正向起动，接通瞬时点动电路。主电动机转动转速达某一值时，速度继电器 KS 正转常闭触点 KS（13-15）断开，接触器 KM1 线圈断电，而 KS 正转常开触点 KS（13-18）闭合，使 KM2 线圈通电吸合，主电动机反接制动。当转速降到 KS 的复位转速后，KS 常闭触点 KS（13-15）又闭合，常开触点 KS（13-18）又断开，重复上述过程。这种间歇的起动、制动，使主电动机缓慢旋转，利于齿轮的啮合。若孔盘退回原位，则 SQ3、SQ5 的常闭触点 SQ3（3-13）、SQ5（15-14）断开，切断缓慢转动电路。SQ3 的常开触点 SQ3（4-9）闭合，使 KM3 线圈通电吸合，其常开触点（4-17）闭合，又使 KM1 线圈通电吸合，主电动机在新的转速下重新起动。

进给变速时的缓慢转动控制过程与主轴变速相同，不同的是，进给变速使用的电器是行程开关 SQ4、SQ6。

4. 主轴箱、工作台或主轴的快速移动

该机床各部件的快速移动，由快速手柄操纵快速移动电动机 M2 拖动完成。当快速手柄扳向正向快速位置时，行程开关 SQ9 被压动，接触器 KM6 线圈通电吸合，M2 正转。同理，当快速手柄扳向反向快速位置时，行程开关 SQ8 被压动，KM7 线圈通电吸合，M2 反转。

5. 主轴进刀与工作台联锁

为防止镗床或刀具的损坏，主轴箱和工作台的机动进给在控制电路中必须互锁，不能同时接通，它是由行程开关 SQ1、SQ2 实现的。若同时有两种进给，SQ1、SQ2 均被压动，将切断控制电路的电源，避免机床或刀具的损坏。

9.7.4 KH-T68 卧式镗床电气线路的常见故障与维修

1. 主轴的转速与标牌指示数不符

这种故障一般有两种现象：一种是主轴的实际转速比标牌指示数增加 1 倍或减少 50%；另一种是电动机的转速没有高速挡或低速挡。前者大多由于安装调整不当引起，因为KH-T68 卧式镗床有 18 种转速，采用双速电动机和机械滑移齿轮来实现。变速后，1、2、4、6、8……挡是电动机以低速运转驱动，而 3、5、7、9……挡是电动机以高速运转驱动。主电动机的高低速转换是靠微动开关 SQ7 的通断来实现的，微动开关 SQ7 安装在主轴调速手柄的旁边，主轴调速机构转动时推动一个撞钉，撞钉推动簧片使微动开关 SQ7 通或断。如果安

装调整不当，使 SQ7 动作恰恰相反，则会发生主轴的实际转速比标牌指示数增加 1 倍或减少 50%的情况。

后者的故障原因较多，常见的是时间继电器 KT 不动作，或者微动开关 SQ7 安装的位置移动，造成 SQ7 始终处于接通或断开的状态等。如 KT 不动作或 SQ7 始终处于断开状态，则主电动机 M1 只有低速；若 SQ7 始终处于接通状态，则 M1 只有高速。但要注意，如果 KT 虽然吸合，但由于机械卡住或触点损坏，使常开触点不能闭合，则 M1 也不能转换到高速挡运转，而只能在低速挡运转。

2. 主轴变速手柄拉出后，主电动机不能冲动

产生这一故障，一般有两种现象：一种是变速手柄拉出后，主电动机 M1 仍以原有转向和转速旋转；另一种是变速手柄拉出后，M1 能反接制动，但制动到转速为零时，不能进行低速冲动。前者多数是由于行程开关 SQ3 的常开触点 SQ3（4−9）质量不达标等原因，导致绝缘被击穿；而后者则是由于行程开关 SQ3 和 SQ5 的位置移动、触点接触不良等，使触点 SQ3（3−13）、SQ5（14−15）不能闭合或速度继电器的常闭触点 KS（13−15）不能闭合。

3. 主电动机 M1 不能进行正/反转点动、制动及主轴和进给变速冲动控制

产生这种故障，往往是由于上述各种控制电路的公共回路出现故障。如果伴随着不能低速运行，则可能在控制线路 13−20−21−0 中有断开点，否则，可能在主电路的制动电阻器及引线上有断开点，若主电路仅断开一相电源，电动机还会伴有缺相运行时发出的嗡嗡声。

4. 主电动机正转点动、反转点动正常，但不能正/反转

可能在控制线路 4−9−10−11−KM3 线圈−0 中有断开点。

5. 主电动机正转、反转均不能自锁

故障可能在控制线路 4−KM3（4−17）常开触点−17 中。

6. 主电动机不能制动

可能原因有：①速度继电器损坏；②SB1 中的常开触点接触不良；③3、13、14、16 号线中有脱落或断开现象；④KM2（14−16）、KM1（18−19）触点不通。

7. 主电动机点动、低速正/反转及低速制动均正常，但高、低速转向相反，且当主电动机高速运行时，不能停机

可能的原因是误将三相电源在主电动机高速和低速运行时都接成同相序，把 1U2、1V2、1W2 中任两根对调即可。

8. 不能快速进给

可能在控制线路 2−24−25−29−KM6 线圈−0 中有断路。

9.7.5 KH-T68 卧式镗床电气模拟装置的试运行操作

1. 准备工作

（1）查看装置背面各电气元件上的接线是否紧固，各熔断器是否安装良好。

（2）独立安装好接地线，设备下方垫好绝缘垫，将各开关置于分断位。

（3）插上三相电源。

2. 操作试运行

（1）使装置中漏电保护部分接触器先吸合，再合上 QS1，电源指示灯亮。

（2）确认主轴变速开关 SQ3、SQ5，进给变速转换开关 SQ4、SQ6 分别处于“主轴运行”位（中间位置），然后对主电动机、快速移动电动机进行电气模拟操作。必要时，也可先试操作“主轴变速冲动”“进给变速冲动”。

（3）主电动机低速正向运转：

条件：SQ7（11-12）断（实际中 SQ7 与速度选择手柄联动）。

操作：按下 SB2→KA1 吸合并自锁，KM3、KM1、KM4 吸合，M1△接法低速运行。按下 SB1，M1 制动停转。

（4）主电动机高速正向运行：

条件：SQ7（11-12）通（实际中 SQ7 与速度选择手柄联动）。

操作：按下 SB2→KA1 吸合并自锁，KM3、KT、KM1、KM4 相继吸合，使 M1 接成△低速运行；延时后，KT（13-20）断，KM4 释放，同时，KT（13-22）闭合，KM5 通电吸合，使 M1 换接成YY高速运行。按下 SB1→M1 制动停转。

M1 的反向低速、高速操作可按 SB3，参与的电器有 KA2、KT、KM2～KM5。

（5）主电动机正/反向点动操作：按 SB4 可实现 M1 正向点动，参与的电器有 KM1、KM4；按 SB5 可实现 M1 反向点动，参与的电器有 KM2、KM4。

（6）主电动机反接制动操作：按下 SB2，M1 正向低速运行，此时 KS（13-18）闭合，KS（13-15）断。在按下 SB1 后，KA1、KM3 释放，KM1 释放，KM4 释放，将 SB1 按到底后，KM4 又吸合，KM2 吸合，M1 在串入限流电阻下反接制动，转速下降至 KS（13-18）断，KS（13-15）闭合时，KM2 失电释放，制动结束。

按下 SB2，M1 高速正向运行，此时 KA1、KM3、KT、KM1、KM5 为吸合状态，速度继电器 KS（13-18）闭合，KS（13-15）断。

在按下 SB1 后，KA1、KM3、KT、KM1 释放，而 KM2 吸合，同时 KM5 释放，KM4 吸合，M1 工作于△接法下，并串入限流电阻反接制动至停止。

再按下 SB3，M1 工作于低速反转或高速反转状态，其制动操作分析，可参照上述分析对照进行。

（7）主轴变速与进给变速时的主电动机瞬动模拟操作：

① 主轴变速（主电动机运行或停止均可）：将 SQ3、SQ5 置“主轴变速”位，此时 M1 工作于间歇起动和制动。获得低速旋转，便于齿轮啮合。电器状态为：KM4 吸合，KM1、KM2 交替吸合。将此开关复位，变速停止。

实际机床中，变速时，变速机械手柄与 SQ3、SQ5 有机械联系，变速时带动 SQ3、SQ5 动作，然后复位。

② 进给变速操作（主电动机运行或停止均可）：将 SQ4、SQ6 置“主轴进给变速”位，电气控制原理与效果同上。

实际机床中，进给变速时，进给变速机械手柄与 SQ4、SQ6 开关有机械联系，变速时带动 SQ4、SQ6 动作，然后复位。

（8）主轴箱、工作台或主轴的快速移动操作：均由快速移动电动机 M2 拖动，它只工作于正转或反转状态，由行程开关 SQ9、SQ8 完成电气控制。

实际机床中，SQ9、SQ8 均与快速移动机械手柄联动，M2 只工作于正转或反转状态，拖动均由机械离合器完成。

（9）SQ1、SQ2 为互锁开关，主轴运行时，同时压动 SQ1 与 SQ2，电动机即停转；压动其中任一个，电动机不会停转。

注意：装置初次试运行时，可能会出现主电动机 M1 正转、反转均不能停机的现象，这是由电源相序接反引起的，此时应马上切断电源，调换电源相序即可。

9.7.6　KH-T68 卧式镗床电气控制线路故障及排除实训

1. 实训内容

（1）采用通电试验方法发现故障现象，进行故障分析，并在电气控制电路图中用虚线标出最小故障范围。

（2）按图排除 KH-T68 镗床主电路或电磁吸盘电路中人为设置的两个电气自然故障点。

2. 电气故障的设置原则

（1）人为设置故障点时，必须模拟机床在使用过程中，由于受到振动、受潮、高温侵袭、异物侵入、电动机负载及线路长期过载运行、起动频繁、安装质量低劣、调整不当等造成的“自然”故障。

（2）切忌设置改动线路、换线、更换电气元件等人为原因造成的非“自然”故障点。

（3）故障点的设置应做到隐蔽且设置方便，除简单控制线路外，两处故障点一般不宜设置在单独支路或单一回路中。

（4）对于设置一个以上故障点的线路，其故障现象应尽可能不要相互掩盖。检修时，虽然检查思路尚清晰，但检修到定额时间的 2/3 还不能查出一个故障点时，可进行适当的提示。

（5）应尽量不设置容易造成人身或设备事故的故障点，如有必要，教师必须在现场密切注意学生的检修动态，随时做好采取应急措施的准备。

（6）设置的故障点必须与学生具有的修复能力相适应。

KH-T68 卧式镗床故障电气原理图如图 9-44 所示，KH-T68 卧式镗床故障设置一览表见表 9-8。

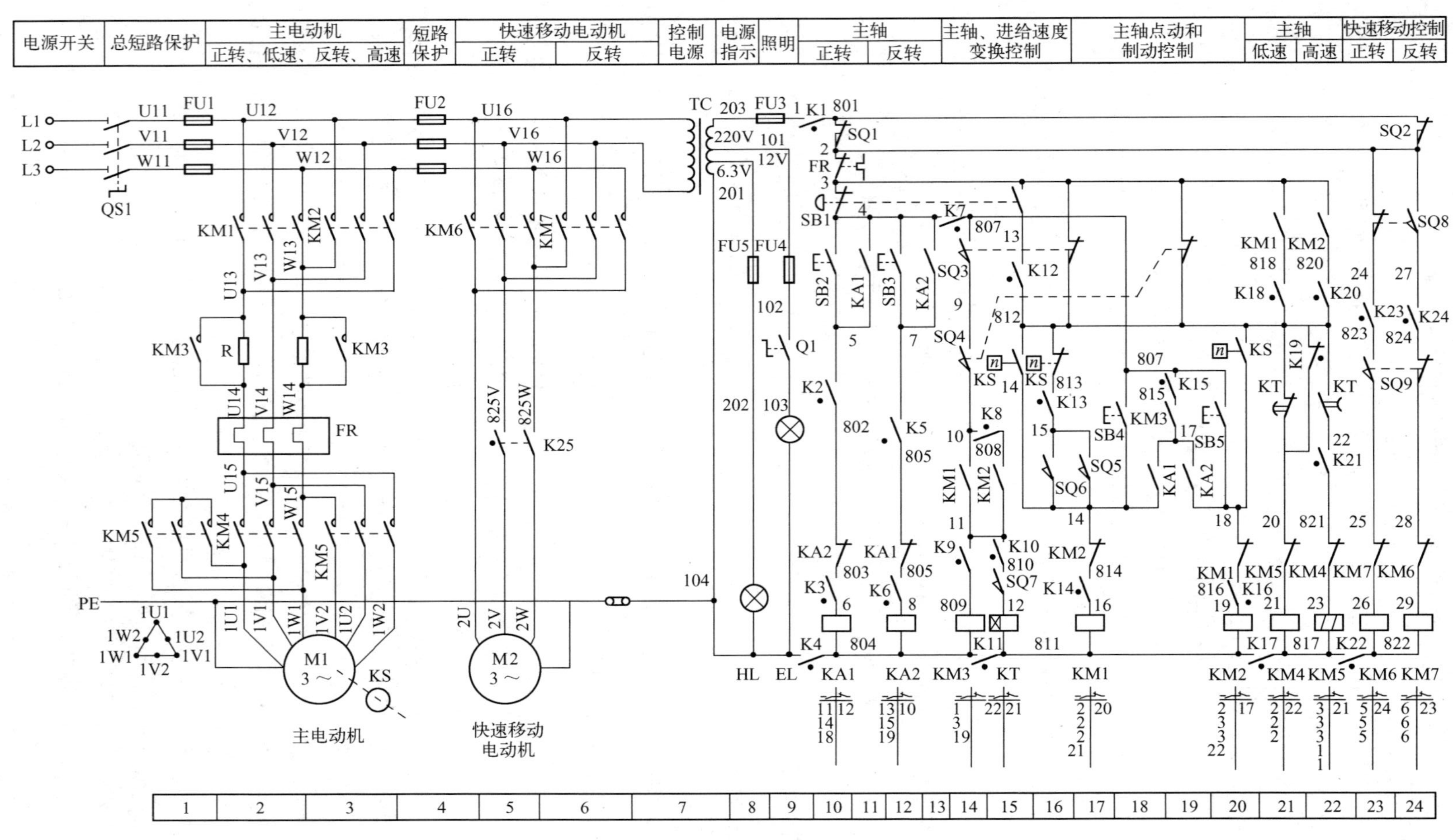

图9-44 KH-T68卧式镗床故障电气原理图

表 9-8　KH-T68 卧式镗床故障设置一览表

开　关	故障现象	备　注
K1	机床不能起动	主电动机、快速移动电动机都无法起动
K2	主轴正转不能起动	按下正转起动按钮无任何反应
K3	主轴正转不能起动	按下正转起动按钮无任何反应
K4	机床不能起动	主电动机、快速移动电动机都无法起动
K5	主轴反转不能起动	按下反转起动按钮无任何反应
K6	主轴反转不能起动	按下反转起动按钮无任何反应
K7	主轴正转不能起动	正转起动，KA1 吸合，其他无动作； 反转起动，KA2 吸合，其他无动作
K8	反转起动但只能点动	正转起动正常，按下 SB3 反转起动时只能点动
K9	主轴不能起动	正转起动，KA1 吸合，其他无动作； 反转起动，KA2 吸合，其他无动作
K10	主轴无高速	选择高速时，KT、KM5 无动作
K11	主电动机、快速移动 电动机不能起动	正转起动，KA1、KM3 吸合，其他无动作； 反转起动，KA2、KM3 吸合，其他无动作； 按下 SQ8、SQ9 无任何反应
K12	停止无制动	
K13	停止无制动	
K14	主电动机不能正转	反转正常
K15	主轴只能电动控制	不能正/反向起动，只能电动控制
K16	主电动机不能反转	正转正常
K17	主电动机、快速移动电动机不能起动	KM4、KM5 不能吸合；按 SQ8、SQ9 无反应
K18	主轴正转只能点动	KM4（低速）、KM5（高速）不能保持
K19	主轴无高速	KT 动作，KM4 不会释放，KM5 不能吸合
K20	主轴反转只能点动	KM4（低速）、KM5（高速）不能保持
K21	主轴无高速	KT 动作，KM4 释放，KM5 不能吸合
K22	不能快速移动	主轴正常
K23	快速移动电动机不能正转	
K24	快速移动电动机不能反转	
K25	快速移动电动机不转	KM6、KM7 能吸合，但电动机不转

9.8　X62W 万能铣床的实训

9.8.1　X62W 万能铣床实训的基本组成

1）面板 1　面板上安装有机床的所有主令电器及动作指示灯，机床的所有操作都在这块面板上进行，指示灯可以指示机床的相应动作。

2）面板 2　面板上装有断路器、熔断器、接触器、热继电器、变压器等元器件，这些元器件直接安装在面板表面，可以很直观地看到它们的动作情况。

3）电动机　三个 380V 三相笼型异步电动机分别用作主轴电动机、进给电动机和冷却液泵电动机。

4）故障开关箱　设有 32 个开关，其中 K1～K29 用于故障设置；K30～K31 四个开关保留；K32 用作指示灯开关，可以用来设置机床动作指示与不指示。

9.8.2　X62W 万能铣床电气控制电路图

X62W 万能铣床电气控制电路图如图 9-45 所示。

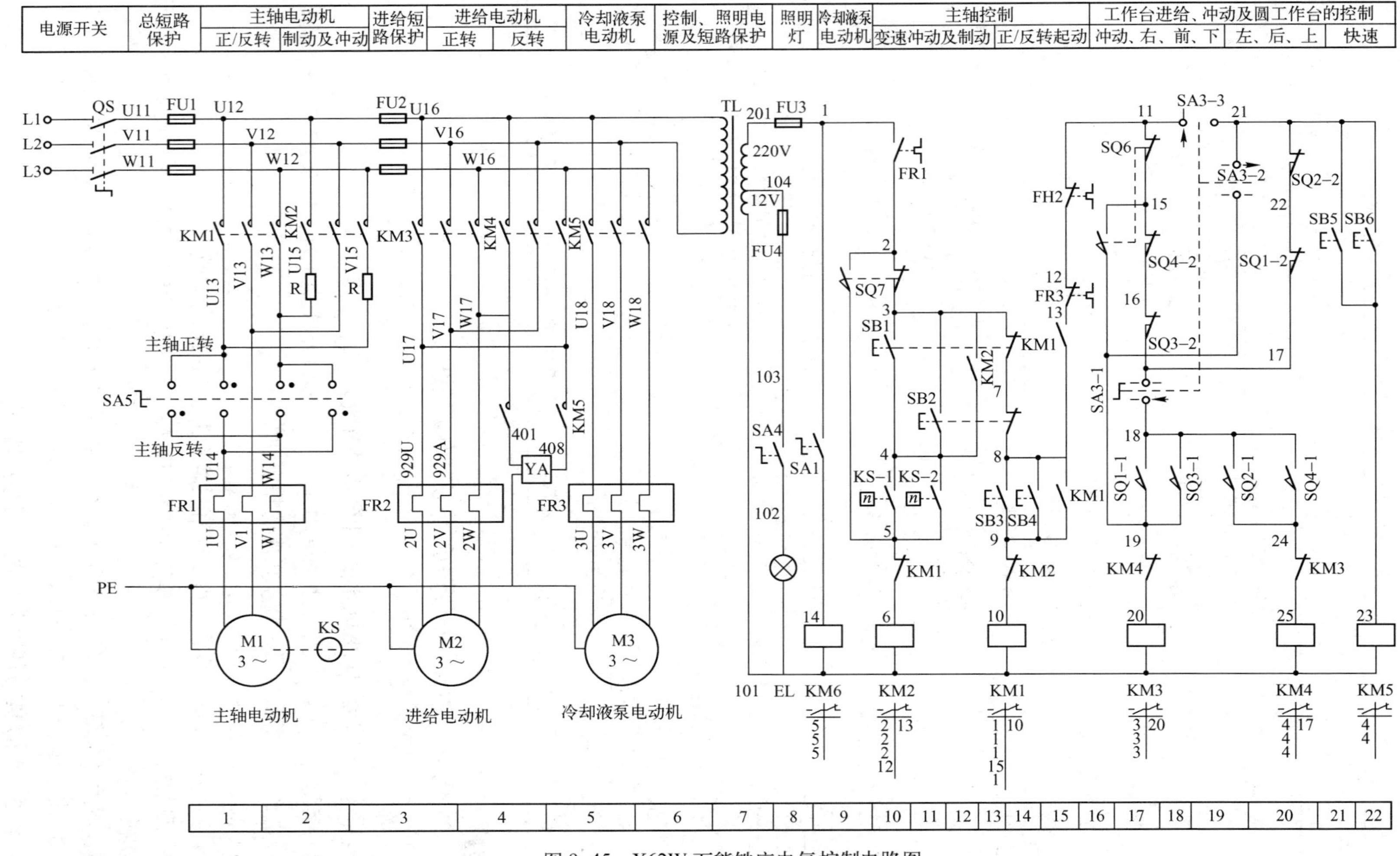

图 9-45　X62W 万能铣床电气控制电路图

9.8.3　机床分析

1. 机床的主要结构及运动形式

1）主要结构　该机床由床身、主轴、刀杆、横梁、工作台、回转盘、横溜板和升降台等几部分组成，其外形图如图 9-46 所示。

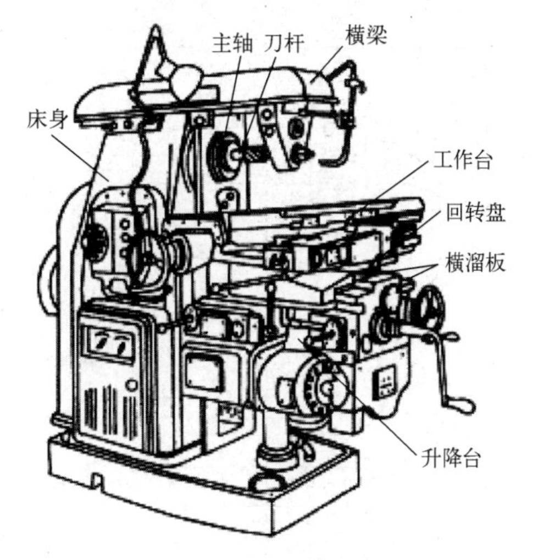

图 9-46　X62W 万能铣床外形图

2）运动形式

（1）主轴转动由主轴电动机通过弹性联轴器来驱动传动机构，当机构中的一个双联滑动齿轮块啮合时，主轴即可旋转。

（2）工作台面的移动由进给电动机驱动，它通过机械机构使工作台能进行三种形式、六个方向的移动，即工作台面能直接在溜板上部可转动部分的导轨上做纵向（左、右）移动；工作台面借助横溜板做横向（前、后）移动；工作台面还能借助升降台做垂直（上、下）移动。

2. 机床对电气线路的主要要求

（1）机床要求有三台电动机，分别称为主轴电动机、进给电动机和冷却液泵电动机。

（2）由于加工时有顺铣和逆铣两种方式，所以要求主轴电动机能正/反转及在变速时瞬时过冲，使齿轮易于啮合。同时，还要求主轴电动机能制动停车和实现两地控制。

（3）工作台的三种运动形式、六个方向的移动是依靠机械的方法来实现的，对进给电动机要求能正/反转，且纵向、横向、垂直三种运动形式相互间应有联锁，以确保操作安全。同时要求工作台进给变速时，电动机也能瞬间冲动、快速进给及两地控制等。

（4）冷却液泵电动机只要求正转。

（5）进给电动机与主轴电动机须实现联锁控制，即主轴工作后才能进行进给。

3. 电气控制线路分析

电气原理图由主电路、控制电路和照明电路三部分组成。

1）主电路　有三台电动机。其中 M1 是主轴电动机，M2 是进给电动机，M3 是冷却液泵电动机。

（1）主轴电动机 M1 通过换相开关 SA5 与接触器 KM1 配合，能进行正/反转控制，而与接触器 KM2 、制动电阻器 R 及速度继电器的配合，能实现串电阻瞬时冲动和正/反转反接制动控制，并能通过机械进行变速。

（2）进给电动机 M2 能进行正/反转控制，通过接触器 KM3、KM4 与行程开关及 KM5、牵引电磁铁 YA 配合，能实现进给变速时的瞬时冲动、六个方向的常速进给和快速进给控制。

（3）冷却液泵电动机 M3 只能正转。

（4）熔断器 FU1 做机床总短路保护，也兼做 M1 的短路保护；FU2 作为 M2、M3 及控制变压器 TC、照明灯 EL 的短路保护；热继电器 FR1 ~ FR3 分别作为 M1 ~ M3 的过载保护。

2）控制电路

（1）主轴电动机电气控制电路图如图 9-47 所示。

电源开关	总短路保护	主轴电动机			主轴控制	
		正/反转	制动及冲动		变速冲动及制动	正/反转起动

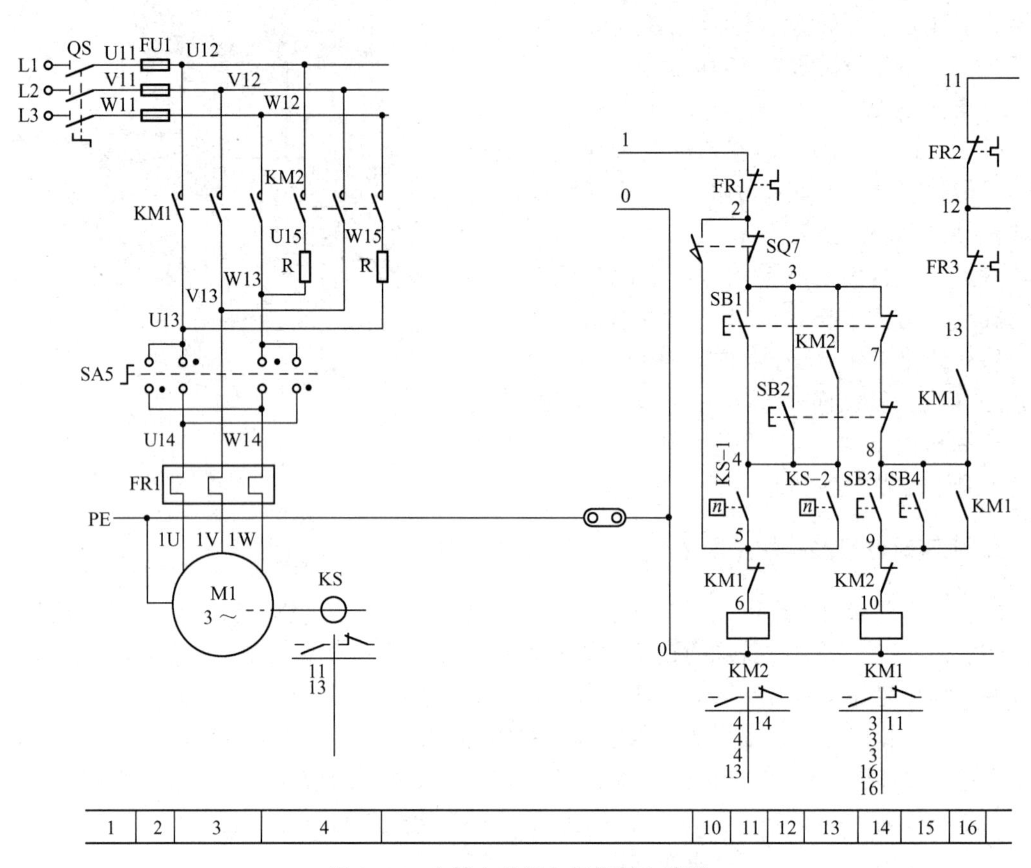

图 9-47　主轴电动机电气控制电路图

① SB1、SB3 与 SB2、SB4 是分别装在机床两边的停止（制动）和起动按钮，用于实现两地控制，方便操作。

② KM1 是主轴电动机起动接触器，KM2 是反接制动和主轴变速冲动接触器。

③ SQ7 是与主轴变速手柄联动的瞬时动作行程开关。

④ 需主轴电动机起动时，要先将 SA5 扳到主轴电动机所需要的旋转方向，然后再按起动按钮 SB3 或 SB4 来起动 M1。

⑤ M1 起动后，速度继电器 KS 的一副常开触点闭合，为主轴电动机的停转制动做好准备。

⑥ 停车时，按停止按钮 SB1 或 SB2 切断 KM1 电路，接通 KM2 电路，改变 M1 的电源相序进行串电阻反接制动。当 M1 的转速低于 120r/min 时，速度继电器 KS 的一副常开触点恢复断开，切断 KM2 电路，M1 停转，制动结束。

据以上分析可写出主轴电动机转动（即按 SB3 或 SB4）时控制线路的通路：1-2-3-7-8-9-10-KM1 线圈-0；主轴停止与反接制动（即按 SB1 或 SB2）时的通路为：1-2-3-4-5-6-KM2 线圈-0。

⑦ 主轴电动机变速时的瞬动（冲动）控制，是利用变速手柄与冲动行程开关 SQ7 通过机械上联动机构进行的。

变速时，先下压变速手柄，然后将其拉到前面，当手柄快要落到第二道槽时，转动变速盘，选择需要的转速。此时凸轮压下弹簧杆，使冲动行程 SQ7 的常闭触点先断开，切断 KM1 线圈的电路，M1 断电；同时 SQ7 的常开触点后接通，KM2 线圈得电动作，M1 被反接制动。当手柄拉到第二道槽时，SQ7 不受凸轮控制而复位，M1 停转。

接着把手柄从第二道槽推回原始位置，凸轮又瞬时压动行程开关 SQ7，使 M1 反向瞬时冲动，使变速后的齿轮易于啮合。主轴变速冲动控制示意图如图 9-48 所示。

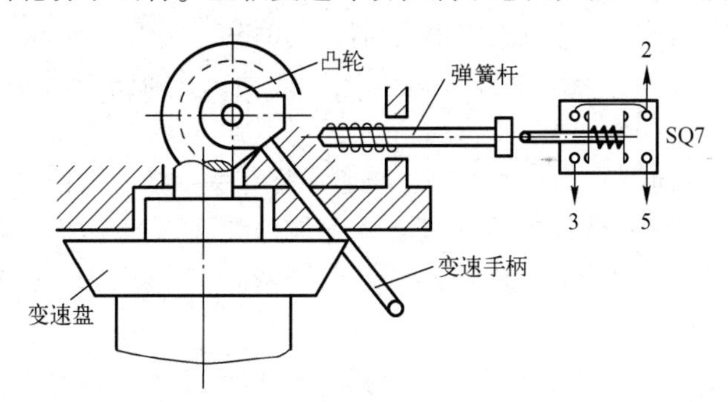

图 9-48　主轴变速冲动控制示意图

注意，无论开车还是停车，都应以较快的速度把手柄推回原始位置，以免通电时间过长，引起 M1 转速过高而打坏齿轮。

（2）工作台进给电动机的控制。工作台的纵向、横向和垂直运动都由进给电动机 M2 驱动，接触器 KM3 和 KM4 使 M2 实现正/反转，用以改变进给运动方向。它的控制电路采用了与纵向运动机械操作手柄联动的行程开关 SQ1、SQ2，和横向及垂直运动机械操作手柄联动的行程开关 SQ3、SQ4，组成复合联锁控制。即在选择三种运动形式的六个方向移动时，只能进行其中一个方向的移动，以确保操作安全，当这两个机械操作手柄都在中间位置时，各行程开关都处于未压的原始状态。

由原理图可知：M2 在 M1 起动后才能进行工作。在机床接通电源后，将控制圆工作台的组合开关 SA3-2（21-19）扳到断开位置，使触点 SA3-1（17-18）和 SA3-3（11-21）闭合，然后按下 SB3 或 SB4，这时接触器 KM1 吸合，使 KM1（8-12）闭合，就可进行工作台的进给控制。

① 工作台纵向（左右）运动的控制：工作台的纵向运动由 M2 驱动，由纵向操作手柄控制。此手柄是复式的，一个安装在工作台底座的顶面中央部位，另一个安装在工作台底座的左下方。手柄有三个：向左、向右、零位。当手柄扳到向右或向左运动方向时，手柄的联动机构压下行程开关 SQ2 或 SQ1，使接触器 KM4 或 KM3 动作，控制 M2 的转动方向。工作台左右运动的行程，可通过调整安装在工作台两端的撞铁位置来实现。当工作台纵向运动到极限位置时，撞铁撞动纵向操作手柄，使它回到零位，M2 停转，工作台停止运动，从而实现了纵向终端保护。

工作台向左运动：在 M1 起动后，将纵向操作手柄扳至向右位置，机械接通纵向离合器，同时在电气上压下 SQ2，使 SQ2-2 断，SQ2-1 通，而其他控制进给运动的行程开关都处于原始位置，此时使 KM4 吸合，M2 反转，工作台向右进给运动。其控制电路的通路为：11-15-16-17-18-24-25-KM4 线圈-0，工作台向右运动；当纵向操作手柄扳至向左位置时，机械上仍然接通纵向进给离合器，但却压动了行程开关 SQ1，使 SQ1-2 断，SQ1-1 通，使 KM3 吸合，M2 正转，工作台向左进给运动，其通路为：11-15-16-17-18-19-20-KM3 线圈-0。

② 工作台垂直（上下）和横向（前后）运动的控制：工作台的垂直和横向运动，由垂直和横向进给手柄操纵。此手柄也是复式的，有两个完全相同的手柄分别装在工作台左侧的前、后方。手柄的联动机械压下行程开关 SQ3 或 SQ4，同时接通垂直或横向进给离合器。操作手柄有五个位置（上、下、前、后、中间），五个位置是联锁的，工作台的上下和前后的终端保护利用装在床身导轨旁与工作台座上的撞铁，将操作十字手柄撞到中间位置，使 M2 断电停转。

工作台向后（或者向上）运动的控制：将十字操作手柄扳至向后（或者向上）位置时，机械上接通横向进给（或者垂直进给）离合器，同时压下 SQ3，使 SQ3-2 断，SQ3-1 通，使 KM3 吸合，M2 正转，工作台向后（或者向上）运动。其通路为：11-21-22-17-18-19-20-KM3 线圈-0。

工作台向前（或者向下）运动的控制：将十字操作手柄扳至向前（或者向下）位置时，机械上接通横向进给（或者垂直进给）离合器，同时压下 SQ4，使 SQ4-2 断，SQ4-1 通，使 KM4 吸合，M2 反转，工作台向前（或者向下）运动。其通路为：11-21-22-17-18-24-25-KM4 线圈-0。

③ 进给电动机变速时的瞬动（冲动）控制：变速时，为使齿轮易于啮合，进给变速与主轴变速一样，设有变速冲动环节。当需要进给变速时，应将转速盘的蘑菇形手轮向外拉出并转动转速盘，把所需进给量的标尺数字对准箭头，然后再把蘑菇形手轮用力向外拉到极限位置并随即推向原位，就在一次操纵手轮的同时，其连杆机构二次瞬时压下行程开关 SQ6，使 KM3 瞬时吸合，M2 做正向瞬动。

其通路为：11-21-22-17-16-15-19-20-KM3 线圈—0，由于进给变速瞬时冲动的通电回路要经过 SQ1~SQ4 四个行程开关的常闭触点，因此只有当进给运动的操作手柄都在中间（停止）位置时，才能实现进给变速冲动控制，以保证操作时的安全。同时，与主轴变速时的冲动控制一样，电动机的通电时间不能太长，以防止转速过高，在变速时打坏齿轮。

④ 工作台的快速进给控制：为提高劳动生产率，要求铣床在不进行铣切加工时，工作台能快速移动。

工作台快速进给也是由进给电动机 M2 来驱动的，在纵向、横向和垂直三种运动形式、六个方向上都可以实现快速进给控制。

主轴电动机起动后，将进给操作手柄扳到所需位置，工作台按照选定的速度和方向做常速进给移动时，再按下快速进给按钮 SB5（或 SB6），使接触器 KM5 通电吸合，接通牵引电磁铁 YA，电磁铁通过杠杆使摩擦离合器合上，减少中间传动装置，使工作台按运动方向做快速进给运动。当松开快速进给按钮时，电磁铁 YA 断电，摩擦离合器断开，快速进给运动停止，工作台仍按原常速进给时的速度继续运动。

（3）圆形工作台运动的控制。铣床如需铣切螺旋槽、弧形槽等曲线时，可在工作台上安装圆形工作台及其传动机械，圆形工作台的回转运动也是由进给电动机 M2 传动机构驱动的。

圆形工作台工作时，应先将进给操作手柄都扳到中间（停止）位置，然后将圆形工作台组合开关 SA3 扳到圆形工作台接通位置。此时 SA3-1 断，SA3-3 断，SA3-2 通。准备就绪后，按下主轴起动按钮 SB3 或 SB4，则接触器 KM1 与 KM3 相继吸合。主轴电动机 M1 与进给电动机 M2 相继起动并运转，而进给电动机仅以正转方向带动圆形工作台做定向回转运动。其通路为：11-15-16-17-22-21-19-20-KM3 线圈-0。由此可知，圆形工作台与工作台进给有互锁，即当圆形工作台工作时，不允许工作台在纵向、横向、垂直方向上有任何运动。若误操作而扳动进给运动操作手柄（即压下 SQ1～SQ4、SQ6 中的任一个），M2 即停转。

9.8.4　电气线路的故障与维修

铣床电气控制线路与机械系统的配合十分密切，其电气线路的正常工作往往与机械系统的正常工作是分不开的，这就是铣床电气控制线路的特点。下面列举几个 X62W 铣床的常见故障及其排除方法。注意：机床电气的故障不是千篇一律的，所以在维修中不可生搬硬套，而应该采用理论与实践相结合的灵活处理方法。

1. 主轴停车时无制动

主轴无制动时，要先检查按下停止按钮 SB1 或 SB2 后，反接制动接触器 KM2 是否吸合，若 KM2 不吸合，则故障原因一定在控制电路部分。检查时可先操作主轴变速冲动手柄，若有冲动，故障范围就缩小到速度继电器和按钮支路上。若 KM2 吸合，则故障原因就复杂一些，其一是主电路的 KM2、R 制动支路中，至少有缺一相的故障存在；其二是速度继电器的常开触点过早断开，但在检查时，只要仔细观察故障现象，这两种故障原因是能够区别的，前者的故障现象是完全没有制动作用，而后者则是制动效果不明显。

由以上分析可知，主轴停车时无制动的故障原因，一般是速度继电器 KS 发生故障。如 KS 常开触点不能正常闭合，其原因有推动触点的胶木摆杆断裂；KS 轴伸端圆销扭弯、磨损或弹性连接元件损坏；螺丝销钉松动或打滑等。若 KS 常开触点过早断开，其原因有 KS 动触点的反力弹簧调节过紧；KS 的永久磁铁转子的磁性衰减等。

2. 主轴停车后产生短时反向旋转

产生这一故障的原因一般是速度继电器 KS 动触点弹簧调整得过松，使触点分断过迟，只要重新调整反力弹簧便可消除。

3. 按下停止按钮后主轴电动机不停转

产生故障的原因有：接触器 KM1 主触点熔焊；反接制动时两相运行；SB3 或 SB4 在起动 M1 后绝缘被击穿。这三种故障原因，在故障的现象上是能够加以区别的：如按下停止按钮后，KM1 不释放，则故障可断定是由熔焊引起的；如按下停止按钮后，接触器的动作顺序正确，即 KM1 能释放，KM2 能吸合，同时伴有嗡嗡声或转速过低，则可断定是制动时主电路有缺相故障存在；若制动时接触器动作顺序正确，电动机也能进行反接制动，但放开停止按钮后，电动机又再次自起动，则可断定故障是由起动按钮绝缘击穿引起的。

4. 工作台不能做向上进给运动

由于铣床电气线路与机械系统的配合密切和工作台向上进给运动的控制是处于多回路线路之中，因此，不宜采用按部就班逐步检查的方法。在检查时，可先依次进行快速进给、进给变速冲动或圆形工作台向前进给、向左进给及向后进给的控制，来逐步缩小故障的范围（一般可从中间环节的控制开始），然后再逐个检查故障范围内的元件、触点、导线及接点，来查出故障点。在实际检查时，还必须考虑由于机械磨损或移位使操纵失灵等因素，若发现此类故障原因，应与机修钳工互相配合进行修理。

下面假设故障点在图区 20 上行程开关 SQ4-1 由于安装螺钉松动而移动位置，造成操作手柄虽然到位，但触点 SQ4-1（18-24）仍不能闭合。在检查时，若进行进给变速冲动控制正常，也就说明向上进给回路中，线路 11-21-22-17 是完好的，再通过向左进给控制正常，又能排除线路 17-18 和 24-25-0 存在故障的可能性。这样就将故障的范围缩小到 18-SQ4-1-24 的范围内。再经过仔细检查或测量，就能很快找出故障点。

5. 工作台不能做纵向进给运动

应先检查横向或垂直进给是否正常，如果正常，说明进给电动机 M2、主电路、接触器 KM3 与 KM4 及纵向进给相关的公共支路都正常，此时应重点检查图区 17 上的行程开关 SQ6（11-15）、SQ4-2 及 SQ3-2，即线号为 11-15-16-17 的支路，因为只要三对常闭触点中有一对不能闭合、有一个线头脱落就会使纵向不能进给。然后，再检查进给变速冲动是否正常，如果正常，则故障的范围已缩小到 SQ6（11-15）及 SQ1-1、SQ2-1 上，但一般 SQ1-1、SQ2-1 两副常开触点同时发生故障的可能性很小，而 SQ6（11-15）由于进给变速时常因用力过猛而容易损坏，所以可先检查 SQ6（11-15）触点，直至找到故障点并予以排除。

6. 工作台各个方向都不能进给

可先进行进给变速冲动或圆形工作台控制，如果正常，则故障可能在开关 SA3-1 及引接线 17、18 上；若进给变速也不能工作，要注意接触器 KM3 是否吸合，如果 KM3 不能吸合，则故障可能发生在控制电路的电源部分，即 11-15-16-18-20 号线路及 0 号线上，若 KM3 能吸合，则应着重检查主电路，包括电动机的接线及绕组是否存在故障。

7. 工作台不能快速进给

常见的故障原因是牵引电磁铁电路不通，多数是由线头脱落、线圈损坏或机械卡死引起的。如果按下 SB5 或 SB6 后接触器 KM5 不吸合，则故障在控制电路部分；若 KM5 能吸合，且牵引电磁铁 YA 也吸合正常，则故障大多是由杠杆卡死或离合器摩擦片间隙调整不当引起的，应与机修钳工配合进行修理。须强调的是，在检查 11-15-16-17 支路和 11-21-22-17 支路时，一定要把 SA3 开关扳到中间空挡位置，否则，由于这两条支路是并联的，将检查不出故障点。

9.8.5 模拟装置的安装与试运行操作

1. 准备工作

（1）查看各电气元件上的接线是否紧固，各熔断器是否安装良好。

（2）独立安装好接地线，设备下方垫好绝缘垫，将各开关置于分断位置。

（3）插上三相电源。

2. 操作试运行

插上电源后，各开关均应置于分断位置。参看电气控制电路图，按下列步骤进行机床电气模拟操作运行。

（1）按下主控电源板的起动按钮，合上低压断路器开关 QS。

（2）SA5 置左位（或右位），电动机 M1“正转”或“反转”指示灯亮。

(3) 旋转 SA4 开关，照明灯亮。转动 SA1 开关，冷却液泵电动机工作，指示灯亮。

(4) 按下 SB3 按钮（或 SB1 按钮），M1 起动（或反接制动）；按下 SB4 按钮（或 SB2 按钮），M1 起动（或反接制动）。注意：不要频繁操作“起动”与“停止”，以免电器过热而损坏。

(5) M1 变速冲动操作。实际机床的变速是通过变速手柄操作的，瞬间压动 SQ7 行程开关，使电动机产生微转，从而使齿轮较好实现换挡啮合。

本模板要用手动操作 SQ7，模仿机械的瞬间压动效果：采用迅速的“点动”操作，使 M1 通电后，立即停转，形成微动或抖动。操作要迅速，以免出现“连续”运转现象。当“连续”运转时间较长时，会使 R 发烫。此时应拉下闸刀后，重新送电操作。

(6) M1 停转后，可转动 SA5 转换开关，按起动按钮 SB3 或 SB4，使电动机换向。

(7) 进给电动机控制操作（SA3 开关状态：SA3-1、SA3-3 闭合，SA3-2 断开）。

3. 实际机床中的进给电动机

M2 是用于驱动工作台横向（前、后）、升降和纵向（左、右）移动的动力源，均通过机械离合器来实现控制状态的选择，电动机只做正/反转控制，机械状态手柄与电气开关的动作对应关系如下所述。

工作台横向、升降控制（机床由十字复式操作手柄控制，既控制离合器又控制相应开关）。

工作台向后、向上运动—M2 反转—SQ4 压下。

工作台向前、向下运动— M2 正转— SQ3 压下。

模板操作：按动 SQ4，M2 反转；按动 SQ3，M2 正转。

1）工作台纵向（左、右）进给运动控制（SA3 开关状态同上） 实际机床专用一个纵向操作手柄，既控制相应离合器，又压动对应的开关 SQ1 和 SQ2，使工作台实现了纵向的左和右运动。

模板操作：将十字开关 SA3 扳到左边，M2 正转；将十字开关 SA3 扳到右边，M2 反转。

2）工作台快速移动操作 在实际机床中，按动 SB5 或 SB6，电磁铁 YA 动作，改变机械传动链中间传动装置，实现各方向的快速移动。

模板操作：按动 SB5 或 SB6，KM5 吸合，相应指示灯亮。

3）进给变速冲动（功能与主轴冲动相同，便于换挡时齿轮的啮合） 实际机床中变速冲动的实现：在变速手柄操作中，通过联动机构瞬时带动“冲动行程开关 SQ6”，使电动机产生瞬动。

模拟“冲动”操作，按 SQ6，M2 转动，操作此开关时应迅速压与放，以模仿瞬动压下效果。

4）圆形工作台回转运动控制 将圆形工作台转换开关 SA3 扳到所需位置，此时 SA3-1、SA3-3 触点分断，SA3-2 触点接通。在起动 M1 后，M2 正转，实际中即圆形工作台转动（此时工作台全部操作手柄扳在零位，即 SQ1～SQ4 均不压下）。

9.8.6　电气控制线路故障排除实训

1. 实训内容

(1) 采用通电试验方法发现故障现象，进行故障分析，并在电气控制电路图中用虚线标出最小故障范围。

（2）按图排除X62W万能铣床主电路或控制电路中人为设置的两个电气“自然”故障点。

2. 电气故障的设置原则

（1）人为设置故障点时，必须模拟机床在使用过程中，由于受到振动、受潮、高温、异物侵入、电动机负载及线路长期过载运行、起动频繁、安装质量低劣、调整不当等造成的“自然”故障。

（2）切忌设置改动线路、换线、更换电气元件等人为原因造成的非“自然”的故障点。

（3）故障点的设置应做到隐蔽且设置方便，除简单控制线路外，两处故障一般不宜设置在单独支路或单一回路中。

（4）对于设置一个以上故障点的线路，其故障现象应尽可能不要相互掩盖。在检修时，若检查思路尚清晰，但检修到定额时间的2/3还不能查出一个故障点时，可进行适当的提示。

（5）应尽量不设置容易造成人身或设备事故的故障点，如有必要，教师必须在现场密切注意学生的检修动态，随时做好采取应急措施的准备。

（6）设置的故障点必须与学生具有的修复能力相适应。

3. 实训步骤

（1）先熟悉原理，再进行正确的通电试车操作。

（2）熟悉电气元件的安装位置，明确各电气元件的作用。

（3）教师示范故障分析检修过程（故障可人为设置）。

（4）教师设置让学生知道的故障点，指导学生如何从故障现象着手进行分析，逐步引导到采用正确的检查步骤和检修方法。

（5）教师设置人为的“自然”故障点，由学生检修。

4. 实训要求

（1）学生应根据故障现象，先在电气控制电路图中正确标出最小故障范围的线段，然后采用正确的检查和排除故障的方法，在定额时间内排除故障。

（2）排除故障时，必须修复故障点，不得采用更换电气元件、借用触点及改动线路的方法，否则，按不能排除故障点扣分。

（3）检修时，严禁扩大故障范围或产生新的故障，并不得损坏电气元件。

5. 操作注意事项

设备应在指导教师指导下操作，安全第一。设备通电后，严禁随意扳动电器部件。进行排除故障训练时，尽量不带电检修。若带电检修，则必须有指导教师在现场监护。

必须安装好各电动机、支架接地线，设备下方垫好绝缘橡胶垫（其厚度不小于8mm），操作前要仔细查看各接线端，看有无松动或脱落，以免通电后发生意外或损坏电器。

在操作中，设备若发出不正常声响，应立即断电，查明故障原因待修。故障噪声主要源于电动机缺相运行，接触器、继电器吸合不正常等。

（1）发现熔芯熔断，应找出故障后，更换同规格熔芯。

（2）在维修设置故障时，不要随便互换线端处号码管。

（3）操作时用力不要过大，速度不宜过快；操作频率不宜过于频繁。

（4）实训结束后，应拔出电源插头，将各开关置于分断位。

（5）做好实训记录。

9.8.7　教学演示、故障图及设置说明

X62W 万能铣床故障电气原理图如图 9-49 所示，X62W 万能铣床故障设置一览表见表 9-9 。

表 9-9　X62W 万能铣床故障设置一览表

开关	故障现象	备注
K1	主轴无变速冲动	主轴电动机的正/反转及停止制动均正常
K2	正/反转、进给均不能动作	照明指示灯、冷却液泵电动机均能工作
K3	按 SB1 停止时无制动	SB2 制动正常
K4	主轴电动机无制动	按 SB1、SB2 停止时主轴均无制动
K5	主轴电动机不能起动	主轴不能起动，按下 SQ7 主轴可以冲动
K6	主轴不能起动	主轴不能起动，按下 SQ7 主轴可以冲动
K7	进给电动机不能起动	主轴能起动，进给电动机不能起动
K8	进给电动机不能起动	主轴能起动，进给电动机不能起动
K9	进给电动机不能起动	主轴能起动，进给电动机不能起动
K10	冷却液泵电动机不能起动	
K11	进给变速无冲动，圆形工作台不能工作	非圆形工作台工作正常
K12	工作台不能左右进给	向上（或向后）、向下（或向前）进给正常，进给变速无冲动
K13	工作台不能左右进给、不能冲动，非圆形工作台不能工作	向上（或向后）、向下（或向前）进给正常
K14	各方向进给不工作	圆形工作台工作正常，冲动正常工作
K15	工作台不能向左进给	非圆形工作台工作时，不能向左进给，其他方向进给正常
K16	进给电动机不能正转	圆形工作台不能工作；非圆形工作台工作时，不能向左、向上或向后进给，无冲动
K17	工作台不能向上或向后进给	非圆形工作台工作时，不能向上或向后进给，其他方向进给正常
K18	圆形工作台不能工作	非圆形工作台工作正常，能进给冲动
K19	圆形工作台不能工作	非圆形工作台工作正常，能进给冲动
K20	工作台不能向右进给	非圆形工作台工作时，不能向右进给，其他工作正常
K21	不能上下（或前后）进给，不能快进，无冲动	圆形工作台不能工作，非圆形工作台工作时，能左右进给，不能快进，不能上下（或前后）进给
K22	不能上下（或前后）进给，不能冲动，圆形工作台不工作	非圆形工作台工作时，能左右进给，左右进给时能快进；不能上下（或前后）进给
K23	不能向下（或向前）进给	非圆形工作台工作时，不能向下或向前进给，其他工作正常
K24	进给电动机不能反转	圆形工作台工作正常，有冲动，非圆形工作台工作时，不能向右、向下或向前进给
K25	只能一地快进操作	进给电动机起动后，按 SB5 不能快进，按 SB6 能快进
K26	只能一地快进操作	进给电动机起动后，按 SB5 能快进，按 SB6 不能快进
K27	不能快进	进给电动机起动后，不能快进
K28	电磁阀不动作	进给电动机起动后，按下 SB5（或 SB6），KM5 吸合，电磁阀 YA 不动作
K29	进给电动机不转	进给操作时，KM3 或 KM4 能动作，但进给电动机不转

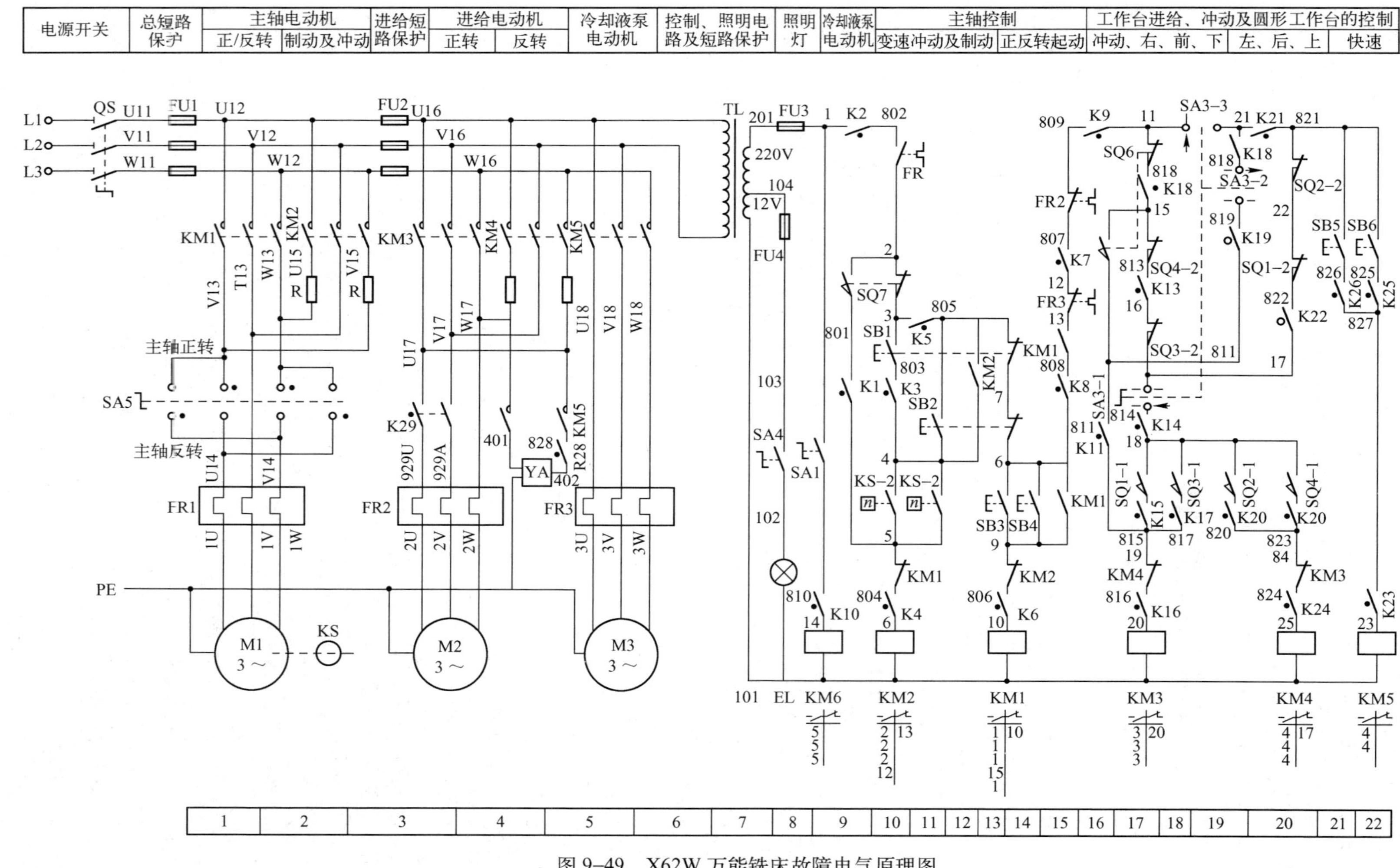

图 9-49　X62W 万能铣床故障电气原理图

思考与练习

（1）Z3040 摇臂钻床的 PLC 控制系统有哪些特点？
（2）C650 卧式车床的 PLC 控制系统有哪些特点？
（3）PLC 控制电动机循环正/反转与普通电气控制有何区别？
（4）组合机床与普通机床电气控制系统相比较有何特点？在读图时应注意什么？

参考文献

[1] 杨克冲．数控机床电气控制［M］．武汉：华中科技大学出版社，2005.

[2] 邱公伟．可编程控制器网络通信及应用［M］．北京：清华大学出版社，2000.

[3] 邹益仁，等．现场总线控制系统的设计和开发［M］．北京：国防工业出版社，2003.

[4] 中国标准出版社．电气简图用图形符号国家标准汇编［M］．北京：中国标准出版社，2001.

[5] 陈在平，等．可编程序控制器技术与应用系统设计［M］．北京：机械工业出版社，2002.

[6] 宫淑贞，等．可编程控制器原理及应用［M］．北京：人民邮电出版社，2002.

[7] 方承远．电气控制原理与设计［M］．北京：机械工业出版社，2000.

[8] 马小军．建筑电气控制技术［M］．北京：机械工业出版社，2003.

[9] 陈吉红，等．数控机床实验指南［M］．武汉：华中科技大学出版社，2003.

[10] 中国机械工业标准汇编．数控机床卷（上）［M］．北京：中国标准出版社，2003.

[11] 周济．数控加工技术［M］．北京：国防工业出版社，2002.

[12] 王爱玲，等．现代数控原理及控制系统［M］．北京：国防工业出版社，2002.

[13] 瞿大中，等．可编程控制器应用与实验［M］．武汉：华中科技大学出版社，2002.

[14] 夏庆观．数控机床故障诊断与维修［M］．北京：高等教育出版社，2002.

[15] 陈力定，等．电气控制与可编程控制器［M］．广州：华南理工大学出版社，2001.

[16] 胡学林．可编程控制器应用技术［M］．北京：高等教育出版社，2001.

[17] 李宏胜．机床数控技术及应用［M］．北京：高等教育出版社，2001.

[18] 陈福安．数控原理与系统［M］．北京：人民邮电出版社，2001.

[19] MITSUBISHI ELECTRIC CORPORATION. FX-PCS/WIN-C 软件手册，1997.

[20] MITSUBISHI ELECTRIC CORPORATION. FX 系列编程手册，2001.

[21] MITSUBISHI ELECTRIC CORPORATION. FX_{2N} 编程手册，2000.

[22] MITSUBISHI ELECTRIC CORPORATION. FX 系列用户手册，2001.